不创新 我何用
不应用 我何为

——你所没有见过的激光精密测量仪器

张书练 著

清華大学出版社
北京

内容简介

全书共四章，前两章介绍了以高精度仪器为应用目标的激光器及其特性研究成果，后两章则介绍了原理创新或重大创新的十几类仪器：双折射双频激光器，以双折射双频激光器为核心的激光干涉仪，激光器纳米测尺，激光频率分裂光学相位延迟测量仪，激光回馈光学相位延迟/内应力在线测量仪，激光高阶回馈纳米干涉仪，微片激光（Nd：YAG 和 Nd：YVO_4）共路（和准共路）移频回馈干涉仪，激光回馈远程振动和声音测量仪，激光回馈材料热膨胀系数测量仪，激光回馈干涉二维（面内、面外）位移测量仪，微片固体激光万分尺，Nd：YAG 双频激光干涉仪，此外还介绍了微片固体激光回馈共焦测量技术和微片固体激光回馈表面测量技术等。

本书可作为相关专业研究人员和工程师的必备参考书。

图书在版编目(CIP)数据

不创新我何用，不应用我何为：你所没有见过的激光精密测量仪器/张书练著. —北京：清华大学出版社，2021.3（2021.7重印）

ISBN 978-7-302-57343-2

Ⅰ. ①不… Ⅱ. ①张… Ⅲ. ①激光测距仪 Ⅳ. ①TH761.2

中国版本图书馆 CIP 数据核字(2021)第 017996 号

责任编辑：鲁永芳
封面设计：常雪影
责任校对：王淑云
责任印制：宋 林

出版发行：清华大学出版社
网 址：http://www.tup.com.cn，http://www.wqbook.com
地 址：北京清华大学学研大厦 A 座 **邮 编**：100084
社 总 机：010-62770175 **邮 购**：010-62786544
投稿与读者服务：010-62776969，c-service@tup.tsinghua.edu.cn
质量反馈：010-62772015，zhiliang@tup.tsinghua.edu.cn
印 装 者：三河市铭诚印务有限公司
经 销：全国新华书店
开 本：170mm×240mm **印 张**：16.5 **字 数**：332 千字
版 次：2021 年 3 月第 1 版 **印 次**：2021 年 7 月第 2 次印刷
定 价：108.00 元

产品编号：090677-01

序

本书主要介绍作者团队持续35年研究的激光精密测量仪器，是先后共约100位教师、博士后、博士研究生、硕士研究生共同研究的成果。本书的数据都可以重复，本书的原理均可以仪器化、产业化。已经产业化的几款仪器的快速推广鼓舞着我们奋力向前。

本书介绍的仪器有：双折射双频激光器，以双折射双频激光器为核心的双频激光干涉仪，激光器纳米测尺，激光频率分裂光学相位延迟测量仪（已成为国家标准），激光回馈光学相位延迟/内应力在线测量仪，激光回馈纳米条纹干涉仪，微片激光（Nd：YAG和Nd：YVO_4）共路（和准共路）移频回馈干涉仪，激光回馈远程振动和声音测量仪，激光回馈材料热膨胀系数测量仪，激光回馈干涉二维（面内面外）位移测量仪，微片固体激光万分尺，Nd：YAG双频激光干涉仪，微片固体激光回馈共焦测量技术、微片固体激光回馈表面测量技术等。仪器虽多，但同出一源。双频的、正交偏振的激光器，仪仪相组成网，自成体系。

探索新原理的仪器，也就没有现成的仪器光源（即激光器）可用，作者团队发明了气体（氦氖）双折射双频激光器、双折射-塞曼双频激光器和微片固体（掺钕钇铝石榴石Nd：YAG）双折射双频激光器和双折射外腔正交偏振激光器（掺钕钒酸钇Nd：YVO_4），作为仪器的光源。并探究了这些激光器的原理、特性和频率稳定技术。双折射双频激光器在光刻机干涉仪中的批量应用使干涉仪的非线性误差呈数量级减小，机器精度数倍提高。其中微片固体激光器在回馈干涉仪中已应用八年。

“你所没有见过的精密测量仪器”就像一个较长的创新清单，包括了从激光器、激光器的性能调控，到形成以激光器为核心的仪器。希望科技工作者一起关心，一起研究和应用，因为它们是中国的创造。

本书顺序介绍了激光器（第1章）和激光器物理特性（第2章）。基于对激光器及其特性的全面精准了解，提出了第3、4章众多仪器的原理和技术。的确是：“展开来一片物理，深入下去一串应用”。激光器谐振腔里加元件变成精密测量仪器。提出原理，研究装置，做成仪器，接下去向产业推进。这一研究的进程也就构成了本书的框架。

学术界的风向是常变的。我们开始搞这一研究时，国内还处于不讲论文、不了解科学引文索引（SCI）的年代，之后SCI在中国确立了神坛地位，引用系数成为评判标准；项目级别、专利数量甚至产值成为评选发明奖的没有明文规定的标准；“热门”一词大量出现在博士论文的摘要里，作为水平的自我证明。我们团队很少受这些影响，坚持把一个方向做“透”，做“熟”，做到“用”。

1984 年 4 月 4 日，作者在《新清华》(教师版)上发表短文“要重视和鼓励开创性的科研工作”；1996 年，又在《光电子 · 激光》上发表了“从激光的发明史看基础研究的特点”。这不仅是呼吁，更是自我激励。几十年来，坚守情怀，做实创造，不让成果变为“云烟”。坚信自己，做好自己，至于其他，如是否热门，是否“吸睛”，则很少考虑。种自己的葫芦，做自己的瓢。不创新我何用，不应用我何为！

最近几年，我们把实验装置仪器化，把中国首创的技术和仪器推向应用。之前，我也希望有企业能推动仪器化、产业化，我们只做基础研究。德国 Blankenhorn 和福建福晶科技有限公司也都主动投入人力、财力，而且做出了仪器，国内外企业都有较深的介入，投入了力量。但让“没有见过”的仪器进入市场的路还很长。于是我们自己动手，边做基础研究，边推进实用化。这或许是推进难度大、批量小的高精度仪器的较好办法。

研究过程中，作者团队发表文章 400 余篇(英文约 200 篇)，包括 *Optics & Photonics News* 的长篇报道，圣彼得堡测量技术的国际学术会议(ISMTI-2009)的大会报告。申请国家专利近百项，获国家发明二等奖 2 项。很巧，2004 年出版中文专著一本，2013 年出版英文专著一本，如今再出版这一本，时隔都是七八年，都是在同一个方向上，七八年上一个台阶。

本书的参考文献在各节的末尾，是从作者的论著中选出的，文献[1]-[5]是学术专著，文献[6]-[317]是期刊和会议论文，文献[318]-[387]是专利，基本是按照发表年份顺序排列的，记录了作者团队从 1984 年到现在的研究历程。

附录是从团队出站的博士后、博士和硕士研究生的学位论文(82 篇)的题目和提交时间，有需要者可到图书馆查阅，已经全部开放。

此生有幸，从跨入清华之门至今，一直在进行激光和光学的学习、教学和研究。激光和光学真是奇妙之极，就那些元件，它们的不同参数、不同组合，甚至元件的不同间隔，形成了一个宏大的、影响人类的大科技领域。但愿我们的研究结果成为这一领域的“一砖半瓦”。

衷心感谢国家自然科学基金委员会、科学技术部、教育部、北京市自然科学基金委员会、中德科学中心、清华大学、曹光彪基金。几十年来，他们给予作者团队持续的支持。衷心感谢科学技术部设立的国家仪器专项，使我们有机会把基金类成果仪器化。

衷心感谢团队的教师、工程师、访问学者、博士后、博士和硕士研究生，以及本科生，他们阶梯性的积累构成本书的系统成果，作者给他们提供的仅是方向和或错或对的建议，以及鼓励创新的环境。而他们取得的数据成为作者思考的基础，取舍的航标。

感谢部分节(段)的初稿整理者，他们是：吴云(2.7 节)，杨元、王琦(3.1 节)，刘维新(3.2 节、3.4 节)，宋建军、刘维新(3.3 节)，吴云(3.5 节)，曾召利(3.6 节)，张绍晖(4.1节),郭波(4.2.1节),谈宜东、朱开毅(4.2.2节),郑发松(4.2.3节),汪晨旭(4.3节),陈浩(4.4节)。马响、孟庆阳、王琦、陆龙启参与部分节段的校对。

感谢您读此书,感谢您宣传中国人的原理,感谢您宣传中国人自己的仪器。

本书彩图请扫二维码观看。

团 队 成 员

教师和工程师：谈宜东、李岩、朱钧、韩艳梅、李克兰、王泽民、康吉生、苏华钧、李自丽。

访问学者、博士后、博士研究生、硕士研究生：约 80 名。

金国藩带领教师、博士后、博士研究生投入了本方向的初建，并提供了启动经费。

合作院校教师以及他们的博士和硕士研究生(共 20 名)在不同阶段参加了这一研究，这些教师是：龙兴武、张斌、邓勇、丁迎春、牛燕雄、秦水介。

获得资助研究项目

国家自然科学基金面上项目：技 85103，68978018，59275237，69286001，69778010，59775088，4992006，50127501，60178010，50575110，30870662，51375262,61475082,61775118
国家自然科学基金重点项目和仪器专项：60438010,60723004,60827006,61036016
中德科学中心中德国际合作项目：GZ405(303/3)
国家自然科学基金重大国际合作项目：50410479
国家自然科学基金国际交流与合作项目：50127501

国家科技重大专项：2009ZX02208-009
国家重大科学仪器设备开发专项：2011YQ04013603
国家科委科学仪器改造升级专项：GN-99-5
863 计划项目：2008AA042409
国家科委九五攻关项目：96-B11-02-01-03

北京市自然科学基金面上和重点项目：4922009,3091002
北京市科学技术委员会项目：H010110250111,Z151100002415027
北京市教育委员会科技成果转化与产业化项目：0151101408
教育部重点研究项目：GN-90

曹光彪基金项目：97J2.13.JW0101

清华大学基础研究基金项目：JZ2001007
清华大学 985 二期著名学者聘请计划重点实验室项目：200669852-2-02

教育部科学技术研究重点项目：GN-90

目　录

第1章　气体、微片双折射双频激光器

激光束是感知被测量物体发生变化(位移、长度、厚度、表面形貌)的载体,产生激光束的激光器则是精密测量仪器的核心。性能优良的仪器必须采用性能优良的光源——激光器。

自1887年迈克耳孙(和莫雷)发明光学干涉仪算起,经历了以光谱灯作光源和以激光器作光源两个阶段,历时133年。激光器的诞生和使用,使迈克耳孙干涉仪走进制造业,无论是芯片制造,还是机械制造都离不开激光干涉仪这把以光波长作刻度的"尺子"。航空、航天、汽车、船舶等各大行业,都离不开激光干涉仪。著名的科学工程——美国激光干涉引力波天文台(LIGO)——于2015年9月14日探测到黑洞合并引发的引力波,这一巨大的成功同时也是激光器的成功,LIGO干涉仪的臂长:4km和2km,激光器输出功率达到200W,说明激光器在测量仪器中的核心作用、强大功能和不可撼动的地位。

本书所列仪器是"您没有见过的",也就对作为光源的激光器提出新的要求,需要发展新原理、新技术的激光器。作者团队发明了气体氦氖(HeNe)双折射双频激光器作为仪器的光源。进而,团队又开发了新功能的微片固体(掺钕钇铝石榴石(Nd:YAG)和钕钒酸钇(Nd:YVO_4))激光器以及一片多束、共路(或准共路)、稳频双折射双频激光器等。本章将逐一介绍。

此外,激光回馈仪器也将占据本书相当的篇幅,因此1.7节、1.8节和1.9节将介绍微片固体激光器及其弛豫振荡,还将介绍对弛豫振荡频率有关参数的控制方法。弛豫振荡对仪器性能有重要作用(第4章),对重回激光器的激光束(光回馈)有10^6的放大,使探测低甚至极低反射率的目标上的参数成为可能。

1.1　塞曼双频激光器的瓶颈

激光诞生后,即出现了塞曼双频激光器。塞曼双频激光器的原理是在HeNe激光器上外加磁场,激光器发光介质Ne的能级发生分裂,形成正旋光和负旋光谱线。光谱线的中心频率的模"牵引"效应,将一个激光纵模"牵引"成两个频率,一个左旋偏振,一个右旋偏振。这就是已经应用了40余年的双频激光器。

塞曼双频激光器作光源的干涉仪——双频激光干涉仪——一直是精度最高的长度测量仪器,是机械制造行业、IT行业(光刻机)不可替代的仪器。HeNe激光器的光束质量好(严格的TEM_{00}),相干长度大(实际常用的有几十米至几百米)。

HeNe 激光器的主要缺点是体积较大，寿命有限(大约 10 000h)。因此，曾不断尝试用半导体激光器作干涉仪的光源，但远远达不到应用的要求。至今，国内外的干涉仪，无论是装于光刻机上的，还是机床检测用的，HeNe 激光器都有不可动摇的地位。这里提一下，本章后 4 节、3.10 节和第 4 章全章将介绍作者团队(以下简称"团队")启用半导体激光器泵浦的固体激光器作光源，研制成 6 类精密测量仪器，并取得良好结果和应用。

另外，传统的塞曼双频激光器有两个解决不了的困难，其一是输出的两个频率之差(间隔)不能大于 3MHz。如超过 3MHz，激光功率就会大幅降低，如频率之差达到 7MHz 时，激光功率下降到几十微瓦。不能增大的频率差成为塞曼双频激光器位移测速跨越 1m/s 的障碍。其二是塞曼双频激光器输出的左旋、右旋偏振光需要经过四分之一波片转化为线偏振光，由于波片相位延迟总有加工误差、温度系数，以及转化过程引入偏振的混叠，带给干涉仪几纳米，甚至 10nm 的非线性误差，尽管分辨率的数据为 1nm 甚至 0.1nm。这成为双频激光干涉仪提高精度的障碍。

为解决双频激光干涉仪的这一技术难题，团队研究成了双折射-塞曼双频激光器，可输出从几百千赫兹到几百兆赫兹频率差的两个互相垂直的线偏振光。双折射-塞曼双频激光器已经在几个型号的光刻机上应用，使光刻机机台误差减小到原来的 1/4，以该激光器为光源的双频激光干涉仪测速达到几米每秒，非线性误差仅是其他类型干涉仪的几分之一。同时，以该激光器为光源的干涉仪已经批量生产并广泛应用。

图 1.1 是塞曼双频激光器的原理结构图。M_1 和 M_2 是两个激光反射镜构成的激光谐振腔，M_1 和 M_2 把 HeNe 激光放电管 T 真空密封，先抽真空后充入 HeNe 混合气。如图 1.1(a)所示，沿一支单纵模 HeNe 激光器加纵向磁场(即磁场与光束平行)，可以得到两圆偏振光(一个左旋，一个右旋)，其频率差在 3MHz 或以下。如图 1.1(b)所示，如果加横向磁场(即磁场与光束垂直)，则得到偏振正交线的两束偏振光，其频率差更小，一般在 1MHz 以下。

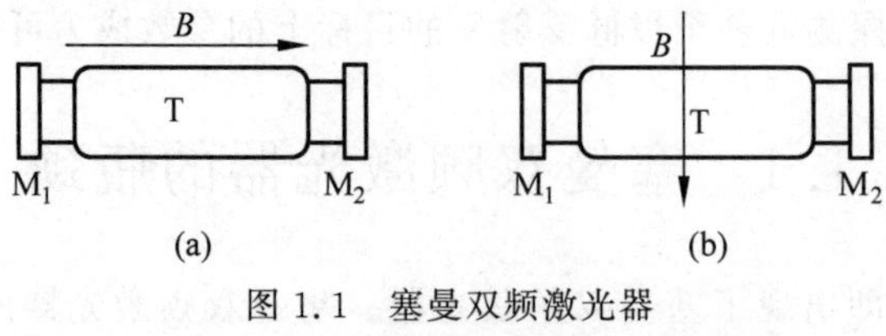

图 1.1　塞曼双频激光器

(a) 纵向；(b) 横向

图 1.1(a)中，在纵向磁场(沿激光器轴线方向)的作用下，HeNe 激光介质中 Ne 的光谱线发生分裂。磁场强度为 0.3T 时，左、右旋光光谱线的中心频率之差约为 1100MHz。如果一个激光纵模位于这两个中心频率之间，由于激光介质有反常色散，即 Ne 的折射率随激光频率非线性改变，一个几何上唯一的谐振腔长变成物理上两个不等的谐振腔长：左旋光的谐振腔稍短于原来的腔长；而右旋光的谐振

腔略长于原来的腔长。腔长不同，谐振频率不同，表现为本来由谐振腔长决定的一个频率 ν_{q+1}（图 1.2(a)）被要求向两个中心频率靠拢，导致频率 ν_{q+1} 分裂成两个频率，用竖虚线表示。这就是模牵引效应。塞曼效应双频激光的频率分裂 $\Delta\nu_{\text{Zeeman}}$ 可表示为

$$\Delta\nu_{\text{Zeeman}} = 2.44 \times \frac{\Delta\nu_c}{\Delta\nu_D} \frac{M_B}{\hbar} B \tag{1.1.1a}$$

式中，$\hbar$ 和 M_B 分别为普朗克常数和玻尔磁子，$\hbar = 6.624 \times 10^{-34}$ J/s，$M_B = 9.274 \times 10^{-21}$ 尔格/高斯（$\text{erg} \cdot \text{G}^{-1}$）。$\Delta\nu_D$ 是多普勒线宽，约 1500MHz，$\Delta\nu_c$ 是谐振腔空腔线宽，约 3.2MHz。B 是在 HeNe 激光管上所加纵向磁场强度，单位是特斯拉(T)。当 H 为 0.3T 时，$\Delta\nu_{\text{Zeeman}} = 2.2$MHz。

$$\Delta\nu_{\text{Zeeman}} = |\nu_0^L - \nu_0^R| \sigma_\tau = (3.5 \times 10^9) \sigma_\tau H \tag{1.1.1b}$$

式中，ν_0^L 和 ν_0^R 分别是左、右旋光中心频率，σ_τ 是频率(模)牵引因子。上文已指出，塞曼双频激光器左旋光和右旋光的频率差不能大于 3MHz，原因是：只有当磁场增大时，$\Delta\nu_{\text{Zeeman}}$ 才能增加；但磁场大到一定程度时，左旋光和右旋光的中心频率的间隔太大，以至于两光的增益线完全分离，两中心频率不能同时对一个腔模进行模牵引，也就无法将一个频率“牵引”成两个频率。

由式(1.1.1b)可知，$|\sigma_\tau| = 2 \times 10^{-3}$，$\Delta\nu$ 要大于 6MHz，则要求磁场引入的左、右旋光增益线的中心频率之差 $|\nu_0^L - \nu_0^R| > 3.0 \times 10^3$ MHz。而 HeNe 激光介质的多普勒半高宽度仅仅是 1500MHz，出光带宽在 800～1200MHz。左、右旋光增益线的中心频率的分开量已大于出光带宽，已完全分离，没有重叠部分，不能同时对一个空腔频率进行牵引，不能产生两个频率，也就谈不上频率差了。图 1.2(a)中左旋光和右旋光增益曲线把 ν_{q+1} 牵引成两个频率(用虚线表示)。而图 1.2(b)因所加磁场过强，使左旋光增益曲线和右旋光增益曲线分开到 3×10^3 MHz，它们已无重合部分，不能对任何激光频率实施牵引，不能产生两个频率。

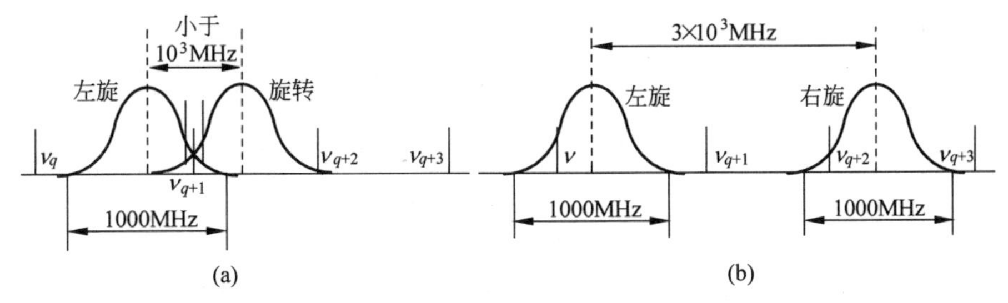

图 1.2　(a) 模 ν_{q+1} 被左旋光和右旋光的增益曲线中心牵引，在其两侧形成两个频率(略长的竖线)；(b) 左旋光和右旋光的增益曲线分开太大，不能牵引任何频率

激光器的输出频率差小限制了双频激光干涉仪测量速度的提高，如要求双频激光干涉仪需要有几兆赫兹、几十兆赫兹，甚至上千兆赫兹的频率差以增大干涉仪测量位移的速度或作绝对式外差测量。由多普勒原理可知，频率差 $\Delta\nu = 3$MHz

时，双频激光干涉仪的理论测量速度最大只能达到 900mm/s，这一限制成为多年来难以跨越的障碍。

为了获得大的频率差，常用的办法是将激光器的出射光分成两束，在每一束光的光路中加入声光调制器改变其频率，然后再进行合光，两声光调制之差就是我们常说的频率差，几兆赫兹或几十兆赫兹。这一方案都使系统变得复杂，尺寸增大。

本节主要参考文献：[1][12][111][144][302]。

1.2 激光器产生两正交频率的原理

激光器两正交频率的产生是由于激光频率分裂效应。自 1985 年起团队就在激光器谐振腔内置入晶体石英片作为双折射元件，由于此双折射元件对寻常光(o 光)和非寻常光(e 光)有不同的折射率，原本唯一的谐振腔长“分裂”为物理长度不同的两个腔长，两个谐振腔长有不同的谐振频率，即发生了频率分裂，一个激光频率变成了两个。相对于过去推导环形激光器输出频率差的方法，可以更简单地推演出驻波激光器频率分裂的原理公式。

此处要说明，这里所说的晶体石英造成频率分裂指的是激光现象，在 3.2 节，这一现象将成为光学波片相位延迟(双折射)高精度测量及建立国家标准的基础。

为了方便起见，把晶体石英旋光性在频率分裂中的作用留到 2.4 节再介绍。

从激光原理可知，驻波(管状)激光器谐振腔长 L 和激光频率 ν 之间满足以下关系：

$$\nu=\left(\frac{c}{2L}\right)q \tag{1.2.1}$$

式中，q 是一个很大的正整数，可以看作频率的序号。而且有

$$\Delta=\nu_{q+1}-\nu_{q}=\frac{c}{2L} \tag{1.2.2}$$

Δ 称为纵模间隔。对式(1.2.2)求微分，有

$$\mathrm{d}\nu=\frac{-cq}{2L^{2}}\mathrm{d}L$$

或

$$\mathrm{d}\nu=\frac{-\nu}{L}\mathrm{d}L \tag{1.2.3}$$

式中，$\mathrm{d}\nu$ 是激光腔长改变一个 ΔL 后频率的改变量。有一个特别重要的情况，即当 $\mathrm{d}L$ 等于半个波长 $\lambda/2$ 时，$\mathrm{d}\nu$ 等于一个纵模间隔 Δ。可以把 $\mathrm{d}L$ 的物理意义加以推广。$\mathrm{d}L$ 可以是一个激光腔镜顺、逆激光束方向的位移(这是对式(1.2.2)求微分的基本含义)，代表了两个时刻间腔长的改变。它也可以是腔内空气浓度改变引起的腔长改变，还可以是由在腔内发生的各种物理现象(如反常色散)，或腔内置入元件所造成的光程改变，如在驻波腔内放入双折射元件。对于双折射元件的两个主方

向而言，各有各的物理腔长，ΔL 即同一时刻不同偏振态的腔长差。ΔL 的存在造成一个频率分裂，其大小为 $\mathrm{d}\nu$。尊重物理光学的习惯，双折射元件造成的 o 光和 e 光的光程差由 δ 表示（$L_e-L_o=\delta$），这样，式(1.2.3)中的 $\mathrm{d}L$ 可改写成 δ。在实际应用中，人们并不关心频率差 $\mathrm{d}\nu$ 的正负号，而且在已有的全部探测 $\mathrm{d}\nu$ 的方法中，也不能判定 $\mathrm{d}\nu$ 的正负，因此在团队发表的文章中，式中的负号常常被略去并将 $\mathrm{d}\nu$ 写成 $\Delta\nu$，有

$$\Delta\nu=\frac{\nu}{L}\delta \tag{1.2.4}$$

若以 $\Delta\Phi$ 表示相位差（角度或弧度），因为

$$\delta=(\Delta\Phi/360)\lambda=(\Delta\Phi/2\pi)\lambda \tag{1.2.5}$$

有

$$\Delta\nu=\frac{c}{L}\frac{\Delta\Phi}{360}=\frac{c}{L}\frac{\Delta\Phi}{2\pi} \tag{1.2.6}$$

推导这一公式时，虽然是从驻波激光器得出的，但也适用于行波激光器。团队研究表明，各种双折射元件（晶体石英片、方解石片、有应力的玻璃片、光电晶体、有残余应力的介质膜等）都能形成频率分裂并导致某种应用，从而形成一个可对多种参数进行测量的有广泛应用前景的领域。

为了方便，团队引入了相对频率分裂量这个概念，定义由式(1.2.2)表示的频率分裂量 $\Delta\nu$ 与激光器纵模间隔 $\Delta=\dfrac{c}{2L}$ 的比值为相对频率分裂量 K，即

$$K=\frac{\Delta\nu}{\Delta}=\frac{\Delta\nu}{C/2L}=\frac{\delta}{\lambda/2} \tag{1.2.7}$$

$$K=\frac{\Delta\Phi}{180} \tag{1.2.8}$$

或

$$K=\frac{\delta}{\lambda/2} \tag{1.2.9}$$

定义了 K 之后，式(1.2.6)变成

$$\Delta\nu=k\Delta \tag{1.2.10}$$

式中，Δ 代表纵模间隔的大小。

值得注意的是：180 是常数，对一特定激光器，λ 也是常数，即相对频率分裂量的大小 K 值是频率分裂量与纵模间隔的比，只与双折射元件的光程差 δ（相位差）有关，而与激光器的腔长等参数无关。一般 K 是一个小数。其整数部分表示频率分裂有多少个整数倍的纵模间隔 Δ。在频率分裂过程中，可以由扫描干涉仪看到：随 K 增大 1，即出现一次“越级”现象。正如图 1.3 所示，如第 q 阶纵模 ν_q 分裂为两个频率 ν_q'（e 光）和 ν_q''（o 光），第 $q+1$ 阶纵模 ν_{q+1} 分裂为两个频率 ν_{q+1}' 和 ν_{q+1}''，等等。若以 ν_{q+1}' 为参考，视其在频率分裂过程中相对不动，K 增大 1，o 光的 q 阶频率

ν''_q将越过 e 光的 $q+1$ 阶频率 ν'_{q+1}。下文还将描述这一有趣的现象。K 的小数部分表示不足一个Δ 的频率分裂对Δ 的比,可由扫描干涉仪粗略测量,也可由频率计精确测量。

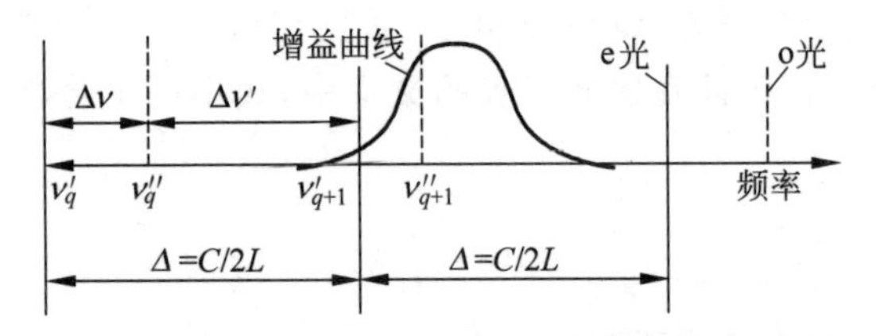

图 1.3　频率分裂 $\Delta\nu$、补数 $\Delta\nu'$和纵模间隔 Δ 的关系

如 $K=1$,式(1.2.8)和式(1.2.9)变成

$$\delta=\frac{\lambda}{2} \tag{1.2.11}$$

$$\Delta\Phi=180° \tag{1.2.12}$$

即频率分裂出现一次越级。或者说腔内双折射元件光程差(相位差)改变半个波长(180°),频率发生一次越级。这种越级现象只有用扫描干涉仪和偏振片的组合才能观察到。国外学者观察而不得,因为他们仅使用了频率计测量频率差。

由于双折射元件有两个主方向,任何偏振方向的光在通过它时都将在它的两个主方向上分解,所以腔内置入双折射元件所造成的分裂频率都是高纯度的线偏振光,且振动方向总由双折射元件决定,与两个主折射方向一致,这已被团队十几年不停息的实验反复证实。此外,同时具有双折射和旋光性的任意切割的晶体石英的主方向决定激光器的偏振方向。在后续章节中,我们还将对此做出实验和理论的证明。即使在一个激光器上和腔内置入双折射元件加外磁场,激光器的偏振方向仍由双折射元件决定。

$\Delta\nu$、$\Delta\nu'$和Δ 有以下关系:

$$\Delta\nu'=\Delta-\Delta\nu \tag{1.2.13}$$

为频率分裂。图中和式中,$\Delta\nu$ 是激光频率的分裂量,而 $\Delta\nu'$为补数。其中,$\Delta\nu=\nu'_q-\nu''_q$,$\Delta\nu'=\nu''_q-\nu'_{q+1}$。由于腔长 L 一定时,频率分裂量 $\Delta\nu$ 和纵模间隔Δ 之比已定义为相对频率分裂量,而Δ 和 $\Delta\nu'$之间的关系也是固定值。对照图 1.3 可知,$\Delta\nu$、Δ 和 $\Delta\nu'$三个中有两个被测出,另一个也就知道了。容易理解,频率分裂量的最大可应用值为一个纵模间隔。

很有意义的是,如果 $\delta=\frac{\lambda}{4}$,即激光器内置入四分之一波片($\Delta\varphi=90°$),由式(1.2.11)和式(1.2.12)可知激光频率量分裂恰等于纵模间隔的一半,等效于激光器增加了一倍纵模。40mm 增益区(激光长 70mm) HeNe 激光器能够输出 0.4mW 功率,保持稳定工作。

本节主要参考文献:[1][2][3][12][14][33][70][111][144][201][302]。

1.3　用腔内晶体石英产生激光频率分裂

通过在激光器谐振腔内置入晶体石英片产生频率分裂，团队发现了若干物理现象。

在激光器谐振腔内放入一片晶体石英片，或将晶体石英片作为腔镜基片使用（其内表面镀增透膜以大大减小界面光损耗，外表面镀高反射膜作为腔镜镜面），即可产生激光频率分裂。晶体石英片使通过它的光束形成正交线偏振光。晶体石英双折射使两种光成分具有光程差 δ。在不考虑旋光性时，有

$$\begin{cases}\delta=(n''-n')h\\ n''=\left(\dfrac{\sin^2\theta}{n_e^2}+\dfrac{\cos^2\theta}{n_o^2}\right)^{-1/2}\end{cases}\tag{1.3.1}$$

式中，$n'=n_0$，h 是晶片厚度，n'和 n''分别是 o 光和 e 光的折射率，n_o 和 n_e 分别是晶体石英的两个主折射率（对于 0.6328μm，$n_o=1.542\,63$，$n_e=1.551\,69$）。将式(1.3.1)的上式代入式(1.2.1)，有

$$\Delta\nu=\frac{\nu}{L}(n''-n')h\tag{1.3.2}$$

式(1.3.1)中，θ 是晶体石英的晶轴与光线之间的夹角，也可称其为晶体石英调谐角。这样，频率差的大小由晶体在光路中的厚度 h 和晶轴与光线之间的夹角 θ 决定，可以通过改变 h 和 θ 的大小来改变、控制频率差的大小。

我们知道，当光线方向不与晶轴垂直时，晶体石英存在旋光性（optical activity），且随 θ 而改变。光线的传播方向与晶轴平行时旋光性最大。这一特性对激光器的偏振态和频率差有重大影响，相关理论和实验将在 2.4 节给出。

从式(1.3.1)和式(1.3.2)可知，通过改变晶片厚度 h，或旋转晶片改变晶轴与光线之间的夹角，很容易改变频率分裂的大小。旋转晶片比改变晶片厚度更为方便，图 1.4 是团队使用的研究系统，图 1.5 则是实验结果。图 1.4 中，M_1 是球面全反镜，M_2 是平面输出镜，T 是激光增益管，Q 是晶体石英，W 是增透窗片，θ 是晶体光轴与激光之间的夹角，SI 是扫描干涉仪，P 是偏振片，OS 是示波器，PZT 是压电陶瓷，其上加电压 V。晶体石英片 Q 的晶轴与其面法线方向一致，所得频率分裂和转角的关系是非线性的，并且发生“畸变”现象。所称的畸变现象在图 1.5 中表现为：θ 从 0°到 2.8°，尽管双折射从小到大改变，激光频率并不分裂（这是由于竞争效应，后文将详细给出实验结果和分析）。2.8°时，一个频率在原有频率旁“突跳”出来，$\Delta\nu$ 即达到 42MHz；$\theta=2.8°\sim7.2°$，频率分裂随着 θ 的增大而增加，一直达到 273MHz($\Delta\nu/\Delta=K=0.67$)；$\theta=7.2°\sim10°$，频率分裂随着 θ 的增加而减小，直到减小至 40MHz；$\theta=10°\sim12.8°$，频率分裂随着 θ 的增加而增加；$\theta=12.8°\sim15.2°$，频率分裂随着 θ 的增加而减小。

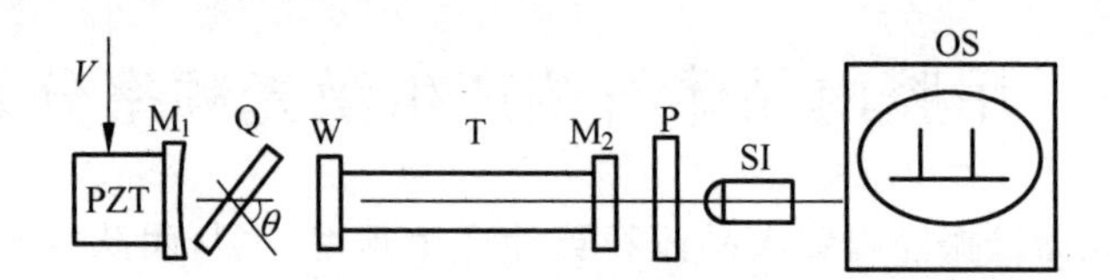

图 1.4　由激光器腔内晶体石英片引起的频率分裂的实验装置

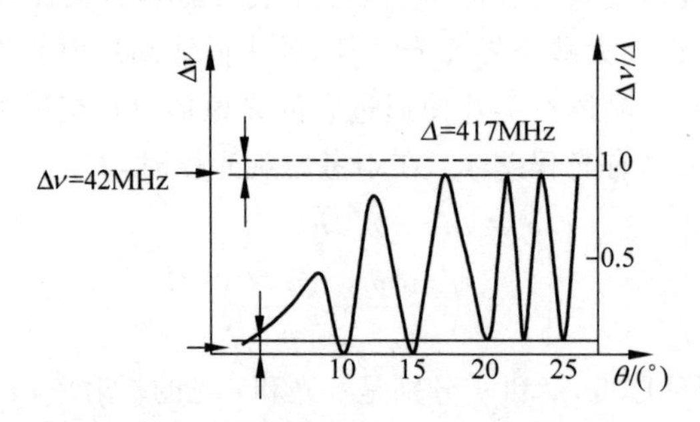

图 1.5　由激光器腔内晶体石英片引起的频率分裂现象

由图 1.5 看到，激光腔内晶体石英片旋转角 θ 没有超过 15.2°。这是因为晶片两通光面镀上了四分之一波长增透膜系，其面法线方向和腔内光线的夹角变大时，表面的反射率变大，腔损耗变大，最终激光器停止振荡。当对晶片镀增透膜按 15° 入射角镀制时，在 $0°<\theta<30°$ 范围能保证激光振荡。$\theta>30°$ 时激光器不能工作。图 1.5 有三次下降到与横坐标接近，即降到 42MHz 线，四次上升到 42MHz 线。

之所以称为“畸变”，是因为只用晶体石英的双折射效应，即式(1.3.1)、式(1.3.2)只能有随 θ 在 0°～90°范围内是单调上升的结论，不能解释这一曲线的前两个“周期”的形状。严格地说，应叫作频率分裂“收缩”现象。同时，激光器输出的两正交偏振光的偏振面也随 θ 的改变而改变。

团队还研究了可使晶片进行整周 360°旋转频率分裂的方案，把晶体石英加工成楔，并置于激光谐振腔内。楔作垂直于谐振腔轴线的运动的方案，在激光腔内置电光晶体的方案，都是可行的，这里不再赘述。需要时，可参考团队专著和相关文章。作为应用，把晶体石英加工成通光面高质量的光楔性，能实现极高分辨率位移测量。

本节主要参考文献：[1][2][14][15][17][29][33][53][70][111][144][201][317][318][321][326][334]。

1.4　双折射腔镜双频激光器

1.3 节介绍了把晶体石英片置入激光器谐振腔内造成频率分裂，即单频激光形成双频振荡。团队曾把晶体石英片直接制成激光器反射腔镜，并直接封接在 HeNe 激光放电管一端。这样的激光器在外观、尺寸上与一般激光器没有差别。

困难的是，晶体石英和玻璃的热膨胀系数差异较大，只能用胶封接，不能硬封接。为了硬封接，团队发明了硬封接的双折射镜双频激光器。

硬封接的双折射镜双频激光器的频率差可以达到几十兆赫兹，但要达到半个纵模必须对反射镜施加很大的外力，反射镜基片难以承受。所以，大的频率分裂还是要用晶体石英。

1.4.1 由腔内应力双折射产生激光频率分裂：平行偏振光和垂直偏振光

理论和实验证明，外力作用可使各向同性介质变成各向异性介质，从而产生双折射现象。外力也可使晶体的各向异性发生变化，产生附加的双折射。这种各向同性的光学材料在力的作用下，变成各向异性或引起各向异性发生改变的现象称为光弹性效应或应力双折射效应。材料内某点双折射的有效光轴在该点的应力方向上，并且双折射与应力成正比。

团队的研究致力于由应力产生的激光频率分裂，目标是研究出用于激光干涉仪的双频激光器。图1.6是直接将力加在HeNe激光增益管窗片上，图1.7则将力直接加在激光器的一个腔镜上，称之为应力双折射腔镜。后面还会介绍团队研究的巨大频率差(5GHz)的半导体激光器(LD)泵浦的YAG激光器(见1.9节)。

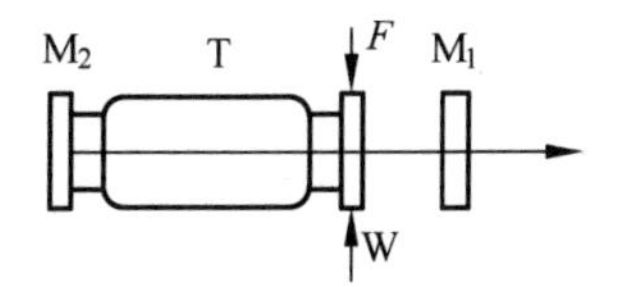

图1.6 应力双折射造成频率分裂，外力压在激光增益管窗片上

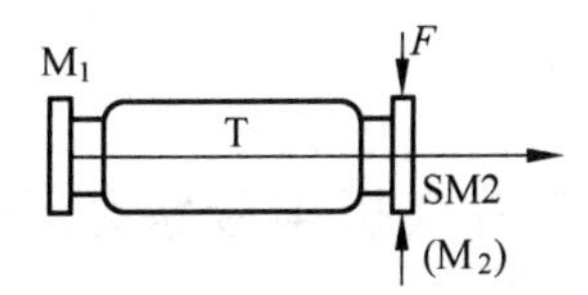

图1.7 由内应力双折射镜造成频率分裂的激光器

在我们提到应力双折射引起频率分裂产生的两正交偏振频率时，应力双折射元件中的两个正交方向的折射率都不再与加力前的折射率相同。这与晶体石英双折射不同，晶体石英中的一个折射率不因光的入射角而改变，是常数；而应力双折射中，两个方向的折射率都与加力前不同，即不存在寻常光(ordinary light)和非常光(extraordinary light)。

因此，以平行于加力方向和垂直于加力方向来命名两个频率：平行(偏振)光(//)和垂直(偏振)光(⊥)，其频率写为$\nu_{/\!/}$和$\nu_{\perp}$，偏振方向与力平行或垂直。

光束通过应力双折射元件时，平行(偏振)光和垂直(偏振)光光程差可表示为

$$\delta=(c_1-c_2)d(\sigma_1-\sigma_2) \tag{1.4.1}$$

式中，c_1和c_2为材料的光学系数，d为双折射元件的厚度，$\sigma_1-\sigma_2$为主应力的差。

如应力双折射元件为一个圆片，力沿着圆片的一个直径指向圆片中心，则中心点对应的主应力差为

$$\delta=\left[8\frac{\lambda}{\pi D f_0}\right]F \tag{1.4.2}$$

将式(1.4.2)代入式(1.4.1),再代入式(1.2.4),即可得到激光器内加入一个光学玻璃圆片,光束通过圆片中心点时一个频率分裂成两个频率后的频率差(公式略)。

应该指出一个事实：HeNe激光器内在没有布儒斯特角(Brewster's angle)元件时,相邻纵模总是互相垂直的线偏振。原因就是激光器总存在内应力,尽管内应力可能十分微弱(如激光腔镜上镀制的反射膜的残余应力),足以造成激光器相邻纵模的正交偏振。

较多资料说HeNe激光器输出的是圆偏振或随机偏振,这是不对的。这些资料的理由是在激光束通路上旋转一个偏振片,激光束强度不变。须知,在正交偏振光束通路上旋转一个偏振片,通过偏振片的光强度也是不变的。

1.4.2 1.15μm波长HeNe激光器的频率分裂

团队还对1.15μm波长HeNe激光器的频率分裂现象进行了研究。使用的内腔双折射元件是晶体石英。研究表明,1.15μm波长激光器的频率分裂现象与0.6328μm波长HeNe激光器大体相同,由于内应力双折射镜造成的频率分裂也和式(1.4.2)、式(1.2.4)相同。频率分裂$\Delta\nu$与腔内晶体石英片调谐角(转角)θ的关系曲线形状也基本与图1.5频率分裂的最小值(即强模竞争区频率差上限)相同,在40MHz左右。

1.4.3 应力双折射腔镜双频激光器

在1.4.1节已看到,腔内应力双折射可以使激光器产生频率分裂,获得两个频率,通过改变外力大小可以控制两个频率之差。为了使用方便,团队加力于增益管窗片W上或双折射腔镜SM2的基片上,W(或SM2)与管壳硬封接在一起。SM2左表面镀增透膜,右表面镀反射膜,反射膜就是激光器的一个腔镜。我们称这样的双折射双频激光器为应力双折射腔镜双频激光器,图1.7是其基本结构。这一结构还存在因模竞争两频率之一熄灭的问题,克服模竞争将是下面两节的任务。

作为以应用为目标的技术,首先要确认加力方式的安全、可靠,以及经历真空处理和硬封接后频率分裂和力的关系,团队给出了实验数据。加力装置对增益管窗片W(或SM2)施加外力过程中,用压力传感器探测力的大小,用扫描干涉仪探测频率差大小,测出分裂量与纵模间隔的比值。

通过反复测量,团队得到了相对频率差($\Delta\nu/\Delta$)与力F的关系(曲线略)。当压力F低于8N时,由于两分裂模之间的竞争,没有频率分裂；F在8～40N范围内,分裂量($\Delta\nu/\Delta$)相对于压力F呈很好的线性关系；当F继续增加时,线性度变差。其原因是窗片与管壳封接在一起,管壳会“抵抗”F的作用,打破了F与光程之间的线性关系,而且随着F的升高,这种阻碍作用会变大。

为了防止在激光器升温、降温过程中由于机械元件的膨胀而引起反射镜基片(或半外腔激光器增益管的窗片)附加的应力，最终采用了与反射镜基片、增益管窗片线膨胀系数一致的铁镍钴玻封合金作为加力元件的材料。铁镍钴玻封合金的线膨胀系数(4.7×10^{-6})和作为增益管窗片材料的 K_4 玻璃的线膨胀系数(4.9×10^{-6})接近，满足线膨胀系数相差小于 10%的封接匹配条件。

图 1.8 是工程化的应力双折射双频激光器，SP 是弹簧片。SP 小的一头开口，用螺钉压在应力双折射反射镜上；直径大的一头"抱住"激光器的一端，防止 SP 相对激光器的转动和滑动。

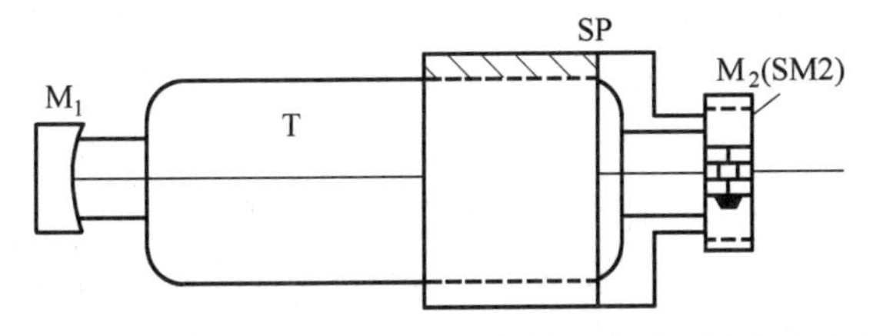

图 1.8　应力双折射腔镜双频激光器。力由弹力筒把弹簧片固定在应力双折射腔镜上

我们称图 1.7 和图 1.8 加力结构为对(直)径加力结构，或一维加力结构。团队还设计并实验了二维加力结构。二维加力结构沿两条互相垂直的直径加力。二维加力引起的双折射是两个正交方向的力求差后的结果。一维和二维加力结构都可以得到所需的小频率差。

团队在研究双频激光器及其应用的过程中，典型的参数如下：激光器的长度 150mm，输出功率一般可达 1.0mW。

本节主要参考文献：[1][2][14][44][256][290][312][320][325][338]。

1.5　双折射-塞曼双频激光器原理

1.4 节提到 0.6328μm 双折射双频激光器(包括各种结构的自然双折射和应力双折射双频激光器)只能输出 40MHz 以上的频率差(原因见 2.2 节)。而塞曼双频激光器的频率差不能大于 3MHz。高于 40MHz 的频率差适合测量高速目标的位移、振动等，而 3MHz 过小是限制激光干涉仪测速的瓶颈(1.1 节)。5～20MHz 频率差是一个经济、好用的频率差范围：频率差比 3MHz 大，可制成高测速双频干涉仪。频率差不是很大，干涉仪信号处理电路、软件相对简单，造价低。4MHz 频率差可将测量速度提高到 1m/s，8MHz 的频率差使双频干涉仪的测量速度提高到 2m/s，12MHz 的频率差使双频干涉仪的测量速度提高到 3m/s，20MHz 频率差测速将超过 6m/s，已能满足各类高速机床类、机器人、激光跟踪仪等设备跟踪测量要求。

双折射-塞曼双频激光器不能输出小于 40MHz 频率差的原因是：两个偏振方

向正交的线偏振光(晶体石英的 o 光和 e 光,或应力双折射的平行光和垂直光)在腔内行进在同一条路径上,共用同一群增益原子的同两个能级的粒子反转的增益。因此当 o 光和 e 光的频率差较小(小于 40MHz)时,二者在增益线上的烧孔重叠,从而存在强烈的模式竞争,导致一个频率熄灭。为此,团队提出了双折射-塞曼双频激光器原理并研究成功,其频率差可在 1MHz 到几百兆赫兹之间改变。

图 1.9 给出的是双折射-塞曼双频激光器原理结构: M_1 是普通激光反射镜,SM2 是双折射反射镜,PMF1 和 PMF2 是磁条形成横向磁场 B。应力双折射反射镜是内表面镀增透膜,而外表面镀反射膜的反射镜,加力后其内部出现应力双折射,从而使激光器发生频率分裂,一个频率变成两个频率。本来两频率可以有任意大小的频率差,但由于频率的相互竞争效应,频率差小于 40MHz 时,两个频率中的一个因竞争失败而熄灭。现加磁铁 PMF,施以横向磁场,横向磁场将原子光谱线分成 π 光和 σ^-、σ^+ 光,这是物理上塞曼效应的定义。图 1.10 示出了 π 光和 σ 光的增益曲线。π 光和 σ^- 光以及 π 光和 σ^+ 光的增益曲线的中心频率间隔差是 $\Delta\nu_z$。使双折射的平行偏振光和垂直偏振光的偏振方向分别与磁场方向平行和垂直,则平行偏振光和垂直偏振光的偏振方向分别与原子发射的 π 光和 σ 光偏振方向一致。也就是说,由双折射造成的两种偏振光中的任一个都将只使用一类原子,要么是发射的 π 偏振光的激活原子,要么是发射的 σ 偏振光的激活原子。因横向塞曼效应中的 π 光和 σ 光的辐射耦合很小,双折射形成的平行偏振光和垂直偏振光的竞争也很小,从而二者能同时在激光腔内稳定振荡。我们也可以解释为:磁场将激光介质增益原子分成两群,一群只放大偏振方向与磁场方向相同的光,另一群只放大垂直于磁场方向振动的光。因此,两频率的竞争大大减弱,它们不再激烈地相互争夺增益原子,也就不存在优胜和失败频率,两者都可稳定振荡。所以,激光器不仅可以产生大于 40MHz 的频率差,也可以产生小于 40MHz,甚至小于 1MHz 的频率差。从以上讨论可见,应力双折射双频激光器加磁场后仍然是双折射双频激光器,磁场的作用是克服模竞争。为此,可把这种激光器称为双折射-塞曼双频激光器,或简称为双折射双频激光器。

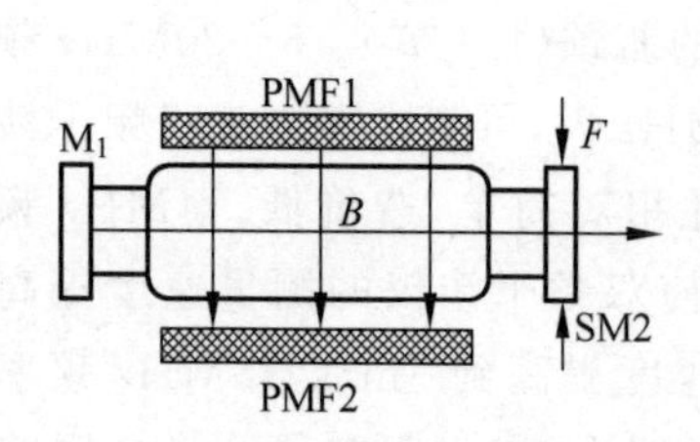

图 1.9　双折射-塞曼双频激光器原理

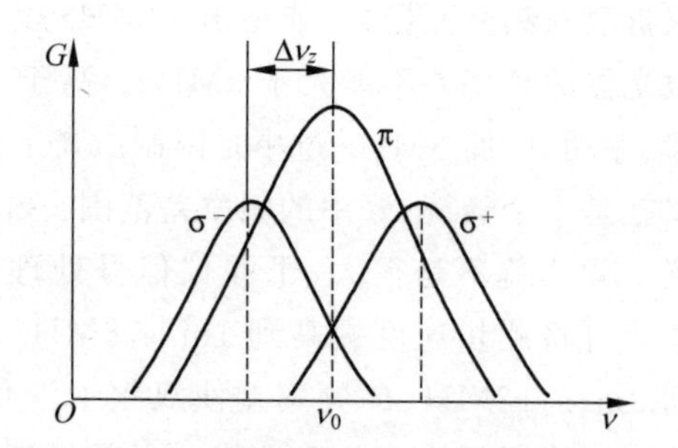

图 1.10　横向磁场把增益曲线分裂成 π 光和 σ 光增益曲线

这里两正交偏振光的称谓值得注意。首先，由于腔内应力双折射的存在，激光器内的一个纵模(频率)分裂成两个，不论频率分裂前激光纵模的偏振方向怎样，频率分裂后两个频率的偏振方向一定和所加力的方向平行(平行偏振光)，另一个和所加力的方向垂直(垂直偏振光)。其次，激光器上外加磁场的存在使激光介质中的 Ne 原子分成两群，一群原子发射的光和磁场方向平行(π 光)，另一群原子发射的光和磁场方向垂直(σ 光)。团队在实验中看到，不论磁场的方向和外力的方向夹角多大，激光器输出光的偏振方向总是和力的方向一致，而与磁场方向无关。这一点将在 2.3 节用实验证明。因此，对于塞曼-双折射激光器输出的两个频率，我们仍按对双折射双频激光器的定义称呼它们：一个是平行偏振光，一个是垂直偏振光。图 1.11 示出了垂直偏振光、平行偏振光与磁场和外力方向的关系。

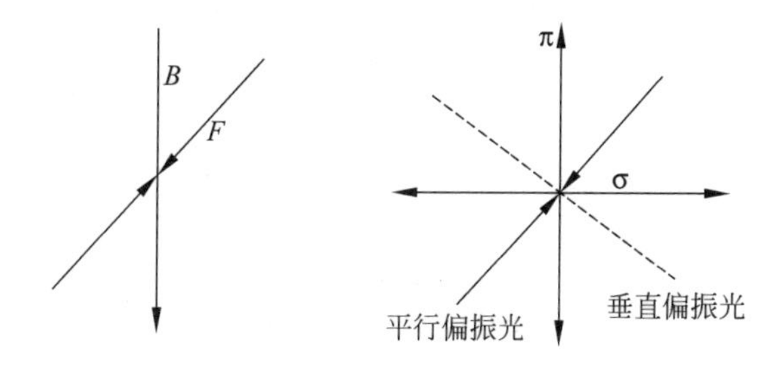

图 1.11 垂直偏振光、平行偏振光与磁场和外力方向的关系

以下是团队研制的双折射-塞曼双频激光器的典型参数：腔长 170mm，放电毛细管内径 1mm，He 和 Ne 总充气压 3.6Torr*，He∶Ne=7∶1，Ne^{20}∶Ne^{22}=1∶1，输出功率 0.7mW，频率差由改变外力的大小决定(可从 1 兆赫兹到几百兆赫兹)。

磁场 H 和力 F 的夹角改变不影响激光两个频率的功率之和，因为不论夹角多大，π 光和 σ 光对平行光投影之和不变，对垂直光也是如此。

团队研究了磁场大小对两正交偏振光功率调谐曲线和频率差调谐曲线的影响。实验证明，所加磁场的大小对频率差的稳定性有非常大的影响，以频率差 11MHz 为例，如磁场小于 20G，磁场不能起到消除强模竞争的作用；在 20～60G 区间，输出频率差有 1～2MHz 起伏；磁场在 60～150G 时，频率差都是稳定的。

团队的研究还表明，如果旋转磁场改变磁场和外力之间的夹角，双折射-塞曼双频激光器输出光的偏振方向不变，而激光器输出频率差发生变化，对于 40MHz 以上频率差，当磁场和外力成 45°时，频率差最小；当磁场和外力平行时，频率差最大。最大最小之差就是塞曼效应引起的频率分裂量。这表明双折射-塞曼双频激光器输出的频率差也包含有模牵引的贡献，但模牵引造成的频率差(团队的实验约 0.2MHz)远小于应力双折射造成的频率差(1 兆赫兹到几百兆赫兹)。但如果频率差小于 40MHz，磁场和外力夹角 45°时，频率差会消失。当磁场由与外力平行变成

* 1Torr=133.3Pa。

与外力垂直时，即旋转 90°时，两个探测器探测到的调谐曲线形成对换，即原来单峰形的变成马鞍形，而原来马鞍形的变成单峰形。

从以上讨论双折射-塞曼双频激光器的过程可知，这种激光器的频率分裂是由腔内双折射元件造成的，而塞曼效应的作用是消除两模频率的竞争，使因两模之间的竞争而熄灭掉的频率获得平等的增益而再生。

经过长期研究，团队研究的双折射-塞曼双频激光器已经大量用于自产的激光干涉仪，已经在尼康干涉仪、安捷伦干涉仪获得批量应用。图 1.12 是团队的双折射-塞曼双频激光器和塞曼激光器的频率差对比。塞曼激光器输出小于 3MHz 的频率差，双折射激光器输出大于 40MHz 的频率差，双折射-塞曼双频激光器输出从零到上百兆赫兹的频率差。

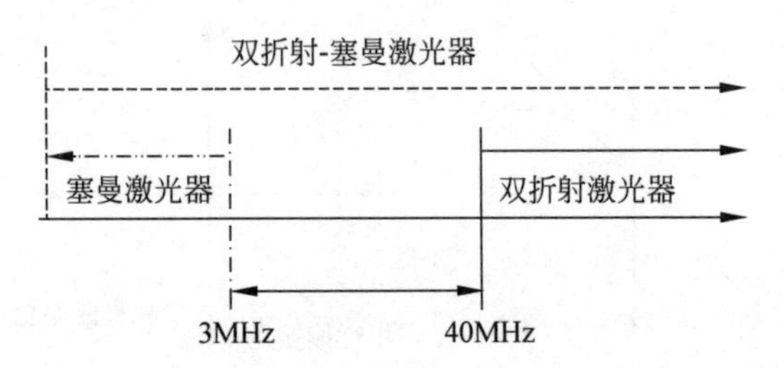

图 1.12　三种激光器(双折射、双折射-塞曼、塞曼)输出的频率差的比较

本节主要参考文献：[1][2][83][100][111][201][323][352][355]。

1.6　微孔腔镜双折射-塞曼双频激光器

从 1.5 节看到，团队采用弹性加力元件实现了双折射-塞曼双频激光器的频率差赋值和调节，解决了刚性加力元件调节分辨率低、系统稳定性差等问题。

进一步，考虑如何做到更稳定，与激光干涉仪装配更方便，团队还在激光腔镜上打微孔，使腔镜内出现内应力，实现双折射-塞曼双频激光器频率差的赋值与调节。在输出镜的不同位置打孔，通过调节孔的孔径、深度、锥度等参数调节激光器的频率差，实现了更加稳定的频率差赋值。同时，由于这种方法不存在任何人工加力元件，可以使激光器的频率差稳定性和抗干扰能力得到进一步提高。另外，玻璃中的应力时效性能够维持 5～7 年的时间，可以满足双频激光器的工作寿命要求。

1.6.1　打孔双频激光器的结构

图 1.13(a)是打孔应力调节双频激光器结构图。T 为激光增益管，PMF1 和 PMF2 是两块平行磁铁，M_1 和 M_2 为激光器腔镜。其中 M_1 为凹面全反镜，M_2 为平面输出镜，M_2 朝向管体的一侧镀有增透膜，另一侧镀有反射膜。在 M_2 的外表面上，通过打孔可以调节输出镜的内应力，从而调节激光器的频率差，而不影响激

光功率。图 1.13(b)是输出镜 M_2 的剖面图。在外表面上打孔，一般在对径方向上对称地打两个孔，这样打孔产生的应力基本沿着两个孔的连线方向。孔的直径和锥度可以通过改变钻头形状进行调节。另外，孔与输出镜中心的间距、孔的深度都可以调节，从而实现对激光器频率差的调节。

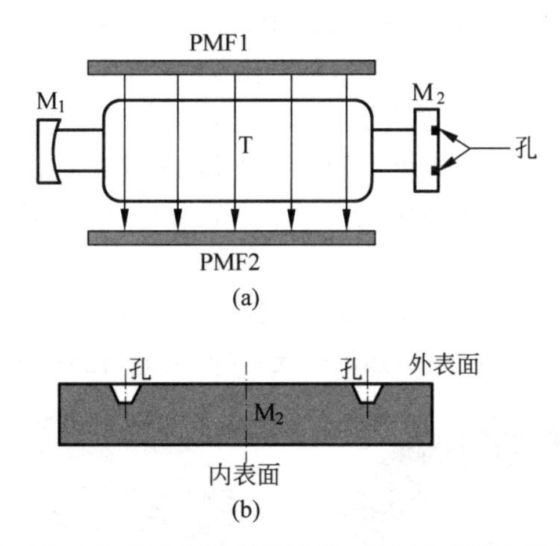

图 1.13　(a) 打孔应力调节双频激光器结构；(b) 激光输出镜 M_2 的剖面示意图

1.6.2　孔的参数调节对频率差的影响

在图 1.13(a)所示的双折射双频激光器中，激光器的频率差主要由三部分因素决定。首先是横向塞曼效应产生的频率差 $\Delta\nu_{\mathrm{Zeeman}}$，其产生的频率差的大小在几百千赫兹，只受磁场大小的影响。因此在磁场固定的情况下，这一频率差也是确定的。其次是激光器输出镜中的残余应力产生的频率差 $\Delta\nu_{\mathrm{r}}$，这部分频率差取决于输出镜基片中的残余应力，可以通过测量激光器的初始频率差来估算这部分频率差的大小，$\Delta\nu_{\mathrm{r}}$ 的大小也是一个定值。重要的是在应力镜上打孔产生的频率差 $\Delta\nu_{\mathrm{h}}$，通过调节孔的参数确定频率差的大小。上述三部分频率差，并不是简单的加减关系。在研究中团队发现，当两个孔的连线平行于残余应力主方向时，能够增大激光器频率差；如果垂直于残余应力主方向，则会减小初始频率差。激光器的频率差与输出镜基片中的应力关系，如下式所示：

$$\Delta\nu_{\mathrm{h}}=\frac{(p_{12}-p_{11})n_0^3 d\nu_0}{LE}(\sigma_1-\sigma_2) \tag{1.6.1}$$

式中，$\Delta\nu_{\mathrm{h}}$ 为打孔产生的激光器频率差变化，P_{12} 和 P_{11} 为玻璃光弹系数张量中的两个元素，n_0 是输出镜基片的折射率，d 为输出镜基片的厚度，ν_0 为激光器的中心频率，L 为激光谐振腔长，E 为弹性模量，σ_1 和 σ_2 分别是互相垂直两个方向上的应力大小。从式(1.6.1)可以看出，打孔产生的频率差与两个垂直方向上的应力差呈线性关系，可以表示为

$$\Delta\nu_{\mathrm{h}}=K(\sigma_1-\sigma_2) \tag{1.6.2}$$

式中，K 为常数。

实验证明，打孔调节内应力的方式能够成为双折射-塞曼双频激光器频率差赋值的一个有效手段。打孔的方式不仅可以单调地增大频率差，当在垂直方向上重新打对径的两个孔时，能够减小激光器的原有频率差。

在图 1.14 中，第一步，在对径的方向上打两个孔，孔的参数为(0.1,1.0,3.5)。这三个参数，第一个为孔的深度，第二个为孔径，第三个为孔中心距输出镜中心的距离，单位均为 mm。在第一次打孔后，激光器的频率差为 0.3MHz，第二步加大孔深至 0.45mm，激光器频率差增大到 0.5MHz，逐渐增大孔深至 1.9mm，激光器频率差增大到 3.5MHz；之后，增大孔径至 1.2mm，激光器频率差增大到约 5.5MHz，再次扩大孔径至 1.4mm，激光器频率差增大到约 7.5MHz。这时，在垂直的方向上打两个新孔，孔的参数为 V(0.2,1.2,3.5)，字母 V 表示方向与原方向垂直，此时激光器频率差减小到约 5.9MHz；之后逐渐增大孔深，激光器的输出频率差进一步减小。

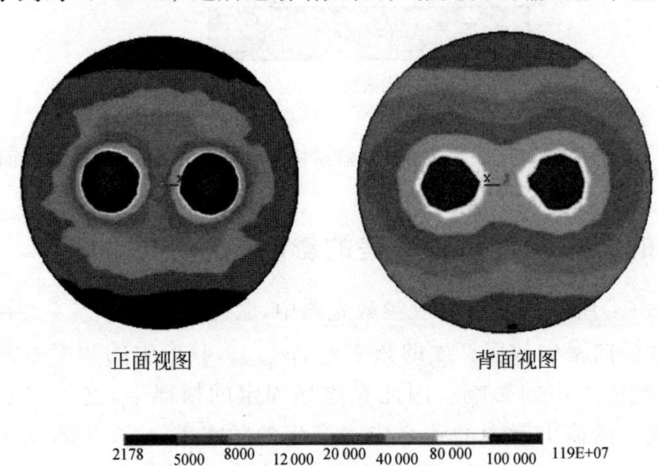

图 1.14　孔周围应力分布示意图

(请扫Ⅲ页二维码看彩图)

打孔在孔的周围区域产生应力，其分布如图 1.14 所示。打孔产生的应力，在孔内应力值最大，随着与孔的距离增大，应力逐渐减小。还可以看到：增大打孔的深度，能够增大激光器的频率差变化，孔越深，基片内具有双折射效应的有效厚度越大，激光器频率差的改变也就越大；增大孔径能够增大激光器的频率差；孔中心离激光腔镜的光束出射点越近，对激光器的频率差影响也越大。另外，在一条直径上打孔后，如再在垂直于这条直径上打孔，能够减小原有的激光器频率差。因为从式(1.6.2)可知，激光器的频率差取决于两个方向上的应力差，在垂直方向上打孔，能够在垂直方向上产生加工应力，从而减小原有激光器频率差。

在打孔调节频率差的过程中，频率差较大时，孔径和孔深较大，过大的频率差可能会对激光器造成破坏，因此团队采用打孔应力调节的方式，实现的频率差赋值范围为 0～20MHz。在实际应用中，可以采用逐次逼近法得到设定的频率差值。

例如，如果制作频率差为(10±0.3)MHz的双折射-塞曼双频激光器，初始频率差假设约为1MHz，那么可以在平行于残余应力的方向上打孔，然后进行频率差测量，若频率差小于10MHz，则通过增大孔深或孔径，进行二次打孔，直至频率差达到设定值。若频率差在打孔后大于10MHz，可以在垂直方向上打两个新孔来减小频率差，使之达到设定值。

团队还用激光内雕制造微孔腔镜，亦取得同样的效果。

在3.1节中介绍双折射双频激光干涉仪时，将给出由应力双折射造成的频率差的稳定性测试结果。频率差的稳定性和HeNe激光器的封装和频率稳定直接相关。典型值：标称3MHz的频率差每小时漂移可小于3～4kHz，满足各种用途(包括光刻机)的干涉仪的需要。

本节主要参考文献：[2][290][312][352][365]。

1.7　微片固体激光器双频激光器的一般描述

前几节主要介绍了团队把双折射引入HeNe激光器谐振腔内使单频激光器变成双频激光器。HeNe激光器的优点是其他激光器所不具备的，如光束的发散角非常小，光束界面上的强度分布的均匀性、单色性，频率的稳定性，所以在激光干涉领域它至今无可替代。HeNe激光器的缺点也是明显的，它的体积大、寿命有限、功耗大。半导体激光器(LD)问世后，曾希望LD替代HeNe激光器，LD体积小，寿命长，功耗低，给人很多遐想。结果证明，LD的光束均匀性、单色性、频率的稳定性超过HeNe激光器几无可能。一个方案就是由LD泵浦固体激光器(Nd：YAG或Nd：YVO_4)获得性能优良的激光束，一个LD(波长0.808μm)和一个固体激光器(波长1.06μm)串联，换取好的光束质量，包括方向性(发散角)和频率稳定性(温度漂移)。

精密仪器，特别是激光干涉仪的光源(激光器)只要求毫瓦量级的小功率，但一定是单频或双频输出。小功率、高稳定的要求催生了微片固体激光器。这就是本节要讲的内容。

微片并不是指固体激光器的截面大小，仅是指厚度。1mm厚度的薄片两面镀上激光反射膜形成激光谐振腔，微片厚度也即谐振腔的长度。微片直径可大可小，但不能使薄片曲翘。

微片固体激光器以Nd：YAG和Nd：YVO_4最成熟，可以把它们用作精密仪器的光源。团队在这个方向上的努力是成功的，本书最长的一章(第4章)给出了研究、仪器化、应用的结果。

团队不是首先研究微片固体激光器(Nd：YAG和Nd：YVO_4)的，但相信是我们首先把它们作为光源实现纳米级精密测量仪器的，也是世界上推动微片固体激光器技术进步的主要团队。

本节主要介绍团队的创新工作，也将介绍一些必需的关于微片激光器的基本知识，为读者阅读第4章做好准备。本节内容包括：团队研究的微片固体激光器结构，基本性质，特殊的稳频技术，弛豫振荡，巨大频率差微片固体激光器。其中的大部分都将在第4章微片固体激光器经常出现，都是影响精密测量仪器的核心问题。

1.8 微片固体激光器，单偏振和正交偏振输出

1.8.1 微片固体激光器

图1.15是端面泵浦微片掺钕钇铝石榴石(Nd：YAG)激光器的结构。微片掺钕钇钒酸钇(Nd：YVO_4)激光器的光路结构与之基本相同，统称为微片固体激光器，或微片激光器，在需要区分时，我们会注明。

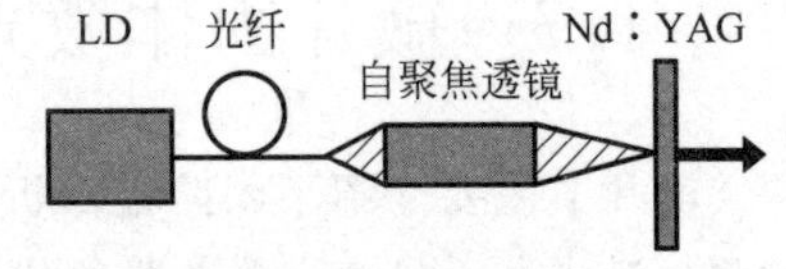

图1.15 微片Nd：YAG激光器的结构

LD发射的0.808μm的激光束通过光纤传输到自聚焦透镜，射入Nd：YAG微片，微片Nd：YAG激光器发射1.06μm的光束。团队也常把LD靠近微片激光器，不使用光纤。

LD驱动电源是恒流源，电流稳定度要高于1%。LD输出波长随温度变化为0.3nm/℃，波长漂移会影响微片激光器输出功率。

根据应用的要求，团队使用的2.5mm厚固体激光微片主要用于产生双纵模，厚度1mm左右用于产生单纵模线偏振或者单纵模频率分裂的正交偏振的激光器。直径大小没有严格限制。

微片激光介质两侧镀高反射膜，两膜即激光反射镜，形成激光平行平面谐振腔。镀膜参数为：泵浦光射入面(Nd：YAG左面)镀双色膜，对808nm波长增透，透过率大于96%，对1064nm波长全反，反射率大于99.8%；输出端面镀双色膜，对808nm波长高反射，反射率大于95%，对1064nm波长高反射，反射率为98%。

微片固体激光器可以是平行平面谐振腔，也可以是平凹腔。

LD的泵浦光模式与微片激光器谐振腔的TEM_{00}模之间的模式匹配是提高Nd：YAG激光器输出光功率和转化效率、降低阈值的有效途径，而这一点主要是通过LD和微片之间的光束耦合系统来实现。有效的模式匹配意味着：泵浦光经耦合系统聚焦后，泵浦光的焦斑大小一般应小于或等于Nd：YAG激光器基模光斑尺寸。泵浦光经光学系统聚焦进入微片后，应保证在尽可能长的长度上满足泵浦光功率密度大于Nd：YAG激光器泵浦阈值功率密度。对于平平腔，泵浦光焦斑应在两平面镜中间。

团队用过多种泵浦激光器耦合方式，如LD尽量靠近并直接泵浦激光微片；用自聚焦透镜耦合，自聚焦透镜能把LD光斑会聚为直径小于50μm的光斑。

1.8.2　单偏振和正交偏振输出

单偏振和正交偏振输出的问题前面几节已经做过讨论，这里仅是说明，微片 Nd∶YAG 激光器和 HeNe 激光器是类似的，可以输出正交线偏振光。

微片 Nd∶YVO_4(a-cut)激光器的输出是线偏振的单一方向，有较多文献已做过说明，我们接受这一观点。但在微片 Nd∶YVO_4 激光器输出光束被反射镜反射回激光器时，且在微片和反射镜之间置入一光学波片，激光束会变成正交线偏振的。本书第 4 章将讨论这一效应及其应用。

微片 Nd∶YAG 激光器常用没有偏振限制的方式(各向同性)，要产生符合需求的正交偏振激光输出，必须对微片施加外力引起其内应力。图 1.16 是加力的方式之一，外力对着圆形微片的一条直径加来，称为对径加力。如微片是方形的，只能在相对的两个侧面加力。微片内两主方向的主应力之差和加力大小呈线性，激光器正交偏振频率差和所加压力呈线性关系。

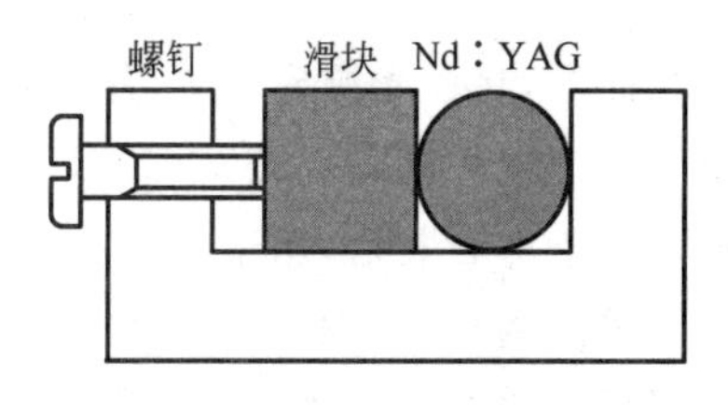

图 1.16　对 Nd∶YAG 激光微片加力

1.8.3　微片 Nd∶YAG 激光器的正交线偏振

上文提到，如需要特定的频率差，需要施加外力。这里有一个不易引起注意的事实：微片 Nd∶YAG 激光器输出光束一般是正交线偏振的。这种忽视是和 HeNe 激光器长期被认为是圆偏振或自由偏振一样。Nd∶YAG 微片内部总有消除不了的残余应力，应力导致激光频率的分裂，输出正交线偏振光。本书 1.2 节给出，HeNe 激光器的频率差小于 40MHz 时，两个频率之一熄灭。微片 Nd∶YAG 激光器则不同，它几乎没有频率熄灭现象，可以测到小到几十赫兹的频率差。

1.8.4　一片两光输出的微片激光器

光源模块的机械结构如图 1.17 所示。LD1 和 LD2 采用 C-mount 封装，分别固定在两块紫铜热沉上。热沉与 LD 的阳极相连，LD 的阴极用导线引出。将 LD 和微片晶体全部封装在同一块机械结构中，使得两个微片激光器所处的环境温度和机械扰动相同，保证了工作状态的一致性。由于 LD 输出 808nm 激光的发散角较大，为了充分利用泵浦光，使 LD 尽量靠近 Nd∶YVO_4 晶体，以提高泵浦光在微片晶体中的功率密度，减小出光阈值。该间距的设计值为 0.2mm。其中，LD 热沉的尺寸为 6.9mm×6.4mm×2.4mm，装配好的光源模块尺寸为 22mm×15mm×17mm，结构紧凑。但缺点是，泵浦角度调节不便，泵浦效率降低，因此激光器输出的弛豫振荡频率相对于第 2 章光纤传输泵浦时较低。

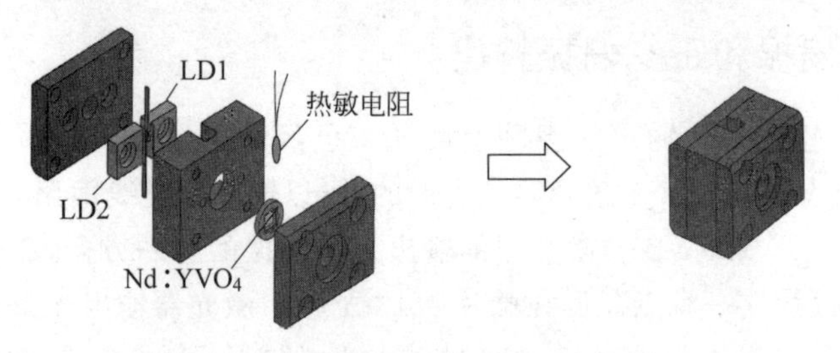

图 1.17 光源模块机械结构示意图
(请扫Ⅲ页二维码看彩图)

此外,在该光源模块中,靠近微片处装有一热敏电阻,以实时测量光源的温度值并反馈到外部的温控系统中。光源模块温度控制的目的,是获得稳定的激光波长。端盖即封装盒,示于图 1.17 的两端,右图是封装好的激光器。

采用两个 LD 直接端面泵浦激光晶体,如图 1.18 所示,LD 输出的光经柱透镜整形后直接照射到激光晶体上,将两个 LD 和微片晶体的相对位置固定,即确定了泵浦光的模式、偏振及泵浦的位置和角度,稳定性好。

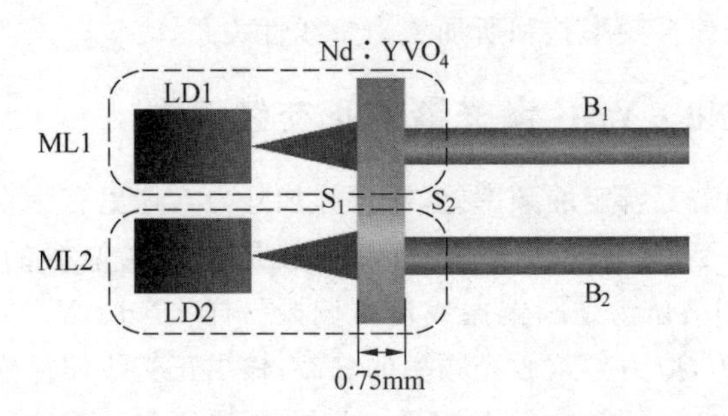

图 1.18 LD 直接泵浦 $Nd∶YVO_4$ 晶体结构示意图

半导体激光器 LD1 和 LD2 的中心波长均为 808nm,光谱宽度为 1.2nm,发光区宽度为 30μm,最大输出功率为 300mW。输出光束的快轴发散角为 34°,慢轴发散角为 7°。LD 的输出光经过柱透镜整形后,在垂直的两个方向上光束尺寸和发散角相近。微片晶体采用 $Nd∶YVO_4$ 激光器,Nd 掺杂浓度 3%,a 向切割,直径 5mm,厚度 0.75mm。S_1 面镀有 808nm 厚增透膜和 1064nm 厚高反膜,反射率大于 99.8%;S_2 面镀有 1064nm 厚部分反射膜,反射率(95±3)%。虽然该光源结构中只用了一块 $Nd∶YVO_4$ 晶体,但泵浦光相互独立,且增益介质为晶体的不同区域,因此该结构仍相当于两个激光器,即由 LD1 泵浦 $Nd∶YVO_4$ 晶体构成的微片激光器 1(ML1)和由 LD2 泵浦 $Nd∶YVO_4$ 晶体构成的微片激光器 2(ML2),它们输出的激光 B_1 和 B_2 均为基横模,线偏振,偏振方向垂直于水平面。用 CCD 探测的激光横模模式如图 1.19 所示,两光间距为 1.68mm。

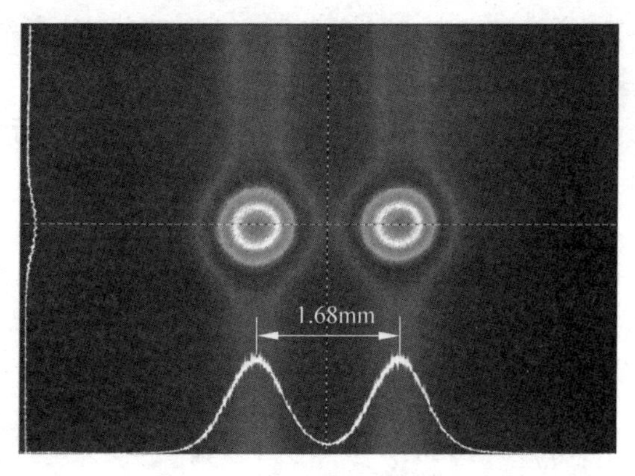

图 1.19　双路激光横模模式
(请扫Ⅲ页二维码看彩图)

1.8.5　微片激光器阵列

微型化光源的结构如图 1.20(a)所示。首先用一个外径为 1.8mm，内径为 125μm 的毛细玻璃管将传输泵浦光的单纵模保偏光纤的一端封装在里面，并将端面研磨平整，泵浦光纤的另外一端接泵浦 LD；然后用紫外胶将直径为 1.8mm 的自聚焦透镜与内径同样为 1.8mm 的玻璃套管粘合，自聚焦透镜的出光端与套管一端平齐；接着用胶将直径为 2.8mm 的微片激光器和外径同样为 2.8mm 的玻璃套管的出光端粘合；最后将毛细玻璃管与自聚焦透镜的入光端贴合并微调，确保输出激光的阈值、横模、纵模等满足要求后用胶将二者固定。以上所用器件都是常规的标准器件，研制出的光源成本较低。图 1.20(b)为研制出的微型化光源的实物图。利用如图 1.20 所示的结构，泵浦光经光纤传输至自聚焦透镜处，自聚焦透镜将泵浦光聚焦在微片厚度方向的中心位置上，当泵浦功率超过阈值时，激光器即可出光。

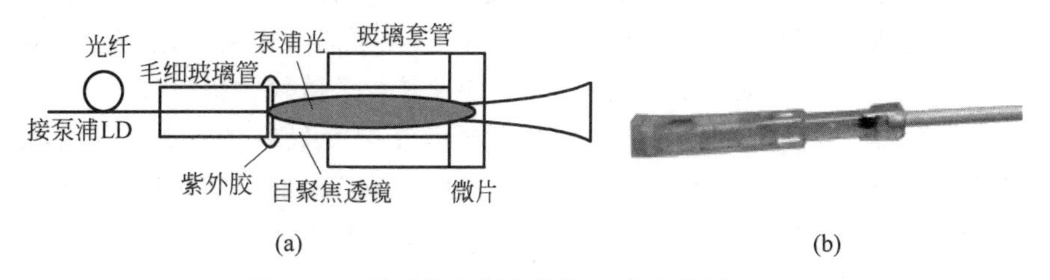

图 1.20　微型化光源的结构(a)与实物照片(b)

每个微型化光源都输出单纵模、线偏振、基横模的激光，观察光频谱，除了弛豫振荡频率外无其他噪声，同前述的常规激光器的出光特性相同，保证可以为回馈干涉仪所用。只是微型化的光源暂时没有进行温控和稳频。不同的微型化光源，虽然用的微片激光器的规格是相同的，但是谐振腔长不可避免地仍有微小的差别，导致不同激光器的输出频率不同，在进行测量时每个激光器独立工作，并不影响测量结果。

在泵浦布置上，团队采用一个大功率的 LD 作为泵浦源，用光纤分束器根据需要将 LD 的光分成多路，每路泵浦一个微型化光源。

将单个微型化光源进行排列并微调，保证它们的光束是平行的，即可得到多路光的阵列光源。图 1.21 所示为一个 1×3 的阵列光源实物图。

采用这种方案，每个激光器单独调节，可以兼顾每个微片激光器的性能，可以批量制作。在组合成阵列光源时调节环节少，同时可以方便地组合成任意形状。按光学原理，不同的激光器输出光是不能干涉的，因此不同的微片激光器相互独立，不会发生干涉噪声。

团队研制的微型化 3×2 的阵列光源，如图 1.22 所示，并以此为光源组装了一台六路光激光回馈干涉仪。

图 1.21　1×3 阵列光源照片

图 1.22　3×2 阵列微片激光器照片

本节主要参考文献：[36][117][137][158][167][168][180][292][301][355]。

1.9　微片固体激光器的弛豫振荡

1.9.1　引言

弛豫振荡是大多激光器特别是半导体激光器和固体激光器的基本特性。到目前为止，弛豫振荡是引起固体激光器的输出光强波动的最重要原因。只要激光增益介质上能级粒子数寿命或者说反转粒子数寿命大于谐振腔内光子寿命，就会产生激光光强的弛豫振荡现象。假定激光器刚开机，在泵浦的作用下，上能级粒子数不断增加，由于上能级寿命较长，强烈的泵浦使反转粒子数较大幅超过阈值。激光一旦振荡，就会产生一个瞬时的尖峰，随激光振荡增强，反转粒子数消耗很大，超过泵浦速率，反转粒子数会降到阈值，激光振荡停止或减弱。此时泵浦过程又开始使反转粒子数增加，超过阈值后会引起另一次的激光尖峰，激光器会以相近的频率重复上述过程，这就形成了弛豫振荡。并且泵浦功率越大，尖峰形成越快，因而尖峰的间隔越小，弛豫振荡频率越大。在脉冲激光器中，泵浦是脉冲形式，弛豫振荡表现为激光器输出一列衰减的脉冲，泵浦脉冲停止，弛豫振荡也停止。脉冲激光器要获得单脉冲，必须采用所谓 Q 调制技术，Q 调制技术不在本书讨论的内容。弛豫振荡也发生在连续激光器中，原因与脉冲激光器基本相同。图 1.23 显示了团队在单纵模线偏振的微片 Nd：YAG 激光器中观察到的弛豫振荡，从频谱图中可以看到弛豫振荡频率 ω_R 及其倍频 $2\omega_R$。

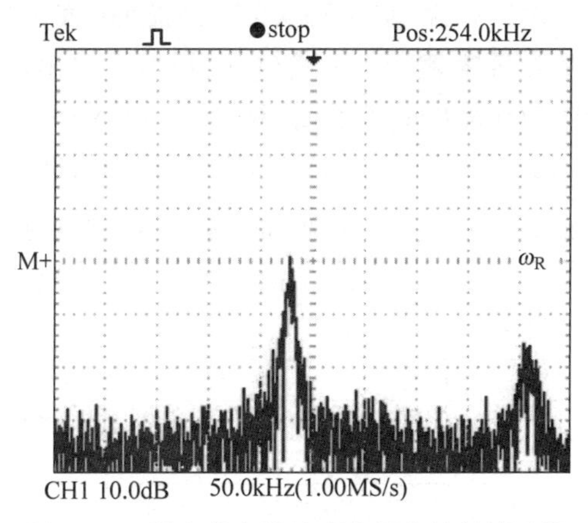

图1.23 微片激光器的弛豫振荡的频域图像

第4章将会看到，为了提高测量仪器（特别是基于激光回馈原理的仪器）在测量弱反射目标或远程目标时的能力，团队将对微片激光器的频率进行调制（或用压电陶瓷，或用声光调制器），然后射向被测目标。调制频率越接近激光器的弛豫振荡频率，其测量灵敏度越高。当回馈光的调制频率与弛豫振荡重合时具有最高的灵敏度，它对回馈光的放大作用可以达到 10^6 甚至更高。实际的仪器不需也不能使用 10^6 放大，否则会带来新的问题，这是第4章的一个技术要点。

基于激光回馈原理的仪器利用弛豫振荡获得弱光高灵敏度探测的同时，弛豫振荡也带来问题：激光回馈测量目标的位移速度被弛豫振荡频率限制，目标位移使测量光发生多普勒频移，多普勒频移量不能和弛豫振荡频率差别太小，否则会引起强烈的噪声，因此研究控制微片激光器弛豫振荡频率的因素至关重要，无论从应用的角度还是从丰富激光物理知识的角度。对于技术和工程方面，理论分析可以给出方向，但得出的数据与实验结果的差异总是嫌大。下面将致力于得到确凿、可用的实验数据。

1.9.2 与激光器弛豫振荡频率大小相关的因素

激光器弛豫振荡的频率 f_{RO} 可表示为

$$f_{RO}=\frac{1}{2\pi}\sqrt{\frac{c(1-\eta)\ln(R_1R_2)}{2nL\tau}} \tag{1.9.1}$$

式中，n 是激光增益介质的折射率，L 是激光谐振腔长，R_1、R_2 是腔镜镀膜反射率，τ 是上能级粒子数寿命（荧光寿命）。要想提高弛豫振荡频率，上式参量中人为可控的因素包括 τ（采用不同的晶体，改变掺杂浓度），L（改变激光微片的厚度），R_1 和 R_2（改变晶体两端镀膜反射率）。R_1 和 R_2 的乘积小于1，$\ln R_1R_2$ 是负数，R_1R_2 越小，$\ln R_1R_2$ 越大。团队从这三方面归纳和实验分析它们对弛豫振荡频率的影响：激光介质种类与弛豫振荡频率，激光器腔长与弛豫振荡频率，腔镜反射率与弛豫振荡频率。对于研究仪器来说,实验的结果才是最可信的。

激光介质种类与弛豫振荡频率。由式(1.9.1)可以看出,荧光寿命越小,弛豫振荡频率越高。常用的激光晶体除了前面提到的 Nd∶YVO_4 和 Nd∶YAG 外,还有 Nd∶$GdVO_4$、Yb∶YAG 和 Nd∶KGW 晶体,它们的物理光学特性见表 1.1。

表 1.1 Nd∶$GdVO_4$、Yb∶YAG 和 Nd∶KGW 晶体的物理光学特性

激光晶体	Nd∶$GdVO_4$	Yb∶YAG	Nd∶KGW
激光波长/nm	912.6,1063.1,1341.3	1030,1050	911,1067.2,1351
荧光寿命/(μs@ doping 1%)	95	1200	110@doping3%
受激发射截面/$\times 10^{-19}cm^2$	7.6@1063.1nm	0.2@1030nm	4.3@1067.2nm
泵浦波长/nm	808.4	940,970	811
吸收系数/(cm^{-1}@doping1%)	74.0@810nm	1	2.73
吸收线宽/nm	3	8	12
偏振输出	π,e 偏振,∥c	否	是

与表 1.1 比较可知,Nd∶YVO_4 晶体的荧光寿命最短,与其相近的还有 Nd∶$GdVO_4$ 晶体。除荧光寿命外,Nd∶$GdVO_4$ 的增益带宽、泵浦波长、吸收线宽也都和 Nd∶YVO_4 相近,同时具有 a 向切割沿 π 方向线偏振输出的特性。此外,Nd∶$GdVO_4$ 对泵浦光的吸收系数是 Nd∶YVO_4 的 2.4 倍,吸收效率高,增益大,在相同泵浦功率下具有获得更高弛豫振荡频率的潜力。为此,本节实验研究了 Nd∶$GdVO_4$ 的弛豫振荡特性,并和 Nd∶YVO_4 做比较。

Nd∶$GdVO_4$ 晶体的掺杂浓度、厚度和镀膜参数都与 2.2.2 节中 Nd∶YVO_4 晶体相同,具体见表 1.2。其中,掺杂浓度越高,荧光寿命越短,对泵浦光的吸收也越大。3%的掺杂浓度已经达到上限,再大则会引起晶体更大应变,光束质量降低。

表 1.2 Nd∶$GdVO_4$ 晶体设计参数

参 数	数 值
尺寸	3mm×3mm
切割方向	a-cut±0.25°
掺杂浓度	3%
厚度	0.75mm
泵浦光输入面镀膜	1064nm 波长高反,反射率 R_1>99.8% 808nm 波长高透
激光输出面镀膜	1064nm 波长部分反,反射率 R_2=(95±3)%

实验测得 Nd∶YVO_4 激光器的出光泵浦阈值为 26.6mW,Nd∶$GdVO_4$ 激光器的出光泵浦阈值为 33.6mW。出光阈值与荧光寿命、受激发射截面和吸收系数三者的乘积成反比,Nd∶$GdVO_4$ 虽吸收系数大,但受激发射截面仅为 Nd∶YVO_4 的 0.3 倍,因此出光阈值依然较大。接下来,分别增大泵浦功率,测量弛豫振荡频率 f_{RO} 随相对泵浦水平 η 的变化,结果如图 1.24 所示。

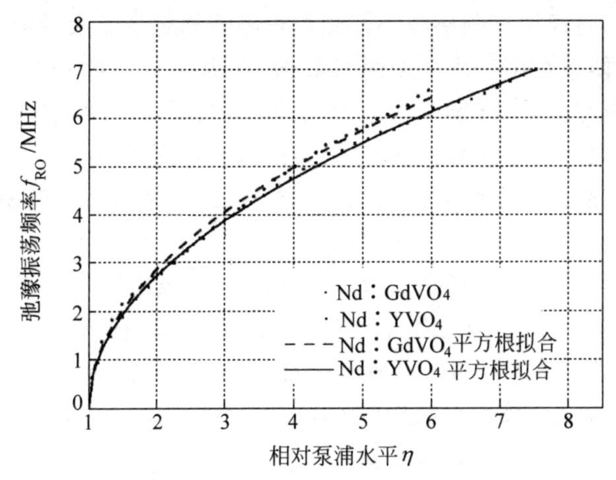

图 1.24　Nd：YVO_4 激光器和 Nd：$GdVO_4$ 激光器弛豫振荡频率随相对泵浦水平的变化

（请扫Ⅲ页二维码看彩图）

由图 1.24 可知，在相同泵浦水平下，Nd：$GdVO_4$ 的弛豫振荡频率比 Nd：YVO_4 略大，但有限，$f_{RO\_GdVO_4}/f_{RO\_YVO_4}=1.048$。然而，Nd：$GdVO_4$ 的出光阈值较大，要想达到相同的泵浦水平，所需功率较大，泵浦带来的热效应不利于激光器的稳定。而从晶体自身的角度讲，Nd：$GdVO_4$ 毛坯生长困难，尺寸偏小，表面容易解理，且成本高。因此 Nd：YVO_4 还是优于 Nd：$GdVO_4$。

激光器腔长与弛豫振荡频率。由式(1.9.1)可知，激光器腔长越短，弛豫振荡频率越高。为了更充分地比对，团队设计加工了厚度为 0.5mm 和 1mm 的 Nd：YVO_4 晶体，其他参数全部和 0.75mm 的 Nd：YVO_4 晶体相同。分别测量三个晶体弛豫振荡频率随相对泵浦水平的变化，如图 1.25 所示。

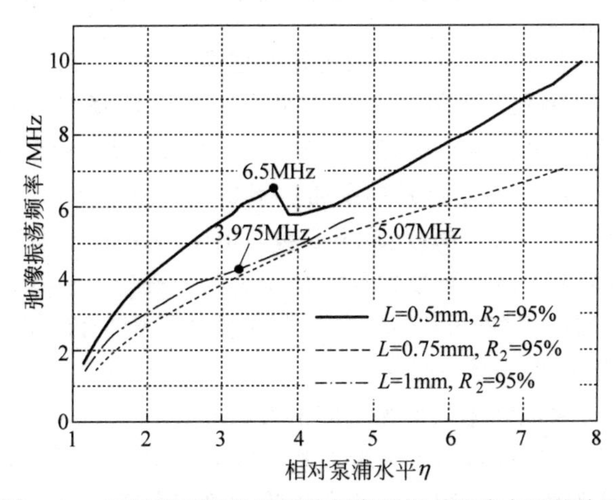

图 1.25　不同腔长下弛豫振荡频率随相对泵浦水平的关系

图 1.25 表明：①微片谐振腔长 $L=0.5$mm 时弛豫振荡频率最大(实线)，$L=0.75$mm 次之(点线)，而 $L=1$mm 弛豫振荡频率最小(点划线)；②但在出现双纵

模后(圆点位置)，弛豫振荡频率减小，随后，再随着相对泵浦水平的增大而增大，这是由于部分泵浦能量被用于另一个纵模起振，原纵模的相对泵浦水平有所下降所致，待第二个纵模起振后，继续增大泵浦功率，弛豫振荡频率再次逐渐增大；③在单纵模输出的情况下，1mm 厚晶体的弛豫振荡频率最大为 3.975MHz，0.75mm 厚晶体的弛豫振荡频率最大为 5.07MHz，0.5mm 厚晶体的弛豫振荡频率最大可达到 6.5MHz。

腔镜反射率与弛豫振荡频率。为了比较不同腔镜反射率的 Nd∶YVO$_4$ 激光器弛豫振荡频率的大小，设计加工了厚度为 0.5mm，泵浦光 0.808μm 的输入镜面镀 1064nm 全反膜(R_1＞99.8%)，输出面反射率 R_2 分别为 95%、90%和 85%的 Nd∶YVO$_4$ 晶体做比对实验，结果如图 1.26 所示。

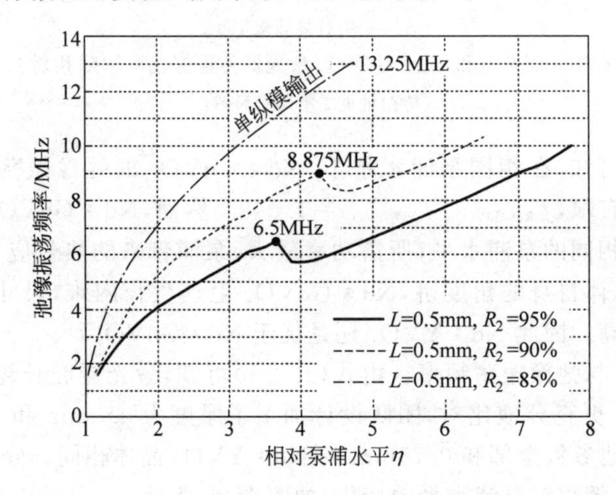

图 1.26　输出镜不同反射率下弛豫振荡频率随相对泵浦水平的改变

可以看出，反射率 R_2 越低，弛豫振荡频率越高，与式(1.9.1)中所表述的关系相符。R_2＝95%时，激光器单纵模运转下最大弛豫振荡频率为 6.5MHz。R_2＝90%时，单纵模运转下最大弛豫振荡频率为 8.875MHz。R_2＝85%时，最高弛豫振荡频率可达 13.25MHz(LD 对微片的泵浦功率 200mW)。

弛豫振荡频率达到 13.25MHz 是很成功的指标，如用作干涉仪，干涉仪的测量速度达 4～5m/s，则是干涉仪测量的重大进步。为了确定产生如此大的弛豫振荡频率，如此高的泵浦功率(200mW)是微片激光器的纵模个数，团队用扫描干涉仪观察了激光纵模模式，证明是单纵模。

R_2＝85%时，在泵浦功率从出光阈值增大到最大值 200mW 的过程中，激光器一直工作在单纵模状态，最高弛豫振荡频率可达 13.25MHz，此时用扫描干涉仪观察的激光纵模模式如图 1.27 所示。两个尖峰的高度相同，表示是同一个纵模，它们的频率间隔为扫描干涉仪的自由光谱区。可见，减小微片激光器腔镜的反射率可以使弛豫振荡频率得到较大的提升。

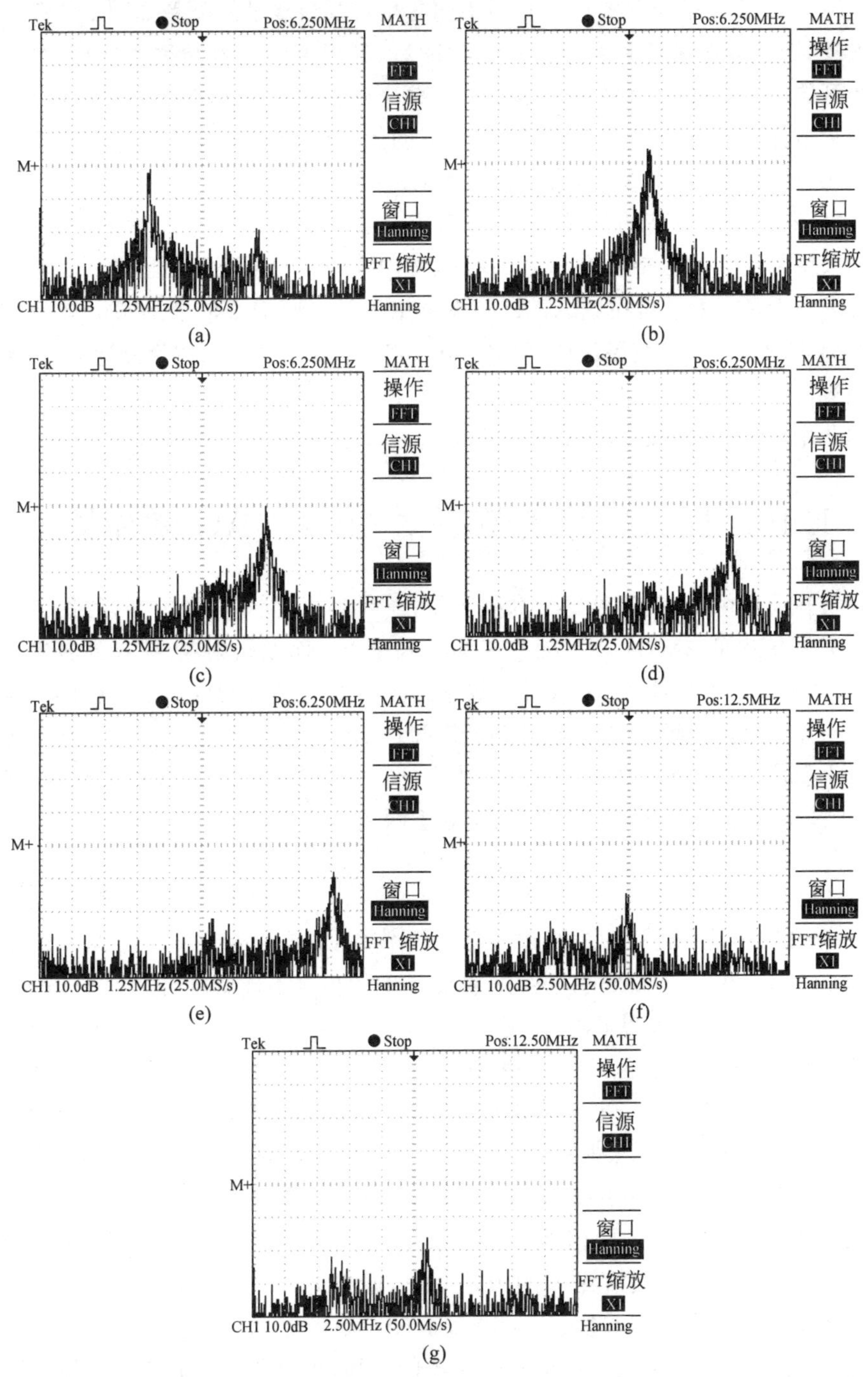

图 1.27 $L=0.5\mathrm{mm}, R_2=85\%$的 Nd：$YVO_4$ 晶体光功率谱随相对泵浦水平的变化

(a) $\eta=1.32, f_{RO}=4.1\mathrm{MHz}$；(b) $\eta=1.92, f_{RO}=6.875\mathrm{MHz}$；(c) $\eta=2.52, f_{RO}=8.625\mathrm{MHz}$；(d) $\eta=3.12, f_{RO}=10\mathrm{MHz}$；(e) $\eta=3.72, f_{RO}=11.25\mathrm{MHz}$；(f) $\eta=4.32, f_{RO}=12.4375\mathrm{MHz}$；(g) $\eta=4.79(\max), f_{RO}=13.25\mathrm{MHz}$

$R_2=85\%$微片激光器的输出光功率谱与相对泵浦水平的关系如图 1.27 所示。可以发现，当弛豫振荡频率大于 8.625MHz 后，其峰值将随着频率的增加而减小。当减小到图 1.27(e)时，弛豫振荡信号的信噪比只有 15dB，这样差的信噪比已不适用于微片激光回馈干涉仪。因此，$R_2=85\%$的微片激光器虽然可以一直工作在单纵模状态，但可用弛豫振荡频率也就在 8MHz 上下。

总之，为了获得更高的弛豫振荡频率，本节尝试了最小荧光寿命的晶体 Nd：YVO_4，采用了最大的掺杂浓度和最小的厚度，并减小了输出面反射率。实验结果表明，Nd：YVO_4 激光器在单纵模运转下可用于激光回馈干涉仪的最大弛豫振荡频率约为 8MHz。这一结果说明，微片 Nd：YVO_4 激光器可以作为测速高于 2m/s 的激光光源。

本节主要参考文献：[167][193][263]。

1.10 巨大频率差双折射 Nd：YAG 激光器

在实际应用中，往往需要更大的频率差，或巨大的频率差，在本节，我们将定义塞曼激光器输出的 3MHz 以下频率差为小频率差；而双折射-塞曼双频激光器输出的 3～40MHz 为中频率差；双折射双频激光器输出的 40MHz～1GHz 的频率差为大频率差；而巨大频率差是指 1GHz 到几个吉赫兹以上频率差。巨大频率差激光器有重要应用，如合成波绝对距离干涉测量。两频率行进时形成的干涉，又叫作混频，干涉形成拍。拍也是正弦波，拍频等于两频之差，其波长为

$$\lambda_s=\frac{c}{\Delta\nu} \tag{1.10.1}$$

式中，c 为真空中的光速，$\Delta\nu$ 为双频激光的频率差，λ_s 是合成波长。若 $\Delta\nu=5$GHz，则 $\lambda_s\approx60$mm。在绝对测长的应用中，被测长度的粗测不确定度可达到 15mm。

过去几十年中，为了获得巨大频率差，国内外做了大量的尝试，使用过 HeNe 激光器、CO_2 激光器等。但是，对各种频率分裂原理的双频 HeNe 激光器最大频率差在 1GHz 上下，这是由于 HeNe 激光发光原子 Ne 的光谱线宽度较小的缘故。所发出的 0.6328μm 光的谱线宽度（半高宽）约 1500MHz，1.15μm 光的谱线约 800MHz，3.39μm 的谱线约 330MHz。而出光带宽还要小于光谱线宽度。国内外研究过使用 CO_2 激光器的两相邻谱线和 HeNe 激光器 3.39μm 的两相邻谱线之差作为拍。两相邻谱线之间有足够的频率间隔，但也遇到了难以克服的困难。CO_2 激光器系统过于复杂，体积过大。又因为 HeNe 激光器 3.39μm 波长两谱线强度差别太大，难以在两频率之间获得较为相等的光强，难以获得足够的频率稳定性。

扩大频率差范围的有效途径是利用固体激光代替气体激光并利用频率分裂技术。因为固体激光晶体的荧光线宽比气体的荧光线宽大得多，如 Nd：YAG 晶体在室温下的荧光线宽约为 150GHz，是 HeNe 激光的 100 多倍。我们在激光二极管

LD泵浦Nd∶YAG激光器的谐振腔内插入一片晶体石英或晶体石英楔，使纵模分裂，产生两个正交偏振的频率，此两个正交偏振的频率之差可在整个光谱线宽内调谐，得到巨大频率差正交偏振双频激光。

Nd∶YAG双折射双频激光器可应用在压强测量和称重中。这时，微片式Nd∶YAG双折射双频激光器自身就是传感器。有趣的是，在传感应用中，多纵模、多横模的存在对测量影响不大，频率计仍然能计数工作。顺便指出，在HeNe激光器的应用中，一旦有多纵模、多横模出现，频率计就不能计数工作。在合成波绝对距离干涉测量中，除了巨大频率差的要求外，激光器一定是严格的单纵模、单横模输出，并且要有10^{-6}甚至更高的频率稳定性。相对来说，外腔的LD泵浦Nd∶YAG激光器易于实施这样的模式和频率控制。这就是我们研究半外腔巨大频率差双折射双频Nd∶YAG激光器的目的。

团队研制了可以输出从几吉赫兹到10GHz大频率差的Nd∶YAG半外腔巨大频率差双频激光器。通过插入并移动LD泵浦Nd∶YAG激光器谐振腔内的石英楔，可以在大范围内实现频率差调谐。同时，团队还实验研究了旋转Nd∶YAG激光腔内石英片和对腔内光学玻璃片加力产生频率差的方法，均获得了满意的效果。

巨大频率差LD泵浦Nd∶YAG双频激光器实验系统如图1.28所示，可分为激光器单元和观察探测单元。

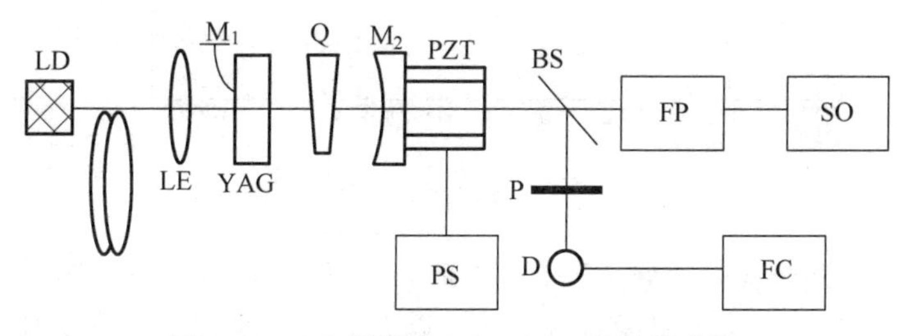

图1.28 LD泵浦的Nd∶YAG双频激光器

激光器单元组成如下。LD：带尾纤的光源，LE：聚焦透镜，YAG∶Nd∶YAG晶体其左表面镀1.06μm全反射膜作为腔镜(M_1)，M_1与另一个腔镜M_2一起构成激光谐振腔，PZT：压电陶瓷，和M_2联结成一体，Q：石英楔。LD的参数是：带尾纤，功率1W，最大出纤功率约700mW。聚焦透镜LE直径为30mm，焦距约50mm。Nd∶YAG晶体双面镀膜的参数：左表面为泵浦光的入射端面，镀808nm波长光的增透膜，透射率大于95%，并且对1064nm波长光全反，反射率大于99.10%，右表面镀对波长1064nm光的增透膜，透射率大于99.10%。反射镜M_2镀对波长1064nm光的反射膜，反射率为98.8%。晶体石英楔参数：几何尺寸为6mm×6mm，楔角为1°，切割角度为90°，双面镀对波长1064nm光增透膜，透射率均大于99.10%。压电陶瓷的几何参数：外径13mm，内径11mm，长度16mm。

激光束探测双频的单元如下。P：偏振片，BS：分光镜，D：光电探测器，FC：数字频率计，PS：直流电源，FP：激光扫描干涉仪，SO：示波器。石英楔为产生两正交偏振光的双折射元件，1064nm 出射激光束经滤波片（图中未画出）滤去 808nm 的泵浦光后，射入自由光谱范围与之相匹配的 FP，并由 SO 观测。激光器腔长为 12mm，激光纵模间隔约为 10GHz。当晶体石英楔作垂直于激光器腔轴的位移时，激光器输出的两频率差将与位移成正比改变。

图 1.29 是当 LD 泵浦电流为 600mA，出纤功率约为 280mW 时，在 SO 荧光屏上显示的激光纵模。其中，没有频率分裂，激光器单纵模（单频率）输出。

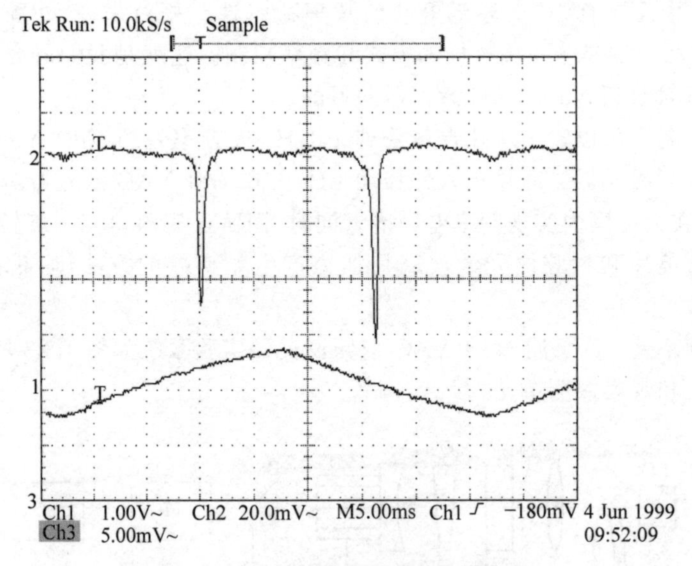

图 1.29　LD 泵浦激光器单纵模输出

图 1.29 下部曲线是加到 FP 压电陶瓷上的驱动（扫描）电压，图中给出了此扫描电压一次上升和一次下降的过程。压电陶瓷电压曲线的最高点是其伸长和缩短的变向点。在电压上升和下降过程中我们各观察到一个纵模，说明激光器为单纵模运转。

沿着垂直于光轴的方向移动石英楔，在示波器上观察到一个纵模分裂成两个，如图 1.30～图 1.33 所示。4 幅图所对应的频率差分别是 214MHz、721MHz、1GHz 和 1.5GHz，两频率的间隔一个比一个大。拍频信号探测由偏振片 P、光电探测器 D 和频率计 FC 完成，团队在 D 和 FC 之间加有放大器（未画出）。每图又分为上下两图，下图为加在 PZT（图 1.28）上的电压，为三角波，包含上升段和下降段，上升段 PZT 伸长，激光腔长变短，下降段 PZT 缩短，激光腔长变长；上图为激光器输出频率。

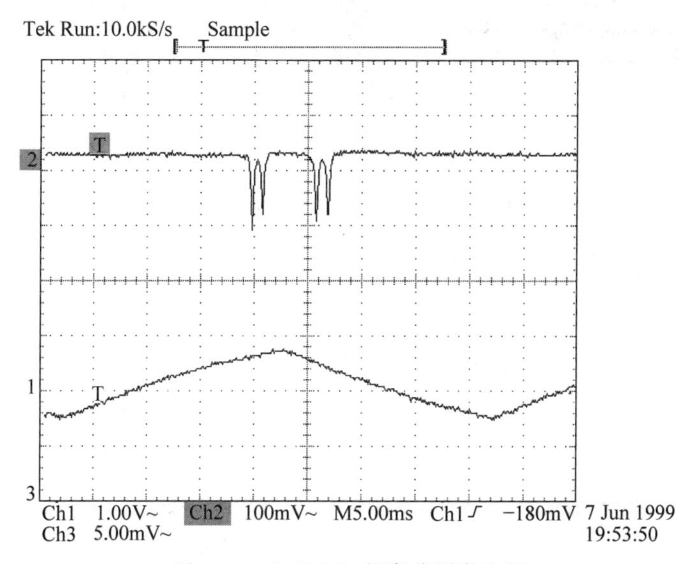

图 1.30　214MHz 频率分裂激光器

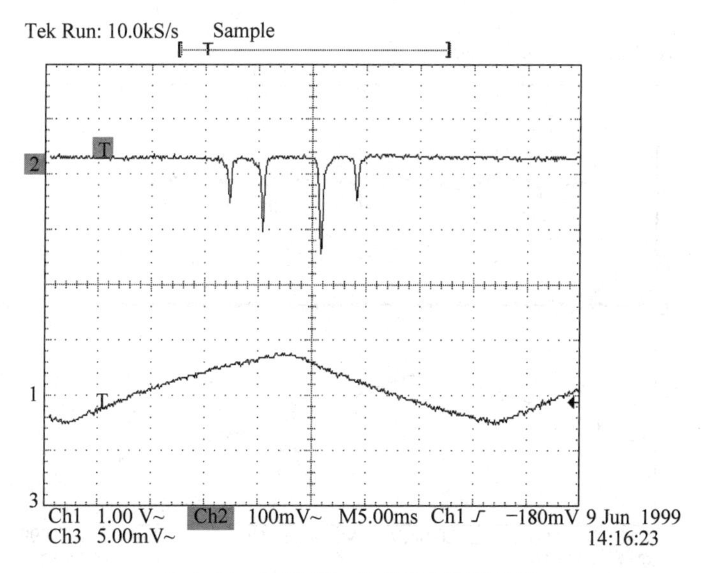

图 1.31　721MHz 的频率分裂激光器

图 1.34 示出了团队研究的第二种结构的半外腔 LD 泵浦 Nd∶YAG 巨大频率差双频激光器：由旋转晶体石英片获得频率差调谐。图 1.35 示出了团队研究的第三种结构的半外腔 LD 泵浦 Nd∶YAG。

图 1.36 的结构最为简单，它直接对 Nd∶YAG 片加力获得频率差调谐。这时，YAG 片有三重作用：为激光介质提供增益，它的左表面的膜层是反射腔“镜”，外力使它出现内应力，导致频率分裂、使激光器输出双频。本书 4.3 节将具体介绍其应用。

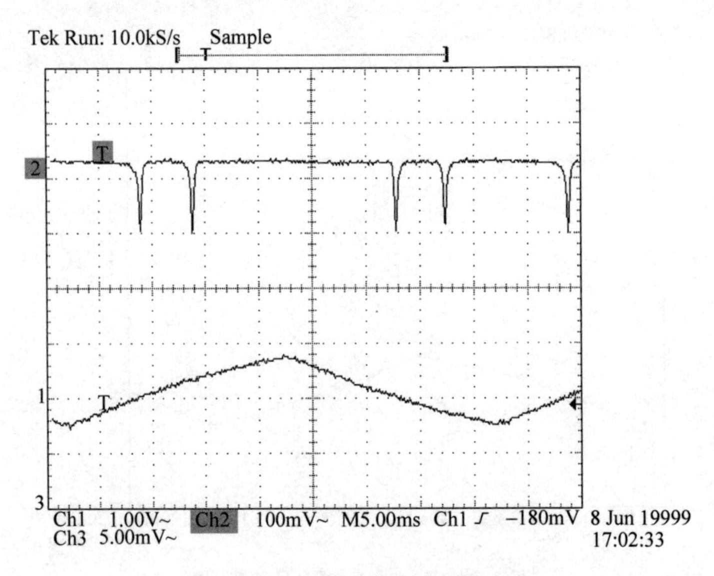

图 1.32 1GHz 的频率分裂激光器

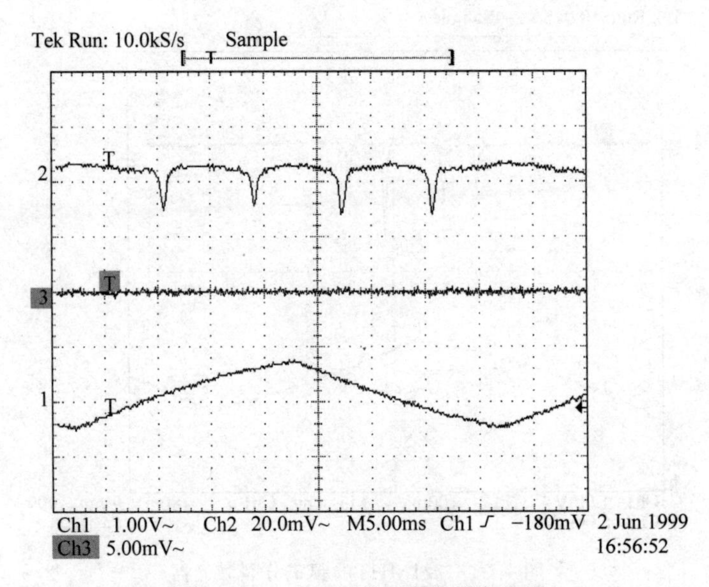

图 1.33 1.5GHz 的频率分裂激光器

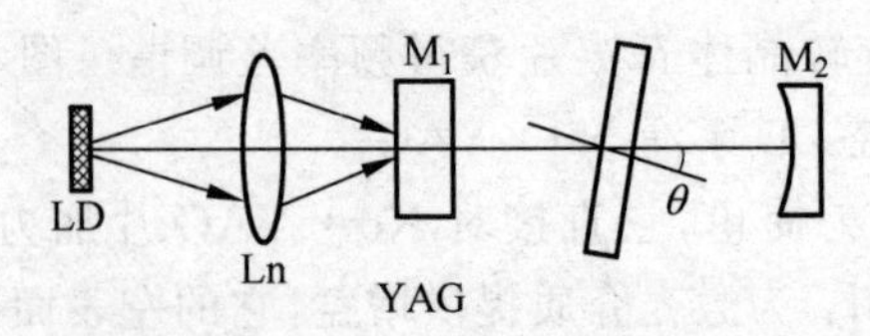

图 1.34 半外腔 LD 泵浦的巨大频率差双频激光器，频差因 θ 而变

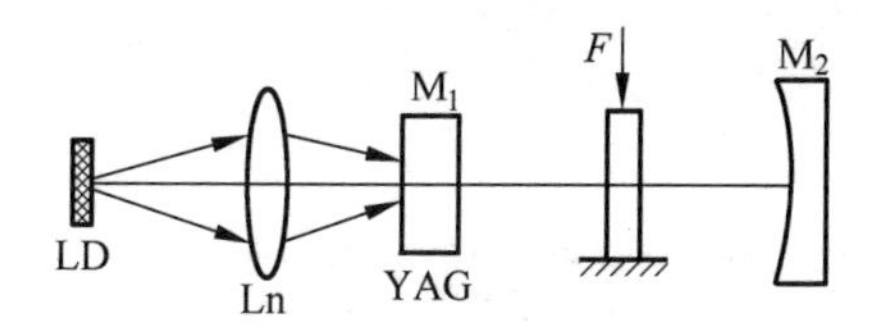

图 1.35　由加于腔内应力片上的力产生巨大频率差

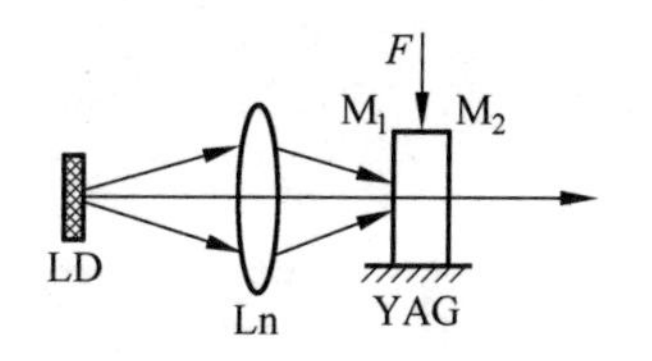

图 1.36　最简单结构，加于 YAG 上的应力产生巨大频率差

本节主要参考文献：[40][43][93][188]。

1.11　本章结语

团队从激光概念上导出激光频率分裂的公式，并实现了驻波激光器正交偏振激光振荡。涉及的光学现象有：晶体石英双折射效应、方解石双折射效应、应力(光弹)双折射效应等。这些效应会应用于其他方面。团队又从实际应用的角度(稳定、紧密可调、工艺上易于实现等)，比较各种方案，筛选出最佳方案——双折射腔镜-塞曼效应-全内腔双频激光器。双折射腔镜是一支激光器上的两个激光腔镜之一，它既是腔镜，又是激光器内的内应力/双折射元件。它使单频激光器变成两(双)频激光器。进一步，激光器上加横向磁场消除两频率之间竞争，即使在几百千赫兹这样的小频率间隔下也能十分稳定地振荡。双折射-塞曼双频激光器成为国内外唯一可批量生产的大于 4MHz 频率差，低非线性误差的干涉仪激光器。最终，双折射-塞曼激光器会成为双频激光干涉仪的主要光源，塞曼激光器和声光移频器将在双频激光干涉仪中失去统治地位。

团队研究了 LD 泵浦的 Nd：YAG 激光器，包括微片 Nd：YAG 双频激光器和巨大频率差的 Nd：YAG 双频激光器。研究了微片激光器的弛豫振荡，一般微片激光器的弛豫振荡约 1～2MHz，团队使其达到 8MHz 以上，为微片激光器用于高测速大量程回馈干涉仪打下了激光器件基础。

第 2 章将重点介绍团队观察到的本章所述激光器的特点。

第2章　双折射双频激光器物理特性

激光器的优良性能是其获得应用的基础。同理,双折射双频激光器独具的特性是其作为仪器核心部件的基础。第1章介绍了团队研究成功的仪器光源:气体(HeNe)双折射激光器和微片固体(掺钕钇铝石榴石(Nd∶YAG)和钕钒酸钇(Nd∶YVO_4))激光器。本章将介绍团队发现的这些激光器的特性。

团队以自己研发的HeNe双折射激光器和双折射-塞曼双频激光器为对象,全面研究了双折射双频激光器的特性,如模竞争特性、频率差调谐特性。又以Nd∶YAG和Nd∶YVO_4为对象,研究了它们的回馈正交偏振效应。

激光器的正交偏振回馈效应占了本章多一半的篇幅。这里所指的激光器的回馈,是指把激光器的输出光部分地反射回激光器。他人的研究不关乎激光器引入偏振元件和双折射的物理现象,本团队则是以研究激光器的偏振(特别是正交偏振激光)在激光器腔长改变(调谐),以及激光重入激光器(回馈)产生的效应为目标,既包括HeNe激光器也包括微片固体激光器,所获现象很丰富。丰富的程度是我们事先没有估计到的,我们逐渐认识到这些现象的价值并给予开发,发明了第3章和第4章的系列仪器。

本章各节都有贴近的参考文献(见各节末),对本章覆盖性比较大的列在此处,为参考文献:[1][2][95][100][211]。

2.1　双折射双频激光器在研究激光效应中的优势

第1章列举了团队发明的双折射双频激光器,特别是双折射-塞曼双频激光器。新颖的器件应有新的激光输出特性,新仪器(或应用)的原理是以科学理论和实验现象为依据的。因此,团队以自己的双折射激光器和双折射-塞曼双频激光器为对象,全面研究了双折射双频激光器的特性,为新原理仪器的提出做了充分的理论准备和充足的实验数据,才有了本书在第3章和第4章所列的各种测量仪器。

双折射双频激光器有着十分显著的物理特性。第一是其输出的两个模(频率)间隔可调,双折射双频激光器可以连续地从40MHz到一个纵模间隔(1000MHz)改变,而双折射-塞曼双频激光器可从1MHz以下改变到一个纵模间隔以上。第二是其两个相邻频率有固定的偏振方向(即不旋转),且垂直正交。第一个特性为研究不同频率间隔,模式之间的频率调谐和功率调谐,模的竞争,模的回馈等特性提供了“频率间隔”条件。还需另外一个条件:两个频率必须是正交偏振的。如果两个模(频率)是平行偏振的,就不可能将它们单独分离开来并分别探测,不可能分别研究它们各自的光强,就不知道他们之间模竞争的发生、发展和结果。而双折射双频激光器两个频率正交偏振的特性提供了第二个条件,使我们可以用一个偏振分光镜(如格兰棱镜、沃拉斯顿棱镜等)把两个频率分开,分别观察它们在频率差改变、腔调谐中各自的特性及相互影响。这些内容之前是无法做到的,比如在团队之前,激光经典专著和教科书都给予较大篇幅讲述模竞争现象,但更多是在理论上提及,尚未发现有文献对此现象有精确的实验描述,兰姆(Lamb)提出模竞争分为弱度(weak)、中度(middle)和强烈(strong)三种,但没有文献给出(或测出)两镜腔中频率小于多少赫兹会出现强模竞争;某一频率因竞争失败而熄灭的过程,强弱竞争的边界频率差是多少;频率差大于多少才是弱竞争,等等。

本章将给出团队获得的大量未见他人报道的实验结果。例如,我们证明了 HeNe 激光器 0.6328μm 波长的"强"和"中性"竞争的界线是 40MHz(实际上,因激光管结构有差异),当频率差小于这一值时,两频率之一熄灭。进一步,团队又发现了更重要的双折射双频激光器的三态输出现象。有趣的是,当我们把产生两频激光的文章送出发表时却被拒,审稿人认为模竞争不可能产生两个具有 10MHz 的模式。但我们的实验早已否定了这些推测,实现了很小频率差的振荡,可见 2.2 节到 2.4 节。

双折射双频激光效应也为研究微片固体激光器的一些特性提供了平台。在 HeNe 激光器中,双折射的作用表现为频率分裂,一个频率分成两个正交偏振的频率。对于微片固体激光器,双折射引入的正交偏振可以表现为频率分裂,也可以是一个激光频率同时存在的两个正交偏振状态,可见 2.10 节和第 4 章。

团队把激光器内部双折射引起的激光束正交偏振扩大到激光回馈中,发现较多,把激光回馈研究提高到一个新高度,特别是为真正的实用打下了基础,可见 2.5 节到 2.8 节。

本节主要参考文献:[1][2][111][144][201]。

2.2　双折射双频激光器功率调谐、模竞争和频率差调谐现象

2.2.1　双折射双频激光器的模竞争和功率调谐特性

本节介绍的双折射双频激光器功率调谐、模竞争效应是本书 3.4 节的实验基础。

(1) 旋转腔内晶体石英片产生频率分裂时的模竞争。图 2.1 是团队使用的实验装置,图 2.2 则是实验结果。

图 2.1 中,M_1 为球面全反镜,M_2 为平面输出镜,T 为激光增益管,Q 为晶体石英,W 为增透窗片,θ 为晶体光轴与激光的夹角(调谐角),SI 为扫描干涉仪,P 为偏振片,OS 为示波器,PZT 为压电陶瓷,其上加驱动电压。晶体石英片的晶轴与其面法线方向一致。

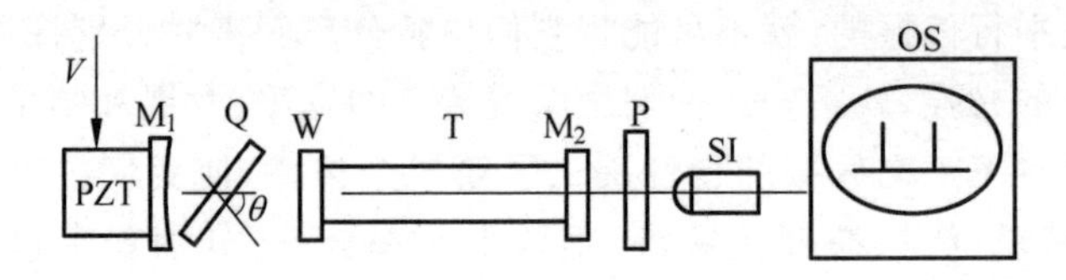

图 2.1　由激光器腔内晶体石英片引起的频率分裂的实验装置

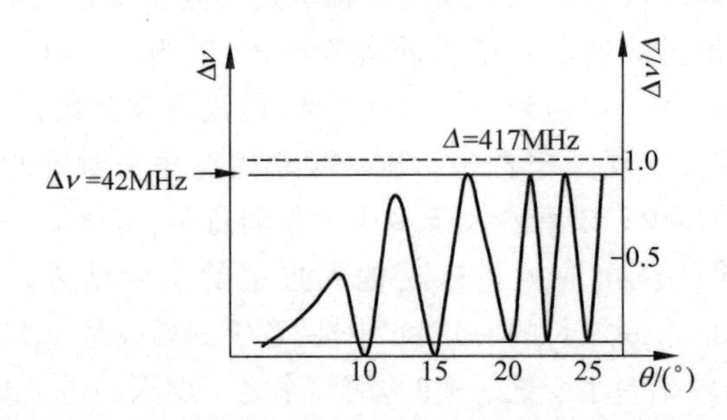

图 2.2　由激光器腔内晶体石英片引起的频率分裂现象

图 2.2 表明频率分裂和转角的关系是非线性的。现在特别值得注意的是，在旋转腔内晶体石英片、产生频率分裂的过程中，在 0～28°区间内的 10°附近、15.2°附近和其他一系列曲线与坐标横轴相交的区域，都只有一个频率振荡，另一个频率则处于熄灭状态。同样，曲线和 417MHz 水平线相交的区域，也都只有一个频率工作，另一个频率熄灭。所有这些区域内的频率差都在 40MHz 以下，即 40MHz 为强竞争和弱竞争的临（分）界值。实际上，因为每支激光管内的气压不同，功率输出不同，此临界值略有不同，为 30～60MHz，为了方便我们经常提及它为 40MHz。

（2）多纵模频率分裂激光器腔调谐中的模竞争。参考文献[8]首次以模竞争为题，报道了团队观察到 HeNe 激光器出光带宽内沿频率轴出现的几次强模竞争区域，从中可以清楚看到，37MHz 是此激光器强和中等竞争的临界频率差。注意：由频率随腔长变化而改变的关系式 $|\Delta\nu|=(\nu/L)\mathrm{d}L$ 可知，图 2.2、图 2.3 中频率轴也可以看成腔长轴。图 2.3 中实验所使用的 HeNe 激光器腔长为 175mm，M_1 的曲率半径为 0.5m。激光器增益管中总的充气压为 530Pa，He 和 Ne 的气压比为 7∶1；其中 Ne 气的主要成分是 Ne^{20}，并混合有少量 Ne^{22}，Ne^{20} ∶ Ne^{22} = 91 ∶ 9。Ne^{20} 和 Ne^{22} 增益线的中心频率差为 875MHz。用压电陶瓷控制一个腔镜运动，实现腔长调谐。PZT 的伸长（缩短）量不能太小，也不能太大，以 2～3 个波长为宜。实验结果如图 2.3 所示，在激光器 1225MHz 的出光带宽内，出现四个区域，从左到右分别是：160MHz 的双偏振光振荡区，550MHz 的单偏振光振荡区（另一偏振熄灭），320MHz 的双偏振光振荡区，225MHz 的单偏振光振荡区，出光带宽的中心波长位于强模竞争区内，但强模竞争区不以出光带宽的中心波长为对称。

我们的实验表明，Ne^{20} 和 Ne^{22} 的比例不同，强模竞争在出光带宽内出现的位置也不同。图 2.4 显示的是 HeNe 激光增益管中 Ne^{20} ∶ Ne^{22} =1 ∶ 1 时模竞争的实验结果。其他的充气参数为：He∶Ne＝7∶1，总气压为 530Pa。激光器腔长是 295mm，为多纵模工作方式。从图中可见，出光带宽的最左侧和最右侧，各有一个 230MHz 偏振光同时振荡的区域。出光带宽中心频率处的一个 230MHz 区域也是两偏振光同时振荡。在这三个两偏振光同时振荡区的中间各有一个 250MHz 单偏振光的振荡区。在此区域中，只有一个偏振光工作，另一个偏振光处于熄灭状态。

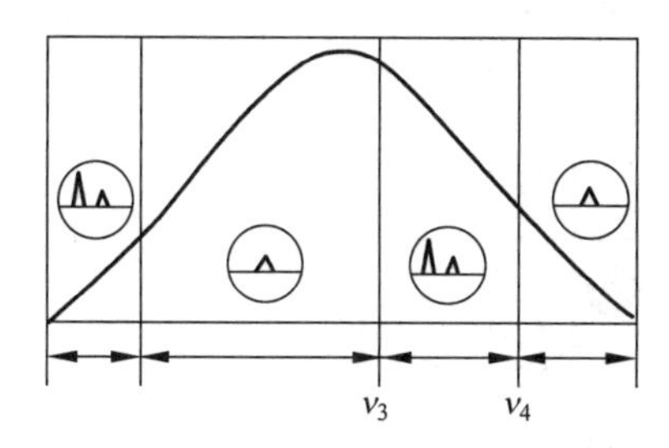

图 2.3　充天然 Ne(Ne^{20}∶Ne^{22}＝91∶9)时的模竞争(HeNe 总气压 530Pa，He∶Ne＝7∶1)

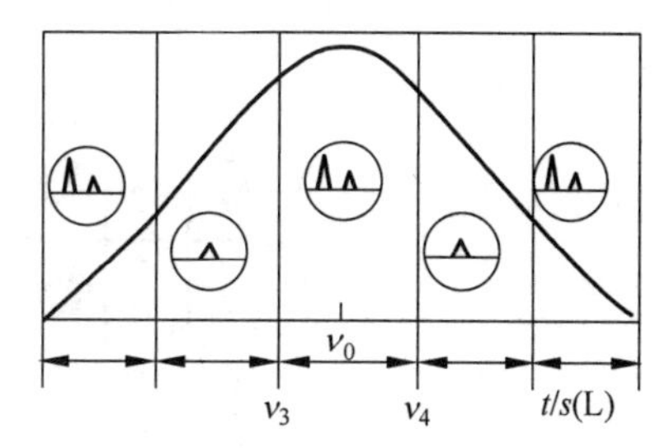

图 2.4　充 Ne^{20}∶Ne^{22}＝1∶1 的 HeNe 激光器模竞争(HeNe 总气压 530Pa，He∶Ne＝7∶1)

(3) 两正交偏振频率的共存区及其边界处的模熄灭。使用激光扫描干涉仪观察两正交偏振频率共存区内等光强的出现及其边界处的模熄灭是一种科学享受。实验装置依然是图 2.1 中的结构。M_1 可被压电陶瓷(PZT)驱动进行左右移动。观察点应选择在图 2.3 或图 2.4 中曲线靠近中间的一个共存区。如图 2.3 或图 2.4 中的 $\nu_3 \Leftrightarrow \nu_4$ 区域，实验中调谐腔长(调节直流电压驱动 PZT 推动一个反射镜移动)使两分裂频率从 ν_3 左侧通过 ν_3 后进入 ν_4 右侧的频率区间内。在此两频率共存区域内，先把频率分裂调到 40MHz 左右，然后再调节 PZT 直流电压驱动反射镜左右往复移动，使腔长不断伸长、缩短，两正交频率也在频率轴上反复地左右移动。重复扫描上述区域。左移时，左边一个频率在 ν_4 处从“无”生长出来并伴随右边频率强度的减小。在中心频率 ν_0 处，两偏振正交频率等光强(曲线等高)，然后左边的频率强度渐增，右边的频率强度相应渐减，在 ν_3 处右边的一个频率强度变为零，即进入熄灭状态，而左边一个频率的强度达到最大，出现一个逆过程，两个频率反复地左右移动，同时两个频率此长彼消，能量相互转移。在团队发表的文章中，晶体石英斜向切割时，绕通光面的一个直径旋转过程中也能观察到强模竞争的现象。

(4) 在“单纵模两频率”激光器腔调谐中的三偏振和四偏振状态。如果双折射双频激光器的腔长足够短，腔调谐的全过程都可以是单纵模(ν_q)振荡。频率分裂技术把 ν_q 分裂成两频率(ν_q'和 ν_q'')。如果两分裂频率的间隔不大(100MHz 左右甚至更小)，把这样的双折射双频激光器称为单纵模两频率激光器。单纵模两频率激光器的模竞争表现比图 2.3 和图 2.4 更为精彩，特别是两频率光变得易于探测观察。保证腔调谐的全过程单纵模输出的条件是 $\Delta = C/2L > \Delta_{\text{laser}}$。图 2.5 是实验装置，图 2.6 是用眼睛观察到的现象。

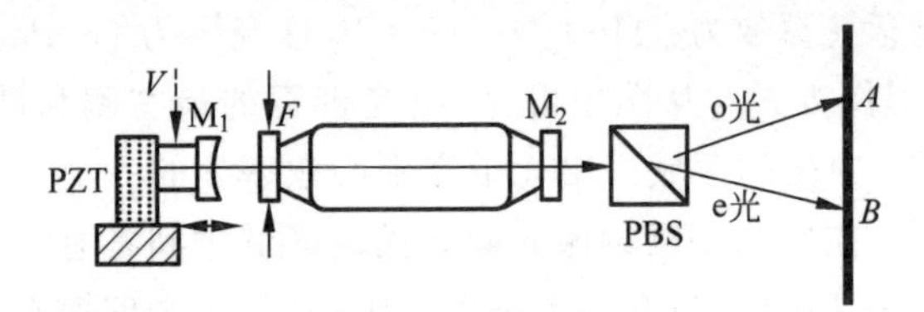

图 2.5　观察 M_1 移动时 o 光和 e 光强度变化的装置

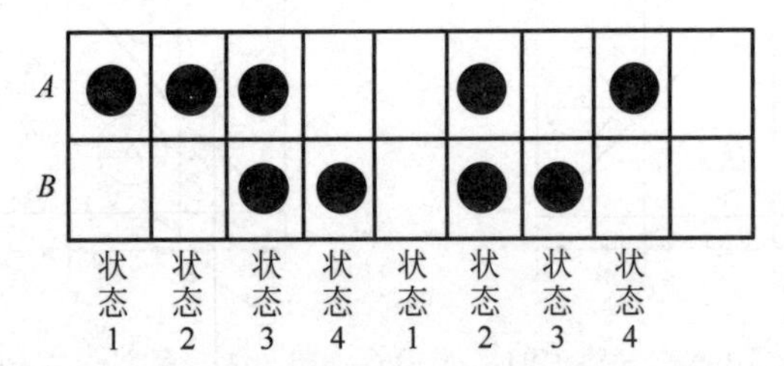

图 2.6　M_1 移动时 o 光和 e 光的强度变化。图 2.5 中显示出四种偏振状态

（请扫Ⅲ页二维码看彩图）

实验中，激光增益管内充双同位素 Ne，且 $Ne^{20}:Ne^{22}=1:1$。外力加在增益管窗片上使单纵模分裂成两个频率。压电陶瓷上所加电压改变时，压电陶瓷随之伸缩，凹面反射镜 M_1 随之左右移动。反射镜 M_2 和 HeNe 激光放电管已封接成一个整体。沃拉斯顿棱镜 PBS 能够把激光器输出的两个偏振光分开。

图 2.5 中标出了 o 光和 e 光各自的方向和各自照射到纸屏上的点 A 和 B。图 2.6 中方格内的情况即眼睛在纸屏上观察到的激光束偏振态变化的现象。纸屏上 A 点"亮"即表示 e 光的存在，B 点"亮"即表示 o 光的存在。可观察到四种状态：A 点被照亮，A、B 两点同时被照亮，B 点被照亮，两个点都不被照亮(暗)，如此反复。亮暗改变一次，说明激光器输出的偏振状态改变了一次。我们将在 3.4 节证明：反射镜每移动八分之一波长，亮暗改变一次。

图 2.7 是团队实验得到的两正交偏振频率的光强变化曲线。曲线精确地给出了 o 光和 e 光的功率变化过程和各自在频率轴上存在的区间。实验中，计算机控制 PZT 自动扫描腔长，光电探测器自动同步地探测并记录 o 光和 e 光光强。可以从曲线上看出，一个纵模间隔(从 A 点到 E 点，$A\rightarrow E$)被分成了四个不同偏振状态的区间，$A\rightarrow B$：o 光单独振荡区间；$B\rightarrow C$：o 光和 e 光共同振荡区间，$C\rightarrow D$：e 光单独振荡区间，以及 $D\rightarrow E$：无光的区间。此实验中的激光器参数是：HeNe 激光增益管长 120mm，半外腔激光器腔长 140mm(纵模间隔 1070MHz)，输出镜 M_2 透过率 0.8%，激光频率分裂量 50MHz，微调反射镜 M_1 的失谐量(即微调激光腔的损耗)可使出光带宽达到 800MHz，出光带宽内有三个区，每个宽度为 270MHz。

图 2.7 中的曲线清楚地证实了模强烈竞争的存在：当其中一个频率进入出光带宽时，已经在出光带宽中另一个频率的功率立即下降，且两个频率的功率变化趋势总是相反的。从中还可以得到，当其中的一个频率先进入出光带宽形成振荡后，

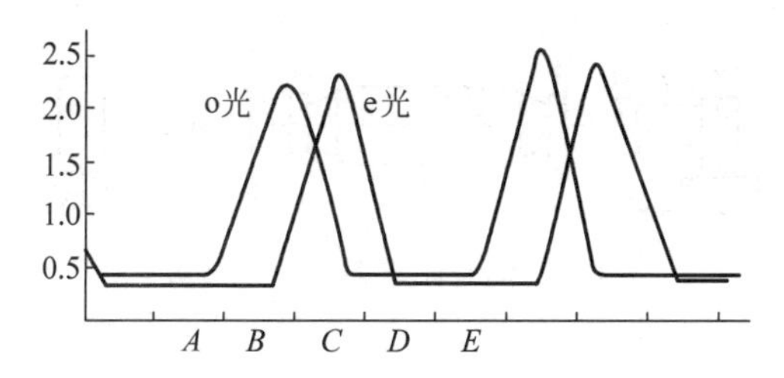

图 2.7　e 光和 o 光随 M_1 位移的强度变化曲线，频率差为 50MHz

后进入出光带宽的频率就受到它的强烈抑制，后者因得不到足够的增益不能形成振荡。这表现在：后进入出光带宽的频率被“推迟振荡”。这种推迟不是因两频率不同、顺次进入出光带宽一前一后引起的。o 光和 e 光频率之差仅为 50MHz，虽然腔调谐过程中它们必然一前一后地进入出光带宽，但若无模竞争，e 光进入出光带宽 50MHz 后 o 光就进入了出光带宽并起振，即一个频率振荡另一个频率熄灭的区域也就只有 50MHz。而实际上，e 光在 B 处才开始振荡，B 已经距出光带宽左边沿有 270MHz 之巨。这说明它虽进入了出光带宽，但是“抢”不到增益而不能形成振荡，只是一个潜在频率而已。这就是兰姆所定义的激光强烈模竞争现象。

团队还进一步研究了抑制宽度和频率分裂量(即频率差)大小的关系。实验结论是：频率差小时抑制宽度大，频率差大时抑制宽度小。这表明两光的频率间隔越大，相互之间的竞争强度越小。此外，团队还分析了 o 光和 e 光共同存在区域的宽度和频率分裂大小的关系。频率差较小时，由于抑制宽度大，两光共同存在区域宽度相对较小。随着频率差变大，抑制宽度变小，共同存在区域宽度变大。但当频率差超过 200MHz 时，虽然抑制宽度很小，但由于频率差过大，所以共同存在区域宽度呈现变小趋势。

2.2.2　双折射双频激光器频率差调谐现象

图 2.8 是团队用以测量频率差的调谐实验装置。激光器部分与图 2.5 相同，但在图 2.8 中团队使用了一个偏振片 P、一个光电探测器 D 和一个频率计 NFC 用以完成频率差的测量工作。当在 PZT 上加电压时，PZT 会推动反射镜 M_1 沿激光轴线方向移动，激光器输出的两个频率之差随着腔长的改变而改变。如 HeNe 激光器的频率分裂为几十兆赫兹，甚至上百兆赫兹时，可观察到从出光带宽曲线的边沿到激光增益的中心频率处，频率分裂量 $\Delta\nu$ 改变为$(2\sim3)\times10^{-3}$。图 2.9 和图 2.10 分别是充单同位素 Ne 和充双同位素 Ne(Ne^{22} : Ne^{20} = 1 : 1)的激光器频率差调谐曲线。我们对此进行了理论分析，理论和实验结果一致。因篇幅限制，这里略去理论分析。图 2.9 中，曲线的“◆”表示在此峰点处(中心频率)频率差呈现不稳定的状态。而充双同位素 Ne 的曲线中心频率没有不稳定状态。

限于篇幅，不再引述双折射双频激光器频率差调谐现象的理论计算过程。

本节主要参考文献：[15][42][59][112][150][194][198][259][330]。

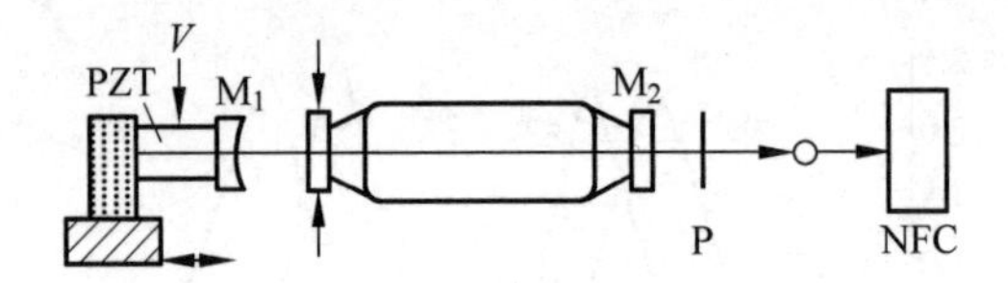

图 2.8　测量频率差的调谐装置

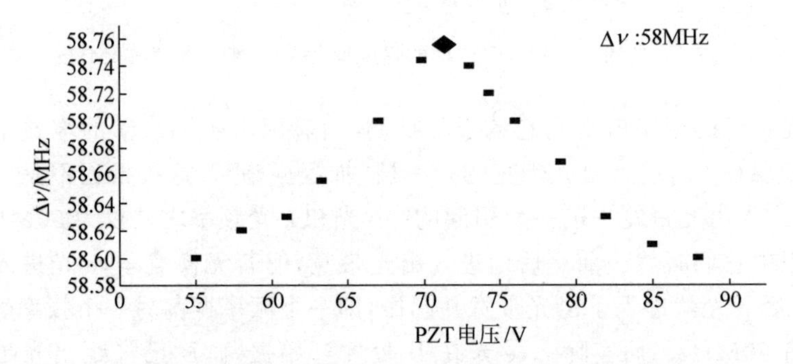

图 2.9　Ne^{20} ：Ne^{22} ＝91：9 时的频率差调谐曲线

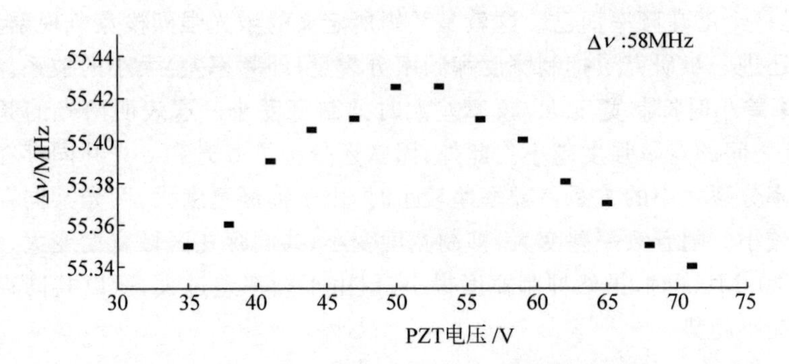

图 2.10　Ne^{20} ：Ne^{22} ＝1：1 时的频率差调谐曲线

2.3　双折射-塞曼双频激光器的光强和频率差调谐特性

2.2 节描述了双折射双频激光器功率调谐和频率差调谐特性的实验结果。本节将介绍双折射-塞曼双频激光器光强和频率差调谐特性的实验结果。

双折射-塞曼双频激光器使用晶体石英和应力双折射元件的双折射反射镜作为 HeNe 激光器的腔镜，同时在激光器上加横向磁场。横向磁场的存在，使两个正交频率不再激烈地相互争夺增益原子，激光器可以产生从 1 兆赫兹到几百兆赫兹的频率差。由于在一支激光器上同时利用双折射和塞曼两种物理效应，其频率差和功率调谐曲线既不同于塞曼激光器，也不同于双折射双频激光器。

本节描述的频率差调谐现象是 3.1 节双折射-塞曼双频激光干涉仪中激光器稳频的基础和判据。

2.3.1 实验装置

图2.11是研究双折射-塞曼双频激光器功率和频率差调谐特性的装置图。图中，PZT是压电陶瓷，M_2是全反镜，M_1是输出镜，F是对激光增益管窗片的对径加力，BS是分光镜，PBS是沃拉斯顿棱镜，D_1、D_2和D_3是光电探测器，磁场B与加力F方向平行。

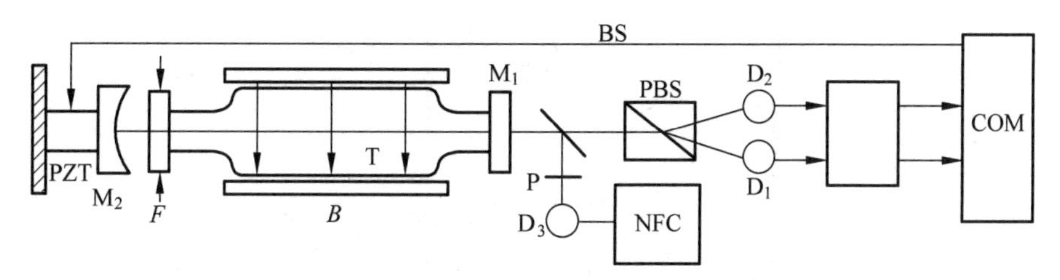

图2.11　研究o光和e光强度调谐曲线的装置图

在早期实验中，团队采用了两维加力的方式，力的方向可理解为两维中力较大那一维的方向。这里我们定义：平行于B和F的偏振光为平行光，另一方向的光为垂直光。这里的实验结果在所有结构的双折射-塞曼双频激光器都适用，只是全内腔结构的激光腔长度调谐由加热(或致冷)激光器完成。

研究的主要过程是：给定频率差和磁场；计算机COM控制PZT的驱动电压，用于连续改变激光器的腔长，并分别自动记录输出的平行光和垂直光的光强变化，得到两频率各自的光强调谐曲线。同时由P、D_3和数字频率计NFC得出平行光和垂直光的频率差随PZT驱动电压改变的曲线。然后改变磁场大小，重复上面的实验，可以得到新磁场下的功率调谐和频率差的调谐规律；再改变频率差，可以得到不同频率差的功率调谐和频率差的调谐曲线。还可以改变HeNe激光增益管的充气条件，特别是Ne^{20}和Ne^{22}的比值，观察功率和频率差的调谐规律。

2.3.2 调谐曲线的获得、光强和频率差调谐曲线的基本形状

图2.12给出了典型的双折射-塞曼双频激光器的光强和频率差调谐曲线。图的上半幅是光强调谐曲线，下半幅是频率差调谐曲线。实验的主要参数是：频率差为4.3MHz，轴线上施加的横向磁场强度为0.018T。图中的横轴为计算机控制程序输出到PZT上的电压。从式(1.2.3)可知曲线出现一个周期，伸长量肯定是半个波长。数曲线的周期数就可知道PZT的伸长量。平行光和垂直光的光强由光电探测器D_1和D_2输出的电压值(mV)表示。随着计算机输出电压的增加，压电陶瓷伸长，激光器腔长缩短，平行光的光强、垂直光的光强以及两者之间的频率差发生改变。计算机记录这些变化量，即可得到如图2.12所示的曲线。平行光和垂直光的频率差值仍然由兆赫兹表示。图中其他符号的物理意义：ν_0是激光介质光谱线的中心频率，ΔL是以腔长度表示的纵模间隔。

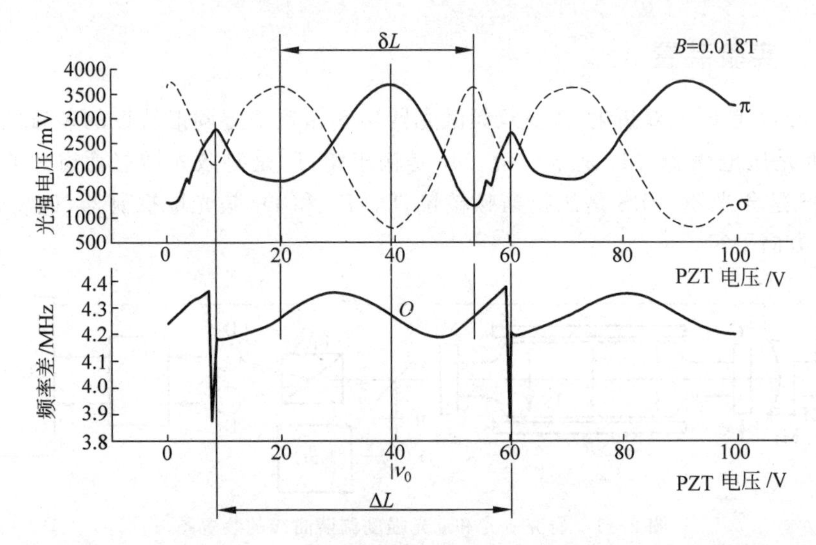

图 2.12　$B=0.018$T 时光强和频率差的调谐曲线(曲线上的一个周期,PZT 伸长或缩短半个激光波长)

光强调谐曲线见图 2.12 的上半部。图中,光强 I 由 D_1 和 D_2 输出的电压表示。在中心频率处,平行光(π 光)光强极大,垂直光(σ 光)光强极小。随着压电陶瓷的伸长,平行光光强减小,垂直光光强增大。在 ΔL 边沿处,下一级纵模出现,激光器进入两纵模四频率工作状态,功率曲线上出现了一对向上和向下的尖峰,平行光(π 光)向上,垂直光(σ 光)向下。

而频率差调谐曲线(图 2.12 的下半部)是一条以 4.3MHz 为基底的曲线,如果设增益中心频率 ν_0 处对应频率差调谐曲线上的 O 点,则可以看到:4.3MHz 以上的曲线在一个完全单纵模区间中,频率差曲线呈 S 形,并与 O 点奇对称。在激光器的换模位置,频率差出现上下突跳,实际上此处表示频率差消失。

频率差调谐曲线呈 S 形是横向塞曼激光器的一个特点。在横向塞曼激光器中,激光介质光谱线被塞曼分裂为 π 光谱线和 σ 光谱线后,两谱线的中心频率同时牵引一个腔纵模产生频率差。它的最大拍频为百千赫兹量级,调谐曲线形状由反常色散决定。

团队实验中的双折射-塞曼双频激光器的频率差较大,约为 4.3MHz。频率差调谐曲线的形状就像在一个约 4MHz 的"直流"上叠加一个幅度为 0.25MHz 的调制信号。我们可以大致把双折射-塞曼双频激光器的频率差调谐曲线看作两部分,一部分是"纯"双折射造成 4.3MHz 的频率差,另一部分是"纯"横向塞曼效应造成的 250kHz 的频率差,后者是一个 S 形的调制。

2.3.3　磁场强度对双折射-塞曼双频激光器功率调谐曲线的影响

实验中,我们把磁场从 0 变到 0.03T。在此磁场范围内,每间隔 0.003T 进行一次测量,得到一条平行光和一条垂直光的光强调谐曲线,两条曲线绘于一幅以 PZT 驱动电压为横轴的图 2.13。同时,我们对每一磁场强度作两次功率调谐曲

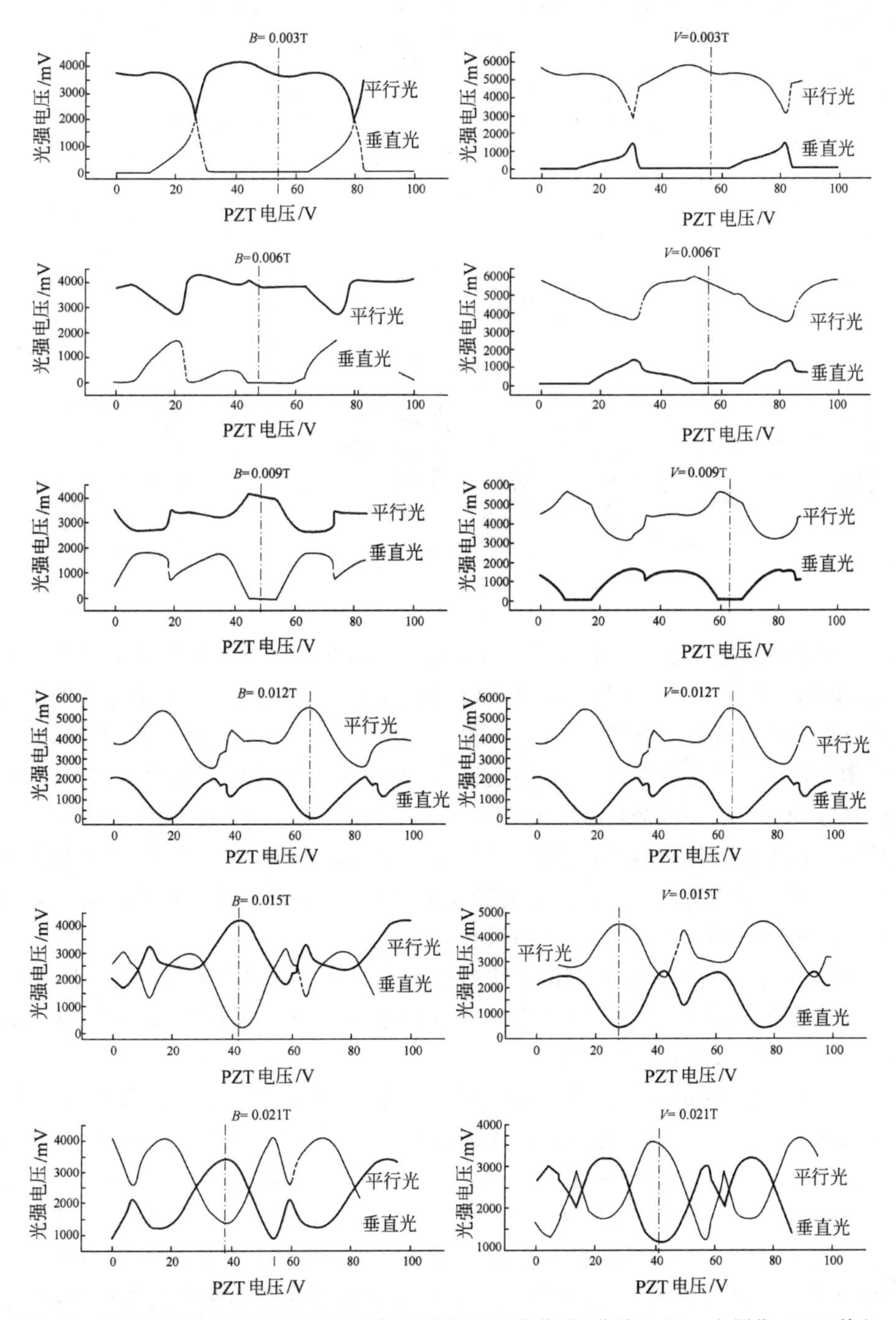

图 2.13　不同磁场强度下平行光和垂直光的光强调谐曲线(曲线上的一个周期,PZT 伸长或缩短半个激光波长,He : Ne=7 : 1,Ne^{20} : Ne^{22}=9 : 1)

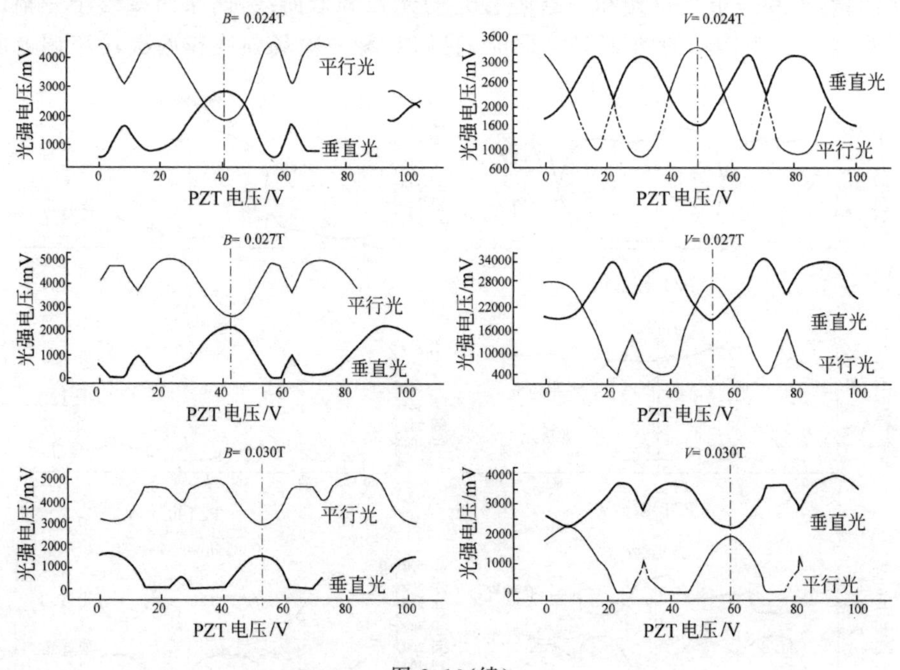

图 2.13(续)

线：一次是保证加于激光器上的磁场方向与加于激光器增益管窗片上力的方向平行,即 $\boldsymbol{B}/\!/\boldsymbol{F}$,再一次则是力和磁场垂直(即 $\boldsymbol{B}\perp\boldsymbol{F}$)。然后将 $\boldsymbol{B}/\!/\boldsymbol{F}$ 和 $\boldsymbol{B}\perp\boldsymbol{F}$ 两次光强调谐曲线并排放在一起构成一组,一左一右。图 2.13 中左一幅是 $\boldsymbol{B}/\!/\boldsymbol{F}$ 的,右一幅是 $\boldsymbol{B}\perp\boldsymbol{F}$ 的。这样就在图 2.13 中汇集了 10 组共 20 幅光强调谐曲线图。注意,曲线从左到右有三个区域：PZT 电压小于 30V 的区域,ν_0 两侧的区域,大于 70V 的区域。以下如无特别说明,我们则只讨论 ν_0 两侧的区域,因为小于 30V 和大于 70V 的曲线只是重复而已。各图中的竖直虚线表示激光器中心频率的位置。我们也作了等量的频率差调谐曲线,可参阅相关文献。

观察曲线,可列出磁场对调谐曲线的影响。当频率差固定不变(4.3MHz)时,激光放电管充天然 Ne,天然 Ne 中既含有同位素 Ne^{20} 也含有同位素 Ne^{22}(两者比例大约为 9∶1)。以下是实验结果。

(1) 不加磁场时,在我们观察的单纵模区域内,只有平行光振荡,没有垂直光,即磁场 B 小于 0.003T 时,垂直光的光强趋近于 0。只有在观察区域之外,两正交频率到达增益线的边沿处(大于 70V 或小于 30V)时,垂直光才可以振荡。

(2) 磁场从 0 增加,垂直光从无到有。从 $B=0.006\text{T}$ 开始,逐渐形成以 ν_0 为中心左右各有一个凸峰的垂直光功率调谐曲线。且两个峰逐渐加高并向着 ν_0 延伸变宽。ν_0 处成为垂直光的凹底。同时,在垂直光曲线的两个凸峰形成处,平行光的光强曲线都相应出现下降(凹陷),因两下降处都离 ν_0 有一段距离,平行光反而在 ν_0 附近形成隆起(凸峰),即原来($B=0.003\text{T}$ 时)近于水平的一段曲线变成了钟形曲线。于是，ν_0 处既是平行光光强的凸起峰值，又是垂直光光强的最小值处。

(3) 磁场越强，垂直光光强调谐曲线凸峰越高、越宽，而平行光光强调谐曲线就越窄。而且两曲线更加平滑。$B=0.018\text{T}$ 时，垂直光左右两个凸峰的峰顶上升到与平行光钟形曲线的峰值等高。这时，垂直光和平行光有两个交点，交点处两种光成分的光强相等，即有两个等光强点。如画一条过此两点的直线，将垂直光和平行光调谐曲线分成上下两部分，具有一定对称性。$B=0.018\text{T}$ 时双折射-塞曼双频激光器的光强调谐曲线，具有代表性意义。

(4) 从 $B=0.018\text{T}$ 起，磁场继续变强时，平行光的光强相对垂直光逐渐减小。$B=0.024\text{T}$ 时，在 ν_0 处，平行光的强度还略高于垂直光，而 $B=0.027\text{T}$ 时，平行光的强度变得低于垂直光，平行光和垂直光的光强调谐曲线已无交点。但两偏振光的曲线依然是上下对称的。

(5) 当 $B=0.03\text{T}$(实验中使用的最大磁场)，虽然平行光的强度很小，但是两偏振光的调谐曲线依然保持对称。

(6) 垂直光光强的左右两个凸峰中，中心频率左边的峰值比右边的要高，见图 2.14。这和激光器充天然 Ne 有关。未加磁场时，天然 Ne 的增益线本身也是不完全以中心频率 ν_0 对称的曲线，右侧有些“塌肩”。

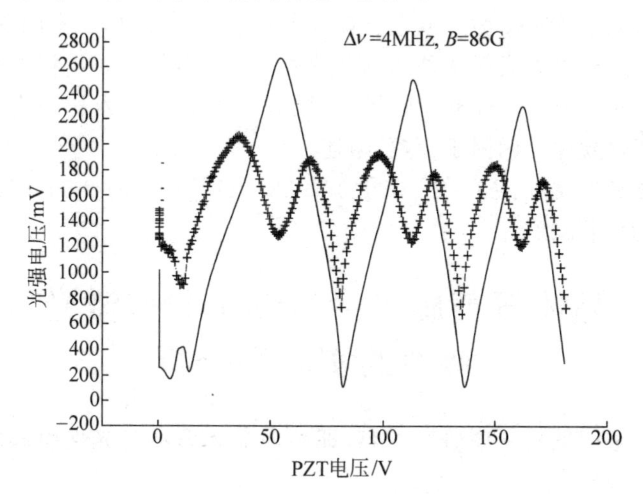

图 2.14　π 光左右两个峰值的强度不同(激光介质中是天然 Ne)

总之，磁场越强，垂直光的光强越强，平行光的光强越弱。解释是：磁场越强，发射 π 光的原子数减少，而发射 σ 光的原子数增加，直至发射 σ 光的原子数占多数。

2.3.4　频率差大小对平行光、垂直光光强调谐特性的影响

实验中磁场强度固定，激光放电管充天然 Ne，观察到以下现象：

(1) 频率差越大，垂直光的左右两个光强峰值差越大，在 $B=0.018\text{T}$ 时平行

光的峰值光强和垂直光的峰值光强越接近。

(2) 随着频率差增大，垂直光的光强逐渐增大，而平行光的光强逐渐减小，甚至照射到图 2.11 中 D_2 上的光强为零。

(3) 在频率差小于 10MHz 时进行腔调谐，D_1 和 D_2 总会被照亮，即平行光和垂直光都没有无光区。而当频率差增加到 20MHz 时，由于平行光的光强几乎变为零，即平行存在无光区，无光区中的曲线与横轴趋于重合。

2.3.5 磁场方向与力的方向夹角对两偏振正交频率功率和频率差的影响

如图 2.15 所示，通过旋转 HeNe 激光器的增益管，改变力的方向与磁场方向的夹角 Φ，发现随着夹角的增大，平行光和垂直光的频率差变小，夹角 $\Phi=45°$时频率差最小。若频率差小于 40MHz，频率差变为零。这说明力的方向与磁场方向夹角为 45°时，两个频率中有一个熄灭了，磁场失去了抑制模竞争的作用。

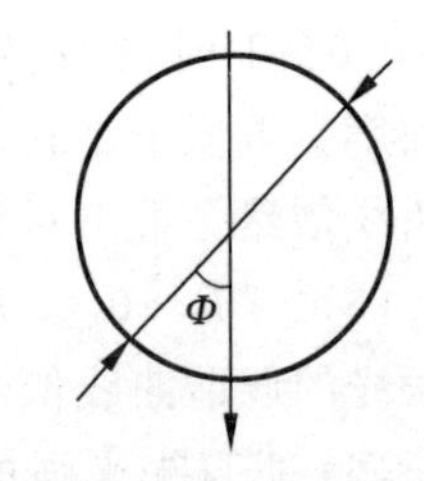

图 2.15　F 与 B 间的夹角

2.3.6 其他实验结果

团队还研究了 HeNe 激光放电管充单同位素(Ne^{20})时，在不同磁场、不同频率差条件时平行光和垂直光频率差的调谐曲线。也研究了 HeNe 激光放电管充双同位素($Ne^{20}:Ne^{22}=1:1$)时不同磁场、不同频率差时平行光和垂直光光强在腔调谐过程中的变化规律。因限于篇幅，略述。

本节主要参考文献：[1][2][32][37][38][41][42][52][59][72][100][111][299][302][341][342]。

2.4 晶体石英旋光性对频率分裂激光器偏振特性的实验和分析

本节将介绍团队另一项研究内容，即腔内晶体石英旋光性引起的偏振态旋转的实验和理论分析。

2.4.1 晶体石英旋光性的实验测量

在把晶体石英片置入激光谐振腔之前，团队测量了晶体石英片的旋光性和调谐角 θ 的关系。将一晶体石英(厚度为 2.55mm)置于光路之中(注意不是置于激光器内)，晶片的光轴平行于表面法线，入射光与晶体表面法线存在夹角 θ。我们使用的是右旋石英。实验测得，在 $\theta=0°$时测出晶片造成的旋光角 Ψ 为 47°48′。图 2.16 给出了光束偏振面旋转角(旋光角)和调谐角 θ 的关系。它是一条复杂的曲线。θ 在 0°～5°，旋光角约为 47°，基本上没有发生变化；θ 在 5°～9°20′，旋光角为负值，光线从左旋变为右旋；从 14°20′开始，旋光性又变为正，先升后降；到 17°30′时又回到 0°，然后再次为负，直到 $\theta=20°50'$。

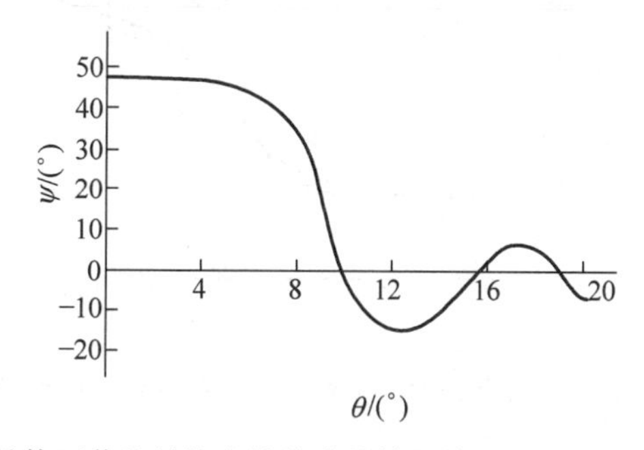

图 2.16　晶体石英片的旋光性晶片晶轴和其通光面法线平行时 $\theta=0$

2.4.2　腔内晶体石英片旋转引起的激光输出光束偏振面旋转的实验装置

观察置于激光器腔内的晶体石英偏振态的实验装置如图 2.17 所示。图中的字母含义和图 2.1 相同，只是布置上有差别。此时，激光器是一支全外腔双折射双频激光器。激光增益管 T 两端是增透窗片 W_1 和 W_2；两个腔镜 M_1 和 M_2 与 T 是分离的。左、右各一个沃拉斯顿棱镜 PBS 用以观察激光器两端光束的偏振态。晶体石英片是右旋石英，厚度约为 3mm。平行切割保证其晶轴方向与通光面法线方向平行。所以，调谐角 $\theta=0°$时，晶体石英只有旋光性，没有双折射；$\theta\neq0°$时，晶体石英同时具有旋光性和双折射。由此可以推测，激光频率的偏振面将因旋光性而发生旋转。为研究该激光器出射光的偏振特性与晶体石英的旋光性的关系，在激光器两边各放置了一块 PBS。激光器左边的 PBS 分离出左边出射光束的两个正交偏振态，右边的 PBS 分离出右边出射光束的两个正交偏振态。我们只观察激光器左端和右端输出的 o 光(或只观察 e 光)。每块沃拉斯顿棱镜各放在一刻度转盘上，用以指出 o 光偏振面的旋转角度。一边旋转晶体石英(θ 改变)，一边观察和记录激光偏振态的改变。

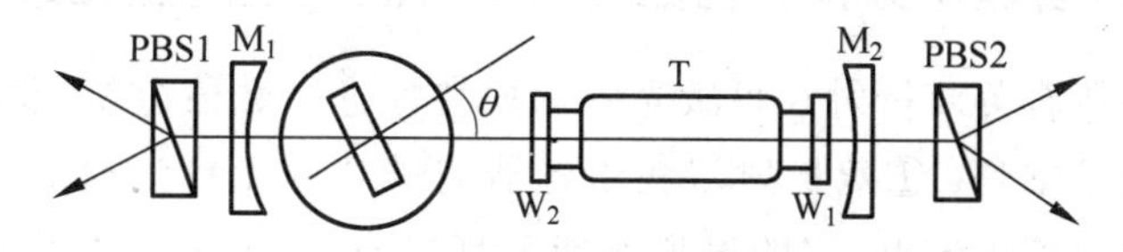

图 2.17　调谐角 θ 变化时的偏振态测量装置

2.4.3　腔内石英片旋转引起的激光输出光束偏振面旋转现象

图 2.18 是用图 2.17 所示装置进行实验所得到的结果。图 2.18 中的“o”点划线是频率分裂激光器中的一个频率的偏振面随调谐角 θ 旋转的实测曲线(实线是

理论曲线,将在 2.4.4 节中进行讨论)。

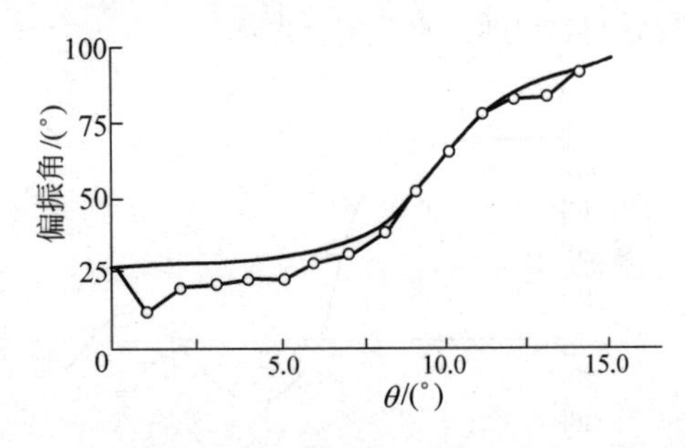

图 2.18 激光一端的偏振方向与调谐角 θ 间的关系

这里需要注意,θ 是晶片面法线(也即晶轴)和激光束传播方向的夹角,而旋光角是光线上晶体片外任何一点处在激光束垂直平面内的旋转。因激光器左右两边的偏振面对称旋转,图 2.18 中只画出一边的测量结果。横坐标是晶片转角 θ,纵坐标是用于放置沃拉斯顿棱镜的转盘刻度示数,设光线-晶轴平面为激光束偏振方向的基准面(左端和右端皆然)。θ 在 0°～15°范围内,每隔 1°测量一次激光器两端偏振态的转角。所得曲线的特点是: θ=0°时,激光器左端和右端输出光的偏振面都和基准面向右夹角 28.03°,其差值(即左端和右端输出光的偏振面夹角)为 55.06°; 从 θ 在 0°～9°,两端输出光的偏振方向都向着基准面旋转,即它们之间的夹角变小; θ=9°,激光器两端输出的光偏振方向一致,其夹角为零; θ>9°时,激光两端的偏振方向继续向相反方向旋转,即夹角变大; 随着晶体石英片的转角 θ 变大,腔损耗不断增大,当 θ>15°时激光强度变得太小,实验不能继续进行。

值得注意的是,调谐角为 9°时激光两端光束的偏振方向重合; 如果以此偏振方向作为基准偏振方向,在 θ 从 0°到 15°改变的范围内,激光器两端输出光偏振方向的旋转是对称的。这是因为,“右旋”晶体石英的“右旋”的定义如下: 迎着光线观察其偏振方向并应用右手螺旋法则。故激光器左右两端的偏振态随调谐角 θ 的旋转是完全一样的,眼睛迎着光束观察,都是右旋。

2.4.4 用自治理论分析腔内晶体石英片旋光性对激光束偏振的影响

为了对晶体石英双折射双频激光的偏振特性进行数值分析,我们建立一个理论模型。它的基础是: ①双折射双频激光器应遵守激光自治理论,即光束在激光腔内行走一周回到出发点,它的偏振态能复现自身,即不变; ②光束通过晶片,应服从光在晶体中的传播原理,即光在晶片中传播时将分解成两个正交本征模,且它们的相速度不同; ③在旋光晶体中两个本征模通常是椭圆偏振光; ④由于激光器振荡的本征模同晶体中传播的本征模不一致,所以激光器的一个本征模传播过程应是: 本征模 X_1 传播到晶体上,分解成的两个晶体本征模在晶体内传播,通过晶体后合成本征模 X_2,经反射镜得到本征模 X_3,再通过晶体得到本征模 X_4,再经反

射得到本征模 X_5。此时光束已经在谐振腔中行进了一个来回，所以本征模 X_5 应同本征模 X_1 具有相同的偏振态。

如果严格按这一方法进行理论分析，计算过程将是非常复杂的，很难得到解析解，数值计算难以进行。因此必须作以下近似：忽略光在界面上的反射和折射对偏振态的影响，即光在界面上反射、折射时的偏振态保持不变。

根据前面的讨论，光束的本征模 X_1 和本征模 X_5 应该是一样的。如用 $\boldsymbol{M}$、$\boldsymbol{C}$ 分别表示反射镜和晶体石英的琼斯矩阵，得到

$$\begin{cases} \boldsymbol{MCMC}\begin{bmatrix} J \\ 1 \end{bmatrix} = \begin{bmatrix} J \\ 1 \end{bmatrix} \\ \boldsymbol{M} = \begin{bmatrix} 1 & 0 \\ 0 & -1 \end{bmatrix} \end{cases} \tag{2.4.1}$$

$$\boldsymbol{C} = \begin{bmatrix} \cos^2\psi e^{i\Delta\Phi/2} + \sin^2\psi e^{i\Delta\Phi/2} & -i\sin\psi\cos\psi e^{i\Delta\Phi/2} + i\sin\psi\cos\psi e^{-i\Delta\Phi/2} \\ i\cos\psi\sin\psi e^{i\Delta\Phi/2} - i\sin\psi\cos\psi e^{-i\Delta\Phi/2} & \sin^2\psi e^{i\Delta\Phi/2} + \cos^2\psi e^{-i\Delta\Phi/2} \end{bmatrix} \tag{2.4.2}$$

式中，ψ 是晶体的旋光角，$\Delta\Phi$ 是以相位（弧度）表示的晶体石英片的相位差。ψ 和 $\Delta\Phi$ 都可以在晶体光学的教科书中找到。$\Delta\Phi$ 可表示为

$$\Delta\Phi = 2\pi\ell(n' - n'')/\lambda = 2\pi\delta/\lambda$$

方程(2.4.1)的解为

$$\frac{a\cos\psi + b\sin\psi\exp(-i\Delta\Phi)}{ia\sin\psi - ib\cos\psi\exp(-i\Delta\Phi)} = -J \tag{2.4.3}$$

式中，a、b 都是复数。J 满足的方程为

$$J^2 - J\Big/\left[\tan\left(\frac{\Delta\Phi}{2}\right)\sin(2\psi)\right] - 1 = 0 \tag{2.4.4}$$

由于 $\Delta\Phi$ 和 ψ 都是实数，这个方程的解 J_1 和 J_2 也都是实数，这说明琼斯矢量 $\begin{bmatrix} J \\ 1 \end{bmatrix}$ 所表示的偏振态是线偏振的，式(2.4.3)的解 $J_1 \cdot J_2 = -1$，表示两个激光本征模的偏振态是相互正交的。J_1 和 J_2 的值与晶体石英双折射相位差 $\Delta\Phi$ 以及旋光角 ψ 有关，而 $\Delta\Phi$ 和 ψ 又都由调谐角 θ 决定。这表明输出光的偏振面同调谐角 θ 有关，随 θ 的改变而改变。所有这些就是在 2.4.1 节和 2.4.2 节中实验观察到的现象。同时，由于在实验中激光器两端输出光的传播方向相反，所测出的偏振态应一端是 $\begin{bmatrix} J \\ 1 \end{bmatrix}$，另一端是 $\begin{bmatrix} -J \\ 1 \end{bmatrix}$，二者具有对称性。这也是 2.4.2 节中实验所观察到的调谐角 θ 变化时，激光器两端偏振态的对称性变化。

我们根据上述理论计算了腔内晶体石英片调谐角 θ 改变时激光偏振态变化的曲线。图 2.18 中以实线给出的曲线为理论计算结果（实线），与图中实验曲线（"o"点划线）符合得相当好。进行数值计算时，取 $n_o = 1.542$，$n_e = 1.551$，$r_{11} = r_{13} = 1.7892 \times 10^{-5}$，厚度 $d = 3\text{mm}$。

2.4.5 用自治理论分析腔内晶体石英片旋光性对激光频率差的影响

观察由晶体石英片旋转产生激光频率分裂的实验装置已在图 2.1 中示出。实验结果也可在图 2.2 中看到，其中曲线表示相对频率分裂量 $\Delta\nu/\Delta$（Δ 为激光纵模间隔）与调谐角 θ 的关系。由图 2.2 可得，当 θ 在 $1°\sim10°$的范围内，相对频率分裂量 $\Delta\nu/\Delta$ 是随着 θ 的增大而增大的，但峰值点处 $\Delta\nu/\Delta=0.67$，远未达到一个纵模间隔。在 $10°\sim14°20'$，相对频率分裂量开始随 θ 的增加而减小，到 $\theta=14°20'$时，$\Delta\nu/\Delta=\Delta\nu=0$，相当于没有发生频率分裂。从 $\theta=14°20'$开始，$\Delta\nu/\Delta$ 又开始随 θ 的增大而增大，与 $1°\sim10°$相比，曲线的斜率变大，$\Delta\nu/\Delta$ 最大可达 0.82。尽管该峰值点比第一个峰点更高，但依然没有达到一个纵模间隔。从 $17°40'$开始 $\Delta\nu/\Delta$ 再次下降，相对于用折射率椭球理论解释双折射产生两个偏振正交频率而言，我们称这种频率分裂量随调谐角增大而减小的现象为激光纵模分裂“畸变”(distortion)。考虑到晶体石英的折射率椭球是由相切的一个正圆球(o 光)和一个椭球(e 光)组成，θ 在 $0°\sim90°$的变化范围内，e 光折射率和 o 光折射率之差是单调上升的，$\Delta\nu/\Delta$ 也应当是关于 θ 的单调递增函数。而“畸变”的实验结果说明还有新的物理因素需要考虑，这种新的物理因素就是旋光性。

由物理光学可知，激光束通过晶体石英时，晶体石英的旋光性会引起激光束的偏振面旋转。腔内激光束通过晶体石英时，其旋光性也必然引起晶片内激光束偏振面的连续旋转改变。而晶体石英的双折射造成的两个正交偏振态的偏振方向(主方向)是固定的，并不随光的传播而改变，一个在晶轴-光线平面内，一个垂直于此平面。我们将把图 2.2 中曲线的“畸变”看作旋光性和双折射共同作用(即复合相位差)的结果，并建立理论模型。

这里，仍然采用 2.4.4 节中的模型进行数值计算，用以定量解释图 2.2 中曲线的“畸变”。还必须作以下近似：忽略光在界面上的反射和折射对偏振态的影响，即光在界面上反射、折射时偏振态不变。

考虑晶体石英的旋光性，一个激光本征模 $\begin{bmatrix}J\\1\end{bmatrix}$ 可分解成两种成分，表示为

$$\begin{bmatrix}J\\1\end{bmatrix}=a\begin{bmatrix}\cos\psi\\ \mathrm{i}\sin\psi\end{bmatrix}+b\begin{bmatrix}\sin\psi\\ -\mathrm{i}\cos\psi\end{bmatrix}\tag{2.4.5}$$

式中，ψ 是晶体石英旋光角。再考虑到晶体石英的双折射，有

$$a\begin{bmatrix}\cos\psi\\ \mathrm{i}\sin\psi\end{bmatrix}+b\begin{bmatrix}\sin\psi\\ -\mathrm{i}\cos\psi\end{bmatrix}\exp(-\mathrm{i}\Delta\Phi)=\exp(-\mathrm{i}\chi)\begin{bmatrix}-J\\1\end{bmatrix}\tag{2.4.6}$$

式中，$\Delta\Phi$ 是晶体石英双折射效应引入的相位差(弧度)，χ 是考虑了晶体石英旋光性及其双折射效应的复合相位差。根据式(2.4.5)和式(2.4.6)，可以得出两个激光本征模各自的复合相位差 χ_1 和 χ_2 的表达式：

$$\tan\chi_1=\sin\Delta\Phi/(p_1^2+\cos\Delta\Phi),\quad \tan\chi_2=\sin\Delta\Phi/(p_2^2+\cos\Delta\Phi)\tag{2.4.7}$$

式中，

$$p^2 = \frac{aa^*}{bb^*} \tag{2.4.8}$$

这样，

$$\tan\chi_1 = \frac{\sin\Delta\Phi}{p_1^2 + \cos\Delta\Phi}, \quad \tan\chi_2 = \frac{\sin\Delta\Phi}{p_2^2 + \cos\Delta\Phi} \tag{2.4.9}$$

对激光偏振态分析的式(2.4.8)给出 J 满足的方程：

$$J^2 - J/[\tan(\Delta\Phi/2)\sin2\psi] - 1 = 0 \tag{2.4.10}$$

从式(2.1.9)和式(2.1.10)，可得

$$p_1^2 = 1/p_2^2 \tag{2.4.11}$$

因此

$$\tan(\chi_1 - \chi_2) = [(1-p_1^4)\sin\Delta\Phi]/[(1+p_1^4)\cos\Delta\Phi + 2p_1^2] \tag{2.4.12}$$

这样，就可以利用晶体石英的参数求得它的旋光角 ψ 和相位差 $\Delta\Phi$，利用方程(2.4.10)求得 J，利用式(2.4.8)求得 p_1^2，根据式(2.4.12)计算复合相位差$(\chi_1-\chi_2)$的值。另外，如令 $p=(a/b)\exp(\mathrm{i}\Delta\Phi/2)$，可以求得 p 满足的方程：

$$p^2 - 2pc\tan2\psi\cos(\Delta\Phi/2) - 1 = 0 \tag{2.4.13}$$

也可以不求 J，根据式(2.4.13)求得 p_1 和 p_2。

不考虑激光腔内晶体石英的旋光性时，激光器输出的频率差由式(2.1.1)给出。当考虑激光腔内晶体石英的旋光性时，激光器输出频率差为

$$\Delta\nu = \Delta \mid \chi_1 - \chi_2 \mid /(\pi/2) \tag{2.4.14}$$

$$\Delta\nu = \Delta \mid \chi_1 - \chi_2 \mid /180 \tag{2.4.15}$$

$$\Delta\nu = \Delta \mid \chi_1 - \chi_2 \mid /(\lambda/2) \tag{2.4.16}$$

式中，$\Delta=\dfrac{C}{2L}$为纵模间隔，χ_1 和 χ_2 分别是同时考虑晶体双折射和旋光性时两本征模通过晶体的相位改变。上述三式分别是用弧度、角度(相位差)、长度(光程差)表示的 $\chi_1-\chi_2$，是激光器输出频率差的表达式。在频率分裂过程中，$|\chi_1-\chi_2|/(\lambda/2)$整数部分产生越级，即 ν_q 两个分裂频率 ν_q' 与 ν_q'' 中频率大的一个越过 ν_{q+1} 两个分裂频率 ν_{q+1}' 与 ν_{q+1}'' 中频率小的一个。小数部分产生一个纵模间隔中的频率分裂。

进行数值计算时，对石英参数 n_o、n_e 和 y_{33} 的取值与计算偏振态时的数值一样，即 $n_o=1.542\ 63$，$n_e=1.551\ 69$，$y_{33}=1.7892\times10^{-5}$。晶片的厚度取 2.5mm，最高频率差 $\Delta\nu$ 取 471MHz。理论计算结果和实验符合得相当好，当频率差很小时，实验中 $\Delta\nu$ 为零，这是由于模式耦合引起的，这里的理论模型不包括对模竞争的分析。

本节主要参考文献：[1][2][29][32][33][225][315]。

2.5　双折射双频激光器光回馈系统概述

激光回馈效应(laser feedback effect)(也称为激光自混合(laser self-mixing))是激光物理中十分重要的现象，在激光器问世不久的 1963 年就引起关注。引起关

注的原因是这一现象对光通信、光学仪器具有破坏性干扰。如光路中光学元件表面把光反射回(回馈)激光器时，激光器的光功率变得起伏不定。为了求其原因，消除光回馈对激光器系统的干扰，团队开始了对光回馈的研究。后来，又试图利用这一现象实现若干应用，如位移测量。在第3章和第4章将会看到作者的团队是世界上研究激光回馈面最广、应用方向最多的团队。

虽然激光回馈有时也叫作激光内干涉，也有干涉的称谓，但激光回馈与学术界所熟悉的激光干涉的结果共同点却很少。激光器外部反射表面将激光器输出的光束再反射回激光器(回馈光)内部仅是一个必备条件。虽有激光回馈，回馈光与激光器内部的光束混合(有的文献称其为激光内干涉)，而激光器的谐振腔长不变，反射表面没有位移，激光器的功率是稳定的。但是，当激光器腔长(激光器内腔长)改变；或外部反射面与其相对的激光器腔镜的距离改变时，激光器的输出功率就会改变，激光器任一元件的微小振动就会使激光系统失稳。上述振动(或距离)改变往往是外部反射表面沿光束方向位移引起反馈光路长度(即光程)的改变，也可能是激光谐振腔长的微小改变。半导体激光器的腔长等容易被环境扰动，所以对光回馈非常敏感。外光路或内光路的光程改变半个波长，激光器的功率(或强度)改变一个周期。这种周期性与普通物理中的光干涉有相似之处。光干涉发生在激光器之外，光回馈的干涉发生在激光器之内。因激光增益介质参与其中，使这种内干涉现象变得丰富多彩。

教科书上的光学干涉条纹既可以发生在时域上，也可以发生在空域上。双缝干涉发生在空域上，而迈克耳孙干涉条纹发生在时域上。但激光回馈干涉仪的条纹仅在时域上发生，表现为接收表面(如探测器)上的亮暗。

尽管光的干涉和激光器光回馈都是“光程改变半个波长，光强度改变一个周期”，但有显著的不同：迈克耳孙光干涉形成的条纹(强度-时间)是正弦的，而光回馈引起的激光器强度变化(强度-时间)是非正弦的。如欲获得正弦的激光回馈条纹，需要设定合适的激光器参数以及回馈镜反射率才能得到。相对来说，团队研究证实，HeNe激光器和固体微片(Nd：YAG、Nd：YVO_4)较容易获得正弦条纹。而半导体激光器较难，需要难度很高的控制。其他不同还在于，光的干涉必须是两个臂，一个参考臂、一个干涉臂。光回馈只是把激光器输出光直接反射回激光器即可，有文献叫作一个臂干涉，实际上没有干涉臂。

尽管有大量激光回馈效应及应用的研究，发表了大量论文，但多为一般现象，模型及模拟较多，都是由激光器外部的反射镜将激光束反射回激光器内观察激光器光强度的改变。这意味着这些研究并未区分纵模多少及其间隔大小，不区别激光器输出的偏振状态，不顾及激光频率之间的竞争。

偏振是激光受激发射的五大特性(同方向、同偏振、同相位、高频率、高亮度)之一，利用偏振特性可以同时观察激光器两种偏振状态的模式，研究两种模式在光回馈过程中的相互作用，每个偏振态在光回馈中的行为规律以及存在的模式竞争、频率间隔大小所起的作用等。偏振，特别是正交偏振激光器的回馈是一把钥匙，打开认识激光器更多回馈现象之门，也对其应用有重大影响。

2.5.1　正交偏振激光器回馈中的学术地位

一般的激光回馈实验原理装置如图 2.19 所示，M_{ed} 是激光介质（半导体、气体、固体），M_1 和 M_2 是两个激光反射腔镜，M_3 是回馈镜。M_3 把输出光反射回激光器内，用一个探测器 D 探测激光光强的变化。

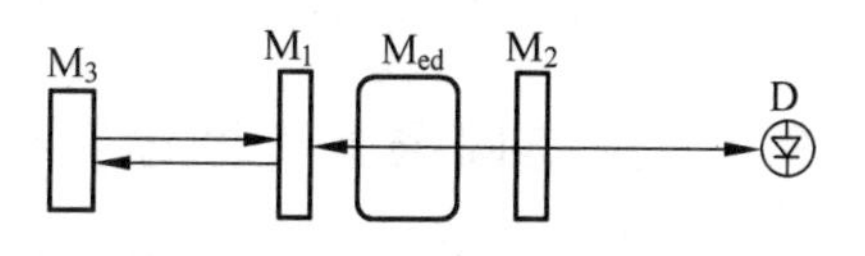

图 2.19　激光回馈原理图

本节所讲的偏振正交激光器有两个类型：①正交偏振双纵模激光器，所说双纵模就是激光器两个相邻的纵模，纵模间隔由激光谐振腔长决定，见式(1.2.2)；②频率分裂激光器，即团队所研制的双折射双频激光器和双折射-塞曼双频激光器，频率差由式(1.2.4)决定，等于$(\nu/L)\delta$，相邻两个频率的偏振态总是正交的。

研究偏振正交激光器回馈的目的是利用它的正交性。只要用一个偏振分光镜就能把偏振正交的两个频率分开传播，供研究或应用。该特性有“一两拨千斤”的效果。正是这一点使“看见”激光器一个模(频率)回馈和两个纵模(频率)之间的相互作用成为可能，以前是不能做到的。HeNe 激光器和微片掺钕钇铝石榴石(Nd：YAG)激光器是这类激光器的典型。它们都被认为是各向同性激光器，然而它们输出的却是正交偏振光，这是因为激光器内的元件(激光介质，腔镜镀的反射膜)的残存应力或特意置入的双折射在起作用。正交偏振激光是一场研究大戏，而其回馈特性，“展开来一片物理，深下去一串应用”。

本节将给出团队对正交偏振激光回馈的重要发现及相关理论分析，包括：反射面 M_3 反射进激光器(由 M_1、M_{ed}、M_2 构成)的光的强度中等(称为中度回馈)，或强度相对微弱(称为弱回馈)。对 HeNe 激光器，回馈镜反射率 20%～50%为中度回馈，回馈镜反射率小于 15%为弱回馈。因为激光器的差异(即使同一型号)，精确的数据需要由实验决定。本节所引述曲线，中度回馈指 M_3 反射率为 20%～50%，弱回馈指 M_3 反射率为 10%。团队研究的更多其他参数，读者可以查阅相关的论文。

中度回馈的主要特征是：回馈引起激光器的模竞争，两正交频率的强度相互激烈转移。研究了以下激光参数下的光回馈规律：①频率分裂激光器偏振正交光回馈，频率差相对较小，在 200MHz 以下；②双纵模偏振正交激光器回馈，频率差由激光器腔长决定，相对较大，为 800MHz～1GHz；③双折射外腔回馈，即在激光器和回馈镜之间置入双折射元件；并做了理论分析、包括建立模型、分析回馈各实验现象。

弱回馈的主要特征是：不发生两正交偏振光的强度转移，而是随回馈镜 M_3 的位移两正交偏振光的光强-位移曲线(条纹)存在相位差。这一相位差随激光器内腔和外腔的双折射改变而改变，包括：外腔有而内腔没有双折射，外腔没有而内腔有双折射，外腔和内腔都有双折射，内腔没有双折射而外腔置有偏振片。

有些现象是很奇特的，一个内腔没有双折射的激光器，在外腔置入双折射元件，随回馈镜的位移，激光器的输出也变成正交偏振的光。

作为特例，普通 HeNe 激光器，可视其为频率分裂达到一个纵模间隔的激光器，也可以用偏振分光镜将此相邻纵模分开，观察回馈现象。在我们的实验中使用了纵模间隔分别为 769MHz 和 566MHz 的两支激光器。

2.5.2 正交偏振激光回馈实验系统描述

团队设计、研究了四种结构的偏振正交输出激光器的光回馈现象。实验系统示于图 2.20～图 2.23 四幅图中。这四幅图既用于现象观察，也是典型的应用系统的基本构成。应用系统会有些结构改变，在阅读本节和第 3 章、第 4 章时请给予注意。

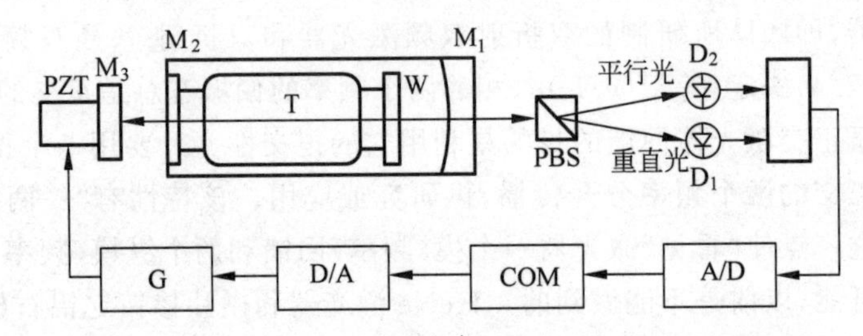

图 2.20 内腔没有双折射元件，两个偏振光同时反射回激光器中

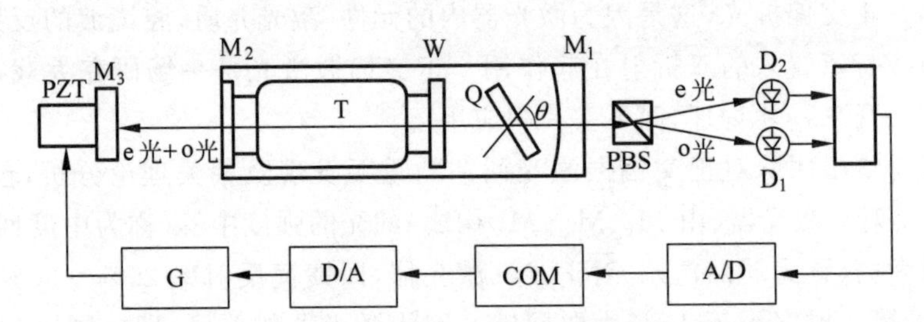

图 2.21 内腔有双折射元件，两个偏振光同时反射回激光器中

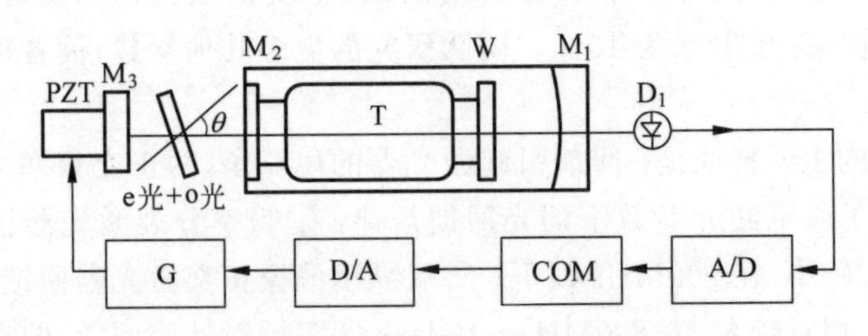

图 2.22 外腔中存在晶体石英的激光回馈系统

各图的元部件说明如下：M_1 和 M_2 是一对激光反射镜，构成激光谐振腔。腔内有 HeNe 激光增益管 T，W 是 T 的窗片。M_3 是回馈镜，把激光束反射回激光器谐振腔内。PBS 是一个沃拉斯顿棱镜，将激光器右端输出的两种正交偏振光分离

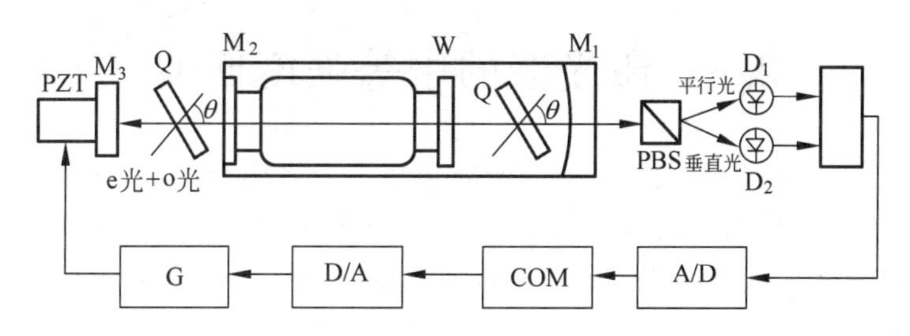

图 2.23　内腔和外腔中都有晶体石英的激光回馈系统

开。图中，两种正交光成分或标为 o 光和 e 光，或标为垂直光和平行光。o 光和 e 光的定义是基于腔内晶体石英片的双折射的定义，其频率差可以由调谐角 θ 决定(式(1.3.1))。垂直光和平行光则是基于应力双折射定义的，激光器输出的两相邻纵模自身是偏振正交的，频率差由腔长和双折射决定(式(1.2.4))。垂直光和平行光可视为与纸面垂直和平行，o 光和 e 光(或垂直光和平行光)的光强被两个光电探测器 D_1 和 D_2 分别探测，并转化成电信号(注意图 2.22 中只有一个探测器 D_1，没有 D_2)，G 是信号处理电路，光强的电信号经 A/D 转化后送入计算机。计算机控制过程：计算机每读取一次光强信号后，便送出一个数字信号，指令经 D/A 转换和电压放大后驱动 PZT 伸长或缩短，推动回馈镜 M_3 左右移动。M_3 移动的过程会引起激光器的输出功率发生周期性变化。

为了叙述方便，定义 M_1 和 M_2 构成的腔为内腔，而 M_2 和 M_3 构成的腔为外腔。

注意以下各图的差别，图 2.20 激光谐振内腔和外腔都没有晶体石英，而图 2.21 的谐振腔内放入了晶体石英片 Q，谐振外腔没有放入 Q。图 2.23 除了在内腔(M_1 和 M_2 之间)放入了 Q，由 M_2 和 M_3 组成的外腔内也加入了一片晶体石英 Q。加入晶体石英片 Q 的作用是引入双折射，也可用一片施加了外力的光学玻璃引入双折射。在激光谐振腔内存在的晶体，会造成激光频率分裂，使激光的一个频率变成偏振正交的两个频率(o 光和 e 光)，两个频率差值可由 Q 的旋转角度控制，频率间隔取决于$(\nu/L)\delta$；也可在窗片 W 上加力获得两个偏振正交频率。

借助上述系统，团队研究的是：反射镜 M_3 把激光束反射回激光器内并沿着激光器轴线位移时，观察上述激光器输出的偏振正交光的强度变化规律和两者的回馈曲线(条纹)之间的相位差变化规律。需特别关注两个参数：双折射强度和回馈强度。应用激光回馈效应去做各种应用时，这两个参数影响重大，也易于实施改变。也请注意激光器输出的两个特性：偏振正交光的回馈条纹形状和相位差的改变。2.6 节属于中等强度回馈，即回馈镜反射率在 20%～50%范围内。实验中实际使用的回馈镜 M_3 的反射率在 40%～50%。而 2.7 节属于弱回馈，M_3 的反射率在 5%～15%。强回馈(M_3 反射率 60%或更高)引起激光器光强度的混沌效应，其研究和应用不在本书视野之内。

本节主要参考文献：[1][2][160][161][271][283][300]。

2.6 激光器的中等强度回馈

团队在激光器的中等强度回馈的研究包括了太多内容，本节只介绍其中一些较常见和作者认为应用可能性大的现象。正交偏振双频激光器的中等强度回馈系统如图 2.20 所示。而实验中人为地造成回馈镜的微小失谐导致的多重回馈(本节只介绍两重)。

本节介绍的激光器的中等强度回馈，包括正交偏振双频激光器的中等强度回馈和单偏振激光器两重回馈。正交偏振双频激光器内有相位延迟元件的相位差，单偏振激光器两重回馈则是光回馈在外腔来回一次后，部分馈入激光器，而余者又在外腔长内再来回一次后馈入激光器。在 2.9 节，将介绍更多多重回馈的研究结果。

2.6.1 正交偏振激光器，正交频率的初始光强差不同的回馈现象

以图 2.22 的实验系统完成本节的实验。激光器谐振腔长为 140mm，纵模间隔 1070MHz，外腔长为 125mm。M_1 是激光器全反射镜，M_2 是激光输出镜，它们的反射率分别为 99.8%和 98.8%，回馈镜 M_3 的反射率 40%。Q 是一片厚 3mm 的可旋转晶体石英片，平行切割(即晶轴与晶片面法线平行)，Q 的存在使得激光腔(内腔)变成了双折射腔，激光器的一个频率分裂成两个。旋转晶体石英片，使激光频率分裂为 450MHz。

回馈镜 M_3 的反射率为 40%，即有 40%的激光输出功率重回激光器。但要注意，这 40%的光并不能都进入激光器，而是被 M_2 反射掉 98.8%(仅有 1.2%进入激光器)，实际进入激光器的只有激光输出光的 4.8×10^{-5}。

PZT 的驱动电压改变 125mV，PZT 长度变化半个波长，即外腔长改变半个波长。因为实验中 PZT 扫描电压的升高过程是与时间成正比并采样读出的，所以实验曲线的横坐标也是以时间作刻度的。这里，时间、电压高低、PZT 伸长量三者之间都是正比关系，忽略 PZT 实际存在的 0.1%非线性。探测器的灵敏度是：激光功率改变 0.08mW，输出电压改变 1000mV。激光器所充气体中的 Ne 为 $Ne^{20}:Ne^{22}=1:1$。在回馈镜 M_3 将输出光反射回激光谐振腔后，用激光扫描干涉仪观察两正交频率的初始光强，并通过微调激光谐振腔的长度设定两频率在增益曲线上的位置，以设定其光强差(用以微调的 PZT 未在图中画出)。光强差设定后，在计算机的控制下，推动 M_3 位移的同时记录 o 光和 e 光的光强，得到图 2.24(a)～(c)所示的曲线。

观察到以下几个规律。

(1) 如图 2.24(a)所示，两正交频率的初始光强峰值相等，激光强度呈周期性地相互转移，一个频率光强的增加必伴随另一频率光强的减小。微调加于 PZT 上的电压，并在示波器上观察 o 光和 e 光的初始强度，即把 o 光和 e 光的初始强度调

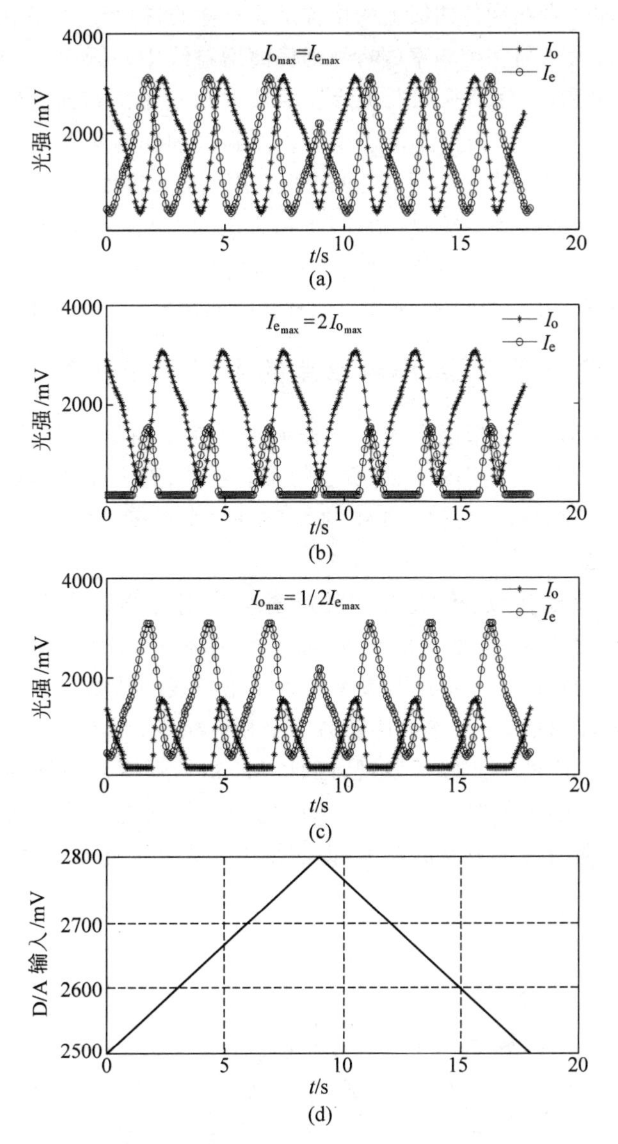

图 2.24　正交双频激光回馈，两光的初始光强之差引起的输出光强之差。星点线为 o 光强度，圆点线为 e 光强度

(a) 初始光强相等；(b) e 光初始光强较大时的正交偏振光的回馈曲线；(c) o 光初始光强较大时的正交偏振光的回馈曲线；(d) 加在 PZT 上的调制电压(三角波)

频率差为 450MHz，M_3 的反射率为 40%

整到相等。强度相等即二光在增益曲线上以中心频率对称分布。在回馈(M_3 被 PZT 上的三角波调制)中二者之间没有明显优势和劣势。

(2) 如图 2.24(b)所示，设定两正交频率的初始光强峰值不相等：初始光强较大者占据优势，初始光强较弱者处于劣势。在实验中设定初始强者光强峰值是弱者光强峰值的 2 倍，即二者在增益曲线上的位置是非对称的，初始的强者在增益曲线的中心频率处，增益最大。另一个频率（弱者）则偏离增益线中心频率 450MHz，所获增益较小。图 2.24(b)和(c)分别是 e 光初始强度较大和 o 光初始强度较大时的实验结果。在图 2.24(b)中 e 光总占据优势，只有在两个振荡周期的交界处 o 光才形成振荡。图 2.24(c)则是 o 光总占据优势，只有在两个振荡周期的交界处 e 光才形成振荡。

这三条曲线的共同点是倾斜：在 PZT 换向时，即由伸到缩或由缩到伸，回馈曲线的倾斜方向也随之改变。另外，图 2.24(a)和(b)的曲线是从中间伸缩的换向点（即 PZT 电压的峰点）向内倾斜，而图 2.24(c)的回馈曲线向外倾斜。

2.6.2　正交偏振激光器，小频率差的中度回馈现象

这里的“小频率差”是指因激光器两偏振正交频率间隔小而引发的竞争，足以影响它们的相对强度。采用图 2.22 所示的实验系统，腔内晶体石英片产生的两正交频率之差为 117MHz。比图 2.24 中的 450MHz 小很多。回馈镜反射率为 50%，属于中等强度回馈。

实验系统的其他参数：激光腔镜的反射率分别为 98.6% 和 99.9%，腔长为 195mm；激光器尾光功率为 0.02mW，输出端功率为 0.29mW。所得的曲线如图 2.25 所示。从曲线可知，不论两频率被置于增益线的什么位置，o 光和 e 光的光强总是相互周期转移的，一个增加伴随另一个相应减少，而 o 光和 e 光的最大值和最小值也是相互对应的。实验还发现，两种光的初始强度对曲线的宽度有一定影响。两种光的初始强度相等，它们在一个周期中占据的电压范围相同。初始强度大的光在一个周期中占据较宽的范围，即曲线中 o 光和 e 光不等宽的现象。

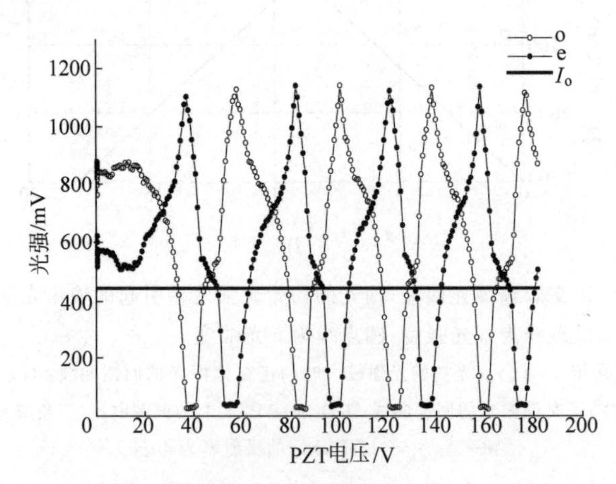

图 2.25　小频率差时正交偏振光的回馈曲线，频率差为 117MHz

2.6.3　三模激光器回馈：两模的强度主导地位随机转移

按 1.4.2 节的讨论，不论是 Nd：YAG 还是 HeNe 激光器的相邻模是正交偏

振的。这里所说三模 HeNe 激光器也应遵循这一原则。

实验装置如图 2.22 所示，激光器不作频率分裂；激光器腔长为 195mm，纵模间隔等于 769MHz。输出端功率为 0.29mW，尾端作为回馈端，尾端光功率为 0.02mW。不置入回馈镜时激光器单纵模运行，置入回馈镜时激光器变为三模运行。三模中相邻纵模也是偏振正交的。实验结果示于图 2.26 横坐标为加在压电陶瓷(PZT)上的电压，纵坐标为光强(探测器转化成电压)。第一，除了一个频率在回馈过程中总占据主导地位外，有时在一次连续测量的四个半周期中，两个频率会突然相互转换优势，优势频率变成劣势，劣势频率变成优势。无论哪个频率占优势，曲线的形状特性不会有很大的区别；第二，每两个周期的中间总有一个强度“平台”区，在此“平台”区间内，每个偏振态的光强都小于平均光强(图中与横轴平行的直线)，变化也不大，这表示光强没有进行剧烈交换。激光器三模运行或偏振态的突变可能导致两模强度主导地位的随机转移。

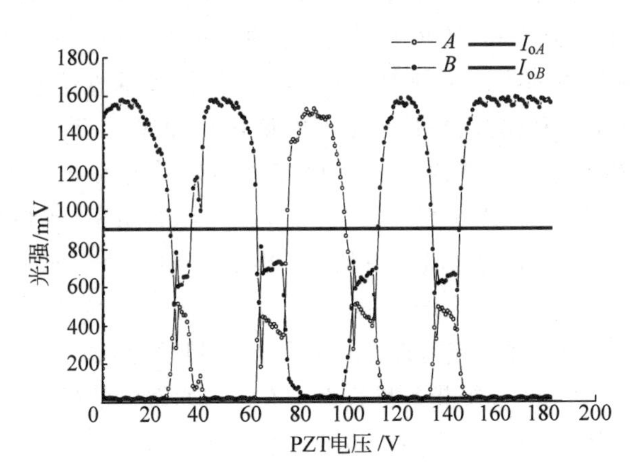

图 2.26　反射镜移动时 o 光与 e 光的强度随机转换

(请扫Ⅲ页二维码看彩图)

2.6.4　激光双重回馈导致光强条纹倍频

1. 两种实验系统

有两种系统布局都可以实现光强条纹倍频。一个方案如图 2.27 所示，外腔内置入一片晶体石英或应力双折射元件，双折射使外腔形成两个物理光学长度，同时，激光增益管由布儒斯特角的玻片作窗片。注意其与图 2.22 的差别。图 2.22 中窗片 W 是增透窗片。

另一方案如图 2.24 所示。看上去，系统是一个普通单纵模激光器回馈。与普通单纵模激光器回馈不同的是，回馈镜 M_3 有微小失谐，即外腔内激光束和激光轴有一个小的夹角。光线经 $l_1 \rightarrow l_2 \rightarrow l_3 \rightarrow l_4$ 由 M_2 进入激光器。这里仅考虑光线的两次折返，叫作两次(重)回馈。更多次折返叫作多重回馈或高阶回馈，本书 2.8 节和

3.6节将分别介绍其现象和应用。

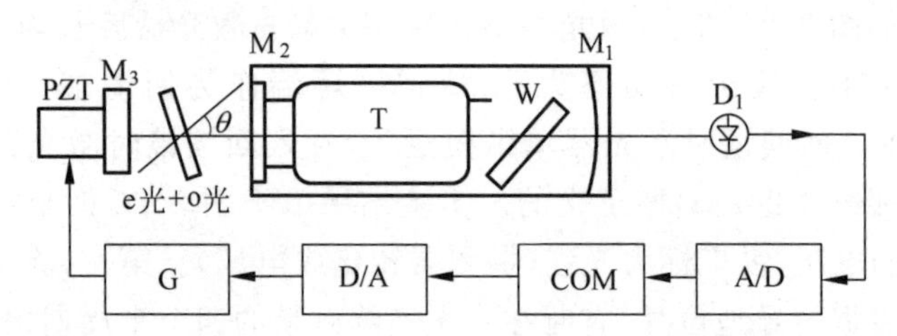

图 2.27　激光回馈系统：激光器带布儒斯特窗，外腔中有晶体石英

2. 激光双重回馈倍频的物理机制

两种实验系统得到相同的结果，但实现的机制很不相同。

由图2.27所示装置所得回馈条纹倍频的解释。图2.27中，外腔加入平行切割的可旋转的晶体石英片Q，转角θ，由于Q的双折射效应，外腔变成一个正交偏振谐振腔。θ角旋转方向决定了外腔只允许平行偏振和垂直偏振。激光器内腔有布儒斯特窗片，只允许P偏振(平行于纸面的偏振)光振荡。于是，只有P偏振光馈入内腔才发生回馈现象。调整角度θ使Q单程相位延迟为π，按2.5节给出的规律，外光路(或内光路)光程改变半个波长(π)，激光器的功率(或强度)改变一个周期。图2.27中的回馈路径是：激光束从M_2出射经$M_3 \rightarrow M_2 \rightarrow M_3 \rightarrow M_2$进入激光器，$M_3$位移半个波长($\pi$)，光线的光程倍增为$2\pi$，所以出现所说“光学条纹的倍增”。实验装置参数为晶体石英片厚3mm，平行切割(即晶轴与晶片面法线平行)，激光器谐振腔长为150mm，外谐振腔长为185mm，回馈镜的反射率为40%。驱动电压改变125mV，PZT对应变化半个波长。激光功率改变0.08mW，光电探测器D_1的输出电压改变1000mV。由于Q的存在，外腔(回馈腔)变成了双折射腔，外腔腔长变成了两个物理长度不等的腔长。激光器所充气体中的Ne为$Ne^{20}:Ne^{22}=1:1$。晶片调谐角(晶轴和光线的夹角)是θ，通过调节θ可改变外腔的两个物理长度之差，即谐振波长(频率)之差。

由如图2.28所示装置发现的回馈条纹倍频的解释：光线l_1从激光器出来被M_3反射沿l_2经由M_2反馈回激光器。M_2的反射率很高，进入激光器的仅有1.5%，而98.5%被反射到M_3，M_3再次反射，光线沿l_3达到M_2，进入激光器的仅有1.5%，而98.5%被反射到M_3。总之，M_3位移半个波长，光线在外腔的光程则是一个波长，原本的回馈条纹半个波长一个周期变成半个波长两个周期。

可以从物理概念上解释图2.29的曲线。设晶体石英片晶轴与激光束在一个合适θ时其相位延迟为π，即晶体石英成为一个半波片。我们推论当调谐角$\theta=14.6°$时，晶片的相位差为π。相隔14年前后不同目的的两次实验，置晶片于内腔的频率分裂实验在前，置晶片于外腔的激光回馈实验在后，晶体石英的π相位(半波片)都起到了重要作用。实验中π相位的角度差(15.2°和14.6°)是由于晶片的

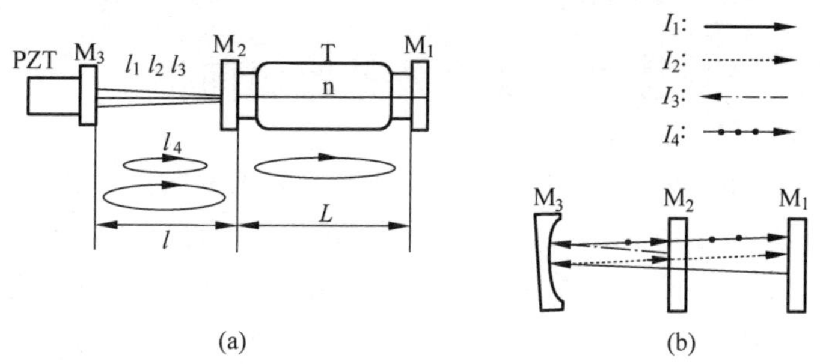

图 2.28　双重回馈(两次回馈)激光回馈的方案(a)和外腔光路(M_3、M_2 之间)示意图(b)

厚度不一致及转角测量误差引起的。

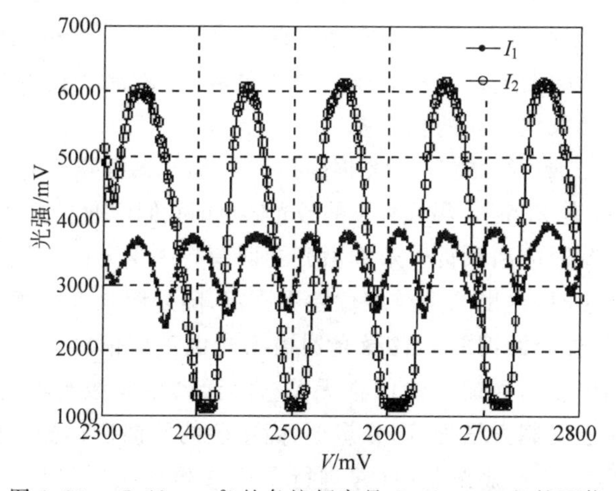

图 2.29　$I_1(\theta=0°)$的条纹频率是 $I_2(\theta=14.6°)$的两倍

值得注意的是,团队在 1988 年发表的文章中实验曲线如图 2.2 所示。在图 2.2 中 $\theta=15.2°$时,腔内晶体造成的频率分裂曲线是一个谷底。此时晶体石英的“综合”相位差 $\Delta\Phi$ 是 π 的整数倍。而图 2.29 中的实验是最近完成的,在实验中 $\theta=14.6°$时出现了条纹频率倍增。

I_2 的调制深度远比 I_1 的调制深度大。这是由于在外腔中光的第二次往返比第一次往返的光强要弱,ρ 较小所致。图 2.29 的曲线是双折射外腔回馈的模拟计算结果。实验曲线和理论曲线的差别仅是实验曲线的周期宽度不均匀,可能是由 PZT 的非线性造成的。

2.6.5　激光中度回馈理论分析

团队建立了理论模型,对激光中度回馈做了全面理论分析,理论与上述实验结果符合得很好。本处不再讨论,可参考团队发表的相关论文和出版的专著。

本节主要参考文献:[85][100][103][106][107][116][121][123][163][164][300][334][336][337]。

2.7 双频激光器弱回馈

本节讨论双折射内腔和(或)双折射外腔激光器的弱回馈。双折射内腔即在激光器谐振腔(图 2.21 中 M_1 和 M_2)内置有双折射元件 Q,双折射外腔即在激光器一个谐振腔镜和回馈镜之间置有双折射元件(图 2.22)。2.6 节介绍了团队在中度回馈时的现象,使用的回馈镜的反射率为 40%,本节介绍团队在弱回馈研究中的发现,回馈镜的反射率低于 10%。

在之前的双折射外腔回馈研究当中,波片的作用主要有三个,一是在双频激光回馈系统中作为偏振态旋转器件,例如,使得输出光的偏振态旋转 90°之后再回到激光器谐振腔内,因此,这类系统中常使用四分之一波片;二是在单模激光回馈系统中诱发偏振跳变的发生;三是把波片置于外腔,引发激光内腔生成正交偏振以及决定它们的回馈条纹之间的相位差。

为了区分,本节所说纵“模”是激光振荡频率,由激光谐振腔长决定;一个纵模分裂后的两个“模”统称为“频率”。纵模分裂的激光器也即我们说的双折射双频激光器。

单纵模激光器回馈和双折射双频激光器回馈有一重要的不同。双折射双频激光器的回馈镜位移时,输出的条纹相位差不固定,随外腔长变化而变化。而对单纵模激光器,双折射外腔回馈能导致激光器输出光也正交偏振化,但有一特点,即正交偏振条纹的相位差与回馈镜的位移无关。因而,“单频激光器的双折射外腔”的回馈现象可以用于研制大量程、高分辨率、高精度的回馈位移测量仪。团队把这种现象引入单纵模 HeNe 激光器中,并进行了位移测量应用研究,达到了预期的结果,做好了产品化的准备(见 3.5 节)。

值得注意的是,某些单纵模 HeNe 激光器有外腔双折射外腔回馈时,并不能观察到具有相位差的回馈条纹。本节将给出具体原因。

2.6 节是以垂直于纸面的轴旋转晶体石英片,转角为 θ。本节把光学波片作为双折射元件放入激光器外腔,以激光束为轴旋转波片也即旋转了回馈光的偏振方向,得到具有相位差的两偏振正交光的回馈条纹。我们还将偏振片放入回馈外腔,旋转偏振片,改变回馈光的偏振方向也得到了具有相位差的回馈条纹。

2.7.1 单纵模激光器双折射外腔回馈

单纵模激光器双折射外腔回馈的实验装置如图 2.30 所示。

图 2.30 为全内腔 HeNe 激光器,输出单纵模线偏振光,中心波长为 632.8nm。专门设计的激光器腔镜 M_1 和 M_2,反射率分别为 99.2%和 99.5%,即都有部分光功率输出,称为激光器两端出光。激光器腔长为 140mm。其他参数同 2.6 节。

回馈镜 M_3 为未镀膜的普通玻璃片作为反射镜,反射率为 4%,PZT 驱动 M_3 往复位移,“扫描”回馈外腔。扫描干涉仪 SI 用于观察激光的纵模模式。波片 WP

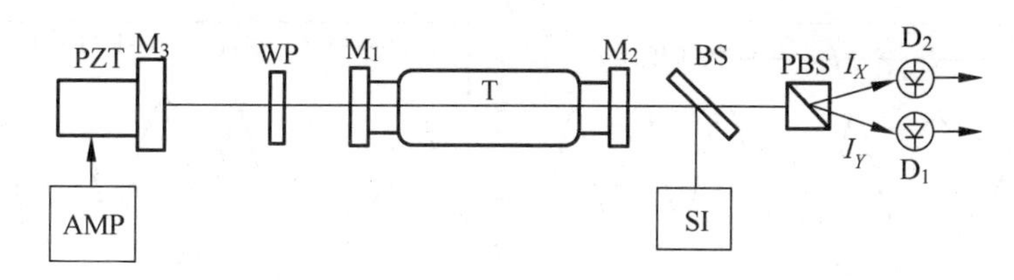

图 2.30　激光器双折射外腔回馈实验系统

PZT：压电陶瓷；M_3：回馈镜；AMP：压电陶瓷驱动器；WP：波片；M_1,M_2：激光器腔镜；T：激光增益管；BS：分光镜；SI：扫描干涉仪；PBS：沃拉斯顿棱镜；D_1,D_2：光电接收器

快慢轴方向和激光器出射光的偏振方向成 45°。沃拉斯顿棱镜 PBS 的两主方向和激光器输出光的偏振方向成 45°。激光器腔镜 M_2 端的输出光经 PBS 分光之后得到两路偏振方向相互垂直的光束，被光电探测器 D_1 和 D_2 接收，光强分别标记为 I_X 和 I_Y。

实验结果示于图 2.31 中。首先，其中没有波片 WP，回馈外腔是各向同性的，这样的回馈，本书称为各向同性回馈。各向同性回馈时的回馈条纹如图 2.31 所示。PBS 把光分成两路，M_3 往返扫描外腔，两路光强都是类正弦条纹，且调制幅度和相位都相同。这是容易理解的，激光器原本输出线偏振光，在各向同性回馈（弱回馈水平）作用下，激光偏振态没有发生变化，仍是线偏振光。PBS 的光轴和激光器输出光偏振方向成 45°，光电探测器 D_1 和 D_2 探测到的信号实际都是同一线偏振光的光强曲线。

接下来，将波片放入回馈外腔中，使波片的快轴和激光器输出光的偏振方向一致，如图 2.32 所示。波片的面法线和激光轴线平行。然后绕着激光轴线旋转波片，逐渐增大波片快轴和激光偏振方向的夹角（如图 2.32 所示，记为 θ_{WP}），记录 θ_{WP} 在不同角度下的回馈条纹曲线。所用波片的相位延迟为 45°，实验结果如图 2.33 所示。

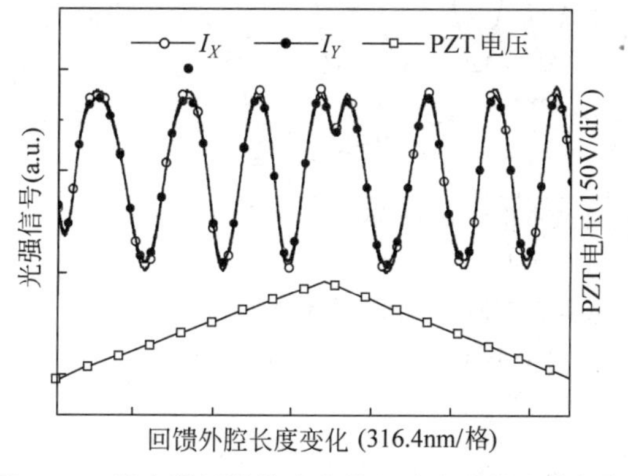

图 2.31　激光器回馈外腔未放置波片时的回馈条纹

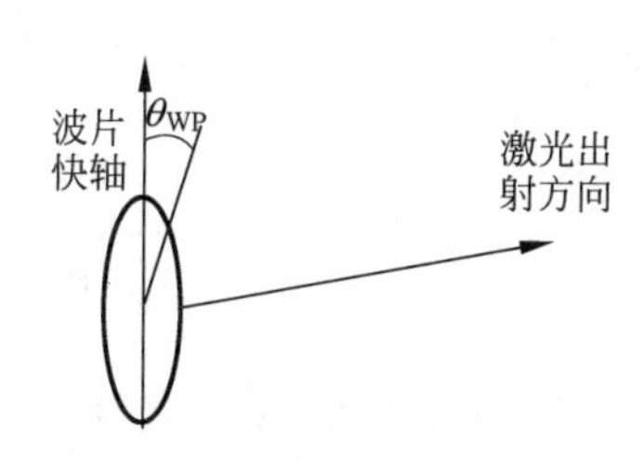

图 2.32　旋转波片示意图

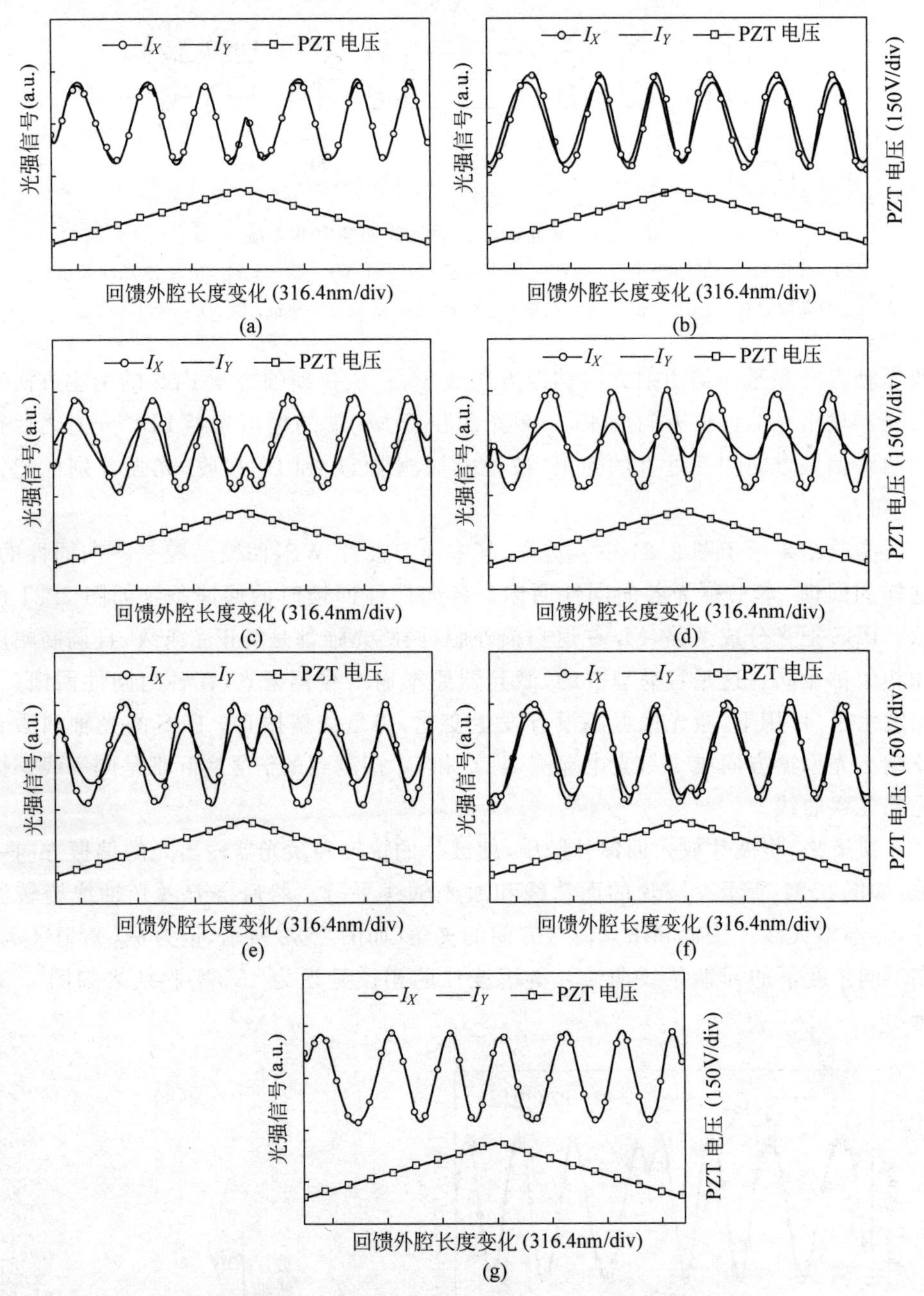

图 2.33 波片(45°)快轴和激光偏振方向成不同角度时的实验结果

θ_{WP} 等于(a) 0°；(b) 15°；(c) 30°；(d) 45°；(e) 60°；(f) 75°；(g) 90°

从图 2.33 中可以看出：

(1) 当波片的快轴、慢轴和激光的偏振方向平行时($\theta_{WP}=0°$或 90°)，探测到的光强波形和没有放置波片时类似，I_X 和 I_Y 光强波动的幅值、相位都相同，如图 2.31、

图 2.33(a)和(g)所示。可以这样理解，因为当 $\theta_{WP}=0°$ 或 $90°$，回馈外腔中的光束在波片内没有改变偏振方向，或者仅是 I_X，或者仅是 I_Y。

(2) $\theta_{WP}=15°$(或 $75°$)时，光束分解为 I_X 和 I_Y，且之间具有相位差。$\theta_{WP}=30°$(或 $60°$)时，I_X 和 I_Y 之间的相位差都进一步增大，而当 $\theta_{WP}=45°$时，I_X 和 I_Y 幅度相同且没有相位差。

(3) 当 I_X 和 I_Y 之间有相位差时，PZT 电压的上升沿和下降沿所对应的 I_X 和 I_Y 之间的相位差符号相反。此外，对比图 2.33(b)和(f)，θ_{WP} 为 $15°$和 θ_{WP} 为 $75°$时，I_X 和 I_Y 之间相位差符号相反。类似地，对比图 2.33(c)和(e)，θ_{WP} 为 $30°$与 θ_{WP} 为 $60°$时 I_X 和 I_Y 之间相位差符号相反。考虑到 $\theta_{WP}=45°$时，I_X 和 I_Y 幅度同相，因此可以推论，在 θ_{WP} 分别为 $45°+\theta$ 和 $45°-\theta$(θ 的取值范围为 $0°\sim45°$)时，I_X 和 I_Y 之间相位差符号相反。

对比以上实验结果(图 2.33)，可看到和 2.6 节中度回馈的结果有显著区别。2.6 节的结果，当回馈外腔当中放置 45°波片且其快慢轴和激光初始偏振方向成 45°时，回馈条纹之间的相位差(即 I_X 和 I_Y 之间的相位差)为外腔双折射元件相位延迟量的 2 倍。也就是说，在图 2.33 中，当 $\theta_{WP}=45°$时，I_X 和 I_Y 之间的相位差应该为 90°，而图 2.33(d)中，I_X 和 I_Y 却没有相位差，这说明回馈条纹的“倍频”是有条件的，本节将给出其条件。

2.7.2 内、外腔都置双折射元件的激光器回馈

1. 外腔置双折射的激光器回馈

我们对四台参数相近的 HeNe 激光器进行重复实验，实验装置如图 2.30 所示。但外腔当中放置 45°波片，其快慢轴方向和激光偏振方向成 45°，观察此四台激光器的回馈条纹。实验结果如图 2.34 所示。

由图 2.34 可以看出，利用四台参数相近的激光器在相同的条件下进行实验，得到的回馈条纹曲线之间差别显著。图 2.34(a)、(c)中两回馈条纹基本同相，图 2.34(b)中 I_X 和 I_Y 之间的相位差为 90°，而图 2.34(d)中 I_X 和 I_Y 之间的相位差接近 180°。

如 1.2 节提到，激光器纵模间隔 $\Delta\nu=c/2L$。而当激光器谐振腔内存在双折射时，激光频率出现分裂。如频率分裂后的两频率之差小于 40MHz，在增益的竞争中总有一个“失败”而熄灭。激光器相邻的三个纵模，每个频率都分裂两个频率后其一熄灭，胜活的三个频率中，相邻的两个为正交偏振，其结果是，激光器连续三个纵模中两个相邻纵模间隔分别是 Δ_1 和 Δ_2，而 $\Delta_1-\Delta_2$ 即两个纵模间隔之差。$\Delta_1-\Delta_2$ 和激光器腔内双折射大小成线性关系，$\Delta_1-\Delta_2$ 越大，腔内双折射越大。这一点将在 3.2 节有重要应用，本节引用此种方法来表述激光器腔内双折射的大小。下文称 $\Delta_1-\Delta_2$ 为相邻纵模间隔差。

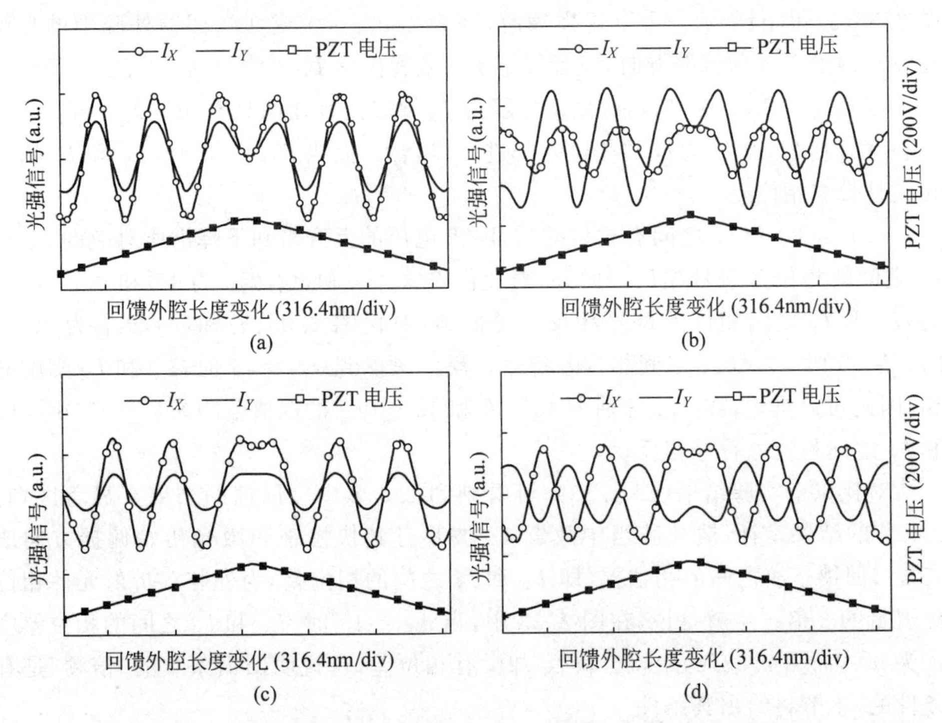

图 2.34　利用四台参数相同的激光器得到的回馈条纹曲线

经过大量的重复实验和结果对比之后,发现图 2.34 中的条纹相位差和激光器腔内双折射相关联。于是测试了图 2.34(a)、(c)对应的激光器的相邻纵模间隔差,结果分别是 19.4MHz 和 8.6MHz。图 2.34(b)对应的激光器的相邻纵模间隔差为 3.6MHz,而图 2.34(d)对应的激光器的相邻纵模间隔差为 2.4MHz。因此,可以这样假设:激光器的腔内双折射对回馈条纹之间的相位差有影响,并且腔内双折射越大,两回馈条纹之间的相位差越小,即趋于同相。为了验证这一猜测,使用了同一台激光器进行双折射外腔回馈,在改变其腔内双折射过程中观察两回馈条纹之间相位差的变化。这就是下一小节 2. 的任务。

2. 内外腔都置双折射的激光器回馈

2.7.1 节给出了单纵模激光器双折射外腔回馈,本节将给出内外腔都有双折射的激光器回馈现象。步骤是:先给出对同一台激光器进行双折射外腔回馈实验的结果,然后改变激光器腔内双折射的大小,观察两回馈条纹之间相位差的变化。

图 2.35 为实验中在腔镜上施加力 F 的示意图,图中所示的符号均与图 2.30 中的符号意义相同,波片 WP 相位延迟量为 45°。为了便于比较,旋转波片使得波片 WP 的快慢轴和激光出光偏振方向成 45°,PBS 的光轴和激光出光偏振方向也成 45°,记录激光器相邻纵模间隔差不同情况下的回馈信号 I_X 和 I_Y。

需要注意的是,在实验过程中,每次改变施加在腔镜上的力大小后,应力双折

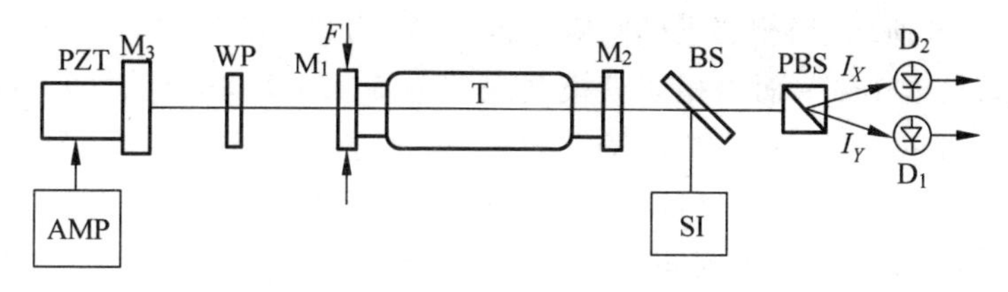

图 2.35　在输出端腔镜上施加力 F

射的主轴方向也会相应发生变化，激光器出光偏振方向也会随之改变。因此，需要重新调整波片和 PBS 以保证每次调整加力之后，激光偏振方向和波片快慢轴以及沃拉斯顿光轴都成 45°。如图 2.36 所示为通过加力改变激光器相邻纵模间隔差后得到的多个回馈实验结果。

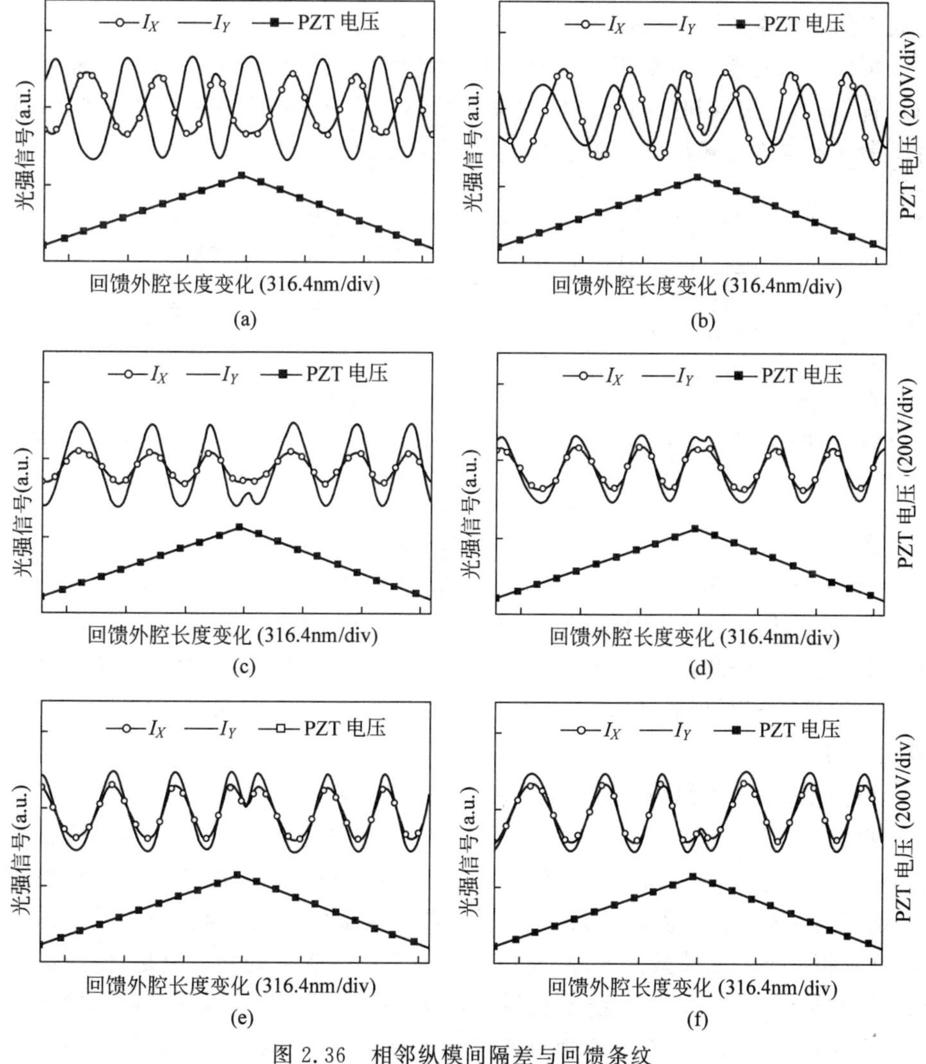

图 2.36　相邻纵模间隔差与回馈条纹

(a) 2.4MHz；(b) 5.4MHz；(c) 8.4MHz；(d) 18.9MHz；(e) 31MHz；(f) 42MHz

如图 2.36 所示,当相邻纵模间隔差 $\Delta_1-\Delta_2$ 为 2.4MHz 时,I_X 和 I_Y 两回馈条纹的相位差接近 180°；而当相邻纵模间隔差为 5.4MHz 时,I_X 和 I_Y 两回馈条纹的相位差约为 90°;当相邻纵模间隔差为 8.4MHz 时,两回馈条纹又为同相;当相邻纵模间隔差为 18.9MHz、31MHz 和 42MHz 时,两回馈条纹都基本同相,且频率差越大,两回馈条纹越倾向于同相波动。对比图 2.36(a)～(f)可以知道,相邻纵模间隔差较大时,I_X 和 I_Y 两回馈条纹随相邻纵模间隔差变化缓慢,且频率差越大两回馈条纹越倾向于同相。当相邻纵模间隔差值较小时,I_X 和 I_Y 两回馈条纹的相位对频率差改变更为敏感,甚至两回馈条纹反相波动。

根据上述实验结果可知,激光器腔内双折射确实会影响双折射外腔回馈条纹之间的相位差。因此,当我们研究双折射外腔回馈或者利用双折射外腔回馈进行位移测量时,腔内双折射这一因素也必须予以考虑。即要得到 2 倍于外腔波片相位延迟的回馈条纹,激光器内腔的双折射要小到 2MHz 以下。

可以对激光器腔内双折射影响双折射外腔回馈条纹相位差的现象做定性分析。首先,通过拍频和扫描干涉仪观察纵模模式的方式查明在双折射外腔回馈条件下激光器是否还输出单一频率的光,实验装置如图 2.37 所示。

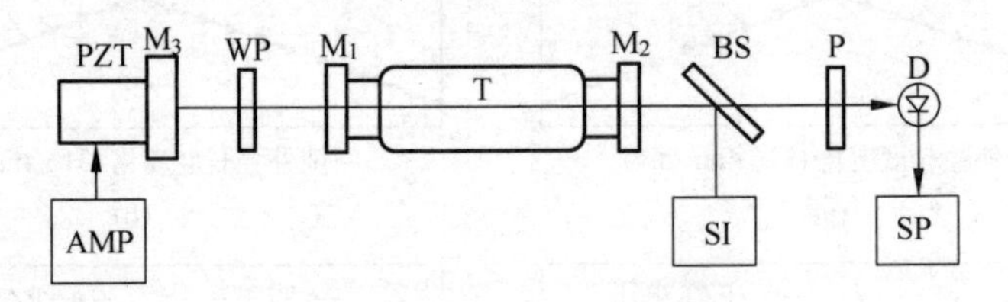

图 2.37　双折射外腔回馈实验系统

PZT：压电陶瓷；M_3：回馈镜；AMP：压电陶瓷驱动器；WP：波片；M_1,M_2：激光器腔镜；T：激光增益管；BS：分光镜；SI：扫描干涉仪；P：偏振片；APD：雪崩光电二极管；SP：频谱仪

图 2.37 中,WP 为 45°波片,波片快慢轴和激光偏振方向成 45°。SI 为扫描干涉仪,用来观察纵模模式。SP 为频谱仪,用来接收雪崩光电二极管 APD 输出的拍频信号,所用激光器的相邻纵模间隔差为 5.4MHz。如果激光器输出双纵模,那么在 SI 和 SP 都会观察到。如果激光器输出由频率分裂产生的两个频率的光,SI 将无法分辨,但是 APD 上会探测到拍频信号,其为相邻纵模间隔差的 1/2,即 2.7MHz。

由图 2.38(a)的纵模模式图可以看到,在双折射外腔回馈条件下,激光器仍旧输出单纵模,所以在图 2.38(b)中没有出现纵模间隔的拍频,也进一步说明激光器仍旧输出单纵模。图 2.38(c)是在频率分裂处的拍频结果,也没有探测到拍频信号,这说明在双折射外腔回馈条件下,激光器的频率分裂模式也没有振荡。综上所述,在双折射外腔回馈条件下,激光器仍旧输出单一频率的光。但是,由前面的结果可以知道,这单一频率的光经过沃拉斯顿棱镜分光之后,得到的两路回馈条纹之间具有相位差,这说明,在双折射外腔回馈条件下,激光器输出光的偏振态变为椭

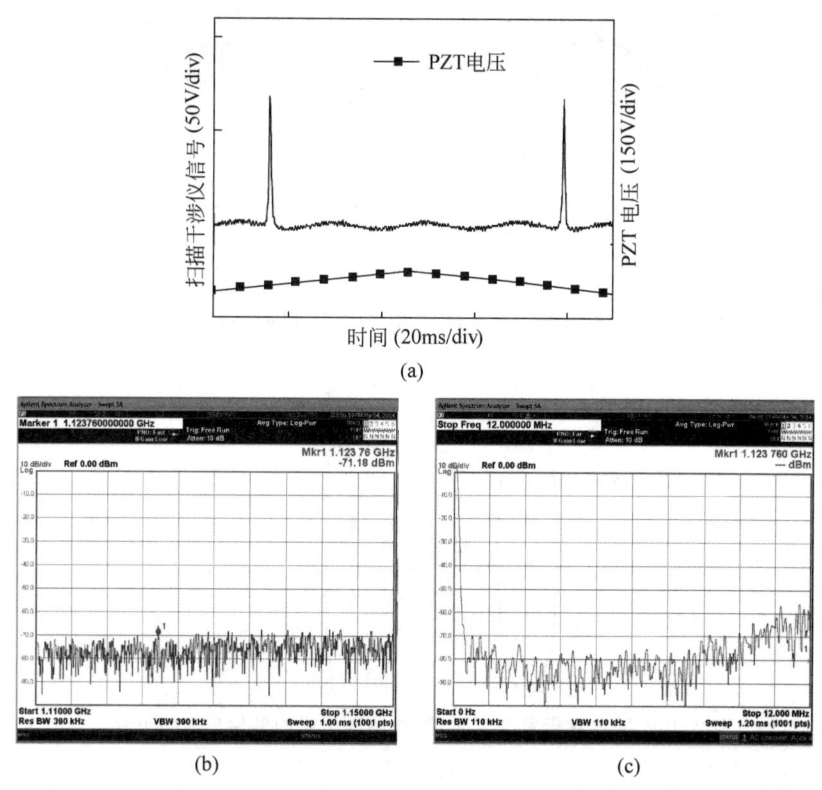

图 2.38　(a) PZT 电压上升和下降过程中都显示激光器输出单纵模；(b) 没有监测到纵模间隔拍频；(c) 没有监测到频率分裂的拍频

圆偏振光。在这一基础上我们进行如下定性分析。

当谐振腔内存在双折射元件时，激光器在两个本征方向上存在两个长度不等的物理腔长，激光纵模会分裂成两个偏振方向正交、频率不相等的频率，如图 2.39(a)所示。两个频率分别记为 ν'_q 和 ν''_q，同时分别记为⊥光和//光，它们之间的频率差 $\Delta\nu=(\Delta_1-\Delta_2)/2$，即正比于腔内双折射大小。但是由于模竞争的存在，只有其中一个频率振荡出光，假设频率 ν'_q 起振出光(如图 2.39 所示，实线代表谐振出光，虚线表示未起振)。由于回馈外腔中存在双折射元件，回馈光变为非理想线偏振光，这样，在//光方向也有回馈光进入，频率为 ν'_q。从//光方向进入激光器谐振腔的频率为 ν'_q，ν''_q 的光同样被增益介质放大，但其频率 ν'_q 和//光方向共振频率 ν''_q 的频率差为 $\Delta\nu$。

但是，随着腔内双折射的增大，//光的频率为 ν'_q 的光的损耗越来越大。因为，腔内双折射越大，ν'_q 和 ν''_q 的频率差 $\Delta\nu$ 越大，频率为 ν'_q 的光在//光方向偏离共振频率 ν''_q 越来越远，越来越不满足共振条件，因此损耗变大。如图 2.40 所示，E_{q2} 的幅度越来越小，激光器输出光的椭偏度减小，越来越趋于线偏光，因此，得到的回馈条纹的相位差越来越小，趋于同相。

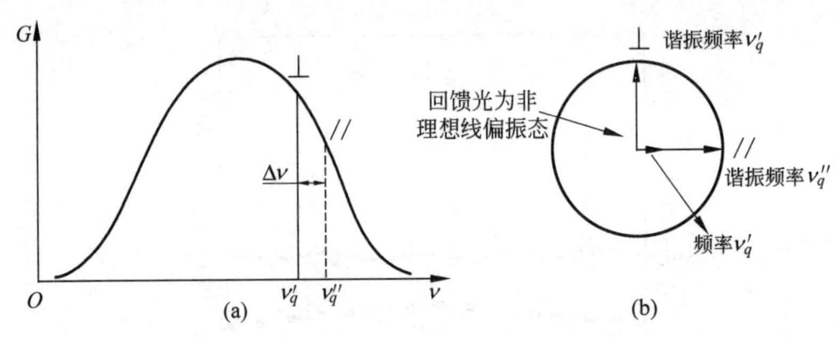

图 2.39 (a) 激光振荡频率和增益曲线;(b) 激光器腔镜截面上的回馈光

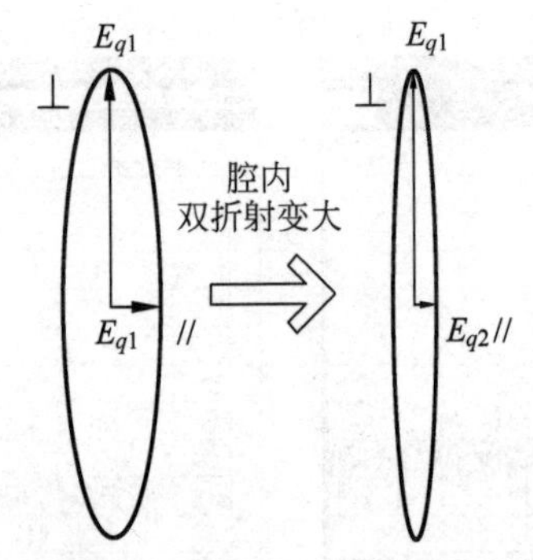

图 2.40 腔内双折射变大时,激光器输出光的椭偏度发生变化

2.7.3 激光器外腔双折射与回馈条纹相位差的关系

本节将不同相位延迟量的波片放入回馈外腔,观察激光外腔中波片的相位延迟量对正交偏振回馈条纹相位差的影响。

使用 137#激光器进行实验,测得激光器三个纵模两两之间隔 Δ_1 和 Δ_2 分别为 1163.2MHz 和 1167.7MHz,即相邻纵模间隔差为 4.5MHz。这里,4.5MHz 相邻纵模间隔的产生机制可参阅附录中的博士论文[44]和[62]。后文的式(3.2.5)及其后的讨论也涉及这一现象。因讨论占用较大篇幅,略。

采用如图 2.30 所示的实验装置图,波片快轴和激光器出光偏振方向成 45°,沃拉斯顿棱镜的两光轴方向也和激光器出射光偏振方向成 45°。由于外腔双折射回馈系统中,内腔是单频单偏振,外腔是椭圆偏振分解为水平和垂直偏振,我们称外腔的两个偏振方向光强为 I_X 和 I_Y。换用不同的波片,记录相应情况下的 I_X 和 I_Y 曲线,实验结果如图 2.41 所示。

如图 2.41 所示,I_X 和 I_Y 的曲线随波片延迟量的变化而呈现不同特点。当在回馈外腔中放入 20°波片时,I_X 和 I_Y 基本同相。当放入 40°波片时,I_X 和 I_Y 之间具有一定的相位差。放入 50°波片和 60°波片时,I_X 和 I_Y 之间的相位差进一步增大。放入 70°波片时,相位差进一步增大且相位接近于相反。放入 90°波片时,I_X 和 I_Y 基本反相,波动幅值相当。

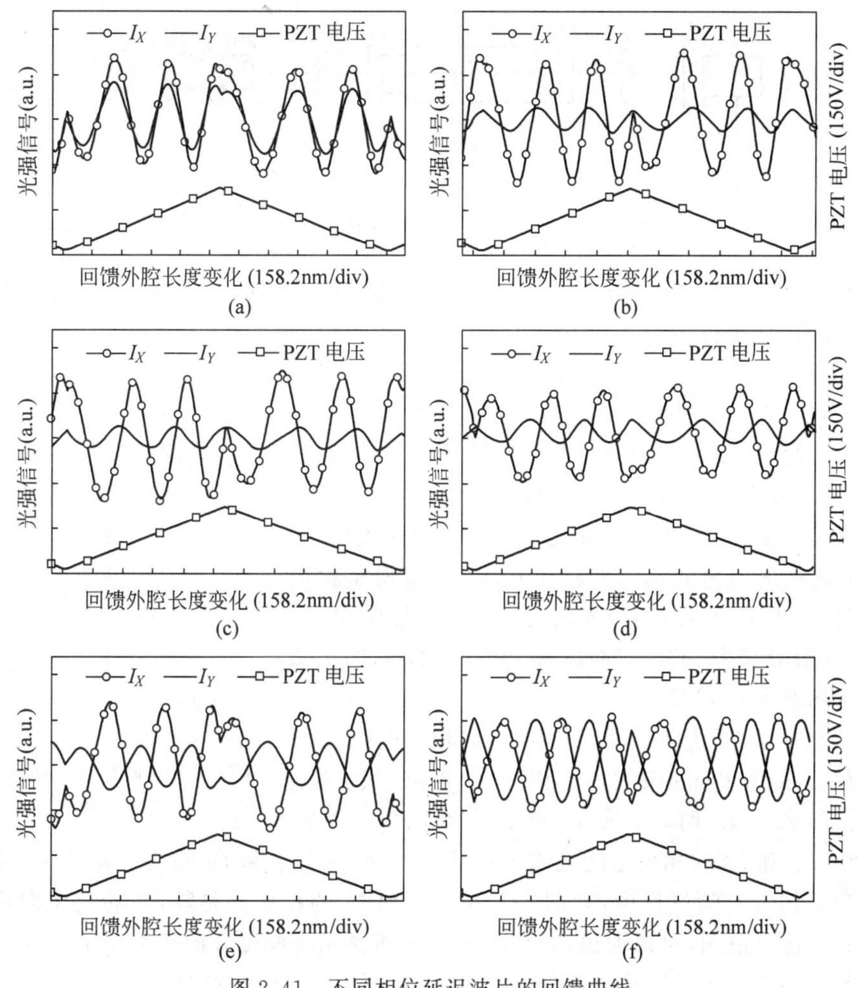

图 2.41　不同相位延迟波片的回馈曲线

(a) 20°波片；(b) 40°波片；(c) 50°波片；(d) 60°波片；(e) 70°波片；(f) 90°波片

可以看出，当回馈外腔中波片的延迟量从 20°到 90°逐渐增大时，I_X 和 I_Y 的相位差从 0°逐渐增大到约 180°，但与波片相位延迟量之间不是直接的倍数关系。

3.5 节将利用外腔内的 45°波片产生的正交偏振光的 90°相位差条纹实现位移测量。

2.7.4　置有偏振片的外腔的回馈

如图 2.42 所示为偏振外腔回馈实验系统，除图中所示 P 为偏振片外(代替了波片 WP)，其他所用元件的含义和图 2.30 的相同。所用的激光器为全内腔激光器，输出单纵模线偏振光，中心波长为 632.8nm。

回馈镜 M_3 为未镀膜的普通光学玻璃片作为回馈反射镜，反射率为 4%，压电陶瓷驱动 M_3 以调制回馈外腔腔长。SI 用于观察激光的纵模模式，保证实验时激光器处于单纵模运转状态。PBS 的两出光方向和激光器输出光的偏振方向成 45°。

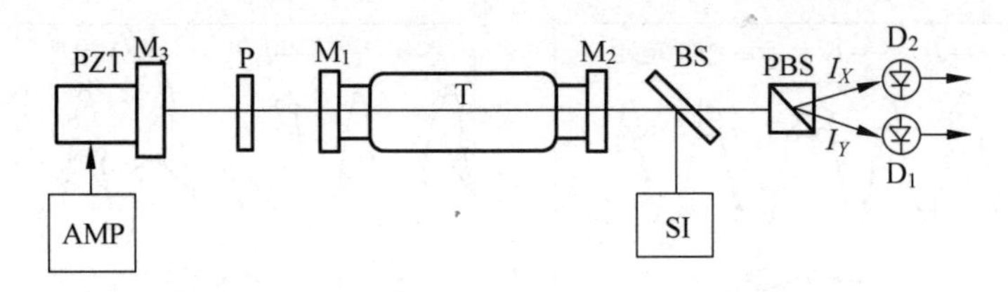

图 2.42　置有激光外腔偏振片的回馈系统

激光器 M_2 端输出的光经 PBS 分光后得到两路偏振方向相互垂直的回馈光，被 D_1 和 D_2 接收，分别标记为 I_X 和 I_Y。

首先，将偏振片 P 放入回馈外腔，旋转偏振片，找到消光位置，此时偏振片通光轴和激光出光偏振方向垂直。然后旋转偏振片 90°，使其通光轴和激光出光偏振方向平行。此时得到类似图 2.31 所示的结果。这种情况下的偏振片仅是一个衰减片，激光器输出和各向同性外腔回馈情形相同。

旋转偏振片(图 2.43)，记偏振片通光轴和激光偏振方向之间的夹角为 θ_P，改变 θ_P 的大小，所得实验结果如图 2.44 所示。所用激光器为 130♯激光器，其 Δ_1 和 Δ_2 的值分别为 1130.2MHz 和 1134.9MHz，即相邻纵模间隔差为 4.7MHz。

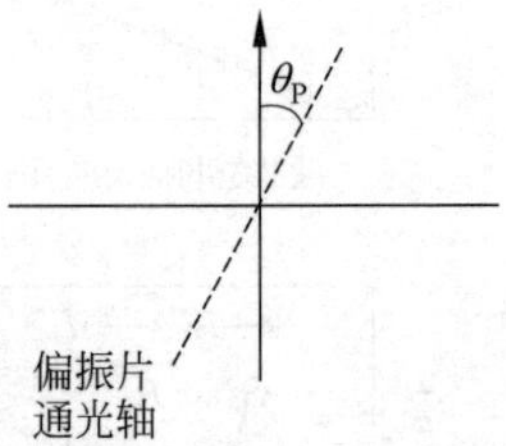

图 2.43　偏振片通光轴和激光偏振方向夹角

如上所述，当 $\theta_P=0°$时，I_X 和 I_Y 同相。由图 2.44 可以看出，随着 θ_P 的增大，I_X 和 I_Y 的相位差也逐渐增大。当 $\theta_P=10°$时，I_X 和 I_Y 的相位差较小；当 θ_P 增大时，I_X 和 I_Y 的相位差随之增大；当 $\theta_P=80°$时，I_X 和 I_Y 的相位差约为 160°，接近于反相。实验过程中，我们还发现，I_X 和 I_Y 的相位差是随 θ_P 的变化而连续变化的。这就说明，可以通过调节 θ_P 即改变回馈光的偏振方向来调节 I_X 和 I_Y 的相位差。如图 2.44(d)所示，当 $\theta_P=40°$时，I_X 和 I_Y 的相位差约为 90°。

图 2.44 中，I_X 和 I_Y 的振幅随 θ_P 增大而减小。这是容易理解的，偏振片出光轴的方位影响回馈光的幅度大小，θ_P 越大，投影到偏振片出光轴的光强越小，回馈光强度越小，因此 I_X 和 I_Y 的振幅随 θ_P 增大而减小。

采用和 2.7.2 节中类似的方法来判断激光器在偏振外腔回馈条件下的模式振荡情况，即通过扫描干涉仪观察纵模模式以及拍频的方法来观察激光器在偏振外腔回馈条件下是否输出两个频率的光(即是否有双纵模或者频率分裂产生的振荡频率)，得到的实验结果和图 2.38 类似。也就是说，激光器在偏振外腔回馈条件下，仍旧只输出一个频率的光。

旋转沃拉斯顿棱镜，使其光轴和激光器输出光偏振方向平行，如图 2.45(a)所示，得到的回馈条纹曲线如图 2.45(b)所示。可以看到，在偏振外腔回馈条件下，原本输出线偏振光的激光器，此时在初始偏振方向的垂直方向上也有回馈条纹信号输出。而由上文知道，激光器谐振腔内只有一个频率光振荡，因此，在偏振外腔回馈条件下，激光器输出光的偏振态变为椭偏光。在此基础上，我们进行如下分析。

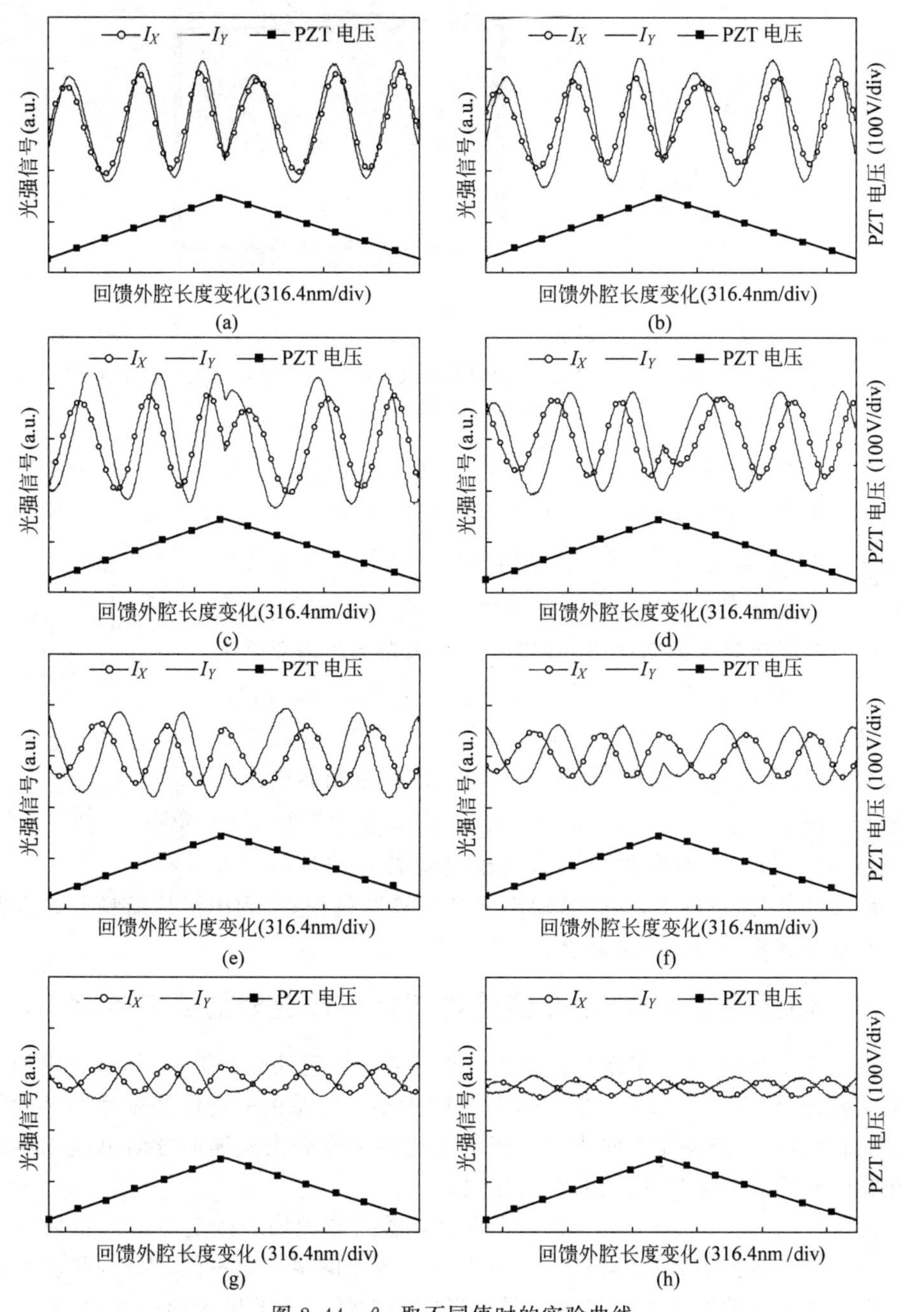

图 2.44　θ_P 取不同值时的实验曲线

(a) 10°；(b) 20°；(c) 30°；(d) 40°；(e) 50°；(f) 60°；(g) 70°；(h) 80°

如图 2.46 所示，$\bar{E}$ 为激光器输出光初始偏振方向，E_F 为回馈光，E_{F1} 和 E_{F2} 分别为回馈光 E_F 在 $\bar{E}$ 及 $\bar{E}$ 的垂直方向上的分量。E_{F1} 沿 $\bar{E}$ 方向进入谐振腔之后产生回馈条纹。激光器在 $\bar{E}$ 的垂直方向上原本没有激光输出，但是，E_{F2} 沿此方向

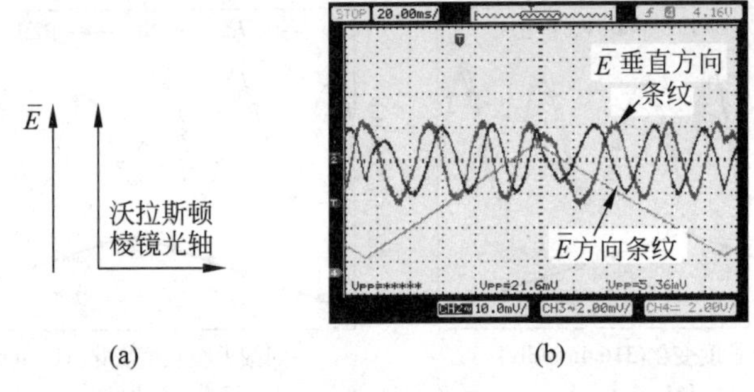

图 2.45　(a) 沃拉斯顿棱镜光轴和激光器输出光偏振方向平行，(b) 激光器纵模间隔差为 9.1MHz，$\theta_P=80°$时，得到的回馈条纹。$\bar{E}$ 为激光器输出光的初始偏振方向
（请扫Ⅲ页二维码看彩图）

进入激光器谐振腔之后仍被增益介质放大，所以在偏振外腔回馈条件下，激光器在 E_{F2} 方向（$\bar{E}$ 的垂直方向）上也输出光回馈条纹，但 E_{F2} 方向的光强度较弱，回馈条纹幅度较小，如图 2.45(b)所示。这主要是由于 $\bar{E}$ 为无光回馈时激光器谐振模式的偏振方向，这个模式的起振对 $\bar{E}$ 垂直方向上的光的起振具有抑制作用。同时，由于激光器腔内双折射的存在，谐振腔在 $\bar{E}$ 及 $\bar{E}$ 的垂直方向上的谐振频率并不相等。因此，E_{F2} 进入谐振腔内部之后虽被增益介质放大，但并不能起振，其频率仍与 E_{F1} 相等，都等于无光回馈时激光器输出光的频率。由于 $\bar{E}$(E_{F1})方向光的对 E_{F2} 方向的光存在抑制作用，因此 E_{F1} 和 E_{F2} 两个方向回馈条纹之间具有相位差。因此，偏振外腔回馈条件下，激光器输出光变为椭圆偏振光，利用沃拉斯顿分光探测得到两路具有相位差的回馈条纹。

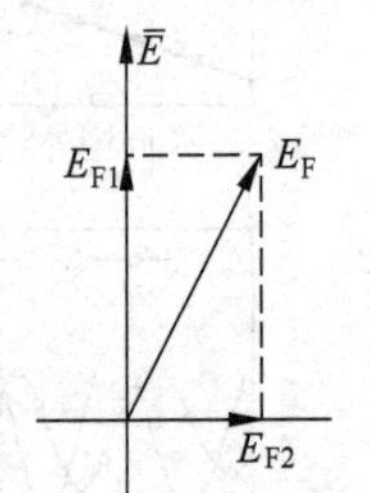

图 2.46　回馈光分解示意图

2.7.5　偏振片在外腔、激光器腔内双折射改变时的回馈条纹

在 2.7.2 节中，研究了激光器腔内双折射对双折射外腔回馈的影响，利用加力机构对激光器腔镜加力，改变腔内双折射的大小。实验中一直保持波片 WP 的快轴、慢轴和激光出光偏振方向成 45°，PBS 的光轴和激光出光偏振方向也成 45°，观察在腔内双折射变化时，回馈曲线的变化。

类似地，我们也对如图 2.42 所示的激光器的腔镜加力改变腔内双折射的大小。不同腔内双折射大小的情况下，激光器的出光偏振方向不同，因此，每次加力之后都需要旋转偏振片以确定激光器在当前加力情况下的出光偏振方向，然后再旋转偏振片使得 θ_P 都为 60°，PBS 的光轴和激光出光偏振方向也成 45°。这里，仍然用两个相邻纵模间隔之差即 $\Delta_1-\Delta_2$ 的值来表示腔内双折射的大小，得到的实验结果如图 2.47 所示。

由图 2.47 可以明显看出，随着相邻纵模间隔差值的增大，I_X 和 I_Y 的相位差逐渐减小，当 $\Delta_1-\Delta_2$ 的值为 30MHz 和 44.9MHz 时，I_X 和 I_Y 接近同相，这一规律和图 2.36 所示的结果是类似的。此外，我们还发现，当相邻纵模间隔差较小时，I_X 和 I_Y 的相位差对相邻纵模间隔差的变化更为敏感，如图 2.47(a)～(c)所示。而当相邻纵模间隔差较大时，I_X 和 I_Y 的相位差随相邻纵模间隔差变化得较为缓慢，这一特点和激光器腔内双折射大小对双折射外腔回馈的影响是类似的。

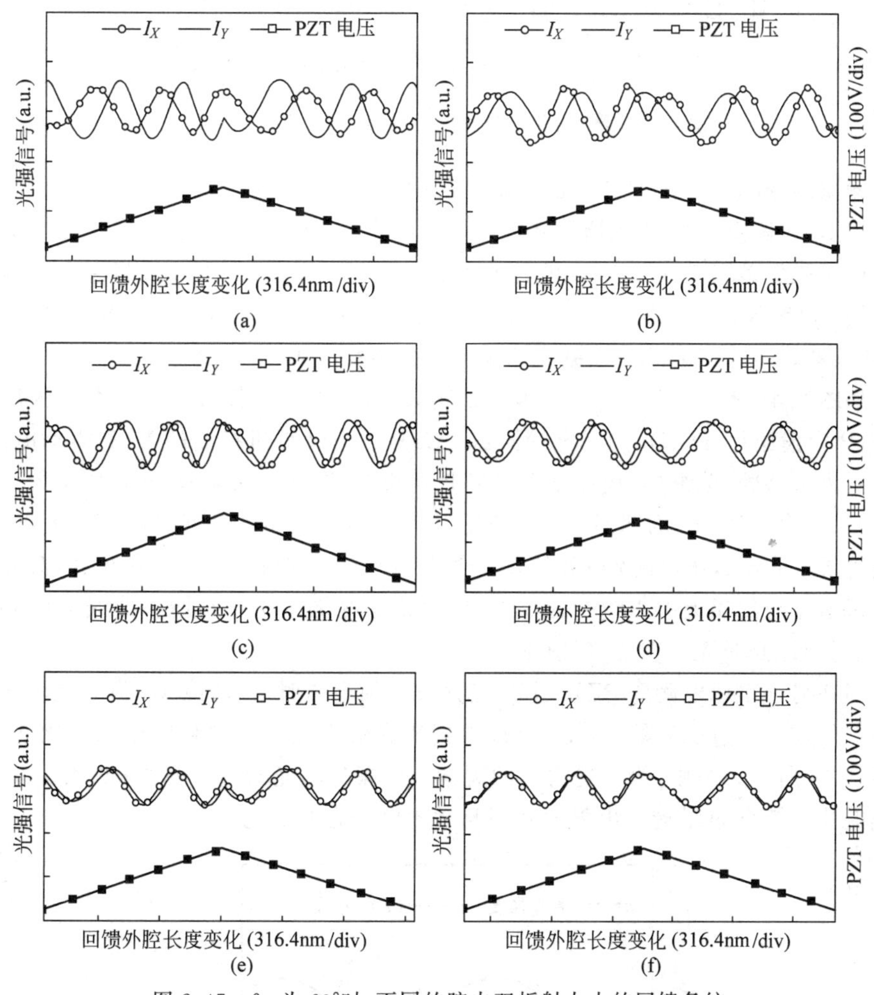

图 2.47　θ_P 为 60°时，不同的腔内双折射大小的回馈条纹

相邻纵模间隔差为：

(a) 4.7MHz；(b) 9.1MHz；(c) 14.7MHz；(d) 19.2MHz；(e) 30MHz；(f) 44.9MHz

本节主要参考文献：[1][2][162][163][164][236][237][372][375]。

2.8　双折射外腔激光器回馈偏振跳变

本节讨论单纵模(频率)激光器的外腔插入双折射元件(双折射外腔)回馈时的偏振跳变现象，系统如图 2.48 所示，即单纵模(频率)激光器的外腔内置入双折射元件,当回馈镜 M_3 扫描外腔时,观察激光的偏振态。发现激光偏振会发生跳变,偏振态从平行纸面的偏振(X 偏振)转为垂直纸面的偏振(Y 偏振)。

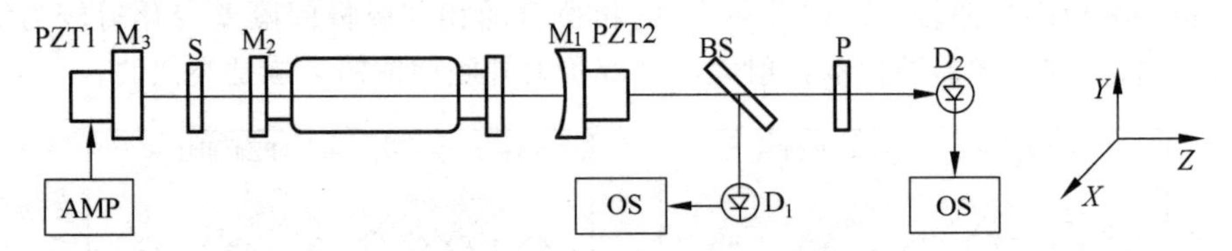

图 2.48　激光器外腔内只有双折射元件的回馈系统

偏振跳变既发生在 HeNe 激光器回馈中,也可以发生在 Nd∶YAG 微片激光器回馈里。HeNe 气体激光器稳定性高,Nd∶YAG 微片激光器容易实现。本节介绍的偏振跳变是用 0.632.8μm 波长的 HeNe 激光器做出的,第 3 章将会介绍其一项应用:以激光回馈偏振跳变为原理测量玻璃内应力/双折射(光学玻璃、建材玻璃)的仪器。微片 Nd∶YAG 激光的偏振跳变将在 2.10 节中介绍。

如图 2.48 所示,M_1、M_2、M_3 为反射镜,S 为双折射元件,PZT1、PZT2 为压电陶瓷,P 为偏振片,D_1、D_2 为光电探测器,AMP 为由计算机控制的 PZT 驱动电源。激光器为半外腔、单纵模、线偏振 HeNe 激光器,工作波长 0.6328μm。由反射率为 99.4%、曲率半径 1m 的凹面镜 M_1 和反射率为 98.9%的平面镜 M_2 组成谐振腔。增益管长 150mm,压电陶瓷 PZT1 驱动半外腔激光器的平面腔镜 M_1 位移,激光频率位于增益线的靠近中心频率的位置,以保证激光频率工作在增益曲线的中心频率附近。M_3 是激光回馈镜,反射率 5%。

当在另一个压电陶瓷 PZT3 上加三角波扫描电压时,回馈镜 M_3 沿激光轴线方向左右位移。通过探测器 D_1、D_2 可以得到激光输出强度调制和偏振态变化波形,如图 2.49 所示。图中,为了更清晰的观察,D_1 探测激光器输出光强(曲线),D_2 通过偏振片 P 来测量激光输出强度并观测激光偏振态的变化。

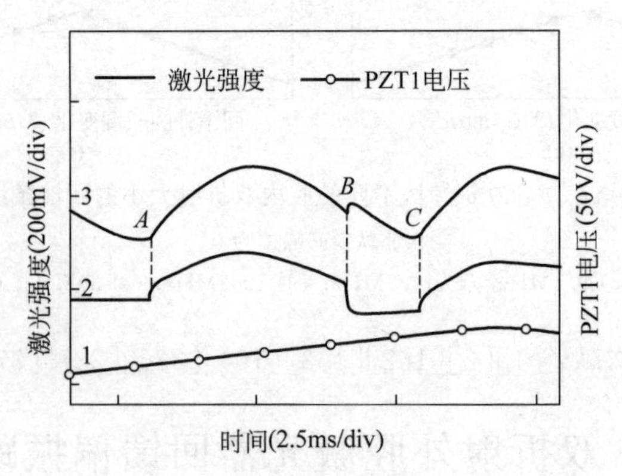

图 2.49　双折射外腔回馈激光强度调制波形

曲线 1:PZT1 电压;曲线 2:加偏振片探测的激光强度;曲线 3:未加偏振片探测的激光强度

首先设激光的初始偏振方向与双折射元件 S 横截面上的快轴都平行于 X 轴，设双折射元件 S 快轴和慢轴之间的相位差为 δ。当在 PZT1 上加三角波扫描电压时，回馈镜 M_3 将沿 Z 轴左右移动。通过 D_1 和 D_2 可以得到激光输出强度调制和偏振态变化的波形，结果如图 2.49 所示。

图 2.49 中的曲线 3 是 D_1 输出的激光强度波形，曲线 2 是激光通过偏振片后由 D_2 输出的强度波形。曲线 3 显示，在激光输出强度的 B 点出现了一个凹陷或突起。

使激光束通过偏振片并被 D_2 接收，发现激光的偏振方向在 B 点发生了突然变化，即从 X 方向跳变到 Y 方向，这就是激光的偏振跳变，如图 2.49 中曲线 2 所示。在一个激光强度调制周期内，AB 段为 X 偏振，BC 段为 Y 偏振，但两个偏振态的持续时间是不同的(由于压电陶瓷驱动电压、外腔长的变化量和扫描时间之间的关系是线性的，因此可以用扫描时间来描述实验现象)，即 X 偏振的持续时间比 Y 偏振的长，此时双折射元件的相位差 $\delta=20°$。

为了观察双折射元件相位差的大小不同时激光输出强度的变化，我们改变双折射元件的相位差 δ 的大小，由 D_1 探测的不同相位差双折射回馈下的激光强度调制曲线如图 2.50 所示。

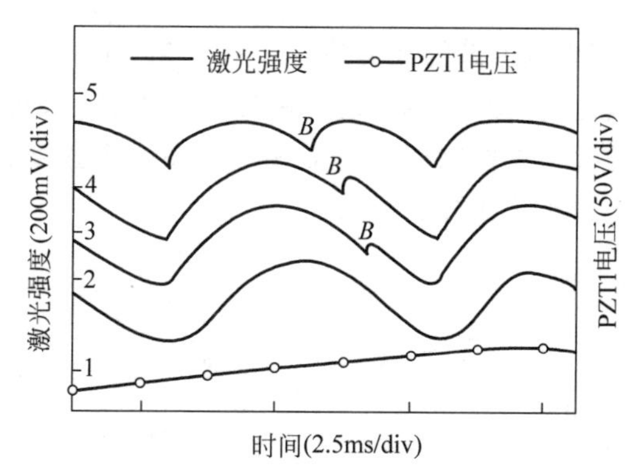

图 2.50　不同相位差的双折射外腔回馈对应的激光强度调制波形

曲线 1：PZT1 电压；曲线 2：$\delta=0°$；曲线 3：$\delta=20°$；曲线 4：$\delta=40°$；曲线 5：$\delta=80°$

图 2.50 中共有 5 条曲线，其中，曲线 2 是传统激光回馈强度曲线；曲线 3、曲线 4 和曲线 5 分别对应的是回馈外腔中的双折射 δ 是 20°、40°和 80°时的相位差。从图 2.50 可以得出如下的结论：

(1) 改变双折射元件相位差的大小时，激光回馈输出强度的调制周期不变，仍然与传统激光回馈的相等；

(2) 双折射元件的相位差不同时，偏振跳变在一个激光强度调制周期中的位置也不同，如曲线 3、曲线 4 和曲线 5 上的 B 点所示；

(3) 激光偏振跳变时，两个偏振态的强度均被外腔长调制，即伴随着偏振态的变化，激光模式两个本征态之间的强度在相互转移；

(4) 随着双折射元件相位差的增大($0\sim\pi/2$)，两个偏振态在一个激光输出强度调制周期内的持续时间或占空比越来越接近；

(5) 当双折射元件的相位差增加时，强度调制曲线上凹陷的深度也逐渐增加。

为了清楚地展示在此过程中激光偏振态的变化，我们在图 2.51 中给出了由 D_2 探测的激光强度调制曲线，图中各曲线分别与图 2.50 相对应。

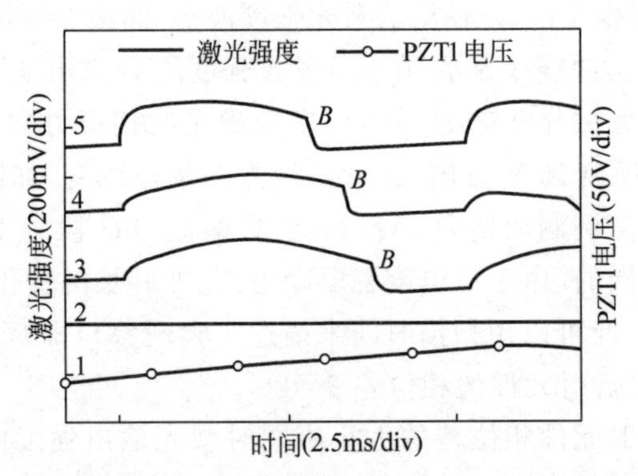

图 2.51 不同相位差的双折射外腔回馈对应的激光偏振变化的波形

曲线 1：PZT1 电压；曲线 2：$\delta=0°$；曲线 3：$\delta=20°$；曲线 4：$\delta=40°$；曲线 5：$\delta=80°$

图 2.51 展示了激光偏振态的开关效应。图 2.51 和图 2.50 显示，双折射外腔回馈不但可以引起激光模式两个本征态的跳变与强度转移，同时还能通过调节双折射元件的相位差的大小来控制两个正交偏振态在一个强度调制周期的占空比，占空比随相位差变化的实测曲线如图 2.52 所示。

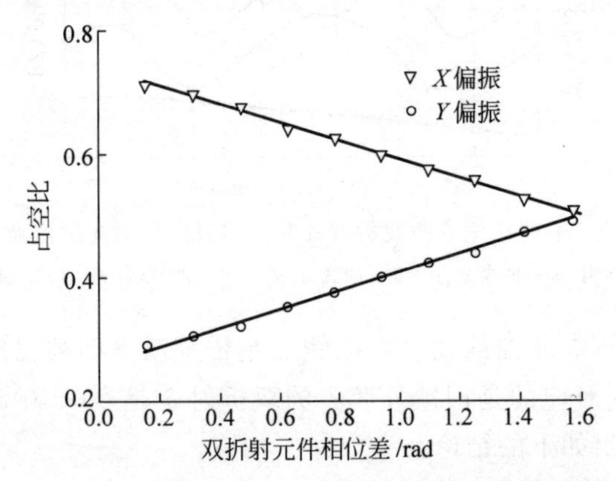

图 2.52 两个偏振态的占空比随双折射元件相位差的变化

由图 2.52 可以看出，两个偏振态在一个激光强度调制周期中的占空比随外腔双折射元件相位差的变化基本上是线性的。当 X 偏振的占空比随双折射元件相位差的增加而减小时，Y 偏振的占空比将增大。一旦相位差等于 $\pi/2$ 时，两个偏振态在一个激光强度调制周期中的占空比基本相等。

为了进一步研究相位差等于 $\pi/2$ 时，激光输出强度与偏振态变化的特性，我们用一个四分之一波片作为外腔的双折射元件。当外腔长被调谐时，实验结果如图 2.53 所示。

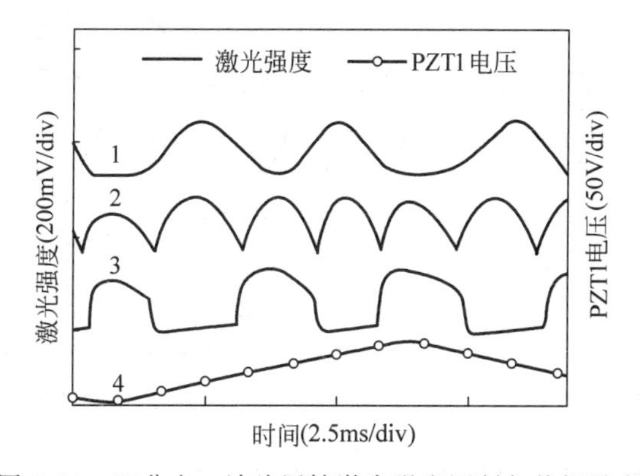

图 2.53　四分之一波片回馈激光强度调制与偏振跳变

曲线 1：传统激光回馈强度调制波形；曲线 2：四分之一波片回馈激光强度调制波形；曲线 3：加偏振片后的激光强度调制波形；曲线 4：PZT1 电压

图 2.53 中，曲线 1 是传统激光回馈强度调制曲线；曲线 2 是四分之一波片回馈激光强度调制曲线，由图 2.48 中的探测器 D_1 输出；曲线 3 是通过偏振片后测量的激光强度，由探测器 D_2 输出。比较曲线 2 与曲线 1 可以看出，四分之一波片回馈激光强度的调制曲线类似于传统激光回馈的全波整流。曲线 3 展示了激光偏振的跳变，它的波形类似于方波，这说明曲线 2 的相邻周期分别属于两个正交的偏振态。由此我们可以得到如下的结论：

(1) 当外腔双折射元件的相位差等于 $\pi/2$ 时，激光模式的两个正交本征态交替振荡，并且它们具有相同的强度调制波形，即激光强度在两个正交偏振态之间平等转移；

(2) 通过偏振片输出的激光强度调制曲线类似于方波，在一个激光强度调制周期内，两个正交偏振态的持续时间相等，即它们具有相同的占空比；

(3) 由于传统激光回馈强度每变化一个周期对应外腔长改变 $\lambda/2$，所以，在当外腔双折射元件的相位差等于 $\pi/2$ 时，每一次偏振跳变对应外腔长改变 $\lambda/4$。

值得注意的是，上面讨论的是在四分之一波片回馈研究中，激光的初始偏振方向与四分之一波片的光轴是平行的，从而引发了激光的偏振跳变。这是弱回馈。如果使激光的初始偏振方向与四分之一波片的光轴成 45°的夹角，并将回馈镜的反射系数提高到中等强度回馈水平，如 0.6，当外腔扫描时，可以得到如图 2.54 所示的结果。对比此图的曲线 1 与曲线 2 可以看出，当激光的初始偏振方向与四分之一波片的光轴成 45°的夹角时，激光强度调制曲线的变化频率是传统激光回馈的倍频。外腔长每移动 $\lambda/4$，激光强度调制曲线变化一个周期，但激光的偏振态并没有改变。再次证明了 2.6.4 节 2. 结果的可重复性。

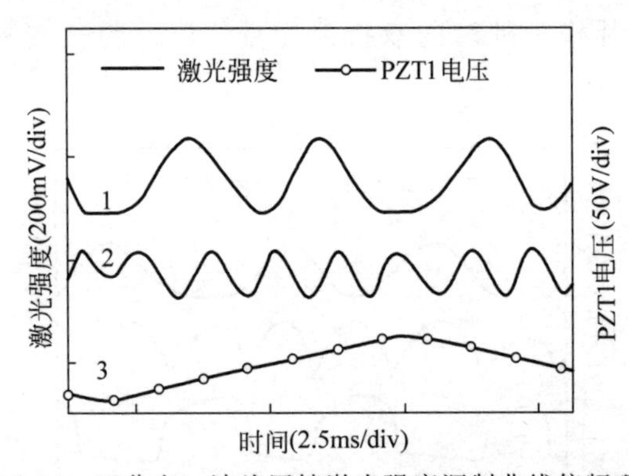

图 2.54 四分之一波片回馈激光强度调制曲线倍频现象

曲线 1：传统激光回馈强度调制波形；曲线 2：四分之一波片回馈强度调制波形；曲线 3：PZT1 电压波形

本节主要参考文献：[2][128][220][233][235]。

2.9 单频、双频激光器多重高阶回馈和纳米宽干涉条纹的生成

团队研究发现,无论是单频激光还是双频激光都能因激光回馈产生纳米宽度的干涉条纹。多重回馈是指激光束在回馈镜和激光腔镜之间多次反射(图 2.55 的 M_2 和 M_3),每次反射都有部分光进入激光器。高阶回馈是指多次反射中次数高的,特别是最高一次光束进入激光器,本书高阶回馈专指最高次的反射光束馈入激光器。多重高阶回馈是既多重又高阶。单频激光可以进行多重回馈、高阶回馈、多重高阶回馈,双频激光亦然。多重高阶回馈纳米条纹是非正弦的,而高阶回馈的回馈条纹是正弦的或类正弦的。

2.9.1 单频激光器多重和高阶回馈

单频激光器多重高阶回馈效应的实验装置如图 2.55 所示。实验中,由于激光器一端的输出光要返回到谐振腔形成回馈光,所以光电信号的探测放在了激光器的另一输出端。激光器两端的输出光除了强度不同外,偏振态与频率都是一致的。

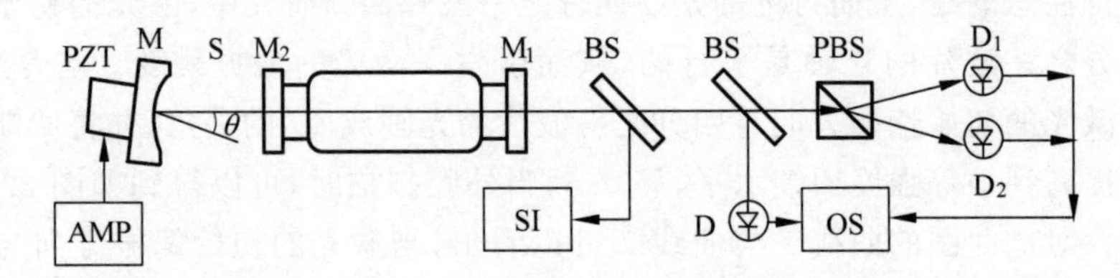

图 2.55 单频激光器高阶回馈实验装置示意图

实验中使用的是全内腔 HeNe 激光器,中心波长为 0.632.8μm。

激光增益管内充 He、Ne 混合气体,其中 Ne 为双同位素,充气压比为 He∶Ne=7∶1,

Ne^{20} ∶ Ne^{22} =1∶1。

凹面镜 M_1、平面镜 M_2 是 HeNe 激光器的腔镜，反射系数分别为 $r_1=0.996$ 和 $r_2=0.994$，激光谐振腔长 L 为 120mm。两个端面的输出功率均约 0.2mW。

M_3 是激光回馈的外腔反射镜，反射系数为 r_3，它与 M_2 组成回馈外腔，它们之间的距离称为回馈外腔长 l。θ 为 M_3 表面法线与激光轴线的夹角(该夹角很小，一般小于 $2'$)。PZT 是压电陶瓷，用来驱动反射镜 M_3 改变回馈外腔长。激光器探测端的出射光经分光镜分为两束，其中一束用于光电信号的探测，其中被沃拉斯顿棱镜 W 分光后的两正交偏振光(o 光和 e 光)由探测器 D_1 和 D_2 接收，总的光强由探测器 D_3 接收；另一束光入射到扫描干涉仪，以观察激光器的输出模式。

为了便于说明多重、高阶回馈效应的特点以及纳米回馈条纹的产生，首先使用该实验装置获得了传统激光弱回馈的光强调制曲线，即 M_3 为低反射率的平面回馈镜，同时使该回馈镜的表面法线与激光轴线平行。当回馈镜的反射率 $r_3=0.04$ (不镀膜时玻璃片的反射率)，倾斜角 $\theta=0°$，回馈腔长 $l=90$mm 时，在 PZT 上加三角波电压，此时探测器 D_1 和 D_2 中只有一个探测器有信号输出，这说明在传统弱回馈时激光偏振态没有发生改变。

图 2.56 给出了光强调谐曲线。其中曲线 1 是加在压电陶瓷 PZT 上的三角波驱动电压，用于调谐回馈外腔长；曲线 2 是扫描干涉仪的曲线图，曲线的中间两个峰值间隔为一个自由光谱区，曲线 2 说明此时激光器是单纵模输出；曲线 3 是传统弱回馈时探测器输出的激光调谐曲线，由于此时回馈镜 M_3 的反射率很低，回馈光在回馈外腔中的多次反射可忽略，所以只考虑单重回馈。从图中可以看出，与传统激光干涉仪类似，回馈镜 M_3 每移动半个波长的位移，激光强度波动一个周期，而且该波动曲线具有正弦特性。这即与图 2.31 相同的曲线：弱回馈曲线。

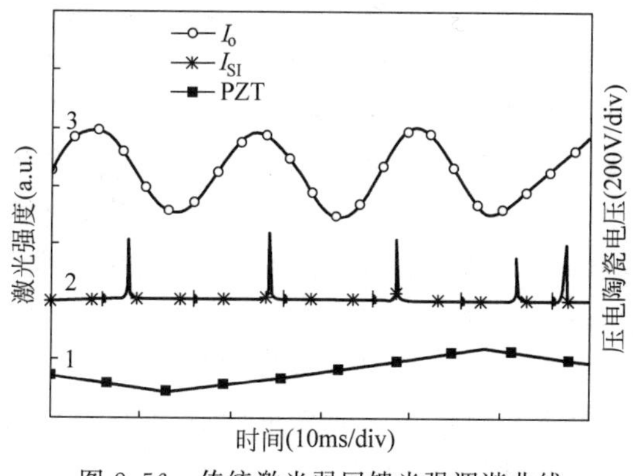

图 2.56　传统激光弱回馈光强调谐曲线

然后，保持回馈外腔长 l 不变，将回馈镜 M_3 换为 99.9%的高反射率凹面镜(曲率半径为 500mm，直径为 20mm)，并且使回馈镜表面法线与激光轴线之间具有微小倾角。此时,由于回馈镜的反射率很高,激光束将在回馈外腔内多次往返,高阶回馈不能被忽略,得到的激光回馈曲线如图 2.56 中的曲线 2,也如图 2.57 所示。此时,激光输出光强随外腔长变化的曲线不再是正弦变化规律,而是多个谐波的叠加,类似于一个尖峰脉冲的波形。此时的自混合的干涉条纹与图 2.56 中曲线 1 比较,曲线更加明锐,但光强波动的频率并没有改变,仍然是外腔长每变化 $\lambda/2$ 激光强度波动一个周期,即每一个自混合干涉条纹仍然对应 $\lambda/2$ 的回馈镜的位移。

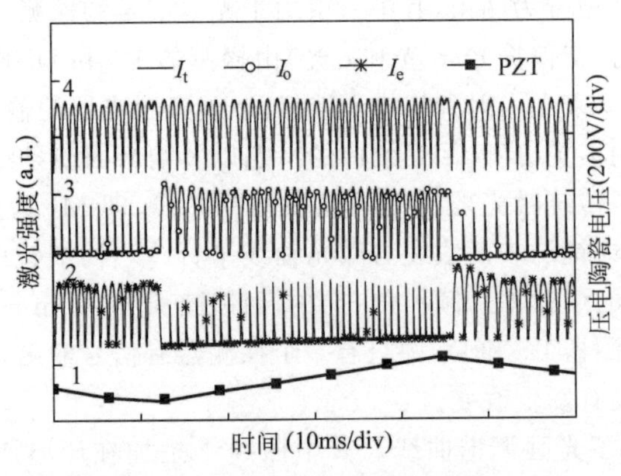

图 2.57　多重高阶回馈强度调谐曲线

对比图 2.56 和图 2.57,在 PZT 所加电压上升区间(也是图中横坐标的中间部分),图 2.56 只产生了两个条纹(弱回馈),而在图 2.57 产生了 36 个条纹(多重高阶回馈),多重高阶回馈的条纹密度是弱回馈时的 18 倍。所以多重高阶回馈的光学分辨率也相应提高了 18 倍。这就是纳米条纹。多重高阶回馈的条纹稳定性控制较为困难。

以下介绍高阶回馈。如果让回馈镜 M_3 倾斜(图 2.55),即使 θ 从 0°开始并逐渐增大,激光自混合干涉的条纹将会发生变化,实验结果如图 2.58 所示。图中共有 6 条激光强度调谐曲线,它们对应的回馈镜倾斜角 θ 分别为 10″、30″、50″、1.2′、1.5′、1.9′。从图中可以发现,当回馈镜倾斜时,在激光自混合干涉两个主极大条纹之间将会出现次极大干涉条纹。随着倾斜角的逐渐增加,次极大干涉条纹的数量在逐渐增多。但是,当回馈镜倾斜到一定的程度时,激光自混合干涉条纹的数量将不再增加,而是达到一个稳定的固定值,如图中的曲线 4、曲线 5 和曲线 6 所示。如果回馈镜的倾斜角较小,次极大干涉条纹的强度远小于主极大,如曲线 1 和曲线 2 所示。随着倾斜角 θ 的增加,各个条纹强度将逐渐趋于均匀,形成稳定的、条纹密度数倍于传统自混合干涉的条纹,如曲线 6 所示,即在单频激光器非准直外腔强回馈条件下,得到了高密度的回馈条纹。

2.9.2　双折射双频激光器的高阶回馈

根据 2.9.1 节单频激光器的非准直外腔回馈得到 10nm 之窄的回馈条纹,是

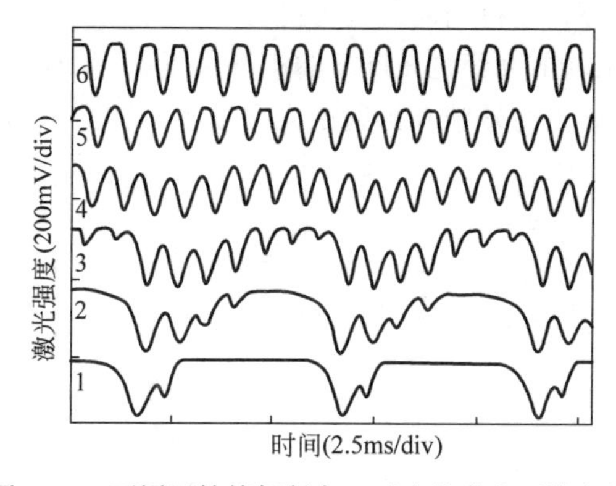

图 2.58　不同回馈镜倾斜角 θ 对应的激光回馈条纹

曲线 1：$\theta=10''$；曲线 2：$\theta=30''$；曲线 3：$\theta=50''$；曲线 4：$\theta=1.2'$；曲线 5：$\theta=1.5'$；曲线 6：$\theta=1.9'$

传统弱回馈时的几十倍，比普通激光干涉仪的光学分辨率提高了几十倍。借此结果，团队研究了纳米测量技术，实验系统达到了 10nm 分辨率。团队希望对 10nm 再细分，达到更高精度，因此又研究了双折射双频激光器的高阶回馈。与单频激光器相比，双折射双频激光器具有两个重要优点：一是能够同时输出两路空间分开的正交偏振光，这将有利于对激光器稳频，稳频有利于测量位移的复现性提高；二是可以得到有相位差的两路信号，为进一步电子细分提高分辨率创造条件。因此，研究双频激光器的非准直外腔高阶回馈效应，对丰富激光回馈研究内容和提高位移测量系统的性能都具有重要意义。这部分内容的详细介绍放在 3.6 节，与双折射双频激光器的高阶回馈纳米条纹干涉仪一并介绍。

本节主要参考文献：[156][171][238][260]。

2.10　双折射外腔微片固体激光器回馈

前面已经介绍了团队发现的双折射外腔激光器回馈的两种现象：激光偏振方向的正交跳变和两正交偏振光之间的相位差形成。两种激光现象是不同的，但实验系统的布置和元件却一样，差别仅是外腔双折射元件的偏振方向和激光器振荡光的偏振是一致还是成 45°。平行则偏振跳变，两个偏振态不能共存，交替振荡；成 45°则两个偏振态共存，它们的回馈曲线共存，在时间轴上一前一后，即有相位差。

团队又进一步研究了单纵模、线偏振的 Nd∶YAG 激光器在双折射外腔回馈条件下，沿双折射元件快、慢轴方向上两正交光光强之间的相位关系，发现当改变双折射元件的相位差时，两正交激光光强之间的相位差大小随之改变；而且随着外部回馈镜运动方向的改变，激光光强之间的相对相位关系也发生变化。这一发现的意义在于提供了两路具有恒定相位差的类正弦光强信号，如以此原理研究位移测量，既可用于后续电子细分电路以提高激光回馈测量系统的分辨率；又包含了物体运动的方向信息,使得判向成为可能。

实验系统为第 1.6 节介绍的 LD 泵浦半外腔 Nd:YAG 激光器。以输出单纵模、线偏振激光器为核心的外腔双折射激光回馈系统如图 2.59 所示。

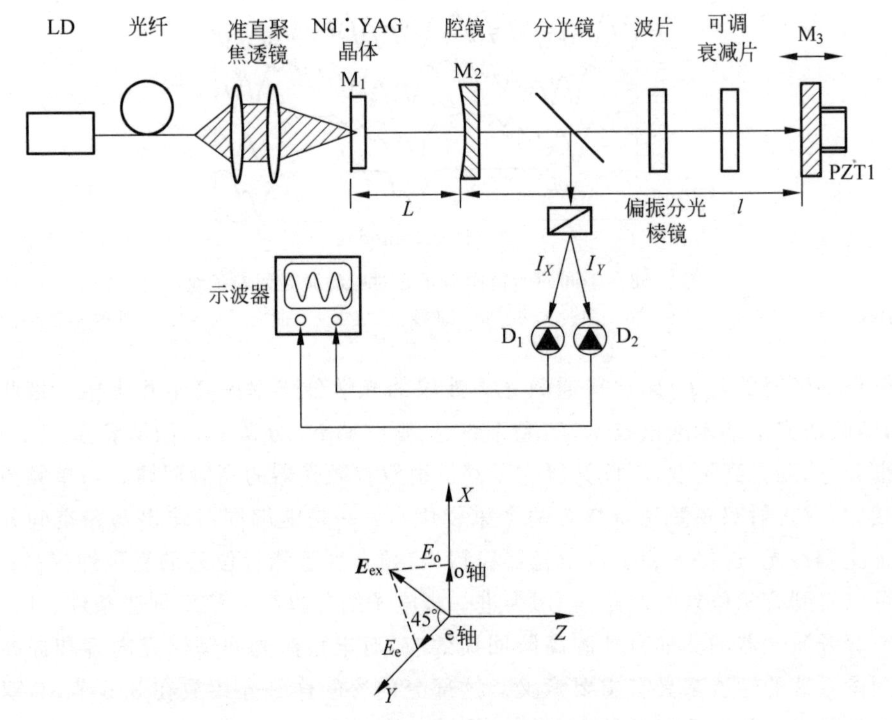

图 2.59　双折射外腔回馈研究系统及坐标示意图

图 2.59 中,M_1 和 M_2 分别是激光器的两个谐振腔镜,其反射系数 r_1 和 r_2 分别为 0.999(全反镜)和 0.988,激光腔长 $L=50\text{mm}$。M_3 是激光外部回馈镜,反射系数 $r_3=0.5$。波片即双折射元件,与 M_3、M_2 构成了双折射回馈外腔,外腔长 $l=200\text{mm}$。可调衰减片用于控制光回馈水平。激光器输出光被分光镜分成两部分:一部分用作光回馈,被回馈镜 M_3 反射进入激光谐振腔;另一部分被偏振分光棱镜沿着波片的快、慢轴方向分成了两束激光 I_X 和 I_Y,并分别由两个光电探测器 D_1 和 D_2 进行探测,用于观察激光输出光强的变化。PZT1 用于驱动回馈镜 M_3 改变回馈外腔长,产生光回馈信号。没有光回馈时,激光器输出单纵模线偏振光。

为了观察不同相位延迟量的波片对两正交激光光强调制曲线的影响,先后使用了相位延迟量为 10°、22°、44°、75°以及 90°的波片,放入如图 2.59 所示的回馈装置中,得到一系列光回馈曲线,如图 2.60 所示。

图 2.60 中外腔波片的相位延迟量:(a)没有波片;(b)10°;(c)22°;(d)44°;(e)75°;(f)90°。首先,去掉回馈外腔中的波片,观察各向同性回馈下激光光强的变化。发现:两正交的激光光强 I_X 和 I_Y 都被外腔长调制,它们的波形类似于正弦波,并且具有相同的调制深度,两者之间没有任何相位差,如图 2.60(a)所示。这

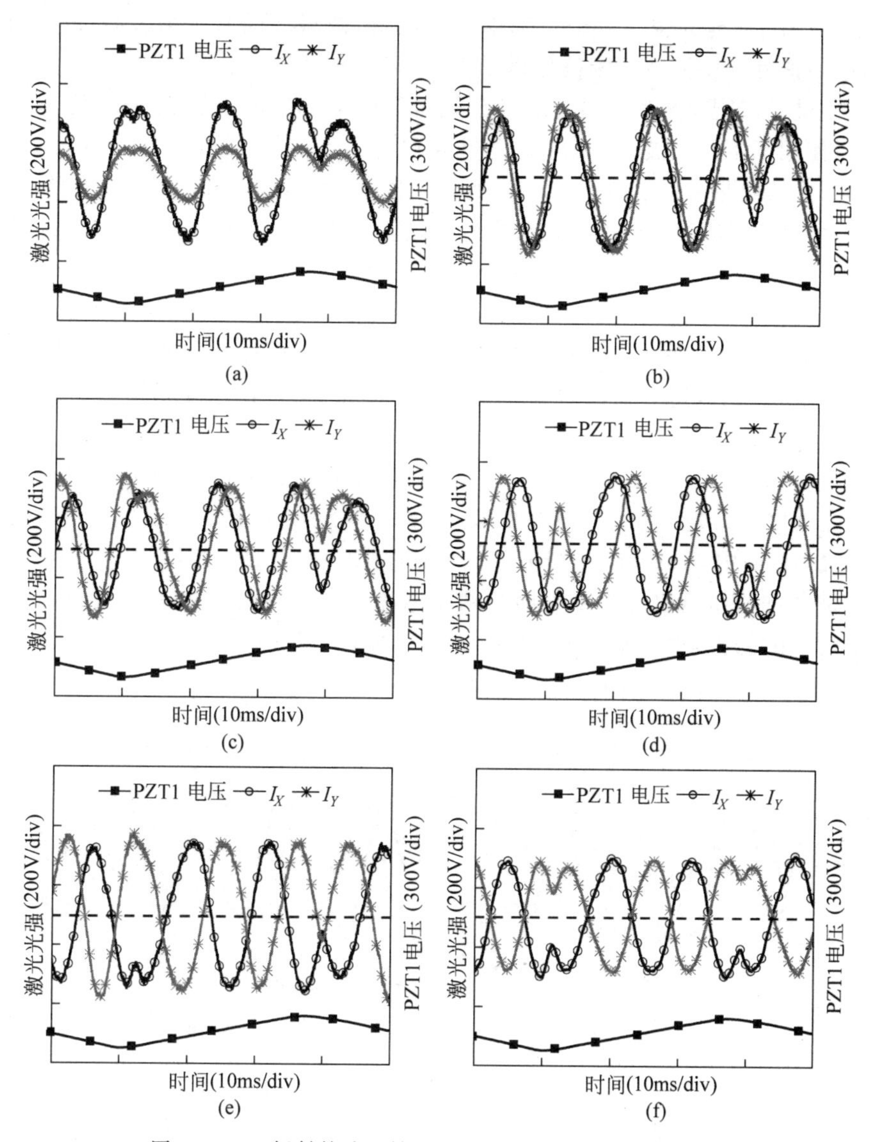

图 2.60 双折射外腔回馈下两正交激光的光强调制曲线

一点很容易理解，因为回馈外腔中反馈进入激光谐振腔的只有一种光，其偏振方向与初始激光一致，即与 X 或 Y 轴成 45°，因此，探测器探测得到的 I_X 和 I_Y 是同一偏振光的两个正交的光强分量，当然同相。

然后，在回馈外腔中放入相位延迟量为 10°的波片，并且使波片的快、慢轴和激光偏振方向成 45°。由于波片的双折射效应，回馈外腔中的光场 $\boldsymbol{E}_{\mathrm{ex}}$ 沿波片快、慢轴分解成两个正交分量 $\boldsymbol{E}_{\mathrm{o}}$ 和 $\boldsymbol{E}_{\mathrm{e}}$，它们之间存在一个由波片决定的相位差。这两个不同相的电场分量 $\boldsymbol{E}_{\mathrm{o}}$ 和 $\boldsymbol{E}_{\mathrm{e}}$ 被外腔反射镜反馈进入激光谐振腔，将不同步地分别调制 X 和 Y 两正交方向的激光光强。因此，两正交激光的光强将不再同相。

图 2.60(b)中，激光光强 I_X 和 I_Y 都是正弦波形，两者之间有一个大约 20°的相位差，对应回馈外腔中波片的相位延迟量为 10°。

为了进一步观察外腔波片的相位延迟量和两个正交激光光强之间相位差的关系，先后使用了不同的波片，相位延迟量分别为 22°、44°、75°和 90°(即四分之一波片)，得到实验结果如图 2.60(c)～(f)所示。根据图中的实验结果，得出以下结论：在双折射外腔回馈条件下，两正交激光光强之间的相位差是外腔波片相位延迟量的 2 倍。如图 2.60(d)和(f)所示，当波片的相位延迟量为 44°，激光光强之间的相位差为 90°；当波片的相位延迟量为 90°，正交的两激光光强曲线完全反相，相位差为 180°。

相位差为 90°的两路正弦光回馈信号，与光栅尺中两路相位差 90°的莫尔条纹信号非常类似，如以这一现象为原理进行位移测量，其可以用来判别回馈镜(目标物体)的运动方向。

特别值得注意的是，在单频 Nd：YAG 激光器为核心的双折射外腔回馈系统中，两激光光强之间的相位差完全由外腔双折射元件决定，不依赖于外腔长度的改变。

图 2.61(a)中 $l=200$mm，(b)$l=225$mm，(c)$l=250$mm，(d)$l=275$mm，回馈外腔中波片的相位延迟量为 45°，因此两路激光光强之间的相位差约为 90°。随着外腔长度 l 的变化，激光光强 I_X 和 I_Y 之间的相位差保持 90°不变。

本节主要参考文献：[105][112][142][143][173]。

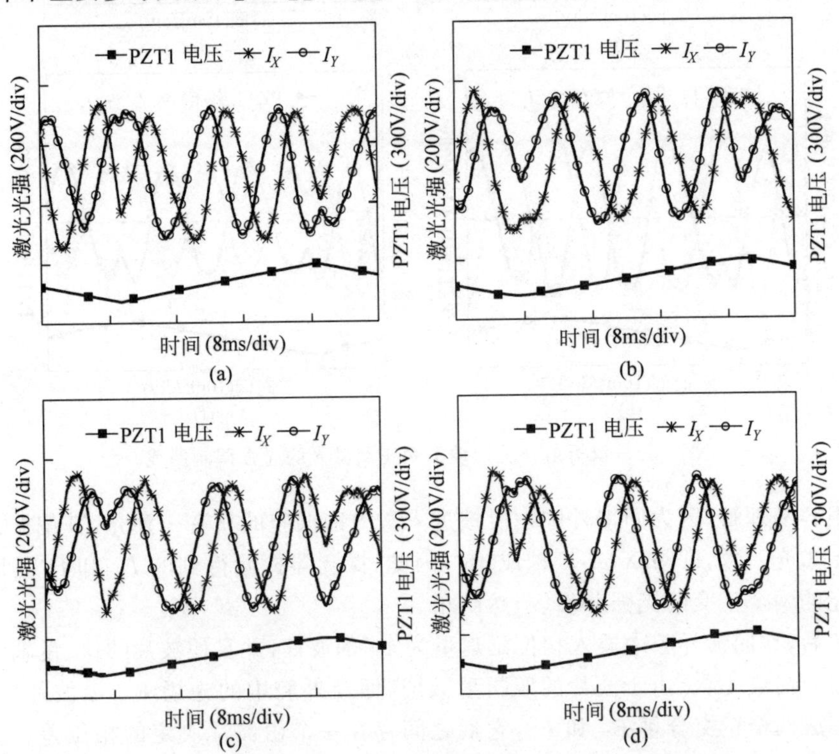

图 2.61 不同外腔长度下的双折射外腔回馈激光光强调制曲线。两正交光曲线相位差不随外腔长度改变。

2.11　本章结语

本章给出了团队观察到的一系列双折射双频(正交线偏振)激光器的物理现象,有的是以 HeNe 激光器为表述对象,相当多的结果对固体微片激光器 Nd：YAG 也是适用的。在激光回馈正交偏振的研究中,则表现为内、外腔都是正交偏振或内腔单偏振、外腔正交偏振。

这些现象包括：强烈模竞争与中度模竞争之间的转换,即竞争中两个频率之一由振荡到熄灭或从熄灭到振荡的过程；驻波激光器强烈模竞争频率差范围的确定(0～40MHz)；双折射双频激光器腔调谐中出现的四种偏振态变化(o 光振荡、e 光不振荡,o 光和 e 光同时振荡,o 光不振荡、e 光振荡),以及一种光对另一种光的抑制全熄灭宽度；双折射双频激光器频率差调谐现象；双折射-塞曼双频激光器的功率调谐、频率差调谐特性；正交线偏振激光回馈中两个频率的相互抑制,强度的转移；双折射外腔回馈引入的条纹倍频现象；晶体石英旋光性造成的激光两端偏振方向的差异及随晶片旋转的改变,频率分裂畸变；偏振跳变,多重高阶回馈,高阶回馈的纳米条纹,双折射激光外腔波片引起的偏振正交光的相位差等。

作者认为,这些现象丰富和补充了现有激光物理若干方面的知识,以它们为理论基础产生了新的测量仪器(见第 3 章和第 4 章)。

对于激光模竞争现象的观察就是一例。当我们打开教科书和相关文献时,我们学习了兰姆对模竞争的精彩推导。他定义了强(烈)模竞争、中度模竞争和弱模竞争,并给出了参数 c 作为两个激光频率之间竞争强度的判据。这里有两个问题。第一,兰姆理论的精度是有限的,很难精确地算出特定激光器(如 HeNe 激光器)两个频率强模竞争和中度模竞争的频率差界限。第二,没有发现有进行实验测定的报导,因为只有当两频率的间隔较小时,强模竞争才能发生。团队的实验结果是 40MHz。在团队之前,没有办法获得 40MHz 如此之小的频率差。此外,团队的实验也纠正了一些以前不准确的概念。如有的专著认为,一旦两个频率进入同一个烧孔(burning hole)时,两频率的功率就要因竞争而无规则起伏。又如有的审稿人认为,在 HeNe 激光器中,两个具有几十兆赫兹频率差的频率不可能同时振荡。

团队利用这些现象作为新原理仪器的动力,而纳米仪器讲的就是精确和精度,推动了团队精细观察和思考如何形成新的仪器。

团队的实验则给出了清楚的 HeNe 激光器模竞争物理图像,得到以下结果：①40MHz 上下的频率差是强模竞争和中度模竞争的临(分)界值。当两频率的差值小于 40MHz 时,其中一个频率熄灭；当两频率的差值大于 40MHz 时,两频率可同时工作。这一分界值远远小于 HeNe 激光介质 300MHz 的烧孔宽度。②只要两个频率同时存在,它们的功率就都是稳定的。③增益带宽内,不同区间的临界值不同，介质中心频率处的临界值最小。④频率差值一定时，增益带宽可分为几个区域，有的区域只允许一个频率工作，另外的区域则允许两个频率同时工作。⑤在“单纵模两频率”状态下，增益带宽被分成三个区域：o 光单独振荡区间，o 光和 e 光共同振荡区间，e 光单独振荡区间。

关于偏振正交光回馈现象的观察也丰富了激光回馈的知识，并对解决激光回馈干涉仪的瓶颈问题起重要作用。迄今为止，人们对光回馈的研究中，是把激光输出光束看作一个整体，并把全部频率一起反馈回激光器内。团队在对正交线偏振激光回馈的研究过程中，抓住了它独有的特点：o 光和 e 光分开，单独回馈，单独探测。这样就可以对一个特定偏振模的回馈及其对另一个模的影响进行研究。我们获得了两偏振正交频率各自的回馈曲线，这两条回馈曲线的强度是相互交换的，即一个的增加对应另一个的减小，表明两个频率在回馈中也存在竞争。

关于双折射双频激光器的频率差调谐，双折射-塞曼双频激光器的频率差和功率调谐等内容在以前也是未见报道的，这些内容至少充实了激光原理在该方面的空白，使其更加完整。关于晶体石英旋光性对双折射双频激光器频率差和偏振方向的影响则是另一个较为专业的问题。一方面，我们在原理上的研究成果对合理应用双频激光器提供了依据；另一方面，对研究晶体物理的人员来说，双折射双频激光器是一个展现晶体旋光性非常理想的实验环境。

任何物理现象都可以找到其应用，借此构成了当今的物质世界。发现现象后我们并没有停步，而是利用本章综述的现象开展了一系列的应用研究，这将在第 3 章介绍。

第3章 HeNe双折射双频激光器精密测量仪器

HeNe激光器是一种成熟的激光器，至今，在仪器领域它还是不可替代的光源，特别是在作为长度测量之王的激光干涉仪中。

本书第1、2章给出了团队研究的双折射双频激光器及其物理特性的成果。

本章介绍以HeNe双折射双频激光器为光源的精密测量仪器，包括双折射-塞曼双频激光干涉仪（不是基于传统的塞曼激光器的塞曼激光干涉仪），双偏振光竞争位移测量激光器（自身就是测位移仪器），光学波片相位差测量仪（已成为国家标准），激光回馈光学波片相位差测量仪（基于激光回馈，在线在位），HeNe激光回馈干涉仪（基于激光回馈），纳米条纹干涉仪。

这里需要说明，本章是以HeNe激光作为光源，以HeNe激光器做基础的创新。第4章将介绍以微片激光器为光源的仪器。因微片激光器为光源的仪器小体积，长寿命（取决于LD寿命），不需合作目标就可实施测量，适合轻、薄、舌形、微、液、低反射目标测量，优势明显。精度上，在今后一段时间内，是HeNe激光器为光源的仪器有优势，但体积、寿命不占优势，被测体必须安装合作靶镜。我们努力的目标是，形成一个HeNe激光器为光源和以微片激光器为光源的仪器互为补充的局面，各尽所长，各有所用。

3.1 双折射-塞曼双频激光干涉仪

3.1.1 引言

历史上，最早的光学干涉仪是迈克耳孙干涉仪，采用光谱灯作光源。激光问世后，出现了HeNe激光单频激光器作光源的干涉仪，即单频激光干涉仪。为了消除环境对干涉仪的干扰，出现了以HeNe双频激光器作光源的干涉仪，即双频激光干涉仪。光刻机上只用双频激光干涉仪。在科技文献中和市场上，往往略去HeNe一词。在4.4节，我们将介绍团队研究的用固体激光微片做光源的干涉仪，为了区分特别写上定语“微片Nd：YAG”以示区别。

激光干涉仪用于高分辨、高精度测量长度或尺寸，是科学研究、先进制造离不开的仪器。激光干涉仪主要有三种类型，即单频激光干涉仪、双频激光干涉仪和激光回馈干涉仪，是机床、光刻机、精密导轨定位等生产的关键仪器。本节介绍团队研制成功的双折射-塞曼双频激光干涉仪，简称双折射双频激光干涉仪。激光回馈干涉仪则在3.6节，4.2节，4.3.4节中介绍，请读者注意区别原理上的不同。

在1.1节中已经讨论了，传统的双频激光干涉仪以塞曼HeNe激光器为光源。根据双频激光干涉仪的工作原理，被测目标的位移引起激光束多普勒频移，频移量不能大于双频激光器输出的两个频率的间隔（频率差），因此允许被测目标最大运动速度v_{max}为

$$v_{max}=\frac{1}{2}\Delta\nu\lambda \tag{3.1.1}$$

式中，$\Delta\nu$为双频激光的频率差，λ为激光波长。

1.1节已证明，塞曼激光器输出频率差多为3.0MHz左右。按式(3.1.1)，以塞曼激光器为光源的双频激光干涉仪测速为1m/s，国内已做到300mm/s。提高双频激光干涉仪测速的关键在于研制更大频率差的双频激光器。经过长期研究，团队从发明新原理HeNe双频激光器，其输出频率差从几百千赫兹到40兆赫兹，甚至到数百兆赫兹，可控可选，称为双折射-塞曼双频激光器。团队研究的以双折射-塞曼双频激光器（1.5节和1.6节）作光源的干涉仪，具有优良的指标（见3.1.5节），特别是有远小于其他类型干涉仪的非线性误差，高得多的测速，已经广泛用于科研院所、大学和制造企业。

激光干涉仪的光路构成出现在各书籍、论文中，都是迈克耳孙结构，本节的重点在于介绍团队的双折射-塞曼双频激光干涉仪的性能，以及其内安装的双折射-塞曼双频激光器的性能。

请注意“激光干涉仪”和“激光回馈干涉仪”的区别。“激光回馈干涉仪”（3.5节，3.6节，4.1～4.3节）的干涉仪和物理教科书中的“干涉”无关。激光回馈干涉仪原理是基于激光器的“光回馈”，称其为“干涉”是因为激光器的出射光被反射回（馈）激光器，与激光器内的光相互作用“干涉”。光回馈系统并没有物理书中讲光干涉所说的先分光再合光所形成的干涉条纹。

3.1.2 双折射-塞曼双频激光干涉仪结构

双折射-塞曼双频激光干涉仪结构如图3.1所示。这个整体光路与传统双频激光干涉仪光路没有一眼可见的差异。但在传统的双频激光干涉仪中采用塞曼双频激光器为光源，其纵向输出的是左旋和右旋的两圆偏振光。而我们是以双折射-塞曼双频激光器为光源，输出的是两正交的线偏振光。选用不同的光源也就决定了整体光路和机械结构的差别。

双折射-塞曼双频激光干涉仪由双折射-塞曼双频激光器、分光棱镜、偏振分光镜、参考角锥棱镜、测量角锥棱镜（位移ΔL）、直角棱镜、偏振片（检偏器）、光电探测器D_1和D_2，以及信号处理电路、稳频电路和软件等构成。

含有正交偏振光$\nu_{/\!/}$和$\nu_{\perp}$的双折射-塞曼双频激光器出射的激光束入射到分光棱镜上，$\nu_{/\!/}$和$\nu_{\perp}$的小部分被分光棱镜反射向下，经过偏振片1后，$\nu_{/\!/}-\nu_{\perp}$形成拍频进入D_1被转换为电信号，送入信号处理系统作为参考信号。$\nu_{/\!/}$和$\nu_{\perp}$的大部分光

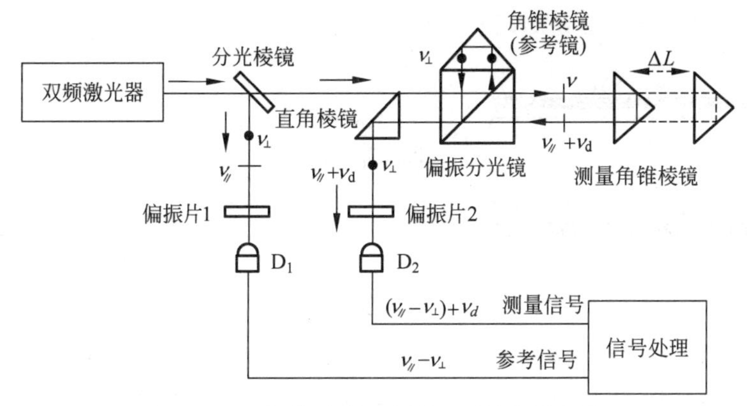

图3.1　双折射-塞曼双频激光干涉仪示意图

功率进入偏振分光镜并被分开。其中，$\nu_{\perp}$ 被反射向上，再向下，经过角锥棱镜(参考镜)到达直角棱境。而 $\nu_{/\!/}$ 透过偏振分光镜到测量角锥棱镜。若测量角锥棱镜以速度 v 移动，则由于多普勒效应，反射回来的光束频率改变了 ν_d(其正负号取决于测量镜的移动方向)，光束的频率变成 $\nu_{/\!/}+\nu_d$。$\nu_{/\!/}+\nu_d$ 光返回后再次通过偏振分光镜并达到直角棱镜。此时，$\nu_{/\!/}+\nu_d$ 和 $\nu_{\perp}$ 在光行进的路上合成拍。经过 D_2 转化成电信号，送入信号处理系统作为测量信号。

激光器频率稳定技术、信号处理系统等是传统的技术，很多文献里都有过介绍，这里不再重复。

团队所研制的双折射-塞曼双频激光干涉仪“新”在其光源是团队自己研制的双折射-塞曼双频激光器，常用频率差是5MHz和7MHz。如有使用者要求1～20MHz中的任意频率差，可以为其专门制造。7MHz频率差的双折射-塞曼双频激光干涉仪测量运动物体的速度可达2.2m/s，20MHz的频率差可以达到6m以上。

3.1.4节将全面给出团队的双折射-塞曼双频激光器的指标，如外形尺寸、激光功率、频率差大小、稳频精度等。

3.1.3　双折射-塞曼双频激光器频率差稳定性测试

3.1.2节已经讨论过，双频激光器是双频激光干涉仪的最核心器件。因为“新”，双折射-塞曼双频激光器还要回答其他被人们关心的一些问题。

第1章已经讨论过双折射-塞曼双频激光器可达到的频率差。本节将介绍双折射-塞曼双频激光器的特殊问题：双频激光器频率差的稳定性和复现性。这也是应用的关键要求，特别是装在光刻机上的干涉仪对激光器的要求。下面给出实际测量频率差的复现性和稳定性的结果。1.4节和1.6节已经介绍了团队研究完成的两种双折射-塞曼(镜)双频激光器：激光腔镜弹性加力和激光腔镜人造微孔。

下文给出典型的频率差稳定性测试结果，分别用激光腔镜弹性加力产生频率差和激光腔镜人造微孔产生频率差。激光器的腔长都是135mm，输出波长为632.8nm，输出功率为 1.0mW。图 3.2 是测试系统的光路图。

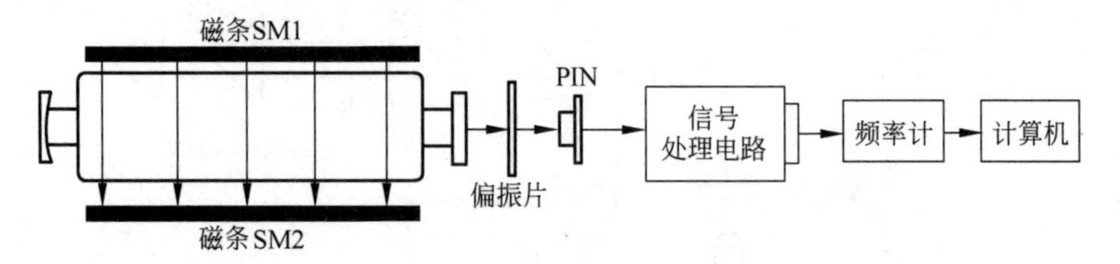

图 3.2　双折射-塞曼双频激光器频率差测试系统

激光器输出光经由偏振片、雪崩二极管(PIN)、频率计完成频率差(即拍频)的采集,数据传输到计算机由上位机软件将数据记录下来,每隔 1s 采集一个数据。

从激光器开启并投入稳频后,频率差的变化一般会经历三个阶段:开机漂变阶段、过渡阶段和稳定阶段。处于开机漂变阶段时,激光器被稳频器的电热丝不断加热,直至升温到设定的激光器工作温度止。激光器因温度升高,腔长增加,激光纵模(频率)逐一扫过增曲线(即不停地"换模"),光强剧烈变化,频率差也剧烈波动。过渡阶段,频率差的波动值逐渐变小直至进入稳定阶段。

图 3.3 示出了弹性加力双折射-塞曼双频激光器的频率差变化曲线,测试时长 4h。从图中可见,开机漂变阶段 300s,过渡阶段 600s,之后进入频率差稳定阶段。过渡阶段频率差变化的峰峰值约 100kHz。进入稳定阶段后,频率差在 3.5h 内漂移 14kHz,10 次开机测试,频率差重复性为 0.15MHz。

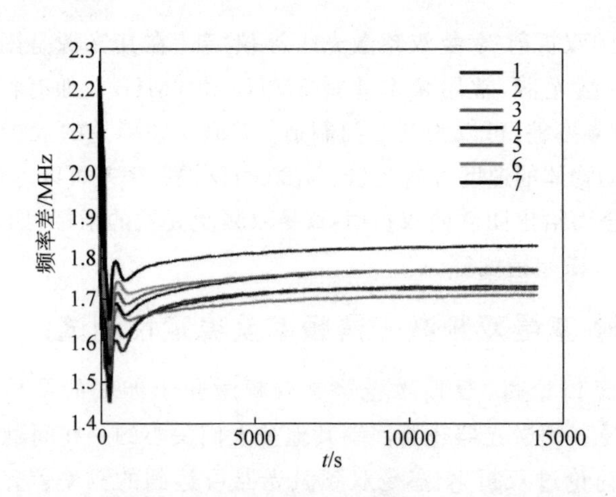

图 3.3　弹性加力双折射-塞曼双频激光器的频率差漂移

(请扫Ⅲ页二维码看彩图)

图 3.4 示出了人造微孔腔镜双折射-塞曼双频激光器的频率差变化曲线,测试时常 4h。从图中可见,开机漂变阶段 300s,过渡阶段 600s,之后进入频率差稳定阶段。过渡阶段频率差变化的峰峰值约 50kHz。进入稳定阶段后,频率差在 3.5h 内漂移 2kHz,4 次开机测试,4 条曲线几乎重合,热稳定后的频率差重复性仅为 20kHz。

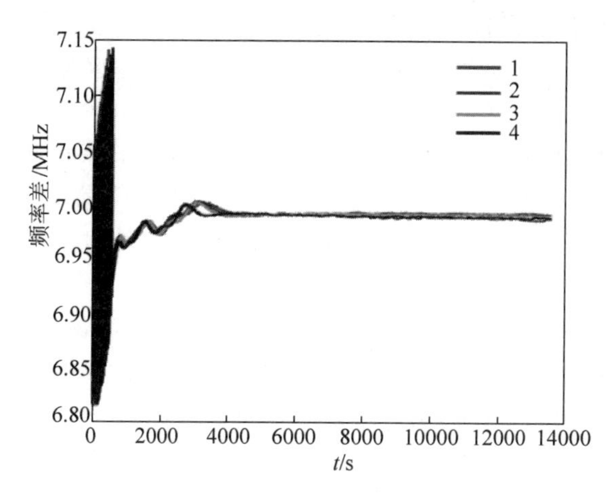

图 3.4　激光微孔频率差赋值双频激光器频率差漂移
（请扫Ⅲ页二维码看彩图）

这一数据表明，人造微孔腔镜双折射-塞曼双频激光器频率差稳定性稍好于弹性加力双折射-塞曼双频激光器，但这两种双频激光器都能满足科学研究和工业的要求。

3.1.4　双折射-塞曼双频激光干涉仪的非线性误差测试

由于非理想光学元件等因素的影响，在实际使用激光干涉仪时，两个不同频率的激光束会在干涉光路中产生频率混叠现象，这样会导致测量信号有一个附加的具有周期性的非线性相位差，因为这非线性相位差的存在，导致激光干涉仪所测量到的位移与实际位移存在非线性，这就是被测位移中存在非线性误差。

理论上，双频激光器输出的是理想的正交偏振激光，参考光的频率和测量光的频率表达式为

$$\begin{cases} \nu_{/\!/}: \quad E_{1x} = a_0 \sin(2\pi f_1 t + \varphi_{01}) \\ \nu_{\perp}: \quad E_{2y} = c_0 \sin(2\pi f_2 t + \varphi_{02}) \end{cases} \tag{3.1.2}$$

受非理想光学器件的影响，参考光路和测量光路出现频率混叠，此时式(3.1.2)表示为

$$\begin{cases} \nu_{/\!/}: \begin{cases} E_{1x} = a_0 \sin(\omega_1 t + \varphi_{01}) \\ E_{1y} = b_0 \sin(\omega_1 t + \varphi_{01} - \xi) \end{cases} \\ \nu_{\perp}: \begin{cases} E_{2x} = d_0 \sin(\omega_2 t + \varphi_{02} + \sigma) \\ E_{2y} = c_0 \sin(\omega_2 t + \varphi_{02}) \end{cases} \end{cases} \tag{3.1.3}$$

式中，a_0、b_0、c_0、d_0 为正交偏振激光幅值；φ_{01}、φ_{02} 为正交偏振激光的初始相位；$\nu_{/\!/}$ 和 $\nu_{\perp}$ 为正交偏振激光频率；ξ、φ 为初始相位差；t 为时间；x 表示水平偏振方向的线偏振光，y 表示垂直偏振方向的线偏振光。

双频激光干涉仪非线性误差为

$$\gamma=\arctan\frac{b\sin(\Delta\varphi+\xi)}{a+b\cos(\Delta\varphi+\xi)}+\arctan\frac{d\sin(\Delta\varphi+\sigma)}{c+d\cos(\Delta\varphi+\sigma)} \tag{3.1.4}$$

式中，$\Delta\varphi$ 是测量镜位移变化导致的光程差变化而造成的线性相位移，a、c 为主频光的幅值，b、d 为混频光的幅值，ξ、σ 为频率 f_1、f_2 的相位差，γ 即双频激光干涉仪非线性误差。a、b、c、d 是通过参考光路、测量光路的各偏振光幅值，是由初相位(ξ_0,σ_0)和振幅(a_0,b_0,c_0,d_0)合成。

通过相位测量分析法(PTB)进行非线性误差的测试，该方法不需要借助其他高精密仪器，通过差分检测的方式，消除了被测信号中的多普勒相移信号，为系统非线性误差的直接测量提供了解决办法。测量原理如图 3.5 所示。图中，M_R 为参考角锥棱镜；M_M 为测量角锥棱镜；PBS1、PBS2 为偏振分光棱镜；RP 为反射镜；HWP 为二分之一波片；D_1、D_2 为光电探测器。

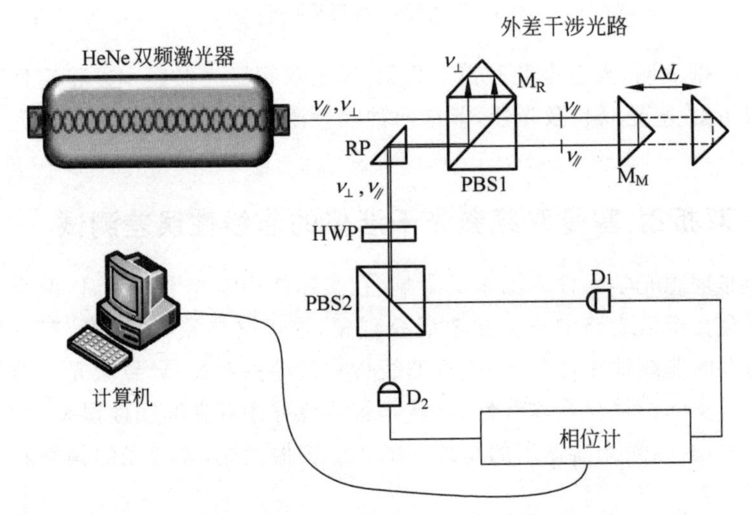

图 3.5 双频激光器非线性误差测量原理

(请扫Ⅲ页二维码看彩图)

通过相位计，对双频激光干涉仪等非线性误差测量仪等仪器进行数据采集和处理。相位计的原理是基于脉冲填充和时间评价，相位测量分辨率为

$$\Delta r=\frac{\sqrt{\nu_{\text{signal}}\times\nu_{\text{sampling}}}}{\nu_{\text{clock}}}\times 360° \tag{3.1.5}$$

式中，信号频率 $\nu_{\text{signal}}=250\text{kHz}$，采样频率 $\nu_{\text{sampling}}=300\text{kHz}$，时钟频率 $\nu_{\text{clock}}=1280\text{MHz}$。代入等式可以得到该相位计的分辨率是 0.077°，位移分辨率 $\Delta r\times\lambda/2\pi=0.23\text{nm}$，该分辨率已经足够满足实际需要。

团队根据上述相位测量分析法(参阅侯文玫，计量学报，1988(3))，成功仿制出双频激光干涉仪非线性误差测试仪器，该仪器可以同时对两台双频激光干涉仪进行检测。仪器的三维图如图 3.6 所示。

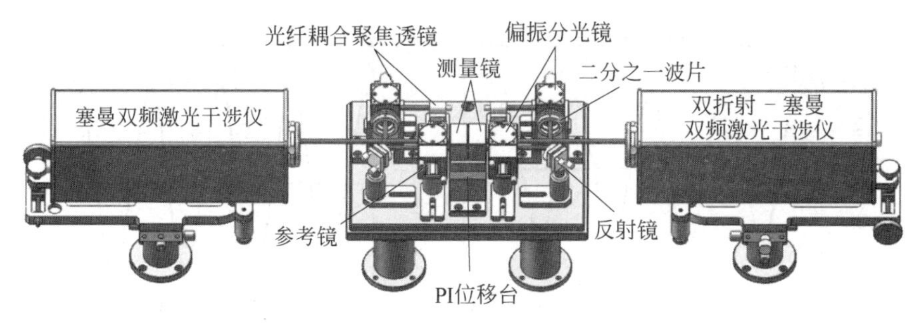

图3.6 双频激光干涉仪非线性误差测试系统三维图
(请扫Ⅲ页二维码看彩图)

由于非线性误差仅几纳米,甚至小于1nm,所以对整个系统的稳定性要求非常高,整个测试仪器固定在光学平台上,其中测试部分采用的是硬质铝材料,并且整个地板是厚24mm的铝板,通过四个工字柱固定在光学平台上,这样确保了整个测试仪器的稳定,采用可升降的螺旋柱结构固定双频激光干涉仪,方便调节不同干涉仪的高度,使出射激光的高度测量光轴所需要的高度一致。仪器中位移台选用德国PI公司研制的,型号为P-621.1CD高精密位移台,其位移台行程100μm,分辨率是0.4nm,可满足非线性误差测试仪器的需要。测量仪器的整体尺寸是331mm×246mm×185mm,测试仪器实物如图3.7所示。

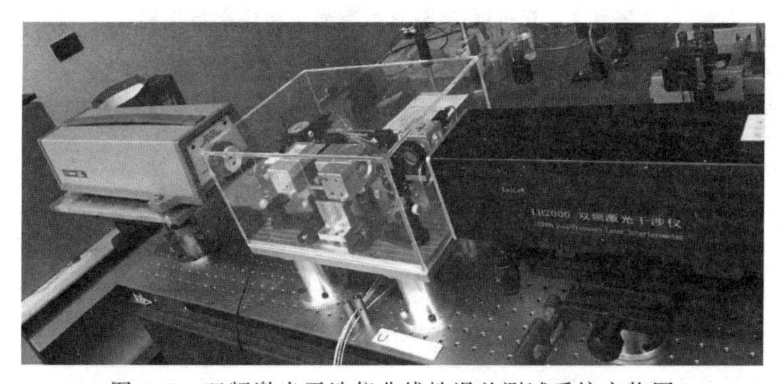

图3.7 双频激光干涉仪非线性误差测试系统实物图

利用该双频激光干涉仪非线性误差测试仪器,对团队的双折射-塞曼双频激光干涉仪和外购的双频激光干涉仪非线性误差进行测试,测试结果如图3.8所示。

如图3.8(a)所示,双折射-塞曼双频激光干涉仪非线性误差约为0.3nm。如图3.8(b)所示,外购的塞曼双频激光干涉仪非线性误差由于激光束的非正交偏振、偏振分光镜、四分之一波片误差等因素影响,非线性误差约为3nm。中国科学院通过法布里-珀罗标准具干涉仪针对双折射-塞曼双频激光干涉仪进行了比对测试,双折射-塞曼双频激光干涉仪非线性误差约为1nm,比同台测试的各干涉仪小很多。结果表明双折射-塞曼双频激光干涉仪具有超低非线性误差,并且该非线性误差主要来源于其外差光路中非理想光学器件,其双折射-塞曼双频激光器光源本

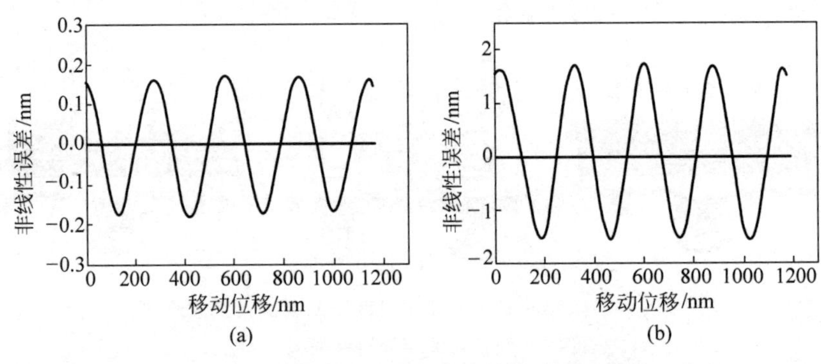

图 3.8　双频激光干涉仪非线性误差测试结果

(a) 团队结果；(b) 外购结果

身不具有非线性误差。

目前，荷兰 ASML 公司生产的光刻机加工精度已经达到 7nm，传统商用塞曼双频干涉仪非线性几纳米的误差将限制光刻机加工精度的提高。

3.1.5　双折射-塞曼双频激光干涉仪达到的指标

经过系列测试和鉴定，双折射-塞曼双频激光干涉仪各参数指标见表 3.1。

表 3.1　双折射-塞曼双频激光干涉仪参数指标

参　　数	数　　值
双频激光器频率差	(6±1)MHz(可定制)
激光稳频精度	±0.03ppm*
真空波长	632.99nm
激光功率	＞0.5mW
激光光束直径	6mm
波长补偿精度	±0.4ppm
预热时间	＜10min
双频激光头尺寸(重量)	230mm×125mm×80mm(2.6kg)
测量长度范围	0～40m，可定制更大范围
测量精度(使用环境补偿器)	±0.4ppm*(±0.4μm/m)**
指定精度范围	0～40℃
分辨率	1nm
测量速度	2.2m/s(频率差 7MHz)
非线性误差	＜0.3nm
动态数据采集频率	100～40000Hz

注：* 1ppm＝0.001‰。

** 精度值不包括将材料温度归一化为 20℃时与其有关的误差。

3.1.6　本节结语

经过批量商用，证明了以双折射-塞曼双频激光器为光源的双频激光干涉仪具有优良的性能，测量速度可大于2m/s，几乎完全消除了非线性，已经并必将在先进制造业的发展中起到重要的作用，尤其是在高测速应用和高端光刻领域产生重大的影响。

本节主要参考文献：[84][251][270][304]。

3.2　激光频率分裂光学波片相位延迟测量仪与国家标准

3.2.1　引言

本节介绍团队研究成功的光学波片相位延迟测量仪，具有新的原理和成套技术，成为国家公布的标准(GB/T 26827—2011)“波片相位延迟装置的校准方法”。换言之，无论什么原理的相位延迟测量装置和仪器，其准确度由团队所研制的仪器校准。这一校准也是世界上公布的唯一的溯源到波长的波片相位延迟标准。

要说明的是，本节的仪器称为“激光频率分裂光学波片测量仪”，是为了和团队起草、已经成为国家标准的技术同名。实际上，不仅是光学波片，这款仪器还能测量0°～180°的任意相位延迟。起草国家标准时，团队向国家标准化管理委员会提议标准的名称为“双折射测量”，包括了光学玻璃双折射、建材玻璃双折射、光学波片双折射(相位延迟)等，但这一工作需要系列程序才能完成。此外，3.3节将介绍测量过程简单、快速，适合各行业测量双折射的仪器——激光回馈双折射测量仪，与本节的作为标准的仪器恰好形成一个完整的测量仪器体系。

光学波片实际上就是垂直切割的晶体石英薄片。晶体石英材料可以是天然晶体石英(水晶)，也可以是人造晶体石英。垂直切割指晶轴与切割面垂直。1.3节讲到了晶体石英频率分裂，目的之一就是为本节做铺垫。

作为光学相位延迟器，波片在与偏振光有关的光学系统中有广泛的应用，中国每年的生产量就有几十万片，应用领域包括生物医学、地质科学、材料科学、信息光学(光通信、光存储)等。按仪器分类，包括外差激光干涉仪、偏振光干涉系统、偏光显微镜、椭偏仪、光隔离器、窄带光滤波器、可调光衰减器、光盘驱动器中的光读取头等。实际中常用的是四分之一波片和半波片。但如果四分之一波片的相位延迟误差太大(超过或不足90°)，将严重影响仪器性能，如在双频激光干涉测量中，四分之一波片的相位延迟误差是测量误差的一个重要来源。当四分之一波片的相位延迟偏离±2°时，会引起约1μm的直线度误差。因此，光学波片的相位延迟需要精确测量。目前，国内外波片测量方法有几种，大多只能测量四分之一波片。

图3.9是国内外传统的光学波片测量系统，称为旋转消光技术(法)。Z轴为光行进方向，一个标准四分之一波片(相差为标准的90°)的快轴与起偏器的起偏方

向(沿 Y 轴)夹角为 45°，将待测四分之一波片的快轴调整到与起偏器的起偏方向(沿 Y 轴)相同。HeNe 激光器出射的激光经起偏器形成线偏振光，依次通过标准波片和待测波片，如待测四分之一波片相位差没有偏离 90°，激光束又成为一线偏振光；如待测四分之一波片相位差偏离了 90°，激光束变为椭圆偏振光。旋转检偏器，找到光强最小的位置(或称消光位置)。这时检偏器的通光轴与起偏器的起偏方向(沿 Y 轴)的夹角(θ)的 2 倍就是波片的相位延迟量(相位角度)。

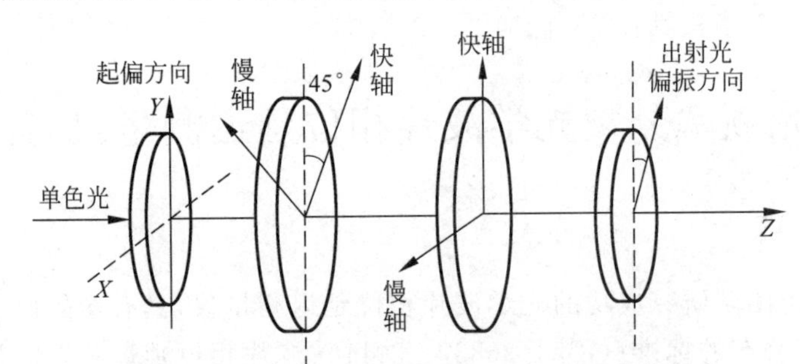

图 3.9 旋转消光法测量四分之一波片相位延迟

旋转消光技术测量波片的相位延迟量时，决定测量结果的重复性核心是消光位置的准确判断和标准四分之一波片的相位延迟是否真的标准。

消光位置的准确判断采用了电光调制技术、磁光调制技术。电光调制法用 KD* P 电光调制判断消光位置，使判断消光位置的精度提高。波片相位延迟的测量重复性达到 0.5°左右。磁光调制法用磁光调制技术判断消光位置，波片相位延迟的测量重复性可以达到 0.1°左右。注意，这里说的是重复性达到的指标，但相位延迟的真值则不得而知。

标准波片的精度一直是个问题。因为测量其相位延迟的技术仍然是旋转消光法，并不具备作为标准的性能。而且标准波片温度系数带来的误差也是难以克服的。

还有其他测量波片相位延迟的一些方法，精度在 0.3°～1°，这里不再一一描述。难点是，这些方法很难相互比对，也不能溯源到自然基准——光的波长。至今，各种测量波片相位延迟的方法的精度都是自说自话，没有办法标定。

为此，团队借助第 1 章激光频率分裂的技术，提出并研究了光学波片相位延迟测量的原理仪器，其测量中不必旋转波片和其他光学元件，可自动测量。特别是测量方法可溯源到自然基准——光的波长。其至今成为唯一的国家标准的测量方法，也是世界上唯一的波片相位延迟标准。

3.2.2 激光频率分裂波片相位延迟测量基本原理

1. 从激光频率分裂到波片相位延迟测量

1.2 节介绍了激光频率分裂现象，这正是波片相位延迟测量的根据。在激光腔内放入光学波片(双折射元件)后，激光腔内的每个纵模(频率)分裂为非常光(e 光)和寻常光(o 光)，两个频率之差为 $\Delta\nu=(\nu/L)\delta$(见式(1.2.4))，δ 是 e 光和 o 光通过腔内双折射元件造成的光程差(相位延迟)。可见，将光学波片 WP 放入激光器谐振腔内，频率分裂产生的两频率的频率差正对应于波片的相位延迟(又称为光程差)。

测量频率差的系统如图 3.10 所示。图中：T 为激光器增益管；M_1、M_2 为一对激光反射镜构成的激光谐振腔；WP 为任意相位延迟的晶片(待测波片)；C 为晶片光轴；PZT 为压电陶瓷；BS 为分束镜；P_1、P_2 为两个检偏器；D 为高频光电探测器 APD；NFC 为频率计；SI 为扫描干涉仪；阴影部分为 M_1、T、WP、M_2 和 PZT 的支架。

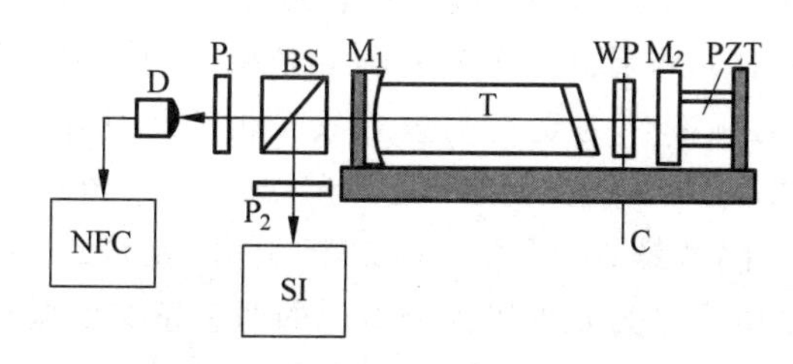

图 3.10　激光分裂测量装置示意图

扫描干涉仪测量到的结果如图 3.11 所示。Δ 是纵模间隔，$\Delta\nu$ 是 WP 造成的激光器频率分裂量，$\Delta\nu'=\Delta-\Delta\nu$，称其为频率分裂的补数。

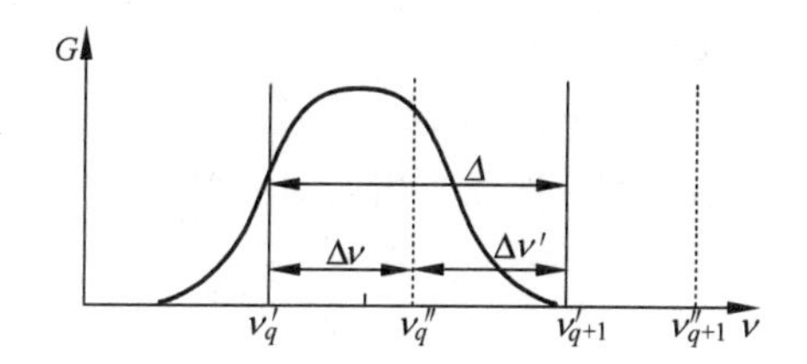

图 3.11　激光分裂纵模在频率域分布示意图

2. 激光频率分裂波片相位延迟测量原理

根据 1.3 节，腔内放入光学波片后引入的双折射与分裂频率差满足

$$\delta=\frac{\Delta\nu}{\Delta}\frac{\lambda}{2} \tag{3.2.1}$$

式中，δ 是任意相位延迟波片的光程差，如果波片的相位延迟用弧度表示，式(3.2.1)可写为

$$\Delta\Phi=\frac{2\pi}{\lambda}\delta=\frac{\Delta\nu}{\Delta}\pi \tag{3.2.2}$$

如果晶片是四分之一波片，其相位延迟为 $\Delta\Phi=\frac{\pi}{2}$，代入式(3.2.2)得 $\Delta\nu=\frac{\Delta}{2}$，即一个频率被一个四分之一波片分裂成两个频率，这两个频率的差是激光纵模间

隔的1/2。当波片存在误差时，$\Delta\Phi \neq \frac{\pi}{2}$，频率差将偏离$\frac{\Delta}{2}$。

由前面的讨论可知，相对频率分裂量$\frac{\Delta\nu}{\Delta}$是一个仅与光程差δ和波长λ(频率ν)有关的量，它的测量结果的误差只来源于$\Delta\nu$和Δ的测量误差，而与谐振腔长无关。即用式(3.2.2)和$\frac{\Delta\nu}{\Delta}$测量结果得到的波片相位$\Delta\Phi$测量结果误差也与谐振腔长及腔长的测量误差无关。这是一个十分值得注意的特点。

由式(3.2.1)或式(3.2.2)要得到δ或$\Delta\Phi$，必须先测出$\Delta\nu$和Δ，可以用下述方法求得其值。在波片放入激光腔内后，每一个纵模都分裂为两个，用扫描干涉仪SI及示波器观察(图3.10)，可看到几个o光和e光相间的频率。如图3.11所示，取其中任意三个连续的频率作为观察测量对象。相邻的两个频率中，必然一个是o光，一个是e光；相间的两个频率或都是o光，或都是e光。以此推论：由同一纵模分裂的两频率的间隔就是$\Delta\nu$，而相间两频率的间隔就是Δ。图3.11中，ν'_q(实竖线)和ν''_q(虚竖线)是由序号为q的纵模分裂成的两个正交偏振频率，正交偏振；而ν'_q和ν'_{q+1}(实竖线)是相邻的两个纵摸，间隔为Δ，偏振方向相同。通过改变腔长，把ν'_{q+1}移出出光带宽，即可以让激光器只输出ν'_q和ν''_q，取它们的拍频并用频率计测量，可以得到$\Delta\nu$；同样，改变腔长，把ν'_q移出出光带宽，激光器只输出ν''_q和ν'_{q+1}，取它们的拍频并用频率计测量，可以得到$\Delta\nu'$。Δ的测量也是不难的。由图3.11可看到，纵模间隔可由下式表示：

$$\Delta = |\nu''_q - \nu'_q| + |\nu'_{q+1} - \nu''_q| = \Delta\nu + \Delta\nu' \tag{3.2.3}$$

只要分别测出$\Delta\nu$和$\Delta\nu'$，然后把二者相加即可得纵模间隔。代入式(3.2.2)，有

$$\Delta\Phi = \frac{\Delta\nu}{\Delta\nu + \Delta\nu'} \times \pi \tag{3.2.4}$$

式(3.2.4)的单位是弧度，如果用角度来表示相位延迟，则

$$\Delta\Phi = \frac{\Delta\nu}{\Delta\nu + \Delta\nu'} \times 180^\circ \tag{3.2.5}$$

由式(3.2.3)、式(3.2.4)和式(3.2.5)可以看出，波片相位延迟只与前后两次测量的频率差值$\Delta\nu$和$\Delta\nu'$有关，而与腔长等几何参数无关。只要得到这两个频率差值$\Delta\nu$和$\Delta\nu'$，就可以计算出波片相位延迟。

实际测量中，对照图3.11，需要调整激光器的增益和损耗比，使得激光器的出光带宽小于一个纵模间隔，即同时只有两个相邻的分裂频率在出光带宽内，或者是ν'_q和ν''_q，或者是ν''_q和ν'_{q+1}，以便于测量拍频。实际测量是在相邻两分裂频率以中心频率ν_0为对称时进行的。我们的实验系统可自动推动PZT伸缩，自动将三个频率中的每两个的拍频测量出来并算出波片相位延迟。

对于多级波片，即相位延迟$\Delta\Phi$由整数部分$(2\pi q)$和小数部分$\Delta\Phi_0$组成，$\Delta\Phi = q(2\pi) + \Delta\Phi_0$，引起的总频频率分裂为$\Delta\nu = 2q\Delta + (\Delta\Phi_0/\pi)\Delta$。实际上，纵模间隔$\Delta$

的整数倍在波片使用中不起作用。我们测量得到的频率差也只是$(\Delta\Phi_0/\pi)\Delta$，计算出的结果是相位延迟的小数部分 $\Delta\Phi_0$。所以，这种方法对于多级波片同样适用。

理论上，这种方法适用于任意相位延迟的波片，但是当测量半波片和全波片时要采取特殊的措施完成测量，受篇幅限制，本书不再赘述。

3.2.3　仪器整体结构

根据式(3.2.2)，只要测得分裂出的频率差 $\Delta\nu$ 及纵模间隔 Δ，即可得到波片的相位延迟量 $\Delta\Phi$。其中 $\Delta\nu$ 和 Δ 可以通过测量两正交模式在同一偏振方向上投影形成的光拍的频率得到。所以，整个测量过程并不涉及角度或其他几何量的测量，而且式(3.2.4)和式(3.2.5)都回溯到激光波长 λ，这个特点是该方法可以用来校准其他波片相位延迟测量装置的依据。因此，激光频率分裂波片测量仪采用激光频率作为测量量，能够溯源到激光波长，用以校准其他波片相位延迟测量装置，完整的仪器结构如图 3.12 所示。

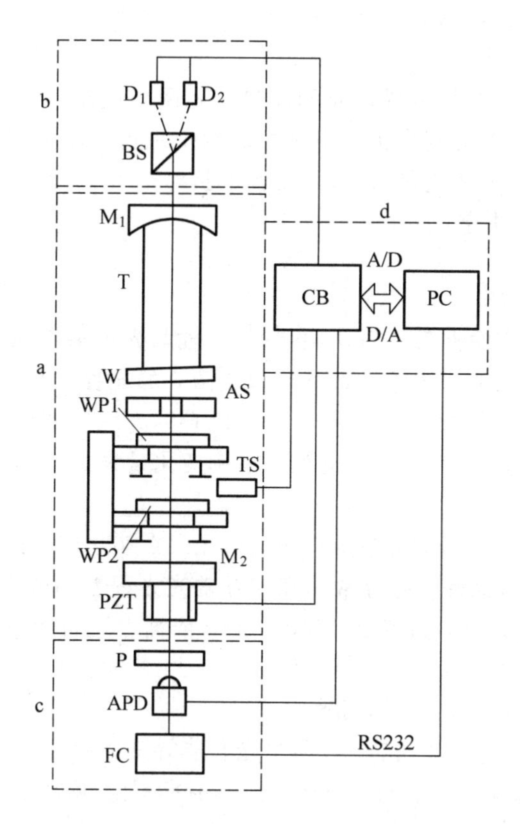

图 3.12　激光频率分裂测量仪结构示意图

在激光频率波片测量仪中，a、b、c、d 分别对应于测量系统各主要部分；D_1、D_2 为光电探测器；BS 为沃拉斯顿分光棱镜；M_1、M_2 为激光器反射镜；T 为激光增益管；W 为增透窗片；WP1 为待测波片；WP2 为附加波片；PZT 为压电陶瓷；P 为偏振片；APD 为光电探测器(雪崩光电二极管)；FC 为频率计；AS 为孔径光阑；TS 为温度传感器；CB 为控制电箱；PC 为计算机。

3.2.4 关键技术和误差消除

激光频率分裂光学相位延迟测量仪,其技术被国家颁布成为校准其他类型相位延迟的校准方法,具有极高的精度,是采用系列创新技术获得的,包括波片和激光束不垂直引入的误差和对准方法,等光强点处测量频率差方法,判断频率分裂量 $\Delta\nu$ 和频率分裂补数 $\Delta\nu'$ 的方法,温度的影响和结果修正。

1. 波片和激光束不垂直引入的误差

使用波片时,波片光轴(与面法线垂直)应该与光束传播方向垂直,那么测量波片时,也应保证波片光轴与光束垂直,否则测量结果会存在误差。当光轴与光束传播方向不垂直时,相位延迟的测量误差由下列三方面造成。

(1) 折射率的变化

光束通过波片时,分解为寻常光和非寻常光两种偏振光,在正入射情况下,两种偏振光对应的折射率分别为折射率椭球的两个主折射率 n_o 和 n_e。当波片的光轴(与面法线垂直)偏离垂直位置时,寻常光的折射率不变,非寻常光的折射率 n'' 不再等于 n_e,而由下式决定:

$$n''=\left(\frac{\sin^2\theta}{n_e^2}+\frac{\cos^2\theta}{n_o^2}\right)^{-1/2} \tag{3.2.6}$$

式中,θ 为光轴和光束的夹角。当 $\theta=90°$ 时,光轴与光束垂直,$n''=n_e$；θ 偏离 90°,$n''\neq n_e$。易知,非寻常光折射率的改变将造成两光的光程差的改变,从而改变相位延迟。对于晶体石英,温度为 20℃时,$n_o=1.5430$,$n_e=1.5518$。当 θ 偏离 90°(垂直位置)1°时,$n''=1.5517973$,其引起的折射率变化量为 2.7×10^{-6}。

(2) 路程的变化

若波片厚度为 h,则倾斜角度 $90°-\theta$ 后,光束在波片中的路程变为 $h/\cos\theta$,路程变化($h/\cos\theta-h$),也将引起寻常光和非寻常光光程差的改变。当 $h=1.5\text{mm}$,$\theta=89°$ 时,路程变化的大小为 $2.28\times10^{-4}\text{mm}$,依据上述折射率的数值,可知此时引起的光程差增量为 $2.01\times10^{-3}\mu\text{m}$,相当于 1.14°的相位延迟改变量。

(3) 折射方向的不同引起的路程差

当波片光轴垂直于光束方向时,寻常光和非寻常光在波片里走的路径是重合的。但是当波片倾斜时,由于两个方向上的折射率不同,两正交线偏振光在波片里走的路径也不完全重合。

综合以上三种因素,可以得到寻常光和非寻常光的光程差增量为

$$\Delta L=h\left|\frac{n_o^2}{\sqrt{n_o^2-\sin^2\theta}}-\frac{n''^2}{\sqrt{n''^2-\sin^2\theta}}\right|-h\mid n_o-n_e\mid \tag{3.2.7}$$

对于较厚的波片,位置变化的影响较大。在 $h=0.1\text{mm}$,θ 相对于垂直位置变化1°的条件下,两者的光程差增量约为 $3.263\times10^{-6}h=0.3263\text{nm}$,对于632.8nm波长的光相当于0.19°的相位延迟改变量;而当 $h=1.5\text{mm}$,θ 相对于垂直位置变化1°时,两者的光程差增量约为 $3.263\times10^{-6}h=4.895\text{nm}$,对于632.8nm波长的光相当于2.78°的相位延迟改变量。

若偏离垂直位置1°,则给相位延迟测量结果造成的误差为2.78°。可见波片偏离垂直位置会给测量带来较大的误差。为了使波片精确地对准光束,团队发展了以平面反射镜的反射面为基准的波片垂直对准方法。

2. 波片垂直对准方法

波片垂直对准方法如图3.13所示。图3.13(a)中,在将要放波片的位置放置一个平面腔镜 M_3,M_3 装卡在一个可调谐位置装置中(图中未画出),M_1 和 M_3 构成一个光学谐振腔;T为激光介质。根据团队的实验结果,当平面反射镜 M_3 偏离垂直位置大于±0.05°时,激光器就不再出光。可以调整平面腔镜 M_3 使激光出光,然后从装卡装置中取出 M_3,把波片B放入放置 M_3 的装卡位置,该装置使得波片B放入后仍处于使激光器出光的 M_3 的位置,如图3.13(b)所示,这样波片B偏离垂直位置小于±0.05°,即准直位置。由于波片加工时保证光轴平行于表面,因此也就可以使光轴垂直于光束。

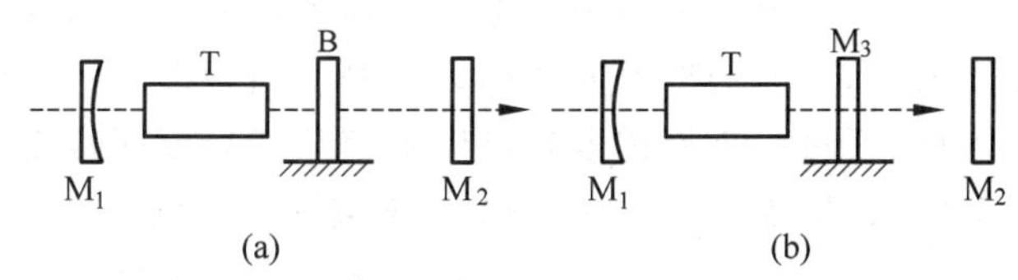

图3.13　激光器内的波片准直方法示意图

这种方法可以达到的垂直对准误差约为0.05°。经过计算,此时引起的波片相位延迟的改变量小于0.005°,即18″。实际上,仅凭借肉眼分辨激光强弱,总是将激光输出调到最强,就可以将波片位置调得更加准确。所以采用这种方法,波片位置造成的相位延迟误差远小于18″。

3. 等光强点处测量频率差

一般情况下,频率差调谐造成的频率差测量相对误差为 2×10^{-3} 量级。这个误差对于四分之一波片的相位延迟测量会造成约0.2°的误差。为了减小频率差调谐的误差,也是为了实现自动化测量,团队采用了等光强点测量频率差的方法,也就是当两正交偏振态的分裂模的光强达到相等时再进行其拍频的测量。依据第5章的分析,当在等光强点时,两分裂模的平均频率正好在中心频率上,此时频率差偏离理论频率差最小,且在等光强点附近较大一段范围内,频率差的变化幅度很小。同时,对于充单同位素Ne的HeNe激光器,在两分裂模处于等光强点附近时存在强烈的模竞争,而充双同位素 Ne(Ne^{20} ：Ne^{22} =1：1)的 HeNe 激光器则可以避免此种模竞争,因此激光增益介质采用 Ne 双同位素。

4. 判断频率分裂量 $\Delta\nu$ 和频率分裂补数 $\Delta\nu'$

从式(3.2.5)知,只要测出频率分裂量 $\Delta\nu$ 和频率分裂补数 $\Delta\nu'$,就可以求得波片相位测量结果。在腔调谐连续两次测量拍频时,并不能确定哪个是频率分裂量 $\Delta\nu$,哪个是频率分裂补数 $\Delta\nu'$,如果把两个拍频的位置颠倒了,计算出的波片相位延迟将是实际相位延迟的补角 $\Delta\Phi'$,为

$$\Delta\Phi' = \frac{\Delta\nu'}{\Delta\nu + \Delta\nu'} \times 180^\circ \tag{3.2.8}$$

因此必须有一种判断纵模分裂是由同级纵模产生还是由相邻级纵模产生的方法,以得到正确的波片相位延迟。或者有一种判断波片相位延迟是否大于 90°的方法,如果能知道波片相位延迟是大于还是小于 90°,就可以判断出测量结果是波片的实际相位延迟还是补角 $\Delta\Phi'$。在常用波片中,对于八分之一波片,或者其他已知相位延迟小于 90°的波片,我们可以不用特定方法来判断。但是对于最常用的四分之一波片(相位延迟在 90°)和其他不知道相位延迟的波片,必须进行判断。

利用两正交偏振光的光强变化趋势来判别三个相邻频率中哪两个是同一级模的频率分裂(判别频率差)。仍用图 3.12 的装置,只是用示波器观察的光路换成用一个沃拉斯顿棱镜分光,并分别用两个光电探测器探测光强。因为光强变化趋势可以从增益曲线上看出,下面用增益曲线加以说明。因为事先已经测定了波片的快轴方向和慢轴方向,通过一个检偏器就可以知道从沃拉斯顿棱镜分出的光束哪个与快轴平行,哪个与慢轴平行。按照习惯,称偏振与快轴平行的为 o 光,与慢轴平行的为 e 光,也就是说,o 光的频率大于 e 光的频率。参考图 3.11,o 光对应于 q 阶模分裂的 ν''_q,e 光对应于 ν'_q。假设我们已把同阶模的一对分裂频率调谐到等光强点,则 e 光在中心频率左侧,o 光在中心频率右侧,在此点测一次拍频,然后从此等光强点对腔长进行微调谐,使频率稍微往大的方向走,则 o 光光强减小,e 光光强增大。若实验中发现 o 光光强减小,e 光光强增大,则说明所测的拍频就是同一阶模分裂频率的频率差 $\Delta\nu$;若发现 e 光光强减小,o 光光强增大,则说明测量结果是频率差补数 $\Delta\nu'$。

5. 温度的影响和结果修正

由于晶体石英的折射率随温度变化较大,所以用晶体石英制成的波片需要考虑温度对波片相位延迟的影响。对于晶体石英,其 o 光、e 光的折射率随温度变化的系数为

$$\frac{dn_o}{dT} = -0.5452 \times 10^{-5}, \quad \frac{dn_e}{dT} = -0.6509 \times 10^{-5} \tag{3.2.9}$$

而波片相位延迟随厚度不同而变化,如下式所示:

$$\Delta\delta=\frac{2\pi}{\lambda}h\left[\frac{\mathrm{d}n_{\mathrm{o}}}{\mathrm{d}T}-\frac{\mathrm{d}n_{\mathrm{e}}}{\mathrm{d}T}\right]\Delta T \tag{3.2.10}$$

若波片为单级波片，对于0.6328μm波长，厚度约为0.018mm，温度变化1℃时，相位延迟变化约0.01°；对于厚度约1mm的波片，温度对相位延迟的影响较大，温度变化1℃时，相位延迟变化约0.6°。为了得到准确的测量结果，在测量波片相位延迟时，同时也读入温度测量值，作为测量结果的参考量。在用千分尺(测量精度为0.001mm)测量了波片厚度后，就可以对测量结果进行修正，得到20℃时标准的波片相位延迟；使用集成温度传感器AD590来采集温度，并通过A/D转换输入计算机，温度测量误差约为0.05℃，则对相位延迟修正的误差小于0.045°。

3.2.5 激光频率分裂波片测量仪系统性能

在激光频率分裂测量仪中，波片测量的精度已达到3′。这种波片相位延迟测量仪器只需要测量频率差，不依赖于任何机械量的测量，特别是角度的测量。而且激光频率分裂的频率差对于波片相位延迟变化的灵敏度很高(纵模间隔为600MHz时，波片相位延迟变化1°，频率差会变化3.3MHz)。频率差的测量不易受到后续处理环节的干扰。所以这种方法能达到很高的测量精度和分辨率。如果频率差能分辨到1kHz，相应的相位延迟分辨率约为1″。这种方法对任意相位延迟的波片都可以进行测量，不仅适用于四分之一波片，而且适用于八分之一波片、二分之一波片等任意相位延迟的波片。对于不同材料制成的波片都适用。从理论上说，对于其他类型的相位延迟器，如菲涅耳棱镜、巴比涅补偿器、电光调制器等都可以进行测量。

团队认为，基于频率分裂原理的波片相位延迟测量方法具有可溯源性。这是频率分裂测量波片相位延迟特别重大的进步。以往，没有任何波片测量系统有这样的功能。同时由于该测量方法与系统的具体参数(如激光谐振腔长、净增益等)无关，2011年，基于激光频率分裂的波片测量仪器校准方法已批转建立为国家标准(GB/T 26827—2011，波片相位延迟测量装置的校准方法)。

本节主要参考文献：[2][68][136][170][175][200][316][345][349][386]。

3.3 激光回馈双折射/内应力测量仪器

3.3.1 引言

上文已经讨论过双折射元件广泛应用于各种光学系统。目前常用的相位延迟测量技术是旋转消光法等。旋转消光法应用较广泛，分辨率较高，重复性好；但因为不能溯源，可信度并不高，实际的精度在3°左右，很难有新的突破。团队发明了频率分裂法测量波片相位延迟，系统误差可以自测，精度最高，可达到3′，是波片测量的国家标准，用以标定各类波片测量仪器和筛选出精度最高的波片。但频率分裂法测量波片时，被测样品需镀增透膜，不能作为在线仪器应用。

第2章介绍了激光回馈（又称激光自混合干涉），是指激光器发出的光被腔外物体反射或散射，部分光又反馈回激光器谐振腔内，对激光器的功率、频率、偏振态等物理量产生调制的效应。在各向异性回馈腔中，通过解调光强和偏振态的信息，可实现双折射测量。2.8节介绍了激光双折射外腔回馈时的偏振跳变，基于这一效应，团队提出并研究成了基于激光回馈的双折射（包括光学相位延迟和光学材料内应力）测量仪器，这一仪器可对波片、TGG晶体（铽镓石榴石）、各种玻璃、ZnS材料等进行测量。

3.2节介绍的是国家标准（也可以作最高精度仪器应用），本节则介绍在线测量仪器，两者正好形成一个完整的测量链条。

3.3.2 基于激光回馈的双折射测量原理

激光回馈双折射测量系统如图3.14所示。

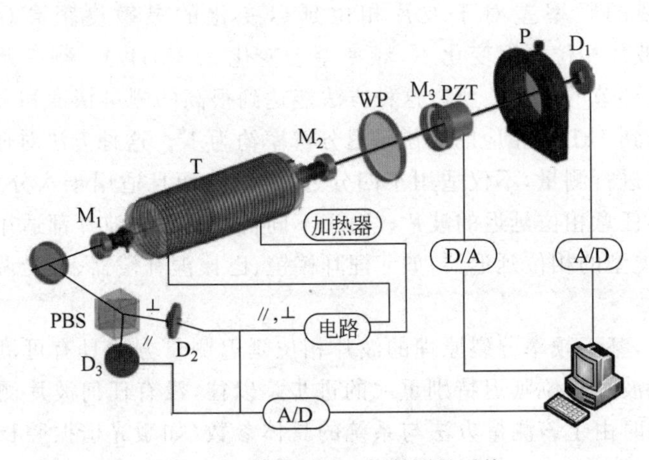

图3.14 激光回馈双折射测量系统

系统采用波长为632.8nm的全内腔线偏振HeNe激光器，腔长150mm。为避免兰姆凹陷，氖气充双同位素，Ne^{20} ∶ Ne^{22} =1∶1。M_1 和 M_2 为激光器的谐振腔镜，反射率分别为99.5%和98.9%。

向右传输的激光束进入探测器 D_1，探测光强信号的变化。向左传输的激光束经沃拉斯顿棱镜PBS后再次被分为两路，一路是o光，另一路是e光，分别为探测器 D_2 和 D_3 所接收。WP为待测样品，M_3 为回馈镜，M_2 和 M_3 构成激光器回馈外腔，回馈外腔长200mm。PZT为压电陶瓷，由三角波电压驱动，使回馈镜 M_3 作微米级大小的周期性往复运动，使激光器偏振受调制发生跳变。P为偏振片，其通光偏振方向平行水平面，用以调整激光器本征偏振方向与水平面垂直。D_1、D_2 和 D_3 探测到的信号经A/D转换后送入计算机处理。与水平面平行的光偏振方向称为水平偏振，与水平面垂直的光偏振方向为垂直偏振。

当不在外腔(M_2 和 M_3 之间)放入被测元件 WP 时。当外腔长随着 M_3 的往复运动作周期性的变化时,D_1 采集到的光强信号曲线呈现类余弦的变化,且回馈镜每移动半个波长,光强波动变化一个周期,偏振片初始通光方向与激光器偏振方向垂直,如图 3.15 所示。这实际上是 2.7.1 节讨论过的弱回馈。

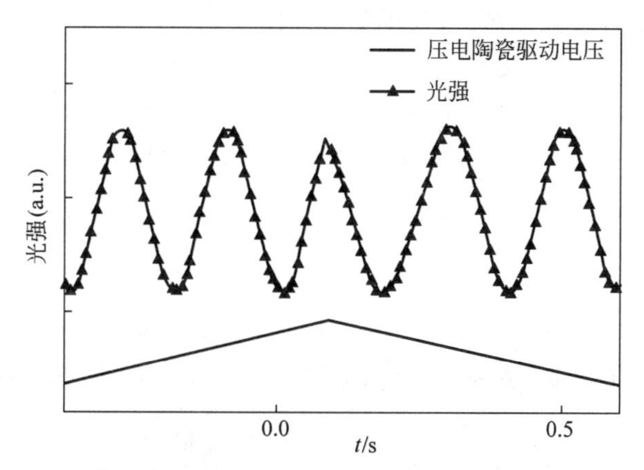

图 3.15　外腔没有置入双折射元件 WP 时的激光回馈波形
(请扫Ⅲ页二维码看彩图)

2.8 节已经介绍了激光回馈的偏振跳变现象,本节利用这一现象测量双折射(包括光学材料,元件的相位延迟和内应力)。在回馈外腔中插入要测量的波片(双折射元件)WP,回馈外腔由各向同性腔变为双折射腔。在双折射外腔长度被调制的作用下,本是单偏振的激光器的两个本征偏振态发生模式竞争并交替振荡,在光强-回馈镜位移曲线中呈现偏振跳变现象。偏振跳变发生,光强的改变仍然是以半波长为一个周期,如图 3.16 所示。图 3.16 的横坐标是时间,忽略压电陶瓷 PZT 的非线性,时间与外腔改变(M_3 伸长)等效。探测器 D_2、D_3 分别探测两正交偏振成分的光强。

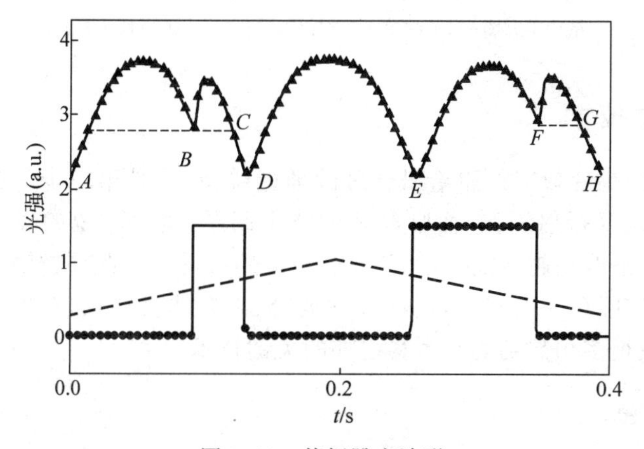

图 3.16　偏振跳变波形
(请扫Ⅲ页二维码看彩图)

图 3.16 中，圆点线为激光束通过偏振片后的光强，三角点曲线为激光器输出的光强，虚线为压电陶瓷上加的电压。从三角点曲线可以看到，激光回馈曲线 $A \sim D$ 相比传统激光回馈出现了一个凹陷点 B。圆点曲线为回馈光通过偏振片后探测器接收到的光强并处理成了方波。三角点和圆点曲线以三角形曲线的顶点为对称。顶点是 PZT 伸长到缩短的(或相反)换向点。

从图 3.16 可知，只要测出点线(方波)上 $|AB|$ 和 $|BD|$ 的宽度比(或 $|EF|$ 和 $|FH|$)即可知道外腔双折射元件的相位延迟量。在回馈腔中，o 光和 e 光由于两次经过双折射元件，所以相位差 δ 为相位延迟大小的 2 倍，可得

$$\delta = \pi \frac{|BD|}{|AB|} \times 180° \tag{3.3.1}$$

激光回馈双折射测量仪的结构和照片如图 3.17 所示。图 3.17(a)中，1 是光电探测器 D_1，2 是 HeNe 激光器，3 是三轴位移台，4 是回馈镜和压电陶瓷，5 是二维调节架，6 是偏振片，7 是光电探测器 D_2，8 是底座，9 是工字支架，10 是立柱，11 是外罩。

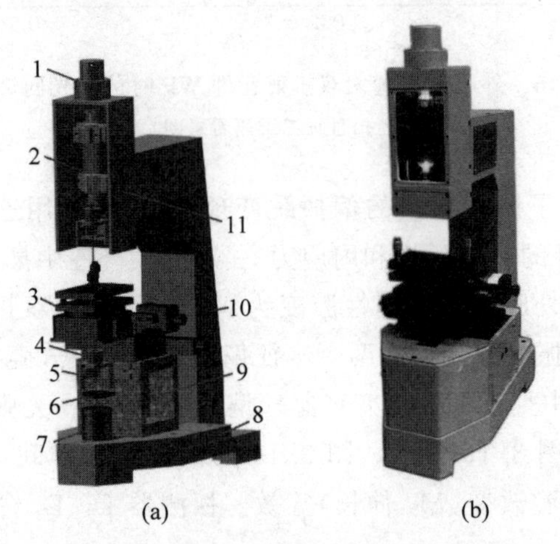

图 3.17　激光回馈双折射测量仪的结构和照片
(a) 结构示意图；(b) 激光回馈相位延迟/内应力测量仪主机照片

3.3.3　关键技术

观察到偏振跳变效应并能给出合理的理论解释，这是第一步。想到并利用偏振跳变效应实现双折射测量，面临复杂的技术问题，就是常说的发明点。成为仪器，只要有一点不能超越传统技术，就不会被应用接受。因此要把激光回馈的偏振跳变效应变成实际可用的测量材料(各种玻璃、半导体材料)和双折射或内应力的仪器，需要解决很多预想到的和意料之外的关键技术。

1. 光路调整

放置偏振片 P，使其通光偏振方向平行于水平面(图 3.14)。调整激光器本征

偏振方向与P通光方向垂直，即激光器的偏振方向与水平面垂直。调整沃拉斯顿棱镜PBS，两个出光方向中只有一个有光射出（D_2 有信号输出），另一个方向没有光射出（D_3 输出为零）。此时，激光器偏振方向和沃拉斯顿棱镜的垂直方向是同方向的。当偏振跳变发生时，D_2 和 D_3 轮流输出信号。

2. 稳频

系统采用全内腔线偏振的HeNe激光器。激光器必须工作在单纵模状态防止出现两个或多个纵模，不能有显著的频率漂移或出现跳模，所以必须对系统进行稳频，以保证仪器长时间稳定运行。

3.1节所讲双折射双频激光干涉仪的激光稳频技术不能用于激光回馈系统。双频激光干涉仪的激光强度不随测量镜的位移而变化。而激光回馈系统测量原理就是利用激光光强的变化，光强总是随测量镜的位移作正弦改变，没有稳定的光强参考点和参考值，已有的稳频方案都不能用于激光回馈双折射测量系统。团队的思路是人为设定一个参考电压，与激光器光强被光电探测器转化成的电压信号相比较，图3.18是稳定激光频率的流程框图。

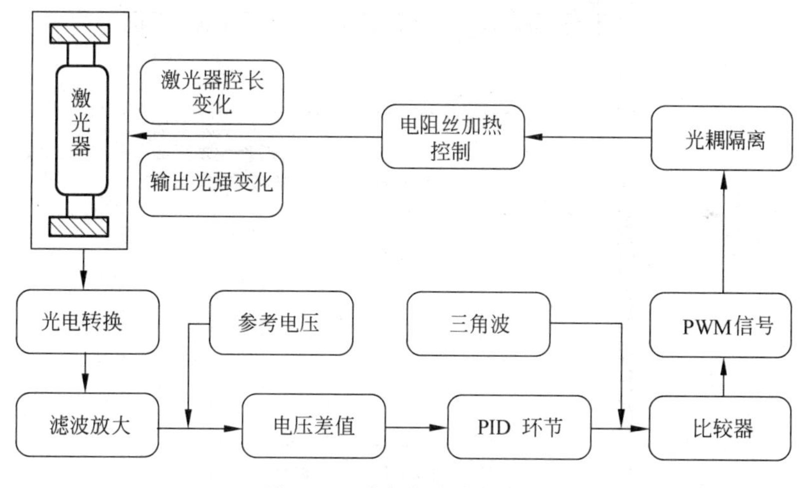

图3.18 稳频方案流程框图

图3.14光路中的偏振分光棱镜PBS把激光器垂直偏振光分开，被 D_2 和 D_3 探测转化为电信号，D_2 和 D_3 输出信号求和（相加）中包含直流和交流分量，交流分量即光强受回馈镜调制的类余弦波动。首先，采用低通滤波去除交流分量；然后，将直流分量放大后与预设的参考电压进行比较，得到的电压差值经比例积分微分（PID）环节后，与定时器产生的标准三角波信号同时输入电压比较器，输出脉冲宽度调制（PWM）信号；最后，当激光器的光强信号偏离参考电压时，PWM信号控制光耦使电阻丝加热，以调节激光器的腔长来改变其输出强度，使输出光强重新稳定在参考电压处，实现激光器的频率稳定。不同相位延迟的双折射元件会引起偏振跳变点的改变，但两路信号求和后直流电压波动在毫伏量级，对稳频的影响在允许

范围内。对于激光回馈双折射测量，对频率稳定性的要求不高，只要保证激光频率工作在激光增益线中心频率两侧各 300MHz 范围内即可。

稳频效果如图 3.19 所示。图 3.19(a)为激光器未稳频的光强信号，激光管由于温度变化剧烈，腔长伸缩明显，激光器不断发生跳模现象并始终工作在双纵模状态。图 3.19(b)为稳频后的光强信号，施加稳频 10min 后，PWM 信号通过不断调控电阻丝加热，使激光器频率基本工作在激光增益线中心频率区域。

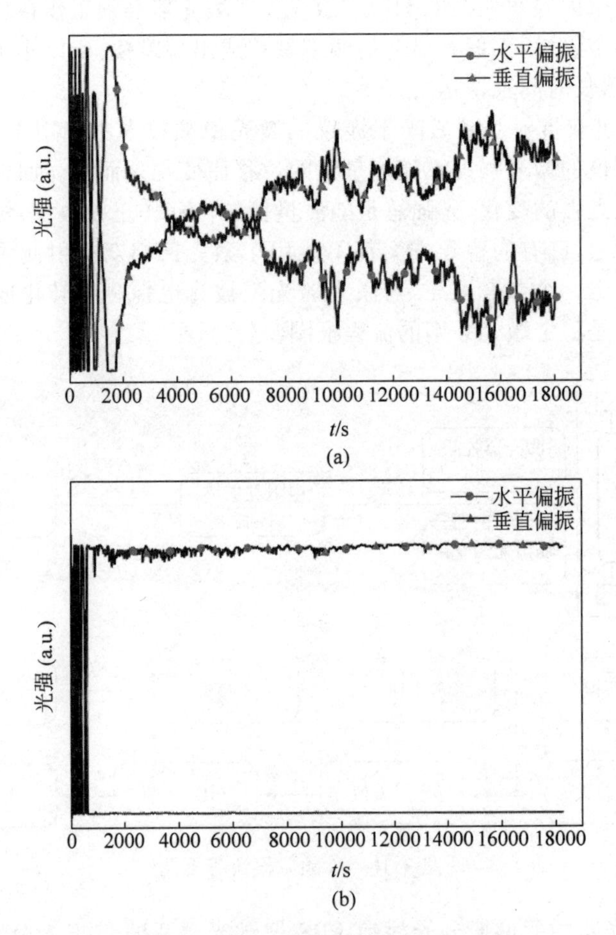

图 3.19　稳频前后的激光器光强测试结果

(a) 未稳频(5h)；(b) 稳频(5h)

(请扫Ⅲ页二维码看彩图)

利用 HighFinesse 公司的 WS7-60 型高精度波长计对稳频后的激光器频率漂移进行了检测，如图 3.19 所示，5h 的频率漂移约为 10^7，满足要求。

3. 光轴自动对准

前文已经提到，测量双折射元件(光学波片、玻璃材料、半导体材料)首先要旋转波片，使其快轴对准激光器本征偏振方向，才能精确测量偏振跳变前后的波形，给出式(3.3.1)中的宽度 BD 和 AB。

人工进行待测元件偏振方向和激光本征偏振方向的对准比较费时，因此设计了被测元件的自动找轴系统。采用电动三维(X、Y 和在 XY 平面转动)工作台承载待测元件。由 MPC07 运动控制卡驱动工作台旋转，能快速使波片快轴方向与激光器的本征偏振方向对准。图 3.14 中 D_2 探测到的垂直偏振光(或 D_3 探测到的平行偏振光)的强度如图 3.20 所示。

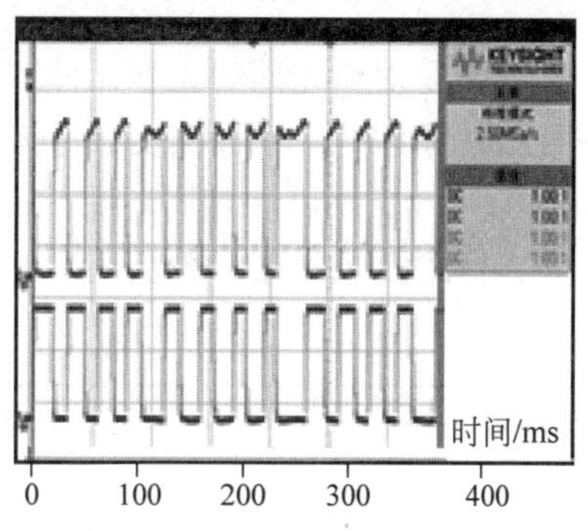

图 3.20　D_2 探测到的垂直偏振光强度。上曲线接近但没有完全对准，下曲线完全对准

对准控制流程如 3.21 所示，请读者参阅图中各方格内的文字，不再赘述。图中 o 光即垂直偏振光，e 光即平行偏振光。

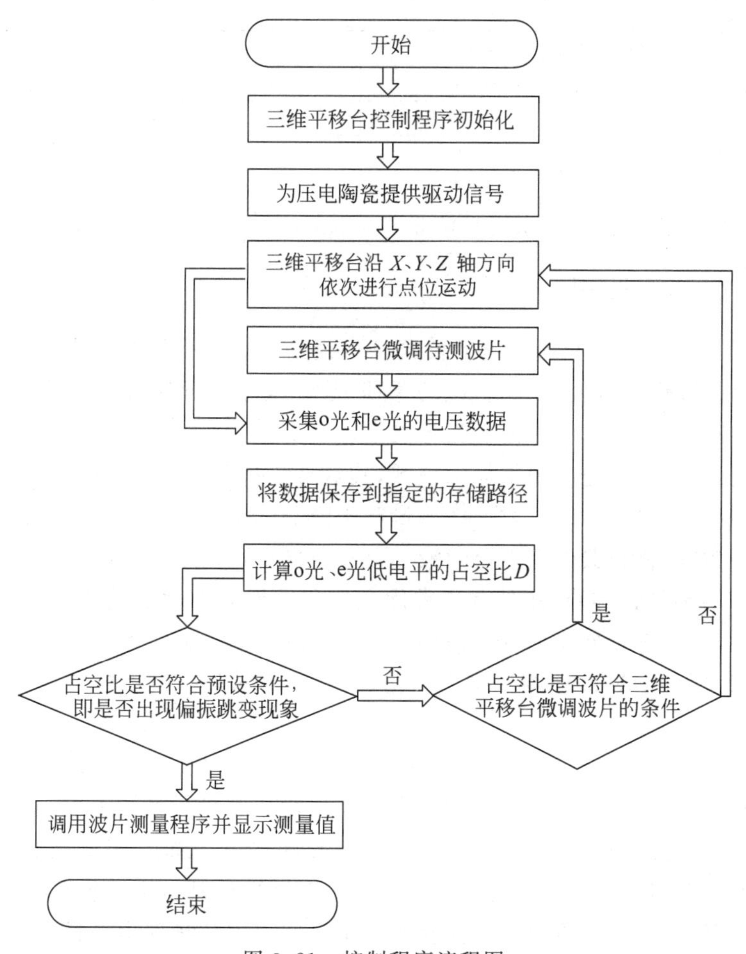

图 3.21　控制程序流程图

3.3.4 仪器性能指标

本节是对激光回馈光学元件双折射/内应力精度的标定。标定方法是以激光频率分裂法原理的国家标准仪器作为基准,测量一组 10 片晶体石英波片(相位延迟标准值 16°～157°),并在相同环境下用激光回馈原理的仪器进行测量。测量中,每一片必须先在标准仪器内测量,然后用木夹夹住回仪器测量台并测量。对比结果见表 3.2。

表 3.2 标准波片测量结果对比

波片序号	激光回馈法/(°)	频率分裂法/(°)	差值/(°)
1	16.48	16.42	0.06
2	27.93	27.89	0.04
3	46.37	46.59	0.22
4	71.44	71.61	−0.17
5	79.15	78.95	0.20
6	96.95	97.19	−0.24
7	128.83	128.97	−0.14
8	138.00	138.19	−0.19
9	140.44	140.20	0.24
10	157.21	157.09	0.12

从表 3.2 可以看出,该系统的测量精度优于 0.24°。

3.3.5 仪器的应用

激光回馈双折射/内应力测量仪器已广泛应用,如福州高意科技股份有限公司、福晶科技股份有限公司、中科院力学研究所、北京大学物理系完成了大数量的四分之一波片、半波片、半导体材料等测量。

液晶材料被广泛地应用于显示领域,其具有双折射特性,并且双折射率随电压的变化而改变。准确的双折射特性测量对于液晶的实际应用具有重要意义。本仪器实现了对福晶科技股份有限公司液晶材料不同电压值下的精确测量。

KTP(磷酸氧钛钾)晶体具有非常优良的非线性光学性能及电光性能,不仅可以作为非线性光学元件使用,同时具有 $\lambda/4$ 的相位延迟功能,本仪器实现了北京人工晶体研究所的 KN 晶体相位延迟的精确测量,对精确控制 KN 晶体厚度具有重要参考价值。

GaN 材料属宽禁带半导体,在长寿命、低功耗、短波长的半导体发光二极管和激光二极管等方面具有广阔的应用。由于晶格常数和热导性的差异,在 GaN 外延层和衬底材料之间将引入应力。应力的存在影响 GaN 功能薄膜的敏感性、晶体质量、电学性能和衬底的加工特性,应力较大时 GaN 薄膜甚至出现裂纹,所以对 GaN 材料应力精确测量极为重要。本仪器实现了对北京大学物理学院科学研究用提供的 GaN 晶体残余应力的精确测量。

下面给出一个应用的例子。TGG晶体由于其磁光常数大、透射损耗低等特性，广泛使用在法拉第旋光器和光隔离器等器件中。若材料的内应力过大，就会影响TGG晶体的使用。本系统可实现对光学元件微小应力的测量。TGG晶体样品是中国科学院高能物理研究所科学研究中需要测量的。对晶体样品进行了多次测量，结果如图3.22所示。测试结果表明TGG晶体的相位延迟为2.73°，重复性优于0.18°。

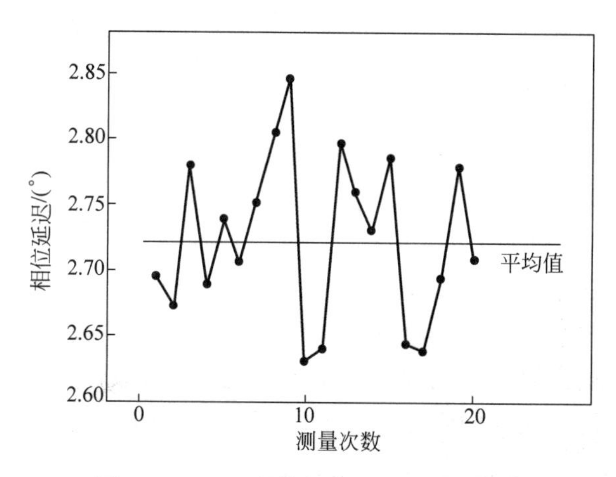

图3.22 TGG晶体相位延迟测量重复性
（请扫Ⅲ页二维码看彩图）

3.3.6 本节结语

团队基于激光回馈效应研究成功激光回馈双折射材料内应力测量仪，该系统采用全新的原理，采用多项自动化技术，操作简便、效率高；被测样品无需镀膜、测角等其他处理过程。该仪器的测量精度优于0.2°，重复测量的标准差0.06°，已经为用户测试了上千件样品，并在生产线上使用。

本节主要参考文献：[1][2][192][207][208][209][220][226][227][230][246][332]。

3.4 激光器纳米测尺(正交偏振激光模竞争位移传感激光器)

3.4.1 引言

本节介绍的仪器原理可参考图2.5～图2.7。这是精巧地利用几个核心激光效应的例子。

本节介绍另一种长度(位移)传感器，为了区分于其他长度干涉仪，称其为激光器纳米测尺。学术上应称为“正交偏振激光模竞争位移传感激光器”。激光器纳米测尺不基于光干涉，也不基于光回馈，仅依靠激光器的谐振腔长度调谐。激光器纳米测尺的竞争对象不是激光干涉仪，也不是力图 1nm 的分辨率，而是各种测量范围 10～20mm，精度优于 1μm 的各种位移传感器。

位移传感器有很多种，如电容位移传感器、电涡流位移传感器、电感位移传感器。激光干涉仪是大型仪器，与上述传感器不在一个序列。上述各种传感器都有其优点和不足，这个大家庭中的各个成员都在制造业中发挥着各自的作用，需求量巨大。光纤位移传感器、电容位移传感器、电涡流位移传感器、电感位移传感器等位移传感器体积小、价格便宜，属于小型仪器。各种小型位移传感器的缺点是原理上的非线性，线性测量范围较小并需要校准。

比如典型 Millitron1202D 型电感测位移，测量范围大时分辨率则降低。其在 20μm 测量范围内分辨率为 0.01μm；在 0.2mm 测量范围内分辨率为 0.1μm；在 4mm 测量范围内分辨率为 1μm。而且其输出为电压，必须经过基准仪器标出电压/位移的比值，才能进行位移测量。因此发明一种小型的、应用新原理的位移传感器，特别是纳米量级分辨率，超过十几毫米量程，没有原理上的非线性且有自标定功能(即不必由更高精度仪器或基准仪器标定示值和校准)的位移传感器技术是重要研究方向。这正是我们研究激光器纳米测尺的原因。

3.4.2 把激光器自身变成位移传感器的难点

一些科学家做过将激光器直接演变成位移传感器的尝试。因为原理上的缺陷，都没有获得突破性进展。他们都是寄希望于“由测量激光频率的移动求出激光反射镜的位移”。一种技术方案如图 3.23 所示，把一个激光谐振腔分成两个谐振腔，一个谐振腔的腔镜是 M_3 和 M_2，另一个是 M_1 和 M_2。这种结构可称为分叉腔。分叉腔有一系列不可逾越的物理原理障碍。根据频率竞争曲线可作出如下判断：由于两叉中的频率(各一个)在 HeNe 介质中不可避免的竞争，在 M_1 沿箭头位移半波长的范围内，有 1/3 个纵模间隔，一个叉内的频率是熄灭的；只在 1/6 波长的范围内两个叉都有光的振荡，即分叉腔只能在 0.1μm 左右范围测量位移。

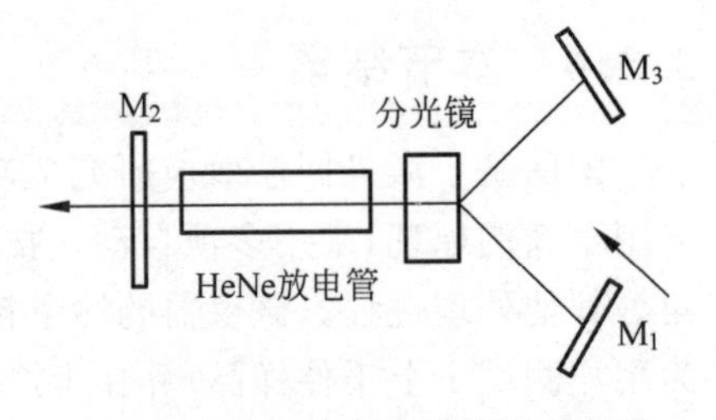

图 3.23　分叉腔激光器结构示意图
(参考叶声华. 国外计量. 1988. No. 6. 6-8)

另一种把激光器自身变为位移传感器的技术方案如图 3.24 所示，激光器的一个反射镜作测量镜。它只能在压电陶瓷的推动下工作，位移范围只有 2.1μm 左右，而这 2.1μm 的范围内也只能测量 70 个碘吸收峰的频率间隔 $\Delta\nu_1$、$\Delta\nu_2$、…、$\Delta\nu_{70}$，并由腔长与频率差的关系确定这 70 个点之间的距离 ΔL_1、ΔL_2、…、ΔL_{70}。这一方案除了测量范围太小外，也不具备连续测量功能。

上述的困难阻碍了以往“把激光器直接变成位移传感器”研究的进行。团队的研究使用新的原理，新的原理没有这些先天的问题，获得成功。其理论基础是基于

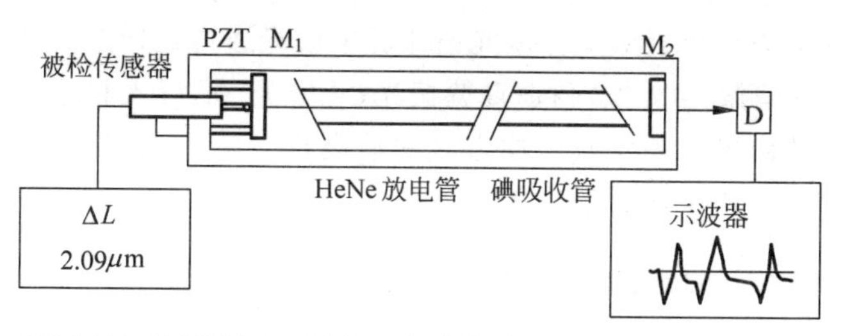

图 3.24　碘稳频激光器结构示意图（一个腔镜移动，由碘吸收峰检测其位移大小）
（参考 M. Sommer. Metrologische abhandlungen. 1988. 8(3)：183-193）

2.2 节提到的腔内晶体石英频率分裂激光器的功率调谐现象：可以把出光带宽分成四个大体相等的部分，分别为 o 光振荡区、e 光和 o 光同时振荡区、e 光振荡区、e 光和 o 光都不振荡区。我们反复思考，最终形成了成熟的 HeNe 双偏振光竞争位移传感激光器方案。它利用了激光器的各种物理现象和概念，包括频率分裂、腔的调谐、出光带宽的设定、模的间隔设定，特别是正交偏振模的竞争等。红光 0.6328μm 波长的激光器纳米测尺分辨率是 79nm，测量范围十几毫米；而红外 1.15μm 波长的激光器纳米测尺分辨率是 144nm，测量范围 100 毫米，都属纳米测量仪器。再增加部分模块后，都可实现 10nm 分辨率。

3.4.3　激光器纳米测尺结构和原理

1. 激光器纳米测尺结构

激光器纳米测尺如图 3.25 所示。图中，M_1、M_2 为一对反射腔镜；W 为增透窗片；F 为沿激光增透窗片 W 的直径施加的外力；T 为 HeNe 激光增益管；PBS 为偏振分光镜；D_1、D_2 为光电探测器；C、C_1、C_2 为信号处理电路；TR 为与反射镜连接在一起的导轨，可以和被测物体接触，推动其左右运动；B 为被测球；Sh 为管壳。

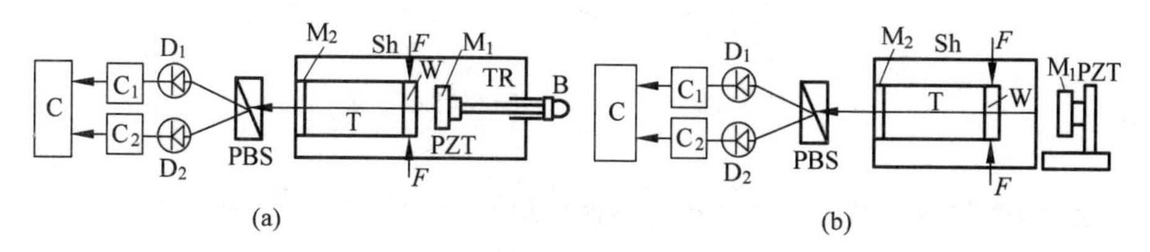

图 3.25　激光器纳米测尺结构
(a) 第一种结构；(b) 第二种结构

其原理如下：图 3.25 中在单纵模 HeNe 激光器内加入双折射元件（晶体石英片或应力双折射元件），使激光频率分裂，单频激光变成双频激光。激光增益管内充 He 和 Ne 的比例以及总气压与普通 HeNe 激光器相同，但 $Ne^{20}:Ne^{22}=1:1$。图 3.25 中使用的应力双折射元件是应力双折射玻璃片：施加了外力 F 的增益管增透窗片 W。当对光学增透窗片 W 上对径（沿圆玻璃片的一个直径）加力时，玻璃片内部即出现应力双折射效应。激光谐振腔中的光通过这样的元件后即分解成两种偏振光：平行偏振光(//光)和垂直偏振光(⊥光)。平行光和垂直光的偏振方向分别与加力的方向平行和垂直。加力后的玻璃片对两种光的折射率不同,即存在光程差。光程差正比于加力的大小。

2. 双偏振激光管和谐振腔长参数

选择激光增益管长度(控制增益)和激光腔长(控制激光纵模间隔)是实现激光器纳米测尺的核心问题之一,要使出光带宽和纵模间隔之比为 3∶4。第二个重要的问题是选择频率分裂大小,使出光带宽中的三个区域(o 光振荡区、o 光和 e 光共同振荡区、e 光振荡区)宽度相等。

选择较短且合适的激光腔长,使 M_1 由被测物推动发生位移时,可以把一个纵模间隔的频宽分成四个相等的区域(2.2.1 节)：平行光振荡区、平行光和垂直光共同振荡区、垂直光振荡区、无光振荡区。我们实验中典型的一套数据如下：腔长 140mm；增益管长 120mm 左右,即激光增益管长度比腔长小 20mm 左右。在现有的工艺条件下(制管、镀模等)不难调整出光带宽为 800～900MHz。如和 800MHz 有差,再适当调整激光器的一个反射镜以改变激光腔的损耗,使出光带宽达到 800MHz。

由 $\Delta=c/2L$ 可知,通过选择双折射双频激光器的腔长(出光带宽已按图 3.26 所述三等分),可以控制激光纵模间隔 Δ。比如,$L=140$mm,激光纵模间隔 $\Delta=1070$MHz。这样,出光带宽和纵模间隔之比为 800MHz∶1070MHz=3∶4。于是 3/4 纵模间隔是出光带宽,有激光产生；但又有 1/4 的纵模间隔(270MHz)不在出光带宽内,没有激光产生。

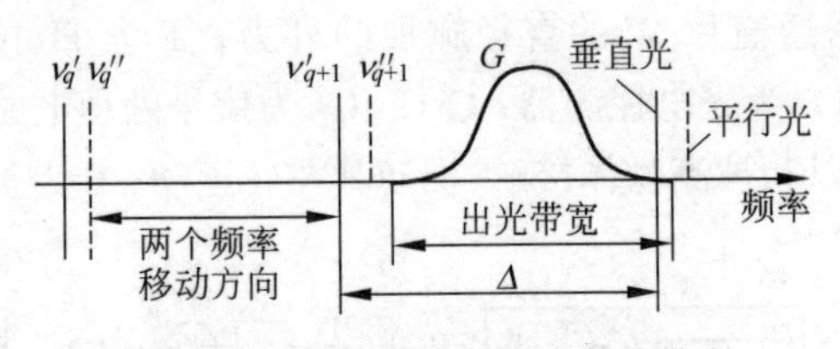

图 3.26　激光纵模间隔和出光带宽

3. 四个偏振区随位移的连续周期性出现

当激光反射镜连续移动,即有 dL 时,频率的变化 $-\mathrm{d}\nu$,即

$$\Delta\nu=\frac{\nu}{L}\mathrm{d}L \tag{3.4.1}$$

如图 3.26 中的一列激光频率(ν_q',ν_q''),(ν_{q+1}',ν_{q+1}''),…成对依次通过出光带宽为 800MHz,以频率 ν_0 为中心(对应图 3.27 中的 a 点和 b 点等)的 Ne 原子增益曲线 G。ν_q'、ν_q'' 由 ν_q 分裂而成,是第一对；ν_{q+1}'、ν_{q+1}'' 由 ν_{q+1} 分裂而成,是第二对；还有第三对、第四对,等等。激光反射镜 1mm 的移动,大约有 3000 对频率通过 ν_0。

当然，Ne 原子中心频率 ν_0 应视为静止不动，成为判断通过频率对数量的基础。ν_0 静止不动早已被原子物理所证实。每一对走过一个纵模间隔，出现在图 3.27 中从 A 到 E 的一个周期。一个周期内，纵模间隔（$\Delta=c/2L$）被分成了四等份：平行光区、平行光＋垂直光区、垂直光区、无光区。因此，在图 3.27 的光电探测器 D_1、D_2 的光敏面上，可顺序看到：D_1 被照亮、D_2 暗→D_1、D_2 同时被照亮→D_1 暗、D_2 被照亮→D_1、D_2 都不被照亮。一列激光频率成对依次通过 Ne 原子中心 ν_0 和增益曲线 G 时，上述四种偏振态的变化反复出现。图 3.26 所示的一个周期变成图 3.27 的周期性连续出现的状态。之后，随 M_1 的不断发生位移而重复下去。

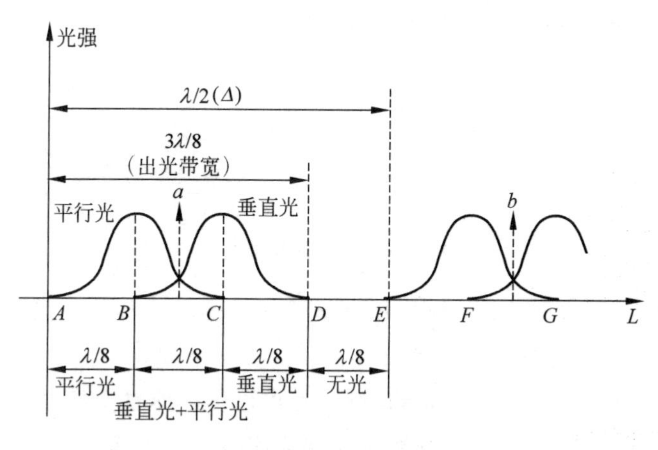

图 3.27　激光腔调谐中四个偏振区周期性出现

每出现一个以偏振状态为特征的区域，意味着激光器的反射镜移动了一个 $\lambda/8$；每出现一个周期，意味着激光器的反射镜移动了 $\lambda/2$。根据式(3.4.1)在激光腔镜移动中，如果发现频率正好移动了一个纵模间隔 Δ，即 $\mathrm{d}\nu=\Delta$，有

$$\mathrm{d}L=\frac{1}{2}\lambda \tag{3.4.2}$$

这一关系式完全和光迈克耳孙干涉的表达式相同。此式说明，频率移过图 3.27 中从 A 到 E 的一个纵模间隔时，激光腔镜走过半个波长。而频率走过四个不同偏振特性的区域之一时，腔镜移动 $\lambda/8$。因此，当我们通过光电探测器 D_1、D_2，信号处理电路 C_1、C_2，信号处理电路 C 得出两正交频率移过的区域个数 N_+-N_- 时，反射镜 M_1，与 M_1 连接在一起的导轨 TR，以及被测物体的位移可由下式得到：

$$\Delta L=\frac{1}{8}(N_+-N_-)\lambda \tag{3.4.3}$$

式中，N_+ 和 N_- 分别代表被测物向右和向左位移走过的区域数。

在使用角锥棱镜折叠谐振腔时（后面将详细介绍其结构），分辨率提高一倍，上式的系数由 1/8 变成 1/16。对于 0.6328μm 的 HeNe 激光波长，1/8 波长为 79nm，1/16 波长为 39.5nm。

4. 位移测量判向与细分

判向可由电路按四个区域光偏振的不同性质实现。比如，反射镜刚开始移动时，两偏振频率正处在垂直光区(图 3.27 的 *CD* 区间内)。如反射镜 M_1 向着窗片 W 移动(对照图 3.25)两偏振光频率向右便进入无光区(两探测器都不被照亮)；如 M_1 离开窗片 W 而去，两偏振光频率向左移便进入垂直光、平行光共存区(两探测器都被照亮)。电路很容易判断出两者之间的差别，给出计数为 N_+ 还是 N_-。以四个区域的任何一个为位移测量的出发位置，同理，都能从两探测器的亮暗区分出向左移和向右移。图 3.28 示出了信号处理框图。

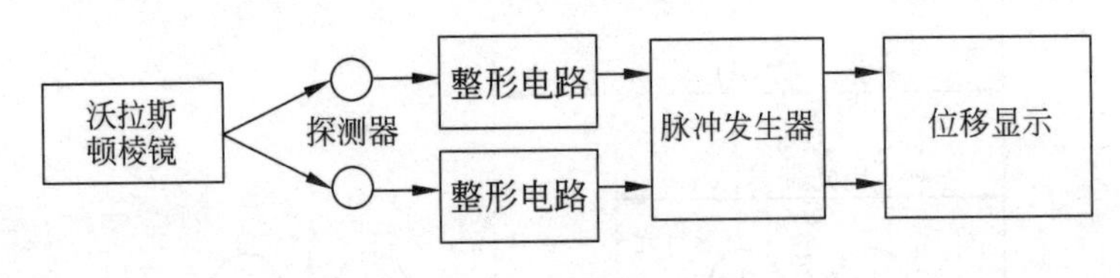

图 3.28　信号处理框图

在此应该指出，激光器纳米测尺位移测量的原理的细分和判向功能依靠的是激光器输出光的偏振态组合。四种组合在一起为一个周期，对应反射镜移动半个波长，也对应激光频率移动一个纵模间隔。也可以称这种激光器为四稳态激光器。从这个意义上讲，可称其为正交偏振激光模竞争位移传感激光器，只是学术性太强，非本领域的人难以一下明白。

3.4.4　激光器纳米测尺位移测量关键技术

激光器纳米测尺位移测量原理是在 HeNe 激光器中产生两个激光频率，激光腔反射镜移动量的大小可以通过探测两个频率光强和偏振态的改变而得到。这里有一个重要的问题是，这一仪器对推动反射镜 M_1 移动的导轨要求很高，导轨在前进(后退)中的摆动将使光线与光轴线有一偏转角，引起光腔失谐，光腔的几何损耗增大，从而影响激光输出功率，严重时激光器甚至会停止振荡。例如一个 4mm 长的导轨，5μm 的间隙会产生 25″的角度偏转，这是形成稳定的激光振荡所不允许的。团队的实验证明，30mm 左右长的孔-杆结构滑动导轨只在某些区段可有 1～2mm 的区域能保证激光稳定振荡；200～300mm 行程的高精度的燕尾形导轨有时有一些区段可有 7～8mm 的区域能保证激光稳定振荡，但基本上没有扩展范围的可能。为了使测量范围达到 10mm 以上，甚至几十毫米，必须采用其他技术。这一问题如能得到解决，将会大大增加这种新仪器的测量范围。

为解决此问题，团队提出并研究了两种逆向镜腔的结构：猫眼腔和角锥棱镜折叠腔。猫眼腔用一个猫眼(cat eye)作为两个激光腔镜之一；角锥棱镜折叠腔则使用一个角锥棱镜将腔折叠成“⊃”形，如图 3.29 和图 3.30 所示。

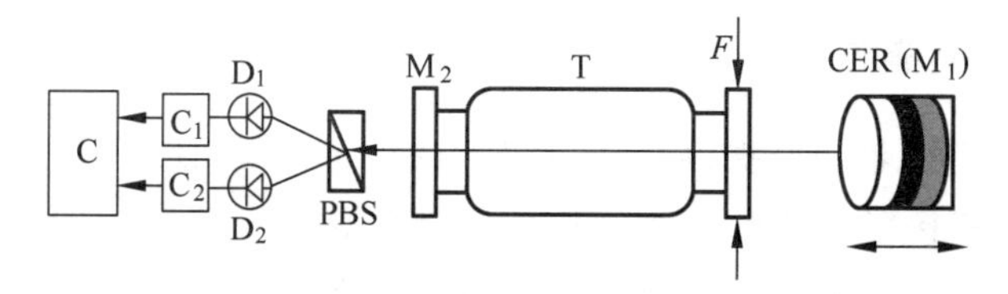

图 3.29　使用猫眼腔结构的双偏振光竞争位移传感器

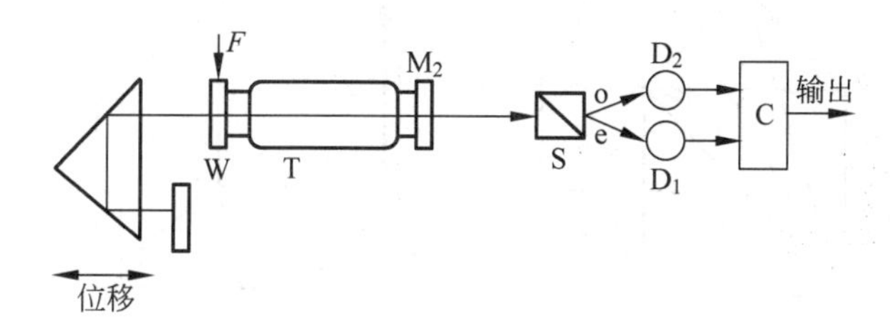

图 3.30　使用角锥棱镜折叠腔结构的双偏振光竞争位移传感器

1. 猫眼腔结构

图 3.29 中采用的猫眼是由一个凹面镜 M 和一个凸透镜 L 构成的一个反射镜，其结构如图 3.31 所示。

当凸透镜 L 的焦距、凹面镜 M 的曲率半径、凸透镜和凹面镜的距离三个参量都互相相等时，经过该结构逆反的反射光线与入射光线平行，且反射光线和入射光线关于腔轴线对称。当用该结构代替平面镜 M 时，无论射入它的光是什么方向，都能平行地反射回去。因此，当移动过程中作为反射镜的猫眼的光轴与激光器轴线有偏转角时，腔内激光束仍然按原方向返回，激光器不失谐。这样从毛细管出射的激光将全部返回毛细管中，而和猫眼逆反器对光轴线的偏转角度无关。用此技术，大大提高了双偏振光竞争位移测量系统的量程，达到了 15mm。

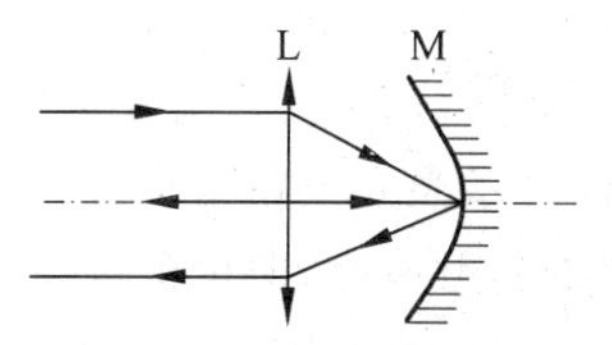

图 3.31　凸透镜 L 和凹面镜 M 构成的猫眼结构示意图

当然，猫眼的结构也存在原理上的缺陷。我们知道，猫眼的轴线与光线的夹角改变时，从猫眼出射的光线与入射光线平行。但是当猫眼中的凸透镜的光心相对入射光线平移时，出射光线将相对于入射光线发生平移，则出射光将偏离毛细管轴心，引起激光腔不稳。若平移量超出毛细管直径范围，出射光就不能进入毛细管，激光腔不出光。而实际上，由于偏转角(猫眼的轴线与光线的夹角)的存在以及测量范围内导轨有一定的非线性度，猫眼逆反器中凸透镜的光心应在激光器光轴上这一条件很难得到满足，凸透镜的光心相对毛细管光轴的偏移量与偏转角以及腔的移动范围有关。

2. 角锥棱镜折叠腔

为了获得在激光器稳定振荡情况下更大的测量范围，团队又研制了另一种逆向镜腔结构：角锥棱镜折叠腔。所采用的角锥棱镜为金字塔形四面体，是一个正方体的一角，其形状是如图 3.32 所示的四面体 *ABCD*。

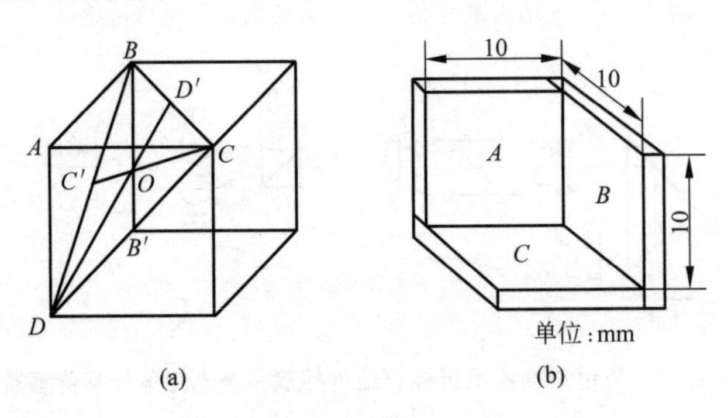

图 3.32　角锥棱镜结构示意图

(a) 实心角锥棱镜；(b) 空心角锥棱镜

四面体 *ABCD* 的三个侧面 *ABC*、*ACD*、*ABD* 均为直角等腰三角形，且两两互相垂直。底面 *BCD* 为等边三角形。实际使用中，角锥棱镜是空心的，即面 *BCD* 是不存在的，由三个镀有高反膜的面 *ABC*、*ACD*、*ABD* 组成。角锥棱镜的安装位置是虚拟面 *BCD*，与光束方向大致垂直。当 *BCD* 面与腔轴严格垂直，即不发生偏转时，激光光束在角锥棱镜的两个面上反射至 M_1，然后再原路返回到毛细管内。考虑一般情况，即角锥棱镜相对于激光轴线有一空间偏转角，则光线在角锥棱镜内经过三个反射面反射到达 M_1，经 M_1 反射，光线又在角锥棱镜的三个面上原路反射回放电管毛细管内。因此，无论来自激光放电管 T 的光以什么方向射入角锥棱镜，经 M_1 反射后都能原路反射回激光增益管 T 的毛细管中去。因此在角锥棱镜移动中发生摆动时，腔内激光束仍然按原方向返回，激光器不失谐。而且由光路的走向可知角锥棱镜折叠腔仍然是一个驻波腔。

角锥棱镜加工误差总是存在的。根据理论推导可知，当角度误差很小时，角锥棱镜沿导轨运动发生摆动，而引起的反射光线空间方位角的变动为一个高阶小量，可以忽略；但是如果制造过程中产生的角度误差比较大，测量过程中的反射光线的空间方位角的随机变动的值就需要考虑。所以对在正交偏振位移传感激光器中使用的角锥棱镜的加工精度，包括平面精度和垂直精度两方面，都提出了较高的要求。

团队设计使用了如图 3.32(b)所示的空心角锥棱镜，即将三片镀有高反膜的平面反射镜互相垂直地粘合在一起。经过精密加工，加工所得的空心角锥棱镜的内尺寸为 10mm×10mm×10mm；各镜片厚 5mm；空心角锥棱镜的外形尺寸为 15mm×15mm×15mm，可用通光面积大于 $50mm^2$；空心角锥棱镜的加工精度为

180°偏转<10″。

团队使用空心角锥棱镜折叠腔，实验取得了理想的结果。

(1) 当激光器腔内没有双折射元件、仅输出单纵模线性偏振光时，在保证激光器正常振荡的条件下，调节空心角锥棱镜的俯仰角，使光线入射到棱镜的角度发生变化，则激光器输出光的偏振面方向转动；但是当激光器腔内存在双折射效应时，空心角锥棱镜的俯仰变化对出射的两个正交偏振态的线性偏振光的偏振面方向没有影响。这是因为：不管加入双折射效应前激光腔内振荡光的偏振方向如何，双折射双频激光器的出射光的偏振方向仅由双折射元件决定。

(2) 使用空心角锥棱镜腔与仅用反射镜的腔功率调谐曲线相同，这里不再画出。

(3) 角锥棱镜折叠腔的使用大大提高了腔的稳定度和量程。使用角锥棱镜折叠⊃形腔，沿激光轴线方向移动角锥棱镜时，由其结构可知，激光器的谐振腔长改变是角锥棱镜位移的两倍。实验证明，基于角锥棱镜的折叠腔激光器具有很好的稳健性。使用一个导轨推动平面-凹面镜腔激光器的一个反射镜，由于导轨的晃动，位移为2～3mm时，激光器就要停止振荡；使用同样的导轨推动角锥棱镜折叠腔的角锥棱镜，移动范围大到35mm时(激光器谐振腔长改变70mm)，激光器仍然可以获得激光输出。

3.4.5　波长1.15μm HeNe激光器纳米测尺

对于若干测量应用，波长为0.632μm的HeNe激光器纳米测尺已经足够。为了更广泛的应用，团队提出了提高稳定性、增大测量范围和提高分辨率的技术。这就想到了1.15μm波长。波长1.15μm和波长0.632μm都是Ne的光谱线，HeNe激光器可以工作在这两个波长。

式(3.4.4)是HeNe激光器的线型函数表达式，从中可以看出其特点。HeNe激光器是以多普勒展宽为主的综合加宽激光器。波长1.15μm和波长0.632μm可以用线型函数表达为

$$g_{\mathrm{D}}(\nu,\nu_0)=\frac{c}{\nu_0}\left(\frac{m}{2\pi k_{\mathrm{B}}T}\right)^{1/2}\mathrm{e}^{-\left[\frac{mc^2}{2k_{\mathrm{B}}T\nu_0^2}(\nu-\nu_0)^2\right]} \tag{3.4.4}$$

式中，ν为激光频率，ν_0为中心频率，c为光速，m为原子质量，k_{B}为玻耳兹曼常数，T为温度。线型函数具有高斯型，当激光处于中心频率时取得最大值

$$g_{\mathrm{Dmax}}=\lambda\left(\frac{m}{2\pi k_{\mathrm{B}}T}\right)^{1/2} \tag{3.4.5}$$

当激光输出中心频率时，可得增益系数G为

$$G=\Delta n\,\frac{v^2A_{21}}{8\pi\nu_0^2}g_{\mathrm{Dmax}}=\Delta n\,\frac{v^2A_{21}}{8\pi c^2}\left(\frac{m}{2\pi k_{\mathrm{B}}T}\right)^{1/2}\lambda^3 \tag{3.4.6}$$

式中，Δn为反转粒子数密度，v为原子运动速度，A_{21}为自发辐射几率。从式(3.4.3)

可得结论：增益系数与波长的三次方成正比。即波长 1.15μm 的增益系数比波长 0.632μm 大很多，$(1.15\mu m/0.632\mu m)^3 \approx 6$ 倍。此外，波长 1.15μm 的线宽比 0.632μm 大很多。

按光谱线半宽度的定义，由式(3.4.5)可得出半宽度 $\Delta\nu_D$（也称为多普勒线宽）为

$$\Delta\nu_D = 2\nu_0\left(\frac{2kT}{mc^2}\ln 2\right)^{\frac{1}{2}} \tag{3.4.7}$$

波长 1.15μm 和 0.632μm 的光谱线宽度比为 $(0.632\mu m/1.15\mu m) \approx 0.55$ 倍。

上述两个数据是非常重要的，1.15μm 和 0.632μm 比，其增益大了约 6 倍，而光谱线宽度窄了约 1/2。这正是提高纳米测尺稳定度、增加测程所需要的。

为了说明用 1.15μm 波长可提高纳米测尺稳定度和增加测程的原理，再次审视图 3.27。其一，$|AE|$是纵模间隔，$|AD|$是出光带宽。$|AD|/|AE|=3/4$，$|DE|/|AE|=1/4$。1.15μm 波长出光带宽小即$|AD|$窄，缩小$|AE|$仍可以保持$|AD|/|AE|$是 3/4，可以缩小$|AE|$即腔长可以增加，意味着测量范围增大。其二，1.15μm 波长增益比 0.632μm 大 6 倍，意味着一定程度的缩短 HeNe 激光增益管依然可以有足够的激光增益保持激光器稳定工作。缩短的 HeNe 激光增益管长度可以用作增加测量范围。

缩短的 HeNe 激光增益管长度和可以增加激光器腔长都意味着允许增加反射镜 M_1（图 3.25）的位移范围。这就是采用 HeNe 激光 1.15μm 波长的原因，使位移范围扩大到 100mm。

团队设计了新的电路，实现了在 100mm 量程内分辨率 10nm。

1.15μm 波长纳米测尺的光路、电路大体上与 0.6328μm 相同（图 3.25），这里不再赘述。如需详细了解，可参考团队发表的有关光路、机械、电路设计的论文。

3.4.6 纳米测尺激光器的指标和特点

(1) 激光干涉仪是利用干涉现象，以波长作为位移测量的基准单位；而团队研制的位移自传感 HeNe 激光器系统不使用干涉现象，但也成功地利用了以激光腔镜移动半波长、激光频率移动一个纵模间隔为其工作原理，这类似于激光干涉仪中的半波长位移出现一个干涉条纹。因此，团队研制的激光位移传感器有自我标定功能，也可作为计量标准使用。有多种位移传感器，如电容位移传感器、电涡流位移传感器、电感位移传感器，线性测量范围较小并需要校准，而团队研制的激光位移自传感器不需校准。

(2) 团队的这一成果所用激光器自身变成了位移传感器（由此，有时称它为位移自传感 HeNe 激光器），不利用干涉现象但以波长作尺子，比激光干涉仪简单得多，造价低得多。在几十毫米，甚至一百纳米范围内，可以代替传统的激光干涉仪。

(3) 有较高的分辨率和精度。团队的位移传感 HeNe 激光器(系统)测量分辨率为 $\lambda/8$。对于 0.6328μm 波长 HeNe 激光，$\lambda/8$ 是 0.079μm，精度可以在 0.1μm 量级。对于 1.15μm 波长 HeNe 激光，$\lambda/8$ 是 0.144μm，精度可以在 0.1μm 量级。1.15μm 波长实验达到 100mm 测量范围、10nm 分辨率。

(4) 线性度好。式(1.2.3)表明，激光腔镜移动半波长频率移动一个纵模间隔的规律在任何激光腔长下都成立，即在任何测量范围内都成立，激光器纳米测尺都没有原理上的非线性。

(5) 它不经 A/D 转换，就是数字输出，易于和被测物体的运动控制机构通讯、结合。

(6) 从测量原理可知，用公式(3.4.3)计算位移时是由激光器输出两种偏振光的偏振态组合的改变，有很强的抗干扰能力。

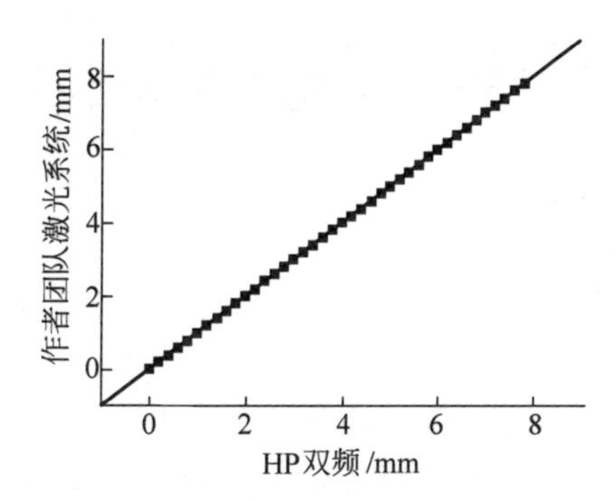

图 3.33　激光器纳米测尺与双频激光干涉仪位移测量对比

图 3.33 是团队设计的位移传感 HeNe 激光器(系统)与双频激光干涉仪测量同样位移量时，两仪器的读数对比。其中，横坐标为双频激光干涉仪的读数，纵坐标为位移传感 HeNe 激光器(系统)的读数，从图中可以看到，各点连成的曲线为一直线，且直线与横轴夹角为 45°。因此，位移传感 HeNe 激光器(系统)测出的数与双频激光干涉仪的读数几乎是相同的，说明位移传感 HeNe 激光器(系统)测量精度很高。

3.4.7　本节结语

团队研究成功了激光器纳米测尺，即正交偏振激光竞争位移传感激光器。与激光频率分裂光学波片相位延迟仪器一样，也是精彩完美的激光系统，激光器就是传感器，传感器就是激光器。激光器纳米测尺有较高的分辨率和精度。位移传感 HeNe 激光器(系统)测量分辨率为 $\lambda/8$。对于 0.6328μm 波长 HeNe 激光，$\lambda/8$ 是 0.079μm，精度可以在 0.1μm 量级。对于 1.15μm 波长 HeNe 激光，$\lambda/8$ 是 0.144μm，精度可以在 0.1μm 量级。1.15μm 波长的激光器纳米测尺达到 100mm 测量范围、10nm 分辨率。

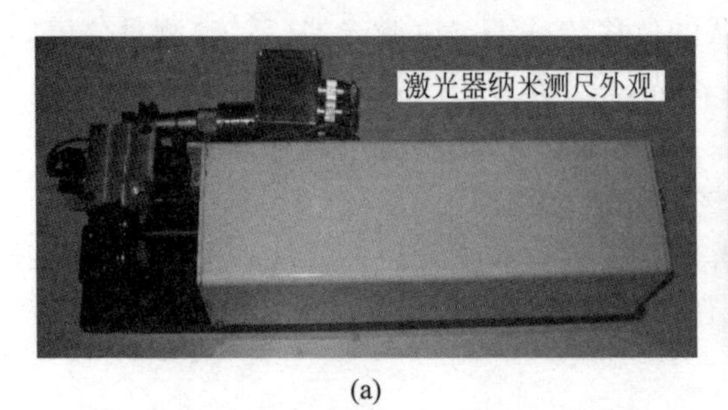

(a)

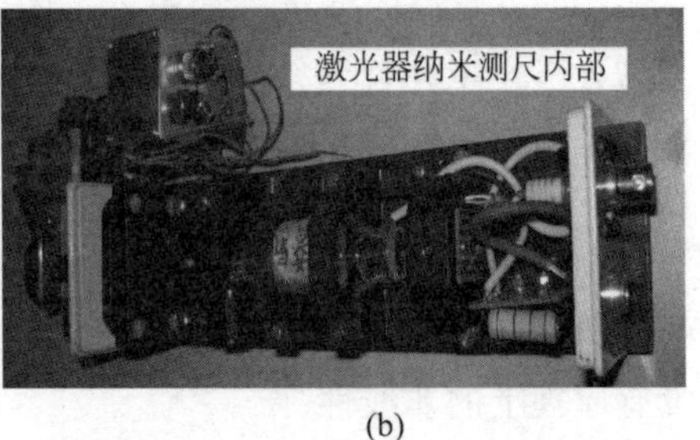

(b)

图 3.34　激光器纳米测尺

本节主要参考文献：[1][24][57][66][113][124][125][130][135][195][210][319][322][329][331][339][342][353][359][371][377]。

3.5　双折射外腔激光器回馈位移测量仪

3.5.1　引言

3.4 节介绍了团队研究成功的激光器纳米测尺。激光器纳米测尺的测量都是在激光器内部完成的，没有利用普通物理的干涉现象。也没有利用 3.1 节的激光回馈效应。而 3.5 节和 3.6 节则是以激光回馈为基础的激光回馈干涉仪。

本节把 2.7 节介绍的团队研究的激光弱回馈的结果转化为激光回馈干涉仪。而 3.6 节将把 2.9 节的内容转化为激光回馈干涉仪纳米条纹回馈干涉仪。这两节都是基于团队研发的双折射双频激光器。

本节的双折射外腔激光器回馈位移测量仪在宏观的位移（长度）测量领域，它的结构比激光干涉仪简单，又比其他种类位移测量仪器精度高，有溯源能力，量程大，线性好。

团队在这方面投入了较多力量，包括内腔双折射激光回馈位移测量系统和外腔双折射激光回馈位移测量系统，折叠外腔、调制、双折射激光回馈位移测量系统。由于篇幅所限，本节只介绍后者。

图 3.35 示出了双折射外腔激光器回馈位移测量仪的结构。看上去和图 3.25 的激光器纳米测尺相差无几。其实，它们在原理上完全不同。激光器纳米测尺测出的是和导轨连在一起的激光腔镜 M_1 的位移。而图 3.35 测出的是激光回馈镜 M_3 的位移，激光器的两个腔镜 M_1 和 M_2 都没有任何运动。这正是“看不出”差别的差别，引导我们开始了激光回馈的研究。当团队申请激光器纳米测尺专利时，审查员认为不新颖，对比文件是加州大学伯克利分校的一个激光回馈的专利。审查员认为图 3.25 中三个元件（反射镜 M_1、M_2、W）与图 3.35 中的三个元件（M_1、M_2、M_3）是一样的。为了回答审查员的质疑，我们才认真地看待激光回馈，从此开始了激光回馈的研究。

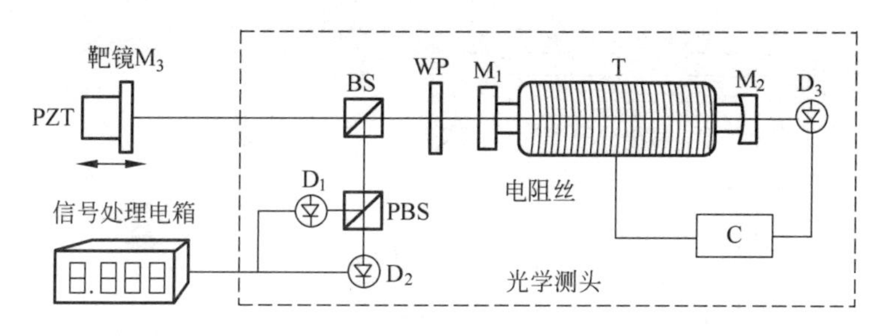

图 3.35　双折射外腔激光器回馈位移测量仪结构

因为国内外关于激光回馈的文章，总是在前言中说激光回馈在精密测量中如何有用，但基本上是引子，就是不见真正克服激光回馈中种种不稳定、实现精密测量要求的高稳定的有前途的方案。

3.5.2　双折射外腔激光器回馈位移测量仪原理

2.7 节介绍了双折射外腔回馈的各种效应，当外腔双折射元件的相位差是 45°时，回馈发生位移时，激光器输出的两偏振光有 90°相位差。这一效应，就是本节的原理依据。

图 3.35 中 BS 为分光镜，其反射率对光偏振没有选择性；PBS 为偏振分光棱镜；D_1、D_2、D_3 为探测器；WP 为光学波片；M_1、M_2 为腔镜；T 为单纵模 HeNe 激光器；C 为稳频模块。

双折射外腔激光器回馈位移测量仪不使用 3.1 节双频激光干涉仪信号处理的相位计(卡)，而是根据双折射外腔回馈两偏振光有 90°相位差的特点，处理中设计了电阻链五细分环节和数字四细分，实现 $\lambda/40$ 的分辨率。电阻链-数字细分的方式有很强的抗回馈光强曲线非正弦的能力。

该仪器设计了稳频模块，提高了系统的稳定性。稳频执行模块控制 PZT，由 PZT 推动腔镜 M_2 微小位移，把激光频率稳定在设定的参考位置。

如果设定双折射外腔激光器回馈位移测量仪测量范围不大，如几厘米，可以把靶镜 M_3 按图 3.25 的 M_1 方式安装(带导轨)，就变为激光回馈纳米测尺。这里不再赘述。

3.5.3　电路系统

1. 电路系统框图

电路系统如图 3.36 所示，回馈位移测量仪的电路包含四个部分：稳频模块、转换及放大模块、五细分模块和数字电路及显示模块。其中，转换及放大、五细分和计数显示三个模块为测量信号的处理电路，稳频模块为稳频信号的处理电路，其输出信号用于控制缠绕在激光器增益管上的加热电阻丝。

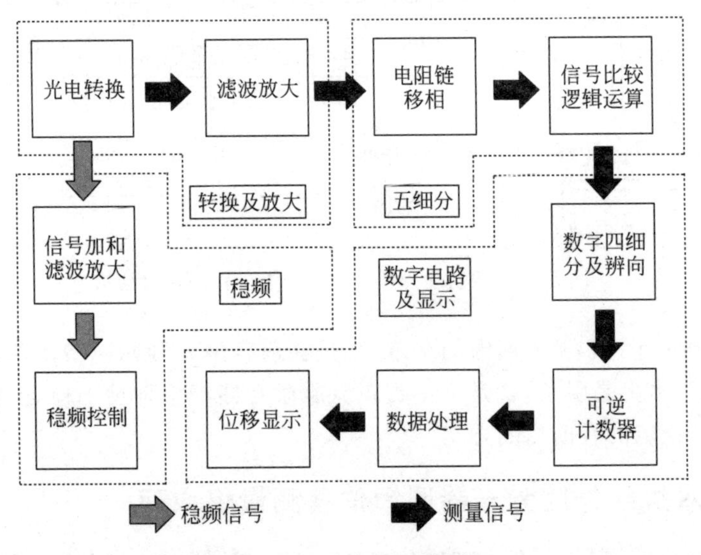

图 3.36　电路原理流程图

两路回馈条纹信号经光电探测器转换为电流信号后进入转换及放大板，先被转化为电压信号，再经滤波放大后，送入五细分板，经移相、电压比较和逻辑运算后，五细分板输出两路相位正交的脉冲信号，其频率为五细分板输入信号的五倍，即实现回馈条纹信号的五细分。数字模块主要由复杂可编程逻辑器件(complex programmable logic device，CPLD)和单片机组成。五细分板输出的两路正交的脉冲信号进入数字模块的 CPLD 后被再次细分，细分倍数为 4，得到计数脉冲，然后再由可逆计数器计数，计数结果送入单片机进行数据处理和显示，得到位移测量值。

2. 稳频电路设计

回馈位移测量仪是基于弱回馈的测量技术，回馈镜每移动 $\lambda/2$，光强曲线产生一个周期的回馈信号。利用回馈现象进行位移测量即用 $\lambda/2$ 这个“标尺”去衡量被测物体或者靶镜的位移。为了提高测量精度，需要设计稳频模块来稳定激光器的频率以保证“标尺”的准确。此外，双折射外腔/偏振外腔回馈要求激光器稳定地输出单纵模，这一要求也需要稳频模块来实现。

图 3.37 是稳频方案示意图。

将沃拉斯顿棱镜分光后得到的两路信号进行分别探测，再将这两路信号进行加和，得到激光总光强信号。再将这一信号经滤波之后与预先设置的参考电压进行比较，得到二者的差值。该差值经过 PID 控制环节处理之后，输出 PWM 脉宽控制信号。稳频的执行部分是缠绕在激光器增益管上的加热电阻丝，加热的通断由 PWM 脉宽信号控制。因此当激光器的总光强信号偏离参考电压时，PWM 输出信

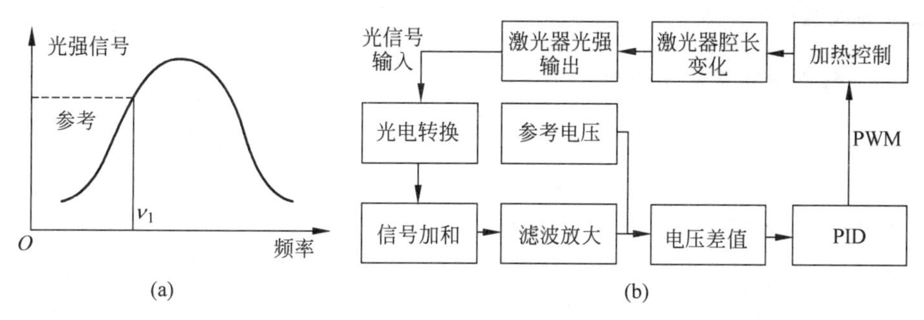

图 3.37　稳频方案示意图

号控制加热电阻丝的电流，调节激光器的腔长，进而改变激光光强时期重新稳定在参考电压处，达到稳频的目的。与碘吸收稳频激光器对比表明，频率稳定度优于 10^{-7}。

3. 五细分模块

结合双折射外腔/偏振外腔回馈条纹具有 90°相位差的特点，我们选择移相电阻链五细分的方法对回馈条纹进行第一步细分。五细分模块输出两路相位正交的脉冲信号，再利用 CPLD 进行脉冲边沿检测，进一步实现四细分，最终达到 20 倍细分，仪器分辨率为 15.82nm(632.8nm/2/20)。

移相电阻链法回馈条纹与五细分电路主要包含三个部分：电阻链、滞回比较和逻辑运算。输入信号经电阻链移相得到 10 路相位依次相差 18°的正(余)弦信号，经滞回比较得到 10 路方波信号。逻辑运算模块按照规律对这些方波信号进行逻辑运算之后，输出两路相位正交的方波信号，其频率为输入信号的 5 倍，如图 3.38 所示。

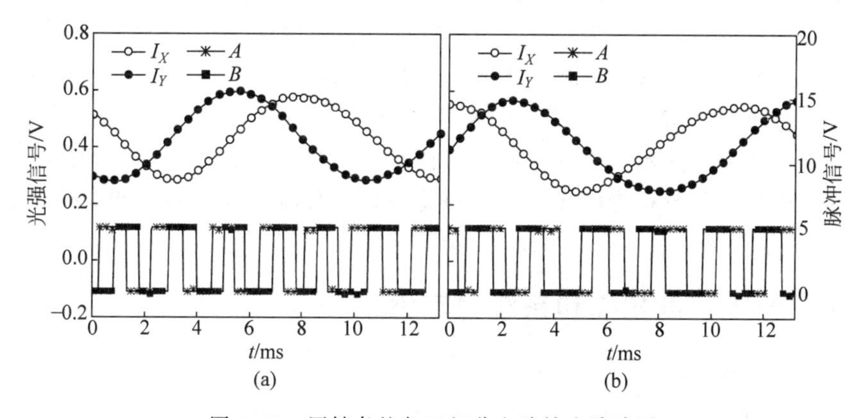

图 3.38　回馈条纹与五细分电路输出脉冲图

(请扫Ⅲ页二维码看彩图)

对比图 3.38(a)和(b)，可以看到，当 I_X 和 I_Y 的相位领先/落后关系交换时，脉冲信号 A 和脉冲信号 B 的领先/落后关系也发生交换。这是后续实现进一步辨向细分的基础。

4. 数字电路及显示模块

数字电路及显示模块主要包含数字四细分、可逆计数器、数据处理和位移显示几部分，数字四细分和可逆计数器部分由 CPLD 编程实现，数据处理由单片机编程实现，位移显示部分包括液晶屏和计算机显示。五细分模块输出两路相位正交的脉冲信号，但并未最终实现位移测量的辨向，且细分倍数不高，分辨率还需进一步提高。数字四细分部分进一步实现四细分，使得总细分倍数达 20 倍，并最终生成带有位移方向信息的正负计数脉冲，实现判向功能，如图 3.39 所示。

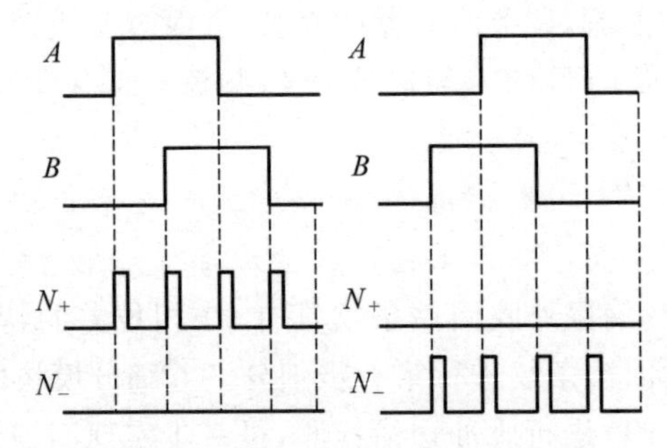

图 3.39　数字四细分和正负计数脉冲的生成示意图

可逆计数器由 8 个二进制、可预置、加减计数器 74193 组成，计数位数达 32 位，由此，正反两个方向的位移计数范围可达$(2^{32}-1)/2\times 15.82\text{nm}=33\,930\text{mm}$，满足测量的需求。正反两个方向的计数脉冲 N_+ 和 N_- 分别输入到 74193 的加法输入端和减法输入端，实现对测量物体位移方向和大小的辨识。

将可逆计数器的计数结果送入单片机进行转换运算，得到位移结果，由显示模块显示。显示模块包含两种显示方式：一种是采用 EDM091 液晶显示模块，它是一种 12 位段码式(带小数点)液晶显示模块，显示区域大，使用方便，性价比高。另一种是计算机界面显示。单片机经串口向计算机发送测量结果，然后显示在编制的程序界面里。计算机界面显示的优点是可以方便地存储测量结果，无需人工记录，提高测量效率。

3.5.4　外腔长度扫描和系统稳定性

当测量靶镜(或被测物体)静止不动时，振动、空气流动等环境变化会造成回馈镜的抖动、回馈外腔长和激光器谐振腔长的变化，因此，回馈位移测量仪对环境的扰动非常敏感，具体表现为静态位移值波动较大，稳频模块工作不稳定，严重时会失锁。

我们测试了回馈镜静止时的信号，如图 3.40 所示。可以看到，受振动、空气流动等环境变化因素的影响，测量信号在回馈镜静止时稳定性较差，容易发生无规则的波动，这些波动将引起计数脉冲的产生，导致测量误差和较大的零漂。同时，总光强信号受环境影响也产生了较大的波动，由 3.5.3 节 2. 可知，总光强信号发生波动后，稳频模块会调整加热控制信号，将激光器的频率和光强重新稳定到相应的参考位置。但是，振动和空气流动等的影响是持续的、没有规则的。这会导致总光强信号始终存在持续的、随机的波动，加热控制信号也随之发生变化，稳频模块工作紊乱，而无法将激光器总光强稳定到参考电压对应的稳频点，严重时系统无法正常工作。

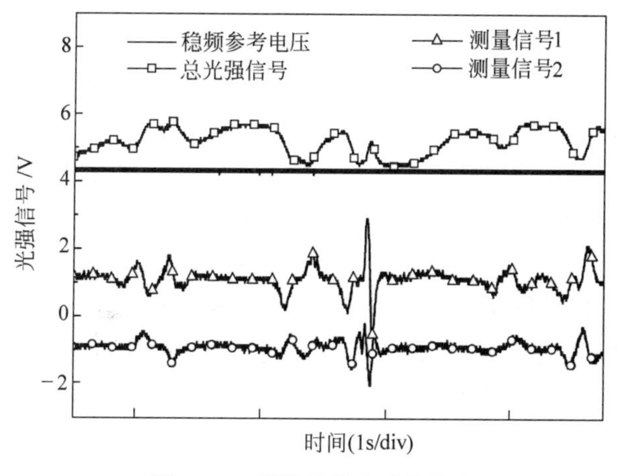

图 3.40　回馈镜静止时的噪声

为了消除环境噪声，团队采用了回馈外腔扫描技术，由压电陶瓷 PZT 驱动回馈镜一直往复运动，产生回馈条纹。由于激光强度被调制，噪声被消除，有利于稳频模块实现稳频，系统稳定性能有很大提升。稳频后的光强信号和参考电压如图 3.41 所示，稳频后的光强信号是一个稳定的直流信号。横坐标是时间，纵坐标是激光光强；方点线是总光强转化成电压，直线是稳频电路的参考电压。

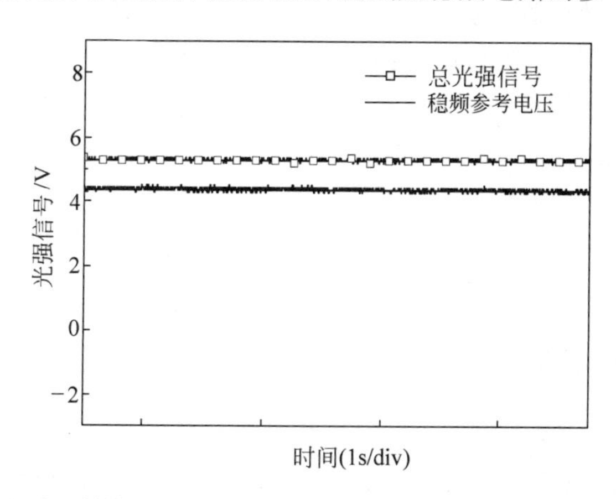

图 3.41　PZT 驱动回馈镜扫描回馈外腔时的激光器输出的光强信号和稳频参考电压

当回馈镜静止时,振动、空气流动引起的扰动就会在回馈信号和总光强信号上表现出来,导致仪器的漂移和稳频的波动。当 PZT 驱动回馈镜往复运动扫描回馈外腔时,振动和空气扰动造成的影响会和回馈镜扫描造成的影响叠加在一起,得到的信号频率在 PZT 调制频率附近波动。对稳频电路来讲,为了得到激光器的直流光强需要采用低通滤波器,选择合适截止频率,就能将振动、空气流动和 PZT 扫描产生的信号全部滤掉,得到相对稳定的直流光强。

对测量信号来讲,扫描技术的采用相当于人为对光场引入一个扰动,相对于 PZT 扫描对光场的扰动来说,振动、空气流动对回馈光场的影响要弱很多。因此利用 PZT 驱动回馈镜往复扫描回馈外腔能大大提高系统的抗干扰性能,我们将这种技术称为回馈外腔扫描技术。

如上文所述,采用回馈外腔扫描技术后,回馈镜始终来回运动,位移测量值也在一定范围内来回跳动,这个范围即 PZT 扫描的位移长度。因为回馈镜的往复运动,位移测量的起始点和终点位置无法确定。为了解决这个问题,我们采用极小值算法来消除 PZT 扫描位移对测量的影响,其原理如图 3.42 所示。图中 l 为被测物体位移;A 为 PZT 扫描位移范围;P、Q 分别为位移起始点处,回馈镜来回扫描的起点和终点;H、K 分别为位移终点处,回馈镜来回扫描的起点和终点。

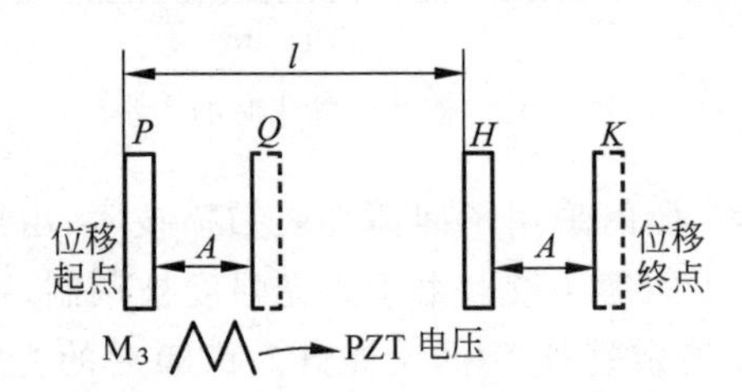

图 3.42 消除 PZT 扫描范围对测量的影响原理图

在位移起始点处(图有放大,实际的 PZT 伸缩也就 1～2μm),PZT 在驱动电压作用下牵引回馈镜在点 P 和 Q 之间来回运动,位移大小为 A。程序预先记下回馈镜伸长到 P 点处的位移值,记为 l_P。之后,位移测量开始,回馈镜移动,位移量为 l。在位移终点位置处,PZT 驱动回馈镜在点 H 和 K 之间来回运动(图有放大),记下回馈镜位于 H 点时的位移值,记为 l_H。那么回馈镜的位移值 $l=l_H-l_P$。如果回馈镜不发生位移,那么,$l=l_P-l_P=0$。这样就能消除 PZT 扫描位移对测量结果的影响,得到回馈镜的实际位移。

3.5.5 折叠双折射外腔回馈位移测量仪

本节前面介绍了双折射外腔回馈位移测量仪的测量原理,图 3.35 中有一个靶镜 M_3,测量位移前需要对其进行准直,使被测件反射的光回馈进入激光器谐振腔。为了免去 M_3 准直过程使测量更方便,同时也为了进一步提高分辨率,团队设计了折叠双折射外腔回馈位移测量仪。图 3.43 给出了其结构。回馈镜 M_3 内置在测头内部，角锥棱镜作为测量靶镜，置于被测目标表面。利用角锥棱镜反射光与入射光平行的特性，容易实现光的准直，达到最佳回馈状态，提高纳米测尺使用的便捷性。此外，角锥棱镜的采用使得仪器的分辨率进一步提高，从原来的15.8nm提高到7.9nm。电路部分与15.82nm分辨回馈位移测量仪完全相同。

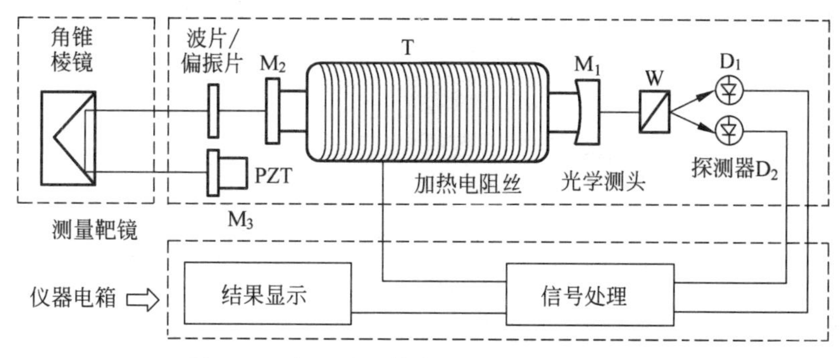

图3.43　折叠腔回馈位移测量仪系统结构图

图3.43中整台仪器分为三个部分：光学测头、仪器电箱和测量靶镜。和图3.35的结构相比，在折叠腔回馈位移测量仪中，回馈镜M_3(和PZT)换成了角锥棱镜和M_3的组合。在仪器装调时，通过角锥棱镜的配合，调整回馈镜M_3使其和腔镜M_2平行。这样，腔镜M_2输出的光被角锥棱镜反射之后到达回馈镜M_3，被M_3再次反射后再次经过角锥棱镜回到M_2，进入谐振器腔形成回馈，产生回馈条纹。将回馈镜M_3和腔镜M_2调平行之后，即将M_3固定。

图3.44示出了非折叠和折叠两种结构的回馈条纹对比。折叠腔回馈条纹的频率是非折叠腔回馈条纹的两倍，因此，折叠腔回馈的位移分辨率比非折叠腔回馈的提高一倍。根据3.5.3节的电路设计，采用电阻链五细分和数字四细分的方法实现条纹的20倍细分，而折叠腔的采用使得细分倍数提高至40倍。因此，折叠腔回馈位移测量仪的位移分辨率为$\lambda/2/40=7.91\text{nm}$。

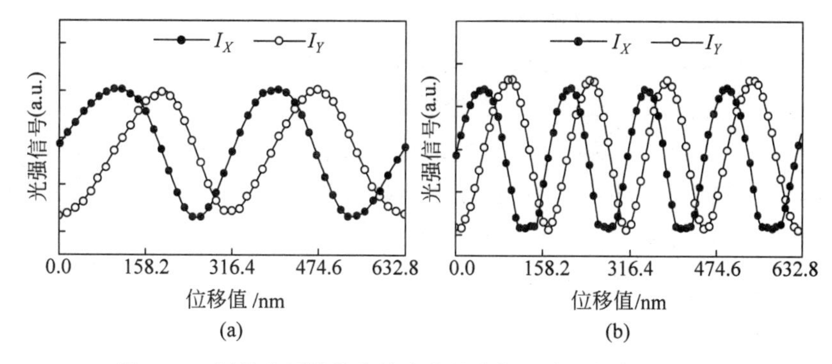

图3.44　折叠腔回馈的条纹密度是非折叠腔回馈条纹的两倍

(a) 非折叠腔回馈条纹；(b) 折叠腔回馈条纹

团队将折叠腔回馈位移测量仪和双频激光干涉仪进行了比对,同时测量一个目标的位移。比对范围限于 200mm。靶镜距回馈干涉仪出光孔约 200mm 作起始点和终点,作 200mm 位移,每步 10mm。图 3.45 给出了对比结果。结果表明,折叠腔回馈位移测量仪的分辨率为 7.91nm,线性度优于 3.07×10^{-6},标准差优于 0.33μm。

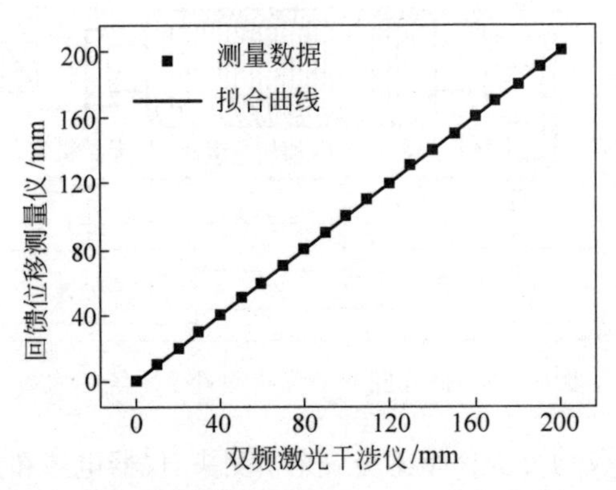

图 3.45　回馈干涉仪和双频激光干涉仪的比对,测量靶镜工作距离 200mm

3.5.6　本节结语

本节介绍了团队发明的两种 HeNe 激光回馈干涉仪,一种是以平面镜作为回馈镜,另一种是以角锥棱镜与平面镜的组合实现光的回馈。对两种回馈干涉仪进行了对比测试,对比仪器为双频激光干涉仪。由于导轨长度限制,比对范围限于 200mm。比对结果表明:

以平面镜作回馈镜的位移测量仪分辨率为 15.82nm,在量程 200mm 内,线性度优于 2.3×10^{-6},标准差优于 0.19μm,工作范围超过 600mm。

折叠腔回馈位移测量仪的分辨率为 7.91nm,在 200mm 量程内,线性度优于 3.07×10^{-6},标准差优于 0.33μm,工作范围超过 600mm。

在本节结尾,需要比较本节的激光器双折射外腔回馈位移测量仪和 3.4 节纳米测尺的,各有优势和劣势。3.4 节的纳米测尺的测程比较小,约 20mm;其优势是可以归零,漂移很小,也就是一个脉冲当量 0.79nm。本节的激光双折射外腔回馈位移测量仪有大测程,达几百毫米,分辨率可以很高,达到 7.91nm。缺点是受环境影响大,漂移比纳米测尺大些。

本节的主要参考文献:[15][108][222][231][233][265][300][333][344][345][347][351][357][372]。

3.6　激光回馈纳米条纹干涉仪

3.6.1　引言

3.1节介绍了双折射-塞曼双频激光干涉仪，3.5节介绍了双折射外腔激光器回馈位移测量仪，本节将介绍团队研制的另一种全新原理的干涉仪：激光回馈纳米条纹干涉仪。

借本节的引言，也是本章最后一节的开头，把各种干涉仪作一个对比，概括它们的所长和所短，对读者理解本章或许有帮助。先对其他纳米干涉仪做简单介绍，然后进入本节的主题。在3.1节的双折射-塞曼双频激光干涉仪，比较对象是塞曼效应双频激光干涉仪。

目前，已有的纳米、皮米测量技术主要包括激光干涉仪、F-P干涉技术、X射线干涉仪和光频梳技术等。

激光干涉仪以稳定的激光波长频率为测量基准，是现在使用最为广泛的纳米测量技术，其优点是技术成熟，体积小，精度高，操作方便。但是，激光干涉仪的光学分辨率一般仅为$\lambda/2$，只有通过电子方法把$\lambda/2$细分后才能达到纳米级分辨率。

双折射双频激光干涉仪和塞曼激光干涉仪的光学差别在于干涉仪所用的光源，前者是双折射-塞曼双频激光器，后者是塞曼双频激光器。双折射双频激光器有比塞曼双频激光器大的频率差，更纯净的垂直正交偏振态(即干涉仪有小得多的非线性误差)，更高的功率(即干涉仪有更大的测程或更多维度的测量)。

F-P干涉技术分辨率很高，但测量范围小，常用作标准仪器，工业应用较少。

不论是激光干涉仪还是F-P干涉技术，其条纹宽度都是半个光波长，纳米分辨率都是把半波长经电子细分获得的。

X射线干涉技术以晶格常数为测量基准，其分辨率可以达到0.2nm。但是，由于X射线干涉系统比较复杂，对环境要求很高，目前应用较少。

中国计量科学院的研究小组提出了基于迈克耳孙激光干涉仪的多倍程激光干涉方案，该系统采用共光路、立体空间布局设计，在无任何电子细分的条件下实现了$\lambda/16$的分辨率，但进一步提高光波长分辨率比较困难。

激光回馈效应是将外部反射光反射到激光谐振腔内部，与激光器内的光场形成自混合干涉，从而调制激光的输出强度。激光回馈的重要效应之一是其对回馈光的放大作用，当激光束携带测得的信息(如回馈镜位移造成的光相位改变)返回激光器时，已经变弱甚至很弱，但进入激光器后受到激光介质的放大，使我们能探测到在外腔多次折返才回馈进激光器的光束。

激光高阶回馈效应(见2.9节)是团队在激光回馈研究中发现的一个重要现象。该回馈系统的凹面回馈镜与激光轴之间有一个微小倾角，称为非准直外腔回馈，在回馈外腔中多次往返的大部分回馈光(称为高阶回馈)处于激光器毛细管之外，无法形成有效回馈；只有极少数多重回馈光在外腔中多次往返后能够返回激光谐振腔内，形成有效回馈。该回馈效应的特点是可以获得高密度、类正弦和相位正交的激光回馈条纹。其条纹密度是传统激光干涉条纹的数十倍，可以大大地提高仪器的分辨率。而且，该回馈条纹还具有类正弦和相位正交的特性，可用于识别物体的运动方向。基于该回馈效应，团队研制了一种新型激光回馈纳米条纹干涉仪，该干涉仪不但具有纳米级的光学分辨率，在没有采用任何电子细分的情况下达到 10.2nm 的分辨率(即条纹密度)，从而避免了偏振混合及电子噪声等非线性误差的影响。在采用对 10.2nm 条纹的电子细分后达到 0.5nm 分辨率。由五位专家组成的测试小组实测，本节的回馈干涉仪可以测出每步 2.5nm 的位移。同时，该激光回馈纳米条纹干涉仪以稳频的激光波长为尺子，具有溯源性，将能够用于对电容、电感等微位移传感器进行标定。

3.6.2 激光回馈纳米条纹干涉仪原理

激光回馈纳米条纹干涉仪主要由光学测头、放置在一维微动台上的靶镜(回馈镜)和电箱三部分组成，如图 3.46(a)所示。光学测头中，激光增益管，腔镜 M_1、M_2 和晶体石英 Q 组成波长为 632.8nm 的半外腔双折射双频 HeNe 激光器。激光增益管内充 He、Ne 混合气体，其中 Ne 为双同位素，充气压比为 He ∶ Ne＝7 ∶ 1，Ne^{20} ∶ Ne^{22}＝1 ∶ 1；M_1 为凹面反射镜，凹面曲率半径 $r=1$m，透过率为 0.5%。M_2 为平面输出镜，透过率为 0.6%。腔镜 M_1 端的出射光经分光镜 BS 后分成两束，一部分经沃拉斯顿棱镜 PBS 后由 PIN 探测器 D_1、D_2 分别接收，然后进入电箱 C 和稳频电路 Cs。C 进行信号处理并显示位移大小。光电探测器 D_3、D_4 的输出信号用于观测系统工作状态。ATT 为衰减片，用于改变回馈光的强度。电箱中集成了信号采集、处理与分析显示的电路。靶镜 M_R 的反射率为 99.8%，它固定在 PZT 上，M_L 固定不动，反射率越高越好。PI 为一维高精度位移台。

图 3.46(a)中，3.4 节和 3.5 节的回馈镜 M_3 不见了，被一个略有倾斜的 F-P 标准具代替，标准具作为回馈镜，在图 3.46(b)中示出。位移测量中，F-P 的 M_L 反射镜固定不动，M_R 反射镜既是回馈腔的组成部分，同时也是测量的靶镜，它被安装在被测目标上，当被测目标发生位移时，引起 F-P 腔内回馈光束光程发生改变，从而测得目标的位移。从图 3.46(b)可知，M_R 反射镜移动时，回馈光束在 M_L 上的反射光点位置会发生移动，当 M_R 反射镜的位移为 Δb 时，回馈光束在 M_L 上的反射光点位置由 A 移动到 B，为了确保 M_R 反射镜在移动过程中 M_L 上的反射光点不发生越级(即 M_L 左端面上部反射面的最后一个反射光点移动到 M_L 左端面下部反射面上)，M_R 反射镜的位移范围将有一定的限制。

设计要求：M_R 反射镜位移量程 Δb 为 500μm，在反射镜上的反射光点数 n 为 15 个(对应的回馈光束阶次为 29 阶)。此时，M_L 与 M_R 之间的水平距离为 b，F-P 腔反射镜 M_L 与 M_R 的高度为 L，初始光点间距为 a，入射角为 α，初始光斑间距

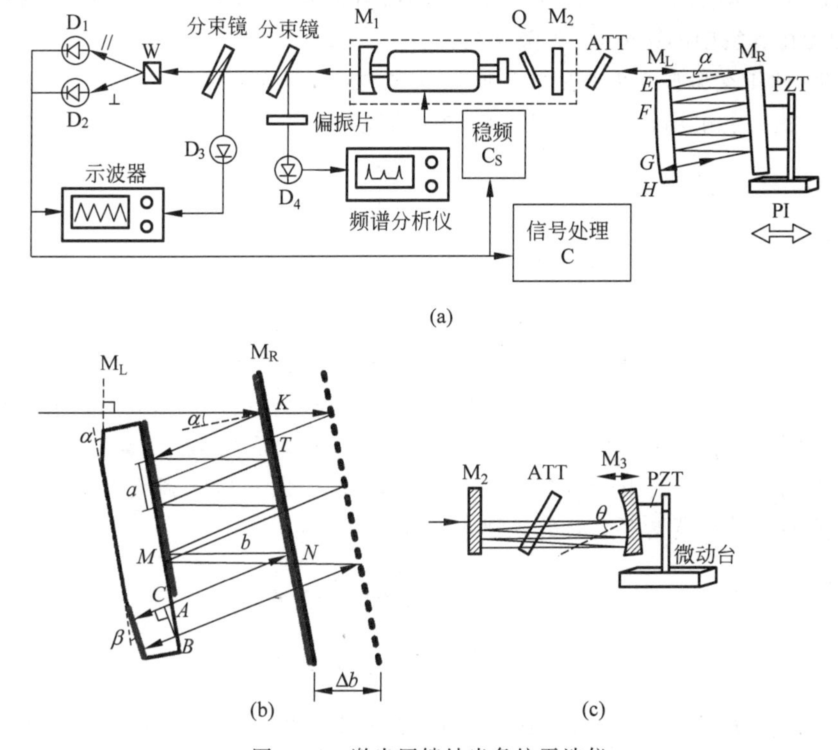

图 3.46　激光回馈纳米条纹干涉仪

(a) 结构图；(b) F-P 回馈腔；(c) 回馈镜倾斜 θ 角，光线在外腔多次反射后通过 M_2 回到内腔

（请扫Ⅲ页二维码看彩图）

$a=2b\tan\alpha$，光斑间距随 M_R 反射镜位移的变化为 $\Delta a=2\Delta b\tan\alpha$，还要保证 M_R 反射镜移动过程中回馈光束不越级，即回馈阶次保持不变（反射的光点数保持不变）。

图 3.46(b)示出了更详实的 F-P 结构和形成高阶回馈的光线轨迹。α 是光束（线）进入 F-P 的入射角，β 是引导光束重回激光器的补偿角。K、T、N 等字母是光束对镜面的入射点。

在激光回馈纳米条纹干涉仪中，位于激光腔内的晶体石英频率分裂，产生两个正交偏振光（o 光和 e 光），它们在激光腔内的初始电场可分别表示为 $E_{o0}(t)$和 $E_{e0}(t)$。两偏振光在激光谐振腔内往返一周后与在回馈外腔往返 m 周的光束进行自混合干涉，这两部分光束将共同影响正交双频激光的输出特性。其中光束在激光内腔往返一周后，两个偏振光的电场 $E_{o1}^{i}(t)$和 $E_{e1}^{i}(t)$可以表示为

$$\begin{cases} E_{o1}^{i}(t)=r_1 r_2 \exp\left(i\omega_o \dfrac{2nL}{c}+2g_o L\right)E_{o0}(t) \\ E_{e1}^{i}(t)=r_1 r_2 \exp\left(i\omega_e \dfrac{2nL}{c}+2g_e L\right)E_{e0}(t) \end{cases} \tag{3.6.1}$$

式中，g_o 和 g_e 分别是 o 光和 e 光的线性增益，ω_o 和 ω_e 分别是 o 光和 e 光的角频

率，r_1 和 r_2 分别是激光器腔镜 M_1 和 M_2 的反射系数，n 为激光器增益介质的折射率，c 为光在真空中的速度，L 为激光腔长。

此外，两正交偏振光束在回馈外腔往返多次后再耦合回激光谐振腔，那么在外腔往返 m 次后的电场 $E^{\circ}_{\mathrm{om}}(t)$ 和 $E^{\circ}_{\mathrm{em}}(t)$ 可以表示为

$$\begin{cases} E^{\circ}_{\mathrm{om}}(t)=r_1t_2(r_3r_2)^{m-1}r_3t_2f_{\mathrm{m}}\exp\left[\mathrm{i}\left(\omega_{\mathrm{o}}\dfrac{2nL}{c}+\omega_{\mathrm{o}}\dfrac{2l}{c}+\delta_{\mathrm{om}}\right)+2gL\right]E_{\mathrm{o0}}(t) \\ E^{\circ}_{\mathrm{em}}(t)=r_1t_2(r_3r_2)^{m-1}r_3t_2f_{\mathrm{m}}\exp\left[\mathrm{i}\left(\omega_{\mathrm{e}}\dfrac{2nL}{c}+\omega_{\mathrm{e}}\dfrac{2l}{c}+\delta_{\mathrm{em}}\right)+2gL\right]E_{\mathrm{e0}}(t) \end{cases} \tag{3.6.2}$$

式中，t_2 是腔镜 M_2 的透射系数，r_3 是反射镜 M_R 的反射系数，m 为光束在回馈外腔中往返的次数，f_{m} 表示光束在回馈外腔中 m 次往返后返回到激光谐振腔的耦合效率，l 为回馈外腔长，δ_{om} 和 δ_{em} 分别表示 o 光和 e 光 m 次往返后引起的附加相位。

激光回馈稳定状态下，利用式(3.6.1)和式(3.6.2)可以得到只有某一高阶回馈光束返回到激光器谐振腔时的光强表达式：

$$\begin{cases} I_{\mathrm{o}}=I_{\mathrm{o0}}\left[1+\eta f_q\cos\left(q\omega_{\mathrm{o}}\dfrac{2l}{c}+\delta_{\mathrm{o}q}\right)\right] \\ I_{\mathrm{e}}=I_{\mathrm{e0}}\left[1+\eta f_q\cos\left(q\omega_{\mathrm{o}}\dfrac{2l}{c}+\delta_{\mathrm{o}q}\right)\right] \end{cases} \tag{3.6.3}$$

式中，常数 $\eta=Kt_2^2r_2^{q-2}r_3^q/2$，$f_q$ 是第 q 阶回馈光束的耦合系数，它的大小主要由回馈外腔的参数决定，这些参数包括回馈外腔的长度、回馈镜的倾斜角、回馈镜的曲率半径和回馈镜的反射率等。式(3.6.3)给出了双折射双频激光器在非准直外腔高阶回馈条件下的激光强度表达式，从中可以看出，两正交偏振光的输出强度均受到类余弦调制，其调制频率为传统弱回馈时的 q 倍。上述理论分析表明，在双频激光器非准直外腔回馈系统中，当只有某一高阶回馈光束能够返回到激光器谐振腔时，就会产生单重高阶回馈效应，得到高密度、类余弦和有相位差的正交偏振回馈条纹，其条纹分辨率可达纳米量级。

在激光回馈纳米条纹干涉仪中，对 PZT 施加频率为 20Hz 的驱动电压(电压范围为 0～300V)，使压电陶瓷驱动回馈镜 M_R 在 0～1μm 的伸缩范围内作周期性运动，此时利用示波器就可以观察到激光高阶回馈时产生的纳米条纹，如图 3.47 所示。

从图 3.47(a)中可见，随着回馈镜的伸缩移动，激光器两正交偏振光的光强都同时受到调制，而且调制深度基本相同。特别是，在回馈镜的每个移动周期内产生了高密度的光学条纹，其条纹密度达到传统激光干涉仪的几十倍(相同周期内干涉仪只产生大约 3 个条纹)。此时，每个条纹对应的位移仅为激光干涉仪的几十分之一，该方法不但大大提高了位移测量的光学分辨率，而且不需要任何电子细分。图 3.47(b)为图(a)的局部放大图。从图 3.47(b)可以看出，激光回馈效应产生的高密度双频激光回馈条纹的形状与激光弱回馈时的形状类似，具有类正弦特性，而

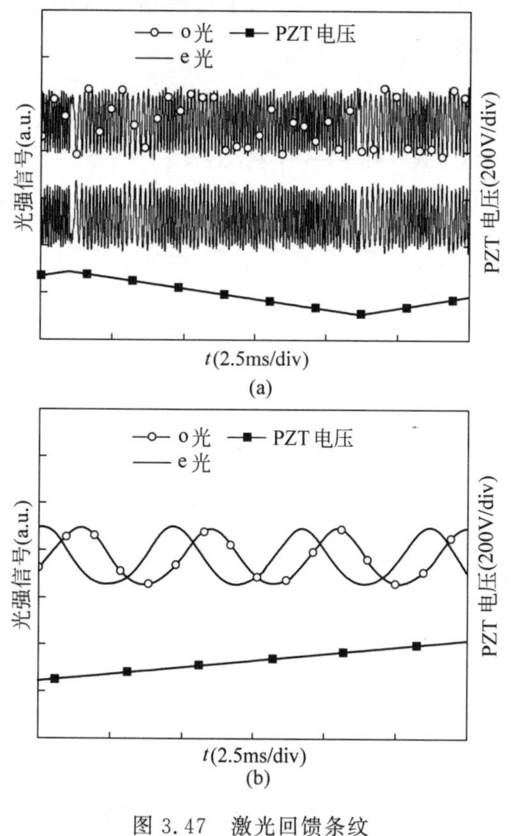

图 3.47　激光回馈条纹

(a) 纳米条纹；(b) 纳米条纹的相位关系

且两正交偏振回馈条纹间还具有 90°相位差，利用该相位特性可以方便地识别回馈镜的运动方向。

图 3.46(c)示出的回馈镜 M_3 是一个凹面镜，其轴线与激光束倾斜 θ 角，激光束经过多次反射后回到激光腔内。这也是一种高阶回馈，效果与图 3.46(a)，(b)一样，但调整过程要求更细致。

3.6.3　仪器化设计

从前面的分析可知，利用双频激光高阶回馈效应可以获得高密度、类正弦和相位正交的光学条纹，其分辨率可达纳米量级。利用该光学条纹，采用条纹计数法就可以方便地对位移进行高分辨率测量，而且还能识别物体的运动方向。基于该光学条纹，团队研制了一套可溯源、具有纳米级分辨率的激光回馈纳米条纹干涉仪。

1. 电路设计

激光回馈纳米条纹干涉仪中的电路部分采用模块化设计，每一模块完成一项独立功能。整体电路设计如图3.48所示，主要包括信号接收模块、稳频模块和计数与显示模块等三个部分。

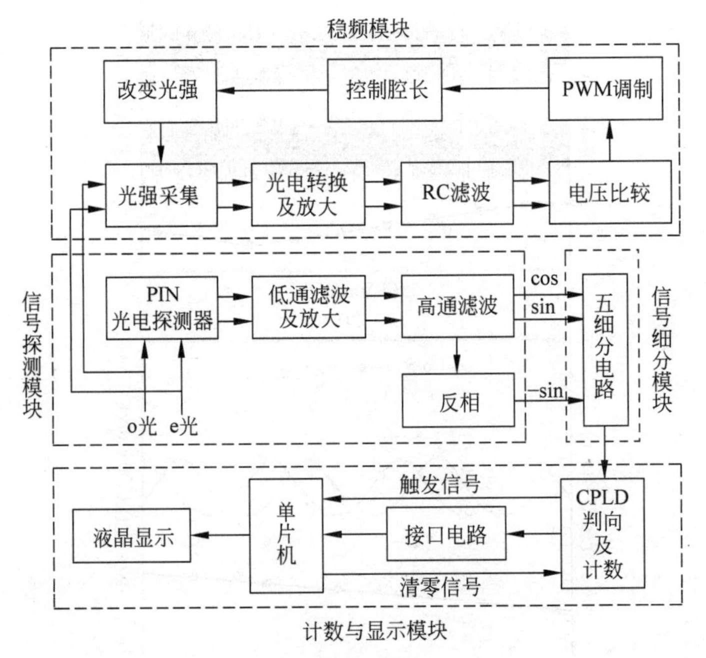

图3.48 电路系统设计框图

信号接收模块主要完成激光输出信号的光电转换、滤波及放大。由于光电探测器D的带宽会影响测量速度，仪器中采用的是PIN探测器，该PIN探测器的带宽达30MHz，它不但可以满足测量速度的要求，而且探测面积大，能够大大降低系统安装的难度。同时，为了降低信号中高频噪声和低频直流分量的影响，电路中采用了带通滤波器，以获得高质量的处理信号。

稳频模块主要是实现对双频激光器的稳频。仪器中采用的是等光强热稳频技术，将电阻丝缠绕在HeNe激光增益管的表面，用PID控制算法控制电阻丝的加热时间，以改变激光器的温度，从而调节激光谐振腔的腔长，实现稳频。

计数与显示模块主要实现对测量信号的计数与显示。仪器中采用的是复杂可编程逻辑器件(CPLD)与单片机(MCU)相结合的处理方案。其中，CPLD的处理速度快，主要负责完成对信号的采集与计数。采集到的数据由接口电路传输到MCU，MCU再将得到的脉冲计数转换成位移量，最后送到电箱上进行显示。

2. 光学和机械设计

仪器的光路部分主要设计双折射双频HeNe激光器、高反射率回馈镜、沃拉斯顿分光棱镜和消偏振分光棱镜的光路。为了降低光学元件偏摆对光路的影响，整个光路上的各元件中心高设计为25mm。仪器的机械部分主要是将所有光学元件安装到同一块殷钢材料的底板上。为了提高抗干扰能力，双频激光器被封装在一支金属圆筒中，然后进行灌封，该结构能有效地降低环境变化对激光器输出功率和频率的影响。

3.6.4　激光回馈纳米条纹干涉仪性能测试及结果

1. 比对测试方法

仪器比对测试时，将激光回馈纳米条纹干涉仪的回馈镜和激光干涉仪的靶镜都安装在位移台上，并且尽量保证双频激光干涉仪的测量光路和激光回馈纳米条纹干涉仪的光轴在一条直线上，如图 3.49 所示。为了实现对微小位移的测量，测试中采用的是具有精密定位能力的 PI 位移台，该位移台采用闭环控制(E-753.1CD 控制器)，在 110μm 量程内具有 0.4nm 分辨率和 1nm 定位重复性。当 PI 位移台移动时，同时记录下双频激光干涉仪和激光回馈纳米条纹干涉仪的示数，从而实现二者的比对测试。

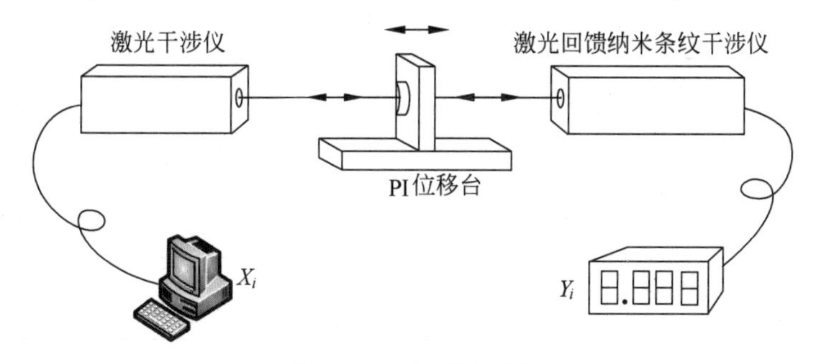

图 3.49　比对测试图

2. 纳米条纹宽度：光学分辨率

团队测试了激光回馈纳米条纹宽度，即光学分辨率。条纹越窄即光学分辨率越高。光学分辨率无需标定，没有电子细分的纳米条纹激光回馈干涉仪分辨率。测试时先将双频激光干涉仪和激光回馈纳米条纹干涉仪计数清零，然后移动 PI 位移台，当双频激光干涉仪的位移值显示为 100μm 时，记录激光回馈纳米条纹干涉仪得到的脉冲数。该测试重复进行 10 次，测试结果显示，激光回馈纳米条纹干涉仪每次记录的脉冲个数为 9793 个或 9794 个，取其平均值作为 100μm 行程产生的脉冲个数，对应的脉冲当量 δ＝行程/脉冲个数，约为 10.2nm，即激光回馈纳米条纹干涉仪条纹宽度达到 10.2nm。在引入条纹 20 倍细分后，分辨率达到了 0.5nm。

3. 位移比对测试

在激光回馈纳米条纹干涉仪与双频激光干涉仪进行位移比对测试时,以双频激光干涉仪的测量数据测量值记录为 X_i(μm),同时记录激光回馈纳米条纹干涉仪的位移测量值,并记为 Y_i(μm)。在双频激光干涉仪从 0 移动到 100μm 过程中,一共记录了激光回馈纳米条纹干涉仪的 13 组位移值,测试结果见表 3.3。

表 3.3 激光回馈纳米条纹干涉仪与双频激光干涉仪比对测试结果

测试序号	数据	
	X_i/μm	Y_i/μm
1	0.010	0.010
2	0.100	0.100
3	1.000	1.010
4	10.000	10.000
5	20.000	19.990
6	30.000	30.000
7	40.000	40.010
8	50.000	50.010
9	60.000	59.990
10	70.000	70.010
11	80.000	80.000
12	90.000	90.010
13	100.000	100.010

4. 分辨率测试

激光回馈纳米条纹干涉仪与双频激光干涉仪对比测试时,专家组兴致很高,临时提出可否进行实实在在的分辨率测试,用 PI 工作台给一个微小位移,看纳米条纹干涉仪能不能测出。测试环境:室温、有机玻璃罩、光学防震台。和专家组临时讨论了测试方案:将系统的 M_R 反射镜固定在 PI 位移台上,M_L 反射镜放置在 M_R 反射镜的左侧,调节两平面镜互相平行;调整系统的光路使入射到 F-P 回馈腔中的光束在经过 15 次反射后沿原路返回到激光器。

先对系统的分辨率进行测试,再对系统零漂测试。测试时,PI 位移台在闭环控制下推动 F-P 腔的 M_R 反射镜以 2.5nm 步长进行移动,同时用团队的纳米条纹干涉测量系统记录其位移值,测量结果如图 3.50(a)所示。从图中可以看出,团队设计的可溯源纳米测量系统能够很好地分辨 2.5nm 的台阶。当 PI 位移台保持静止时,120s 内系统的零漂小于 5nm,如图 3.50(b)所示。

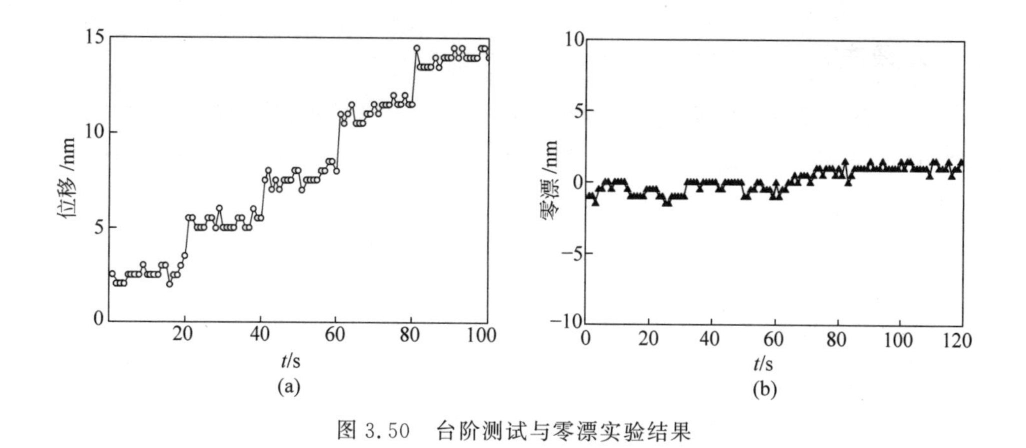

图 3.50　台阶测试与零漂实验结果

3.6.5　测试结果分析

1. 拟合曲线

采用最小二乘法对实验数据 13 个测量点进行拟合，测试的拟合曲线如图 3.51 所示，拟合曲线方程为

$$Y_i = 1.000\,078X_i + 0.000\,512 \tag{3.6.4}$$

所得相关系数与 1 的差仅为 6.1×10^{-10}。

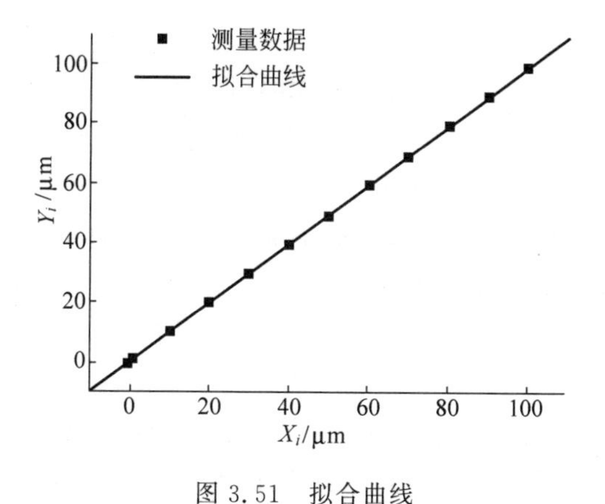

图 3.51　拟合曲线

2. 测量范围

测试得出，激光回馈纳米条纹干涉仪的测量范围为 100μm。实际上，该范围主要受 PI 位移台量程和纳米测量仪器回馈信号质量的限制，只要保持回馈腔稳定，激光回馈纳米条纹干涉仪的测量范围能够大于 500μm。

3. 线性度

将最小二乘拟合结果中各点的预测值与原始测试数据进行对照，可得各点的线性偏差(即残差)。设残差的最大值为 $\Delta y_{\max}$，那么激光回馈纳米条纹干涉仪的线性度可以表示为

$$L_i = \frac{\Delta y_{\max}}{|Y_{\max} - Y_{\min}|} \times 100\% \tag{3.6.5}$$

计算结果表明，激光回馈纳米条纹干涉仪的线性度为 5.2×10^{-5}。

4. 标准差

测量结果的标准差 s 是测量精度的一个重要表征，可以表示为

$$s = \sqrt{\frac{\sum_{i=1}^{n} \Delta y_i^2}{n-2}} \tag{3.6.6}$$

计算结果表明，激光回馈纳米条纹干涉仪的标准差为 10.8nm。

综上所述，激光回馈纳米条纹干涉仪目前达到的指标为：条纹宽度(光学分辨率)10.2nm，仪器分辨率 0.5nm，量程大于 500μm，线性度优于 5.2×10^{-5}，标准差小于 10.8nm。

3.6.6 本节结语

团队研制成了一种具有纳米级分辨率的激光回馈纳米条纹干涉仪。该回馈干涉仪利用非准直平凹回馈外腔，得到高密度、类正弦和相位正交的激光回馈条纹，该条纹不但光学分辨率高，而且利用其相位正交特性可以方便地识别目标的运动方向。该激光回馈纳米条纹干涉仪与普通激光干涉仪类似，以激光波长为尺子，具有可溯源性，并且在不增加光学元件、没有任何电子细分的条件下，达到了纳米级光学分辨率，而且还具有进一步提高的潜力。这些指标经过专门成立的测试组测试得到。

激光回馈纳米条纹干涉仪目前达到的指标为：条纹宽度(光学分辨率)10.2nm，仪器分辨率 0.5nm，量程大于 500μm，线性度优于 5.2×10^{-5}，标准差小于 10.8nm。

本节主要参考文献：[156][211][229][253][272][356][361][363][368][370][371][373][378]。

3.7 本章结语

HeNe 激光器是一种成熟的激光器。因为它的光束质量没有其他激光器可比肩，性价比高，仍然是精密仪器领域不可取代的光源。

在第 1 章和第 2 章，阐述了团队研发的 HeNe 双折射双频激光器，在此基础上，本章介绍了团队如何把这种激光器用到极致，发明了系列新的仪器。包括：

双折射双频激光干涉仪，双频频率差为 5MHz 或 7MHz(作为产品的)，测速超过 2m/s，非线性误差仅 0.2nm，比传统的各产品小几倍到一个量级，并已较大批量应用。

纳米测尺(双偏振光竞争位移测量激光器测位移)，激光器自身就是传感器，传感器也是激光器；测程 20mm，分辨率 78nm。德国 Blanken-horn 公司已购买作为样机。

光学波片相位差(相位延迟)测量仪，重复性和精度优于 3′，已经确定为国家光学波片测量的标准。几家重要企业已作为检测光学元件加工、引入应力的高精度仪器。

激光回馈光学相位差(相位延迟)测量仪，精度 0.2°，在线在位仪器。可测光学零件和半导体材料，也可测建材玻璃的内应力和相位延迟，已检测了大量光学元件，半导体元件的双折射和内应力。

激光回馈干涉仪有两种：以平面镜作回馈镜的位移测量仪，分辨率为 15.82nm，线性度优于 2.3×10^{-6}，标准差优于 0.19μm，工作范围超过 600mm；以角隅棱镜-平面镜作折叠腔的回馈位移测量仪，分辨率为 7.91nm，线性度优于 3.07×10^{-6}，标准差优于 0.33μm，工作范围超过 600mm。正在产品化，在市场上试错。

激光回馈纳米条纹干涉仪，条纹宽度(光学分辨率)10.2nm，仪器分辨率 0.5nm，量程大于 500μm，线性度优于 5.2×10^{-5}，标准差小于 10.8nm。

团队志在创新，解决了需要但没有解决的科学和技术问题，研究结果已经形成一个 HeNe 双折射双频激光器为光源的仪器系列，已经推广，有的已经广泛推广。作者坚信，这些仪器将成为庞大仪器家族的一个分支，强力推动先进制造业的发展。

第4章 微片固体双折射双频激光器精密测量仪器

作为本章开头,请读者回顾第3章开头所讲的两类精密测量仪器(微片双折射双频激光器和以 HeNe 激光器作光源的精密测量仪器)各自的优势和劣势,以便阅读本章时作比较。

微片固体激光器是厚约 1mm 的 Nd∶YAG 或 Nd∶YVO_4 薄片,甚至更薄;直径(或方形一边)可小到几毫米,甚至更小。因为尺寸小,冠以"微片",称为微片固体激光器,也可称为微片激光器。微片固体激光器由半导体激光器(LD)0.808μm 波长光泵浦,输出 1.06μm 波长光。泵浦功率几十到几百毫瓦,1.06μm 波长光功率几毫瓦到上百毫瓦,功率较小,但对于作为仪器光源,已经足够。

之前,微片固体激光器鲜见作为仪器的光源,本章在1.7节~1.9节和3.10节所述激光器结构和激光现象的基础上,研究成多种仪器,本章将介绍八种。八种仪器大多是正交偏振的,都是双频工作,或激光器本身就是双频振荡,或一个微片输出两个或多个平行传播的激光束,或一个频率的光束调制成两个频率。本章以微片双频激光器作光源的仪器有共路(准共路)激光回馈干涉仪(基于激光回馈)、面内位移测量仪、热膨胀测量仪、远程振动测量仪、微片激光器外腔双折射微片激光纳米测尺、微片双折射双频激光干涉仪、微片固体激光器回馈共焦测量技术仪、微片固体激光器回馈表面扫描成像和台阶测量仪。除上述八种仪器外,本章还将介绍两种实验证明了可行性的测量系统:20m 柔性光路(光纤传输)的位移测量系统和单束正交偏振位移测量系统。

本章是团队研究的微片固体激光精密测量能力的展示,有足够强大的说服力,证明微片激光精密测量仪器有出色的性能和广泛的应用前景。

4.1 第三代光学干涉仪:共路微片固体激光回馈干涉仪

4.1.1 引言

在激光干涉仪的大背景下,3.1节已介绍了团队研究的双折射双频激光干涉仪。激光干涉仪在推动世界科学技术发展中起到了无可替代的作用。当然,也存在一些缺憾,其对被测物体表面反射率要求较高,绝大多数情况下需要把靶镜安装在被测目标上以实现测量。表面不能安装靶镜的被测物的位移就不能测量。事实上,这种无法安装靶镜的目标远多于可以安装的目标,例如微小、黑色、轻柔、粗糙、液面等目标都不可能安装靶镜。此外,对于研究材料物理特性,如热膨胀系数测量，安装靶镜会影响被测件本身的性能，带来测量误差。工业界和学术界需要一种干涉仪，它既具有溯源性，能满足高测量精度需求，又可以实现非配合目标的测量；还要抗干扰能力强，具备等同于甚至优于激光干涉仪的量程、分辨率、测量速度等性能指标。微片固体激光器回馈干涉仪就是这样的仪器。激光器回馈作为物理现象已在 2.5 节～2.7 节作了介绍。介绍激光器回馈干涉仪则是本节的任务。

为了区别，本节一旦提到激光干涉仪就是 3.1 节介绍的单频或双频激光干涉仪的统称，加单频或双频就是特指其中一种，所用的都是 HeNe 激光器。双折射双频激光器是双频激光器的一个类型。而本节共路微片固体激光回馈干涉仪则是以 Nd：YAG 或 Nd：YVO_4 固体激光微片作光源的仪器。尺寸上，HeNe 激光器长 100～150mm，充几百帕的 He 和 Ne 混合气，而固体激光微片器是直径几毫米，厚度约 1 毫米的 Nd：YAG 或 Nd：YVO_4，尺寸悬殊。

由于激光器出射激光束被反射重回激光器(回馈光)，并在激光器内被放大，激光器对重新馈入的光(回馈光)非常敏感。如微片固体激光器，对返回到激光谐振腔内的光的放大可达 10^6 之巨，能够在无配合靶镜的情况下测量目标的位移。国内外研究者期望激光回馈技术实现以前无法做到的非配合目标的位移测量。但是，研究者众，文章很多，而实在可用的回馈干涉仪却一直没有出现。

从技术上看，激光回馈干涉仪光路全部属于测量光路，包括激光器内的长度和到被测物的距离。回馈光路上的光强容易受到环境折射率变化以及光学器件热蠕动的影响。于是，在进行位移测量以及其他应用时，这种环境扰动问题就凸显出来。

团队所研制出的微片激光回馈干涉测量仪采用准共路技术，解决了激光回馈进入应用的关键技术问题，包括激光器腔长的热蠕动，空程补偿，频率稳定，提高灵敏度(1nm)及测量速度(大于 1m/s)等，实现了大测量范围(10m)，高分辨率(1nm)。准共路微片激光回馈干涉仪可测发黑金属表面位移，可测各种液体液面升降等，已在若干应用场合实现传统激光干涉仪所不能。作者称其为第三代干涉仪，这既是现实，也是理想。

本节将介绍团队在微片固体激光回馈干涉仪的研究，包括已在应用的两款准共路微片固体激光回馈干涉仪；还有正在研发的三款——偏振复用微片激光回馈干涉仪、偏振复用＋移频复用微片激光回馈干涉仪，以及光纤共路激光回馈干涉仪。

4.1.2 微片固体激光器及稳频

在进入本节主题——共路微片固体激光回馈干涉仪之前，先简短地介绍其所用的微片固体激光器。和 HeNe 激光器是传统激光干涉仪的“心脏”一样，微片固体激光器是微片固体激光回馈干涉仪的“心脏”。团队在完成微片固体激光器泵浦方案设计以及稳频方案设计后，研究制造出用于激光回馈干涉测量系统的小型化高性能激光光源，并对其基本性能进行了评测。团队所研制的半导体激光器泵浦的微片固体激光器照片示于图 4.1。

图 4.1　微片固体激光器照片

如图 4.1 所示，光源结构紧凑，体积为 30mm×30mm×40mm，方形。其内有作为泵浦的 LD，LD 光束的准直/聚焦透镜，并有稳定 LD 和微片激光器的温度稳定控制的系统，以稳定 1.06μm 的波长（即频率）。其内还包括调整微片激光器等元件准直、俯仰及偏摆调节等机构。微片激光器的频率稳定度约 10^{-7}。这种激光光源用于团队发明的多种回馈干涉测量的系统中。

图 4.50 是微片激光器内部结构图，可参阅。

4.1.3　准共路频率复用激光回馈干涉仪

团队提出了基于外腔移频频率复用的回馈准共路干涉测量系统，利用声光移频器的不同衍射级次额外引入了一路移频回馈光，使得激光器输出功率中有两个不同频率的调制信号。由于两路光在空间上有包括微片固体激光器在内的一段共路光程，可以在很大程度上补偿激光器的热蠕动以及环境扰动对测量的影响，有效地抑制了光回馈测量中的空程误差，大幅提高了非配合目标回馈干涉位移测量的精度。其原理如图 4.2 所示，其中 ML 为微片激光器；L 为透镜；BS1、BS2 为分光镜；AOM1、AOM2 为声光移频器；BL1、BL2 为光阑；Mr 为参考反射镜；T 为待测目标；PD 为光电探测器；SP 为信号处理电路；RF1、RF2 为射频信号发生器；LK1、LK2 为锁定放大器；A/D 为数据采集卡；PC 为计算机。在环境稳定，要求高测速时，用相位卡代替锁定放大器。

光学系统如图 4.2 中上方虚线方框内所示。微片激光器 ML 输出单纵模激光，经过准直透镜 L 准直后，投射到分光镜 BS1。BS1 的透射光进入由两个声光移频器构成的移频光路中。

透过分光镜 BS1 的透射光通过声光移频器 AOM1 后被分为两路，一路为未经衍射的光，频率为 ω；另一路为 −1 级衍射光，频率为 $\omega-\Omega_1$，Ω_1 为 RF1 输出信号的频率；这两路光进入 AOM2 后，又各自被分为两路光。最终，通过 AOM2 后可得到四个光束，它们的频率依次为：ω、$\omega-\Omega$、$\omega-\Omega_1$ 和 $\omega-\Omega_2$。其中，Ω_2 为 RF2 输出信号的频率，$\Omega=\Omega_1-\Omega_2$。激光回馈干涉仪最终用到频率为 ω 和 $\omega-\Omega$ 的两路光，其他光束被挡光板挡掉。

如实心箭头所示，频率为 $\omega-\Omega$ 的光被用作测量光，它到达分光镜 BS1 后，透射光通过光阑 BL1 传播向待测目标 T，照射到 T 上后被反射，部分反射光会沿着来时的传播路径返回微片激光器，形成测量回馈光；由于测量回馈光在返回过程中再次通过声光移频器组被差分移频，它最终的频移量为 2Ω。频率为 ω 的光被用作参考光，它到达并通过 BS2 后，射向参考反射镜 Mr。适当调整参考反射镜的角度使参

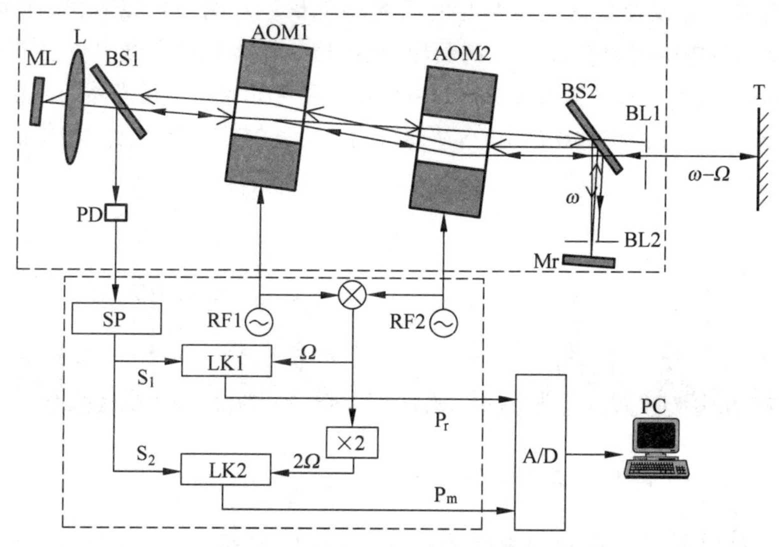

图 4.2　频率复用激光回馈干涉仪系统结构(准共路)图

考光的反射光不沿着原路返回,而是沿着平行于测量光传播路径的方向返回微片激光器,形成参考回馈光。这样,参考回馈光在返回光程中产生了频率为 Ω 的移频。

总之,通过声光移频器的布置和参考反射镜 Mr 的调整,图 4.2 所示的方案获得了以下性能:①移频量分别为 Ω 和 2Ω;②在主机内(上虚线框)两路光的光程大部分重合。从 BL1 到被测目标 T,只有测量光,这段的环境扰动误差不能自动补偿。

测量光路与参考光路在激光器的输出功率中引起的调制信号可分别表示为

$$\Delta I_m = G(2\Omega) K_m \cos(2\Omega t + \phi_m + \varphi_m) \tag{4.1.1}$$

$$\Delta I_r = G(\Omega) K_r \cos(\Omega t + \phi_r + \varphi_r) \tag{4.1.2}$$

式中,$G(2\Omega)$与 $G(\Omega)$分别为测量光路调制信号以及参考光路调制信号的增益系数,K_m 与 K_r 分别为测量光路与参考光路的光回馈强度,即从 ML 出射的光经过 BS、AOM、L 直到 Mr 或 T 再返回激光器 ML 的剩余比例。ϕ_m 与 ϕ_r 分别为测量光路与参考光路在激光器外腔经历的相位值改变,而 φ_m 与 φ_r 分别为测量光路与参考光路的初始相位值(保持不变)。可以求得,T 的位移可表示为

$$\Delta L = \frac{c}{2n\omega}(\Delta\phi_m - \Delta\phi_r) \tag{4.1.3}$$

式中,n 是折射率,ω 是光的圆散率。参考镜 Mr 并没有位移,ϕ_r 仅是由于光路包括 ML 及 AOM 等全部元件的热膨胀或空气光路的折射率改变。$\Delta\phi_m - \Delta\phi_r$ 的运算就是从测量光路的相位改变中扣除了从 ML 到 Mr 的相位扰动。

图 4.3 所示为经过光电转换以及示波器 FFT 之后的光功率谱信号。图 4.3(a)为同时存在参考信号(Ω)以及测量信号(2Ω)的光功率谱,图 4.3(b)以及(c)分别

表示只有参考光或者测量光存在时的激光功率谱。从图中可以看出,参考光路在激光器功率谱中引起频率为 Ω 的调制峰,测量信号在激光功率谱中引起 2Ω 的调制峰,通过滤波提取以及外差解相的方式可以得到参考光路与测量光路的相位变化,两者作差即消除了光路中扰动的部分,从而得到高精度的被测物体运动相位信息。

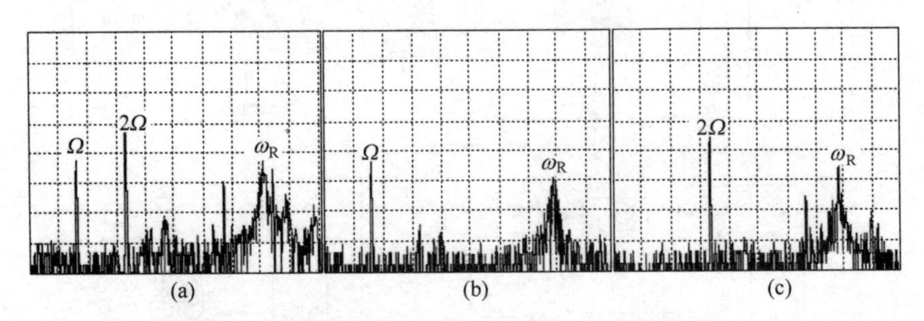

图 4.3 激光器光强功率谱(a)参考(b)及测量信号(c)

仪器对微弱回馈信号的敏感来自式(4.1.1)和式(4.1.2)的因子 $G(2\Omega)$ 和 $G(\Omega)$。在微片固体激光回馈中,由于激光器弛豫振荡的存在,激光器对回馈光 Ω(和 2Ω)有放大作用,Ω 离弛豫振荡频率 ω_R 越近,微弱的散射光回馈入激光器获得极大的放大,可达到 10^6。具体证明见 4.5.2 节。

在准共路微片固体激光回馈干涉仪里,团队使用的是 Nd:YAG 微片激光器,波长 1.06μm,尺寸 ϕ5mm×1mm,弛豫振荡频率 4.5MHz,两个声光移频器 AOM1 和 AOM2 组合把激光束移频,Ω 为 1MHz,2Ω 为 2MHz,Ω 和 2Ω 光强的信噪比 30dB。

对所构建的测量系统进行性能验证,参考镜保持静止,测量物体由 PZT 驱动运动,图 4.4(a),(b)分别给出了测量物体保持静止时的系统相位漂移数据以及当被测物体由 PZT 驱动作三角波时参考光路、测量光路以及最终位移结果。

由图 4.4(a)可以看出,当被测物体以及参考镜均保持静止时,由于系统内光学器件热蠕动以及环境波动带来的相位测量扰动大致在 50°左右(三条曲线中的上面两条),而测量光路减去参考光路的最终相位波动则小于 6°(三条曲线中下面一条),说明此外腔移频频率的方案在消除空程扰动方面效果显著。图 4.4(b)为参考镜保持静止,测量物体由 PZT 驱动(四条曲线中最下面曲线为 PZT 的驱动电压)。由图 4.4(b)给出的信息可知,在没有移频频率补偿时,测量光路所测量得到的位移曲线严重偏离三角波,由图(b)最上面曲线 ΔL_m 难以精确获得被测物体的运动位移数据。而在经过移频频率复用消除扰动之后的最终结果(ΔL)能够清楚地反映驱动三角波的形状,对三角波进行分析可知,此方案的位移测量分辨率优于 2nm。实验证明通过在微片激光器的输出功率中引入不同频率的调制信号作为参考信号,可以很大程度地提高系统的抗环境干扰能力,提高系统的相位和位移测量分辨率。基于此方案的激光回馈干涉测量系统已实现仪器化(图 4.5),是目前唯一能够进行非配合目标高精度位移、折射率等物理量测量的激光仪器。

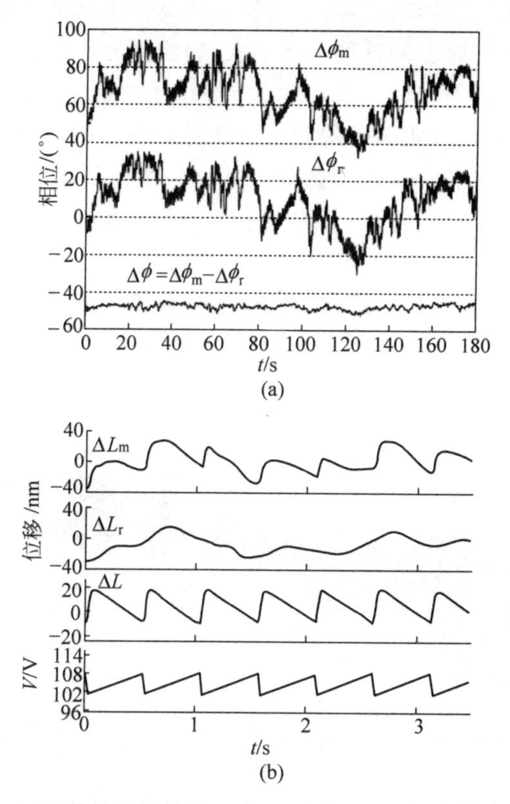

图 4.4　(a)系统的零漂特性以及(b)系统的位移分辨率测试数据

图 4.5　激光回馈干涉仪(北京镭测科技有限公司)

4.1.4　全程准共路微片激光回馈干涉仪

1. 仪器结构

在 4.1.3 节中，准共路频率复用激光回馈干涉仪是一微片 Nd：YAG 激光器，输出一束激光，激光束经两个声光移频器后被被测目标回馈回激光器，把激光束频率改变(移频)1Ω 和 2Ω。由于外腔移频频率复用的激光回馈干涉仪引入了参考光束，从而在很大程度上消除了包括光源以及声光移频器在内的光学器件热蠕动以及部分空程受环境扰动的影响,实现了高精度和高分辨率位移测量。

然而这种方案对光路上的补偿范围不大,如测量远距离物体时,残留的大空程在空气扰动的作用下会引入较大的测量误差,并且得不到有效补偿的长度范围较大,导致激光回馈干涉仪大距离时的测量精度受影响。

本节介绍团队提出和研究成功的全程共路式激光回馈干涉仪,可补偿远距离的空程误差满足长距离测量需求,提高了测量速度(达到 1m/s),满足速度高的测量需求,系统结构如图 4.6 所示(仪器外观与图 4.5 相同)。这一方案补偿了远距离的空程误差,但激光器内的介质热蠕动造成的误差不能消除,只能根据被测对象选择使用哪一种。

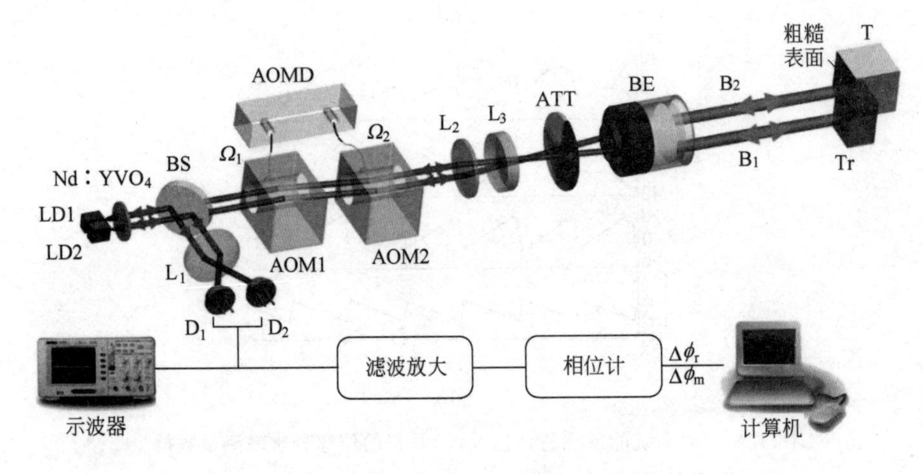

图 4.6 激光回馈干涉仪全程准共路补偿系统结构图

(请扫Ⅲ页二维码看彩图)

光源采用两个半导体激光器 LD1 和 LD2 泵浦同一片 Nd : YVO_4 晶体,输出两路平行光 B_1 和 B_2。经过分光镜 BS 后,B_1 和 B_2 各自被分成两束,反射光用于光强探测,透射光用于后续的移频回馈光路。其中,两路反射光被透镜 L_1 会聚后发散,以获得与光电探测器 D_1 和 D_2 光敏面大小匹配的光斑。两路透射光以相同路径穿过声光移频器组 AOM1 和 AOM2 后(AOMD 是其驱动器),移频量都为 1Ω。凸透镜 L_2 和凹透镜 L_3 分别用来减小光束有效截面半径和光束发散角。可调衰减片 ATT 用于调节回馈强度。BE 是扩束准直镜组,用于进一步减小光束发散角,并使两光传播方向平行。

从 BE 出射的光束 B_2 作为测量光,照射在远方的待测目标 T 上; B_1 作为参考光,照射在 T 附近的参考面 Tr 上。T 和 Tr 的部分散射光分别沿原路返回激光器。由于两束回馈光沿原路返回时都再一次经过 AOM2 和 AOM1,因此回馈光的总移频量都为 2Ω。

B_1 和 B_2 的功率分别受到参考回馈光和测量回馈光的调制,经光电探测器转换、滤波放大及相位计后,提取出各自回馈外腔的相位变化 $\Delta\phi_r$ 和 $\Delta\phi_m$。在测量过程中,参考物体保持静止,因此参考回馈光的相位变化 $\Delta\phi_r$ 仅来源于整个回馈光路中的空气扰动、元器件热效应及激光器自身不稳定因素;而测量回馈光的相位变化 $\Delta\phi_m$ 包括了被测物体的运动和各种扰动。通过做差便排除了外界因素的影响,消除了空程误差。物体的真实位移量 ΔL 为

$$L = \Delta\phi_m\lambda_2/4\pi n - \Delta\phi_r\lambda_1/4\pi n \tag{4.1.4}$$

式中,λ_1 和 λ_2 分别为参考光和测量光的波长,n 为空气折射率。

全程准共路式激光回馈干涉仪由于参考光 B_1 和参考面 Tr 垂直设置,即使测量远距离物体也很容易找到回馈信号,因此可以实现远距离的空程补偿。此外,信号处理部分采用滤波器和相位计,滤波器的通带带宽可以做大,因此干涉仪的测量速度不再受信号处理系统的限制,而主要取决于回馈光移频频率的范围。

2. 测量速度

在频率复用激光回馈干涉仪中,移频频率小于弛豫振荡频率,移频范围受限于弛豫振荡频率的大小。为此,在全程共路式结构中,弛豫振荡频率为 2.5MHz,回馈光的移频频率为 8MHz。移频频率大于弛豫振荡频率。回馈信号频率在 6MHz 到 10MHz 范围内变化时,信号信噪比良好,都可用于相位计测量。因此,理论上可以实现的最大测量速度为

$$v_{\max} = \Delta f\ \frac{\lambda}{2} = \pm 2\text{MHz} \times \frac{1064\text{nm}}{2} = \pm 1.064\text{m/s} \tag{4.1.5}$$

而对于信号串扰问题,由于参考光和测量光从晶体的不同区域出射,腔长具有微小差异,并且泵浦源相互独立,因此两光无相干性。

下面对全程共路式激光回馈干涉仪的性能进行测试,包括零漂测试、分辨率测试、抗干扰测试和最大测量速度测试。被测物体为一个表面粗糙度 $Ra=0.8$ 的钢块,放置在距干涉仪 10m 远,测试环境为普通实验室(无恒温)。

首先,令物体保持静止,同时记录参考光和测量光测得的位移漂移,如图 4.7(a)和(b)中上曲线和中曲线所示,最下一条曲线是它们的差,即 $\Delta L = \Delta L_m - \Delta L_r$。图 4.7(a)的计时长度 100s,4.7(b)的计时长度 5000s。可以看出,100s 内,参考光和测量光的零位漂移都接近 −900nm,且变化趋势一致,而补偿后的漂移量小于 ±12nm,补偿效果显著。而 5000s 内,参考和测量光的零漂达到了 −6200nm,补偿后小于 ±180nm。

随后将被测物体固定在 PI 微位移平台上,对仪器的分辨率进行测试。位移平台分辨率为 0.2nm,重复性 ±1nm。令物体作振幅为 40nm 的往复运动,测量结果如图 4.8 所示。在空气扰动的作用下,物体位移呈逐渐减小的趋势,测量光位移已经无法准确判定物体的运动。补偿后,位移幅值平稳,且振幅大小与设定值吻合良好。取 ΔL 中的线性段计算的最大非线性残差为 2.3nm,表明全程共路补偿激光回馈干涉仪在测量 10m 远物体时的短期分辨率优于 3nm。

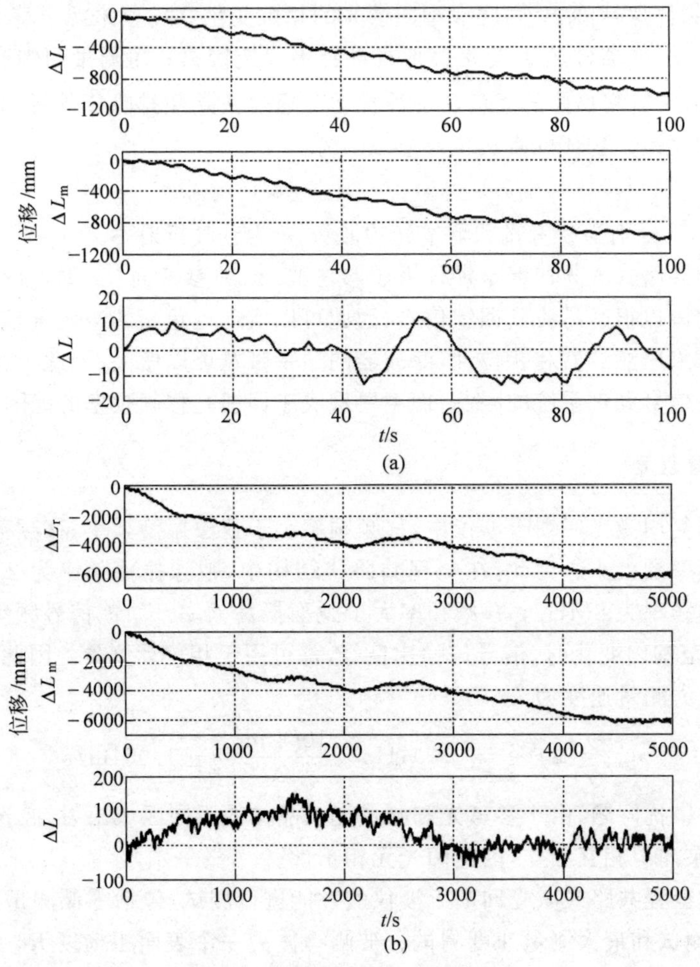

图 4.7　工作距离 10m 零漂测试

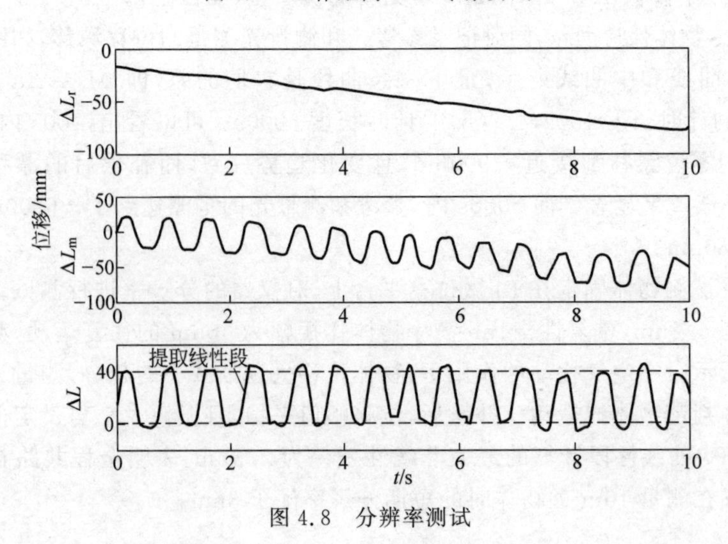

图 4.8　分辨率测试

3. 仪器性能测试

本小节是对仪器的抗干扰性能进行测试的结果。令物体作振幅为10nm的往复运动，如图4.9(a)所示。在1.6s处加入振动干扰，参考光和测量光的位移因此而骤减了40nm，但补偿后干扰被成功消除。随后令物体作振幅为30nm的往复运动，如图4.9(b)所示。人为扇动空气。参考光和测量光的位移逐渐增大到400nm，随着扰动的消失又逐渐减小。而补偿后，位移曲线的大鼓包被滤掉，幅值

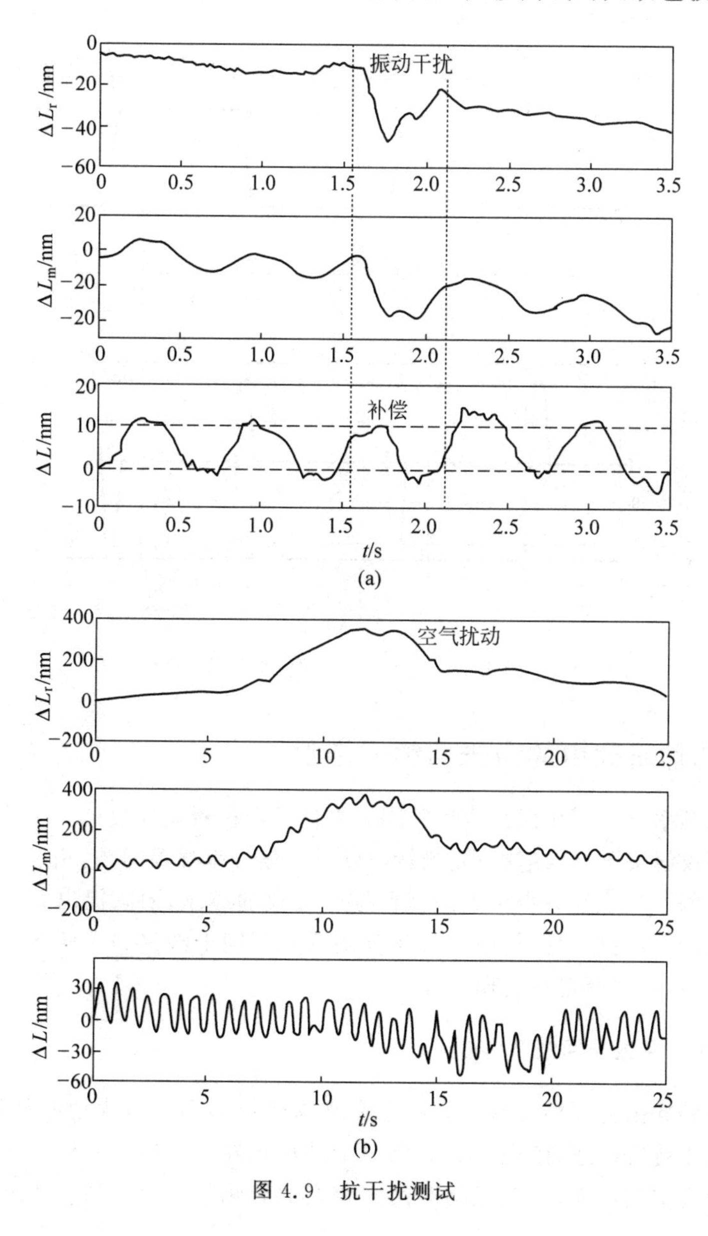

图4.9 抗干扰测试

相对平稳。因此,全程共路补偿能够有效消除外界扰动的影响,保证了激光回馈干涉仪的稳定性和分辨率。

最后,将被测物体固定在最大行程为 550mm 的位移平台上,对仪器的最大运动速度进行测试。令物体运动 300mm 后静止,再运动 300mm 返回,设定的最大运动速度为 1m/s,测量结果如图 4.10 所示。图 4.10(a)是位移-时间曲线,记录了两个往返的周期。对位移求导,得到速度-时间曲线,如图 4.10(b)所示。可以看到,最大速度达到了±1m/s,证明了全程共路式激光回馈干涉仪可以实现速度为±1m/s 的位移测量。

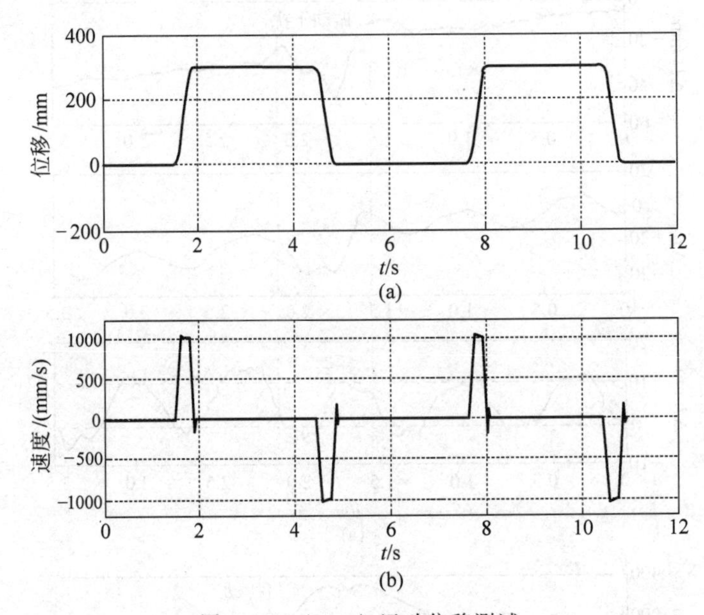

图 4.10 ±1m/s 运动位移测试

4.1.5 几种研究中的激光回馈干涉仪

上述的频率复用干涉仪和全程共路干涉仪已经仪器化并投产。全程共路式激光回馈干涉仪解决了补偿范围小、测量速度低及信号串扰等问题,拓展了回馈干涉仪的应用范围。为了进一步扩大激光回馈干涉仪的应用,团队提出并研究了偏振复用激光回馈干涉仪、偏振复用+移频复用激光回馈干涉仪和光纤光路激光回馈干涉仪,这几款仪器都正在实现工程化。

1. 偏振复用激光回馈干涉仪

全程共路式激光回馈干涉仪解决了激光器热蠕动和环境扰动的补偿、测量速度低及信号串扰等问题,使微片激光回馈干涉仪仪器化并应用。但是该结构中参考光和测量光空间分离,空气扰动对两光相位的影响不完全一致。为此团队提出偏振复用激光回馈干涉仪，使参考光和测量光在传播过程中完全共路，仅在目标附近分离。该结构也有远距离补偿、无信号串扰的优点。系统方案原理如图 4.11 所示。

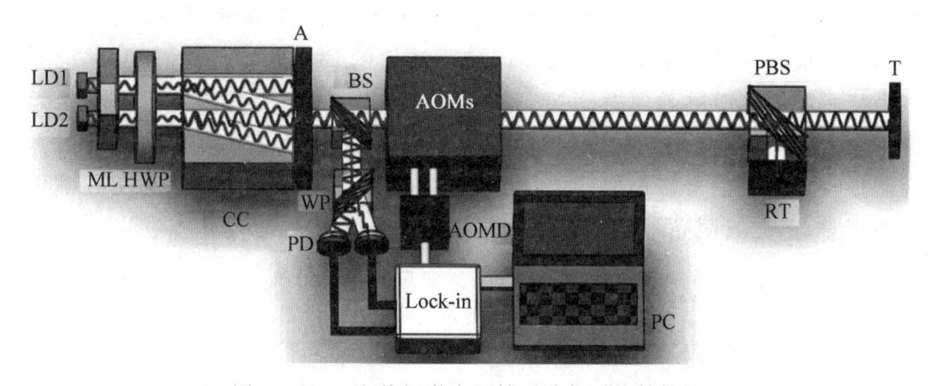

图 4.11　正交偏振激光回馈干涉仪系统结构图

LD1、LD2—半导体激光器；ML—Nd：YVO_4 微片激光器；HWP—1064nm 半波片；CC—方解石晶体(尺寸放大了)；A—小孔光阑；BS—分光镜；WP—沃拉斯顿棱镜；PD—光电探测器；AOMs—声光移频器组；PBS—偏振分光镜；RT—参考目标；T—被测目标

两个供电串联的半导体激光器 LD1 和 LD2 泵浦 Nd：YVO_4 微片激光器上的间距为 1.5mm 的两个位置(在避免两个光束横模耦合的前提下，尽量保持出光位置接近，使两束光具有更一致的物理环境)，泵浦功率达到出光阈值后，Nd：YVO_4 微片输出两束相互平行的线偏振光，经过 1.064μm 的半波片后偏振方向被旋转一定角度，随后两束线偏振光穿过方解石，LD1 所泵浦出激光的非寻常光与 LD2 所泵浦出激光的寻常光在空间上重合，因此在方解石晶体的出射端共有三束激光，中间光束为空间重合的正交偏振光，两侧分别为来自 LD1 和 LD2 的线偏振光，方解石后设置的小孔光阑 A 允许正交偏振光通过，两侧的线偏振光被遮挡，随后正交偏振光被分光镜分为两部分：一部分被 WP 分光后由两个光电探测器接收，另一部分光被 AOMs 移频。移频后的正交偏振光在遇到偏振分光镜前保持共路传输，偏振分光镜将正交偏振光分开，一束光照射在参考目标上沿原路返回作为参考光路，另一部分照射在被测目标上沿原路返回作为测量光路。

被两个光电探测器分别接收的光信号经过光电转换及信号预处理后输入到锁相放大器，同时将声光移频器组的驱动信号作为参考信号输入锁相放大器，得到参考光路和测量光路的光程相位变化。由于在测量过程中参考目标保持静止，因此参考光路所得到的相位测量结果即从激光器到参考目标之间的光路光程受环境变化以及光学器件热蠕动影响的结果，测量光路得到的相位测量结果包含激光器到被测目标之间光路光程的扰动以及被测目标运动的相位信息。将参考光路结果从测量光路结果中减去，即可以消除从激光器到偏振分光镜之间光路由环境扰动或光学器件热蠕动带来的光程扰动影响，从而得到被测物体位移的精确信息。

这种偏振复用的方案相对于移频频率复用的优势在于：①偏振分光镜位置可变,可补偿绝大部分的空程,并且与正交偏振光在空间上完全重合,共路补偿效果更好；②测量光路和参考光路通过偏振态不同而实现分离,串扰更小。

团队为检测准共路正交偏振激光回馈干涉仪的基本性能,进行了测试。考虑到该系统所使用光源的弛豫振荡频率大小,实际实验中声光移频器组的驱动频率设置为 1.5MHz,因此激光往返穿过声光移频器组所经历的移频量为 3MHz。将探测器接收到的光信号转换成的电信号并接到示波器上进行 FFT 变换可得激光的光功率谱,正交偏振光两个正交分量的光功率谱如图 4.12 所示。

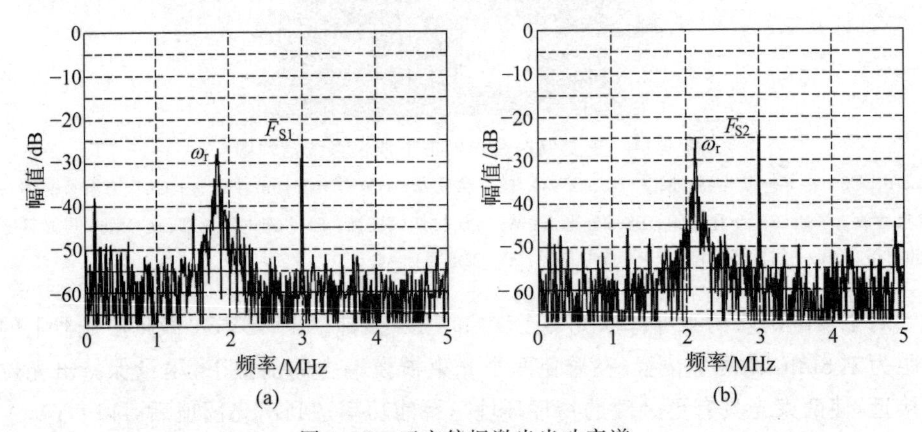

图 4.12 正交偏振激光光功率谱

图 4.12(a)和(b)中的 ω_r 分别为正交偏振光中两个线偏振分量的激光弛豫振荡峰,F_{S1} 为水平偏振(参考光路)光中的移频回馈调制信号,F_{S2} 为竖直偏振(测量光路)光中的移频回馈调制信号。

对仪器进行零漂测试。将被测物体(表面发黑处理的铝块)以及参考物体放置在距离干涉仪主体 800mm 处,保持静止。正交偏振光束的两个偏振分量分别测得测量物体和参考物体的位移扰动,并将测量光信号与参考光信号作差,得到补偿之后的最终结果。零漂测试的结果如图 4.13 所示。

图 4.13 中的 ΔL_m、ΔL_r 分别为测量光路与参考光路得到的零漂位移变化值,而 $\Delta L=\Delta L_m-\Delta L_r$ 为将参考光路的扰动从测量光路的结果中除去之后的最终结果。由图 4.13 的结果曲线对比可知,参考光路和测量光路各自的空程零漂值 5min 内都在 100nm 左右,而补偿环境以及系统光学器件扰动之后的零漂值只有 5nm 左右。测量结果表明,依靠正交偏振光分别作为测量光路和参考光路的偏振复用方案能够很大程度地提高仪器的性能。

对仪器进行位移分辨率测试。参考目标保持静止,被测目标固定在一个压电陶瓷上。给压电陶瓷一个频率为 1Hz 的驱动信号,同时监测测量光路和参考光路的位移变化。实验结果如图 4.14 所示：无论从测量光路还是参考光路的测量结果

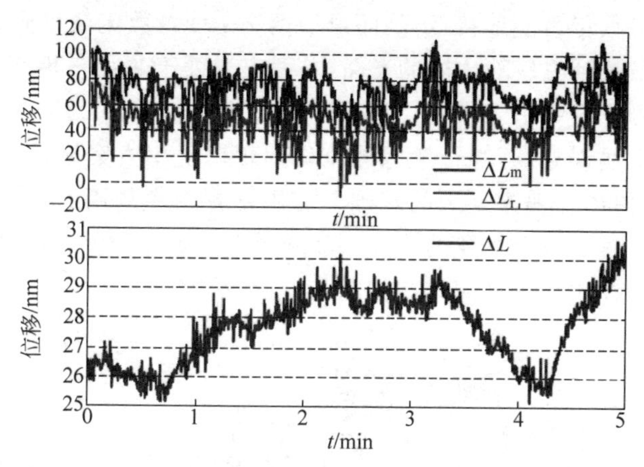

图 4.13　正交偏振光路各自测量的及补偿后的零漂位移

（请扫Ⅲ页二维码看彩图）

中，都难以分辨出压电陶瓷的稳定周期往返运动，但是在将环境扰动以及系统光学器件热蠕动消除之后的结果（测量结果-参考结果）中可以清晰地分辨出 PZT 驱动压电陶瓷运动的轨迹，通过对位移曲线的线性段进行分析可以得出，系统的短期位移分辨率优于 2nm。

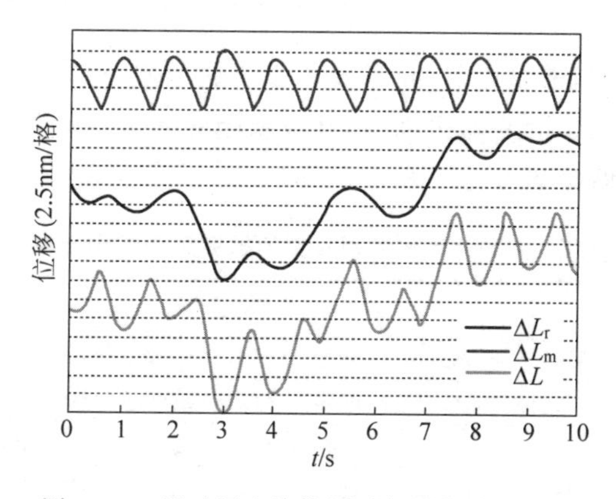

图 4.14　驱动压电陶瓷测试仪器位移分辨率

2. 偏振复用＋移频复用激光回馈干涉仪

基于偏振复用的正交偏振激光回馈干涉仪通过引入正交偏振光的方法补偿了测量光路中由于环境扰动和光学元器件热蠕动带来的测量误差，提高了回馈干涉测量的抗环境干扰性能以及位移分辨率。然而，这种方案虽然在补偿空程扰动方面有很大的进步，但是却又引入了新的误差来源。图 4.11 系统中采用两个微片激光器提供正交偏振光的两个偏振分量，虽然两个激光器位于同一片 Nd：YVO_4 晶体上，并且通过缩小光束间距以及采取泵浦源 LD 串联供电的方式使得两个微片激光器的工作参数尽可能地接近,然而由于两个 LD 参数无法做到完全一致,并且在微片上以及微片到方解石之间的光路中,两束光处于非共路状态,这些都会为正交偏振的光路测量结果引入误差。

为了解决上述误差,并综合考虑外腔移频频率复用方案以及正交偏振复用方案的特点,团队提出在偏振复用的基础上使用移频频率复用的技术消除由于光源之间差异以及方解石以前光路的非共路部分带来的测量误差。这种偏振和频率复用的正交偏振回馈干涉仪光路结构如图 4.15 所示。

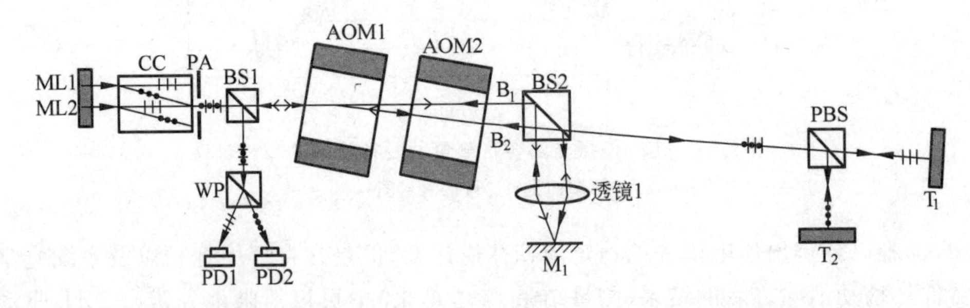

图 4.15 偏振及频率复用正交偏振激光回馈干涉仪系统结构图

ML1、ML2—微片激光器;CC—方解石晶体;PA—小孔光阑;BS1、BS2—分光镜;AOM1、AOM2—声光移频器;WP—沃拉斯顿棱镜;M_1—反射镜;PBS:偏振分光镜;T_1—待测目标;T_2—参考目标

图 4.15 中涉及两个激光器,每个激光器又涉及两个不同的回馈光移频频率,为了清晰地表达系统中的光路走向,将其根据激光器以及移频频率进行归类。

系统的具体光路见表 4.1。

表 4.1 偏振及频率复用正交偏振激光回馈干涉仪光路

编号	光路走向
光路 1	ML1→AOMs(0)→BS2(R)→透镜 1→M_1→透镜 1→BS2(R)→AOMs(1)→ML1
光路 2	ML1→AOMs(1)→BS2(R)→透镜 1→M_1→透镜 1→BS2(R)→AOMs(0)→ML1
光路 3	ML2→AOMs(0)→BS2(R)→透镜 1→M_1→透镜 1→BS2(R)→AOMs(1)→ML2
光路 4	ML2→AOMs(1)→BS2(R)→透镜 1→M_1→透镜 1→BS2(R)→AOMs(0)→ML2
光路 5	ML1→AOMs(1)→BS2(T)→PBS→T_1→PBS→BS2(T)→AOMs(1)→ML1
光路 6	ML2→AOMs(1)→BS2(R)→PBS→T_2→PBS→BS2(R)→AOMs(1)→ML2

注:T:透射;R:反射;0:0 级衍射光;1:1 级衍射光。

表 4.1 把图 4.15 所示的光路表达为 6 路,光路 1 和光路 2 为来自 ML1 的光,两个光路经历相同环路(相反方向),因此移频频率相同,将其归为一种情况,视为通道 1,即 ML1 的一倍移频 Ω 回馈调制;同理,光路 3 和光路 4 也属于同一种情况,视为通道 2,它们在 ML2 中产生了一倍移频 Ω 的功率调制;光路 5 和光路 6 分别为正交偏振光中来自 ML1 和 ML2 的光在各自激光器中引起的两倍移频 2Ω 的功率调制,分别视为通道 3 和通道 4。

由上述光路分析可知，通道1与通道2光程的差别仅在于激光器ML1和ML2内部以及激光器到小孔光阑PA之间的非共路部分，因此将这两个光路所监测到的位移(相位)变化作差即可得到由于光源本身工作参数不同以及激光器到光阑之间的非共路环境扰动带来的影响。通道3和通道4分别为由ML1和ML2出射并最终分别照射在被测物体和参考物体上的光路，这两个光路在方解石到被测物体前放置的偏振分光镜之间部分空间上保持重合，因此通道3和通道4测量结果之差反映了测量物体与参考物体的位移之差以及两者前端由光源工作状态差异以及非共路部分引起的扰动，大部分空程中受环境扰动以及光学器件热蠕动的影响依靠正交偏振光空间共路补偿。因此，在通道3与通道4测量的相位差(结果1)中再减去通道1和通道2之间的相位差(结果2)，就能够得到最终的补偿所有光程扰动的测量结果，即被测目标的位移及速度等信息。

根据上述原理，系统的信号处理方式如图4.16所示。

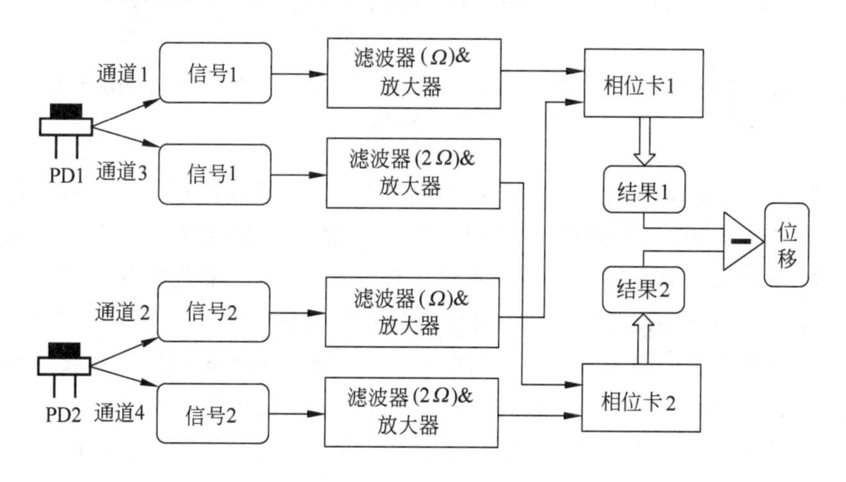

图4.16 偏振及频率复用激光回馈干涉测量系统信号处理流程图

为了检验偏振及频率复用的正交偏振激光回馈干涉仪的基本性能，我们对其零漂性能以及位移分辨率进行了初步的测试。实验结果分别如图4.17和图4.18所示。

图4.17所示为当被测目标以及参考目标都保持静止不动时系统的各个通道所测量到的位移变化，因此能够反映系统本身的性能(仪器外部空程800mm，普通实验室环境)。由图中的通道1～4所显示的零漂位移值可知，在7h内由环境扰动、系统光学器件热蠕动以及光源参数变化引起的零漂在10μm左右，如果没有补偿措施难以实现高精度的位移测量。图中的结果1和结果2分别是通道1、通道2之差和通道3、通道4之差，可以看出结果1与结果2的曲线已经非常平滑，各个通道中变化比较剧烈的部分都被很好地补偿掉。此时结果1和结果2两者比较一致，但7h内的漂移仍然有5μm左右，根据之前对各个光路的分析可知，这时的漂移数据是由两个激光器工作参数不一致以及前端非共路部分引起的，因此将结果

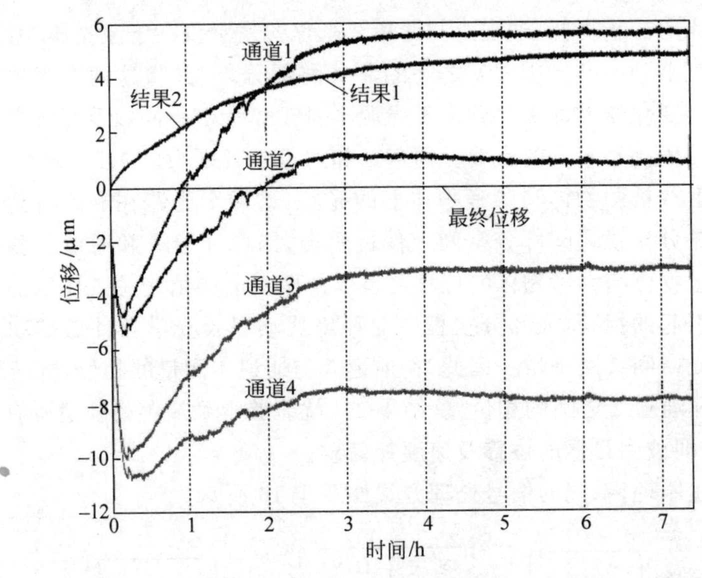

图 4.17　偏振及频率复用正交偏振激光回馈干涉仪零漂检测。结果 1 和 2 基本上重合在一起
(请扫Ⅲ页二维码看彩图)

1 和结果 2 再作差即可得到最终的仪器零漂,如图中“最终位移”所示,零漂位移的最大值在 69～70nm。根据最终位移与原始的各通道位移数据对比可知,偏振及频率复用的正交偏振激光回馈干涉仪对于由环境扰动、光学器件热蠕动以及光源工作参数不一致引起的测量误差具有非常好的补偿效果。

为了与图 4.2 的系统对比,在相同条件下对准共路激光回馈干涉仪进行位移零漂测试,测试结果如图 4.18 所示,在 7h 内,仪器的最大位移零漂约 2μm。造成这一零漂的原因是无法补偿仪器外部的 800mm 长度(空程所受环境的扰动),图 4.15 所示系统抗环境扰动的能力更强一些。

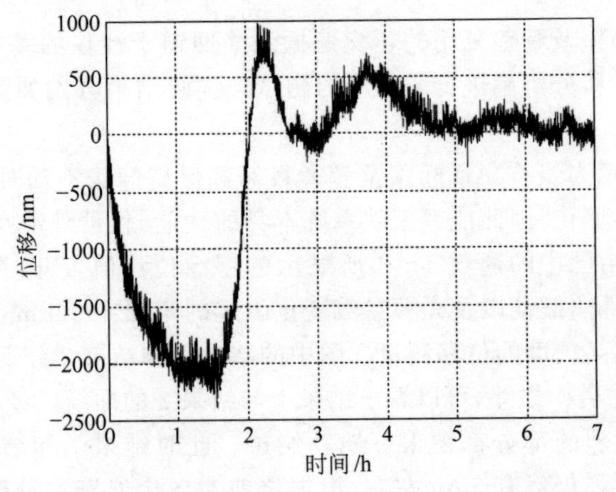

图 4.18　准共路激光回馈干涉仪 800mm 普通实验室零漂曲线

为了检验偏振及频率复用正交偏振回馈干涉仪的位移分辨率，通过压电陶瓷来驱动被测物体的方式来施加三角波信号。并将最终位移恢复的质量作为仪器位移分辨率好坏的评价依据。实验结果如图 4.19 所示。

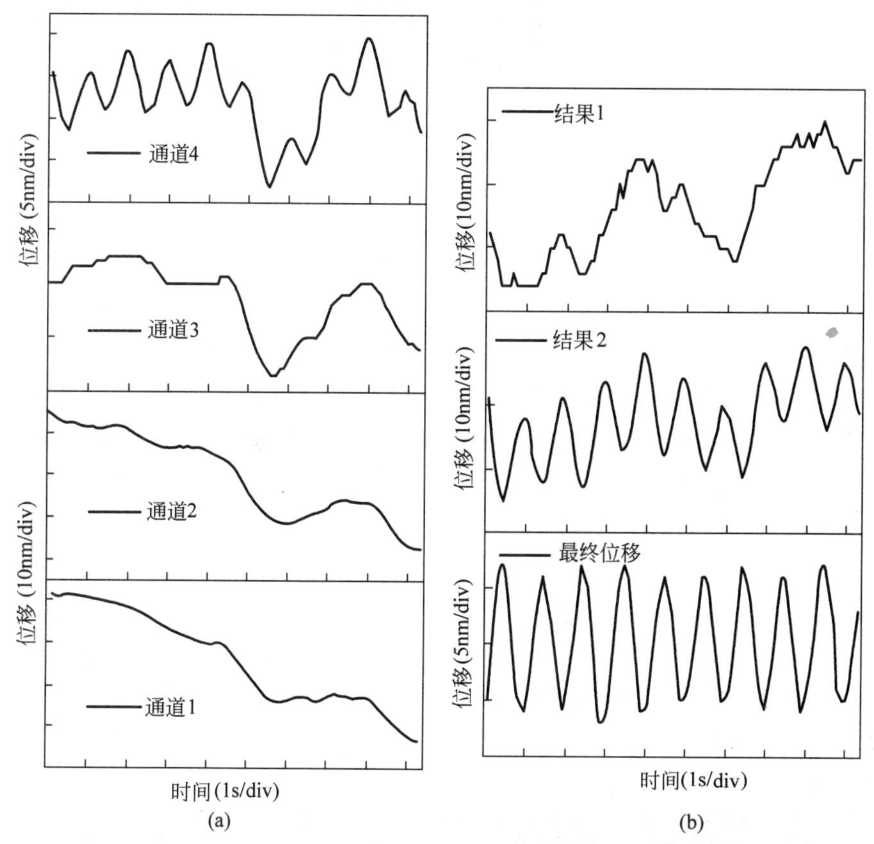

图 4.19　偏振及频率复用回馈干涉仪的位移测量能力实验结果

(a) 四通道位移示数；(b) 以偏振及频率复用方式处理(a)中数据得到被测位移

图 4.19(a)中通道 3 和通道 4 分别为参考目标通道和测量目标通道的位移信息，通道 1 和通道 2 为用于补偿仪器内部非共路部分的位移变化。图 4.19(b)中的结果 1 为通道 1 和通道 2 的测量结果之差，因为这两个通道测量的都是反射镜 M_1 的位移，其差异就在于光源部分以及光源到方解石间的非共路部分，因此结果 1 反映了两个激光器工作状态引起的误差。结果 2 为通道 3 和通道 4 的测量结果之差，包括激光器工作状态不同以及非共路部分光路和被测物体运动等信息。

此方案集成了移频频率复用以及偏振复用的优点，能够消除包括激光器本身以及光路中光学器件的热蠕动带来的影响，满足被测物体距离较远以及空程扰动较大情况下的相位(或位移)量测量。

3. 光纤光路激光回馈干涉仪

自由空间式激光干涉仪(包括传统的迈克耳孙式干涉仪以及激光回馈干涉仪)抗干扰性强，实验系统或实用仪器容易构建。但是现有的自由空间形式干涉仪在使用时要求干涉仪与被测目标之间不能有障碍物，在改变干涉仪位置和光束方向时，需要复杂的空间光路结构，使整个测量系统庞杂且效率低下。此外，由于空间光路折转元件以及靶镜尺寸的限制，传统的空间形式干涉仪难以满足狭小空间内物体微小位移及速度等物理量的测量。特别是这一结构可以把光纤头从一个车间拉到另一个车间，而干涉仪不必移动，以及可以把光纤头插入不能进入的空间或孔洞。相当多的应用、百纳米的分辨、微米级的漂移已能满足测量的要求。

针对上述问题，团队提出了光纤光路的激光回馈干涉仪方案，基本思想是将偏振复用的自由空间式激光回馈干涉仪转化为光纤光路的形式。正交偏振的两个线偏振分量分别通过保偏光纤的快轴和慢轴传输，实现光纤式的微片激光回馈干涉仪，光路柔软可变形，对被测空间适应性强，能够实现远距离复杂空间内非配合目标的测量，在应用场合以及实施方式上相对于传统的干涉仪都有非常明显的优势。

图 4.20 为光纤光路正交偏振激光回馈干涉仪的原理示意图。微片激光器 ML 上的两个不同位置发出两束 1064nm 激光，ML 上两个出光点的间距设置为 1.5mm。1.5mm 的间距能够保证激光的性能，但对于后续的两束光分别耦合进保偏光纤带来了问题，因为所使用的光纤耦合器最小直径为 2.8mm，如果不将两束平行光间距进一步分开，难以实施空间光到保偏光纤的有效耦合。因此在微片激光器后设置一个斜方棱镜用于平行地移动两束平行光中的一束，以此来扩大两束平行光之间的间距。

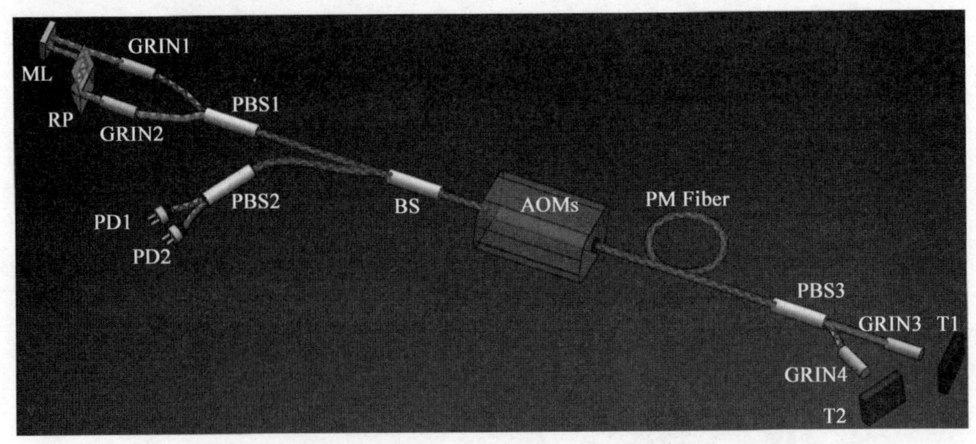

图 4.20 光纤光路正交偏振激光回馈干涉仪原理图

ML—微片激光器；RP—斜方棱镜；GRIN1、GRIN2、GRIN3 以及 GRIN4—自聚焦透镜；PBS1、PBS2、PBS3—光纤式偏振分光器；BS—保偏光纤分束器；AOMs—声光移频器组；PM Fiber—保偏光纤；PD1、PD2—光电探测器；T_1、T_2—被测目标以及参考目标

经斜方棱镜分开后间距为 6.5mm 的两束平行光通过自聚焦透镜(作为耦合透镜)耦合进入 PM 980nm 保偏光纤中,沿光纤慢轴传播,随后经过光纤偏振合束器 PBS1 合束成为正交偏振光,其两个分量分别沿保偏光纤的快、慢轴传播。正交偏振光经过保偏的声光移频器组,其两个分量都经过相同移频,随后经过一段距离的保偏光纤传播后采用光纤式偏振分束器 PBS3 分开为两束线偏振光,一束经自聚焦透镜组成的准直器输出并照射在被测物体上,另一束经自聚焦透镜准直输出照射在参考物体上。在绝大部分的保偏光纤中,两束线偏振光都是以正交偏振光的形式存在于保偏光纤中的,经历相同的环境扰动对光纤带来的影响,所以两通道所测量的结果中都包含由于环境扰动光纤而引入的测量误差,通过简单求差就可以消除环境对光纤扰动的影响,这是能够使用光纤光路来实现回馈干涉仪以及将其应用在长距离测量中的关键。

此方案在测量原理上与自由空间的偏振复用激光回馈干涉仪是一致的,光源都为微片固体激光器,补偿的方案都为正交偏振光偏振复用,信号的处理方式也完全相同。区别在于引入了保偏光纤柔性光路,这使得它在持有自由空间偏振复用激光回馈干涉仪优势的基础上又增添了柔性光路的特点,克服了传统的干涉仪构建及测量对空间环境要求苛刻的难题。

在解决了系统关键问题以及完成关键部件的设计之后,完成了原理样机实验。原理样机实物图如图 4.21 所示。

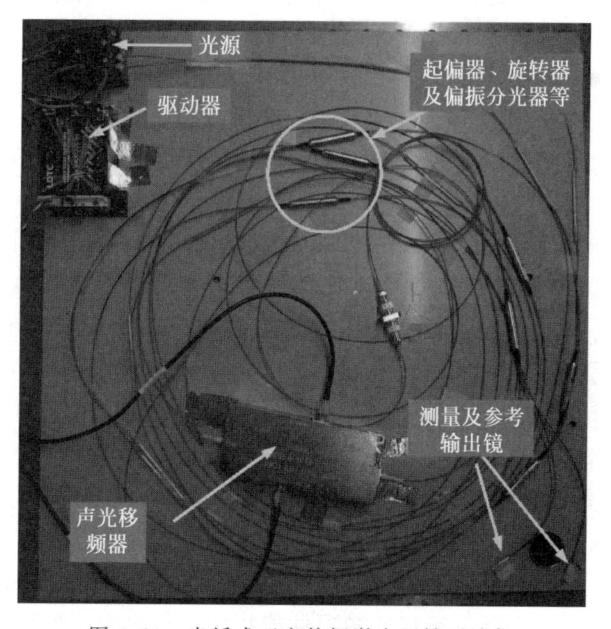

图 4.21　光纤式正交偏振激光回馈干涉仪

图 4.21 中所示的保偏光纤长度可以增加,图中所示的总光纤长度为 20m,当需要进行长距离测量时可以增加保偏光纤长度,因为有正交偏振光共路补偿的作

用，增加光纤长度不会引入明显的扰动误差。

微片固体激光器光束向保偏光纤耦合是一个关键环节，为保证此耦合环节稳定，我们将其与激光器设计为一体，系统光源实物如图 4.22 所示。

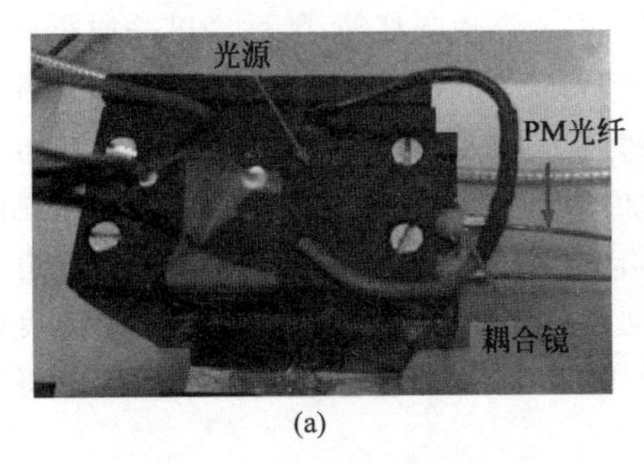

(a)

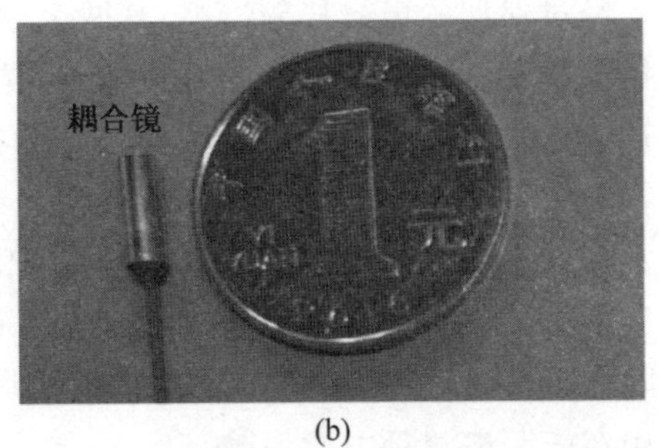

(b)

图 4.22　照片(a)光源，(b)耦合镜

图 4.22(a)中将光源部分做成小型一体化的，并且与后续的光纤光路很好地连接在一起，减小了系统的尺寸，提高了系统的稳定性，使得整个系统成为全光纤式的干涉仪。图 4.22(b)所示为空间光向光纤耦合的耦合器以及测头处的光纤转化为空间光的耦合镜，其金属壳外径仅为 2.8mm，能够适应狭小空间内的物体测量。

为测试光纤光路激光回馈干涉仪的基本性能，使参考物体保持静止，PI 位移台驱动被测物体以每步 10nm 单方向运动来检验仪器的位移分辨率。由于参考物体静止，参考光路测量结果的变化只由光纤光路的扰动引起，而测量光路的结果既包括光纤光路的扰动，又包括被测物体的运动信息，两者求差，从测量结果中减去参考光路的影响得到仪器的消除光纤扰动影响的最终测量结果。仪器的位移分辨率测量结果如图 4.23 所示。

如图 4.23 所示，图(a)和(b)分别为测量通道和参考通道的位移测量结果，图(a)中隐约可以看到周期性的运动，但是运动的具体信息难以恢复。图(b)的位移变化与位移台运动完全无关，只表示仪器本身受环境扰动的变化，图(c)表示用图(a)的结果减去图(b)的结果所得到的位移值。可以看出图(c)中的位移曲线很好地还原了 PI 位移驱动器的运动，由于位移台每步运动的位移是 10nm，因此此仪器的位移分辨率应该优于 10nm。

目前阶段，光纤光路式的激光回馈干涉仪位移分辨率低于自由空间光路形式的回馈干涉仪的，这是原理样机中由于工程技术问题使得测量与参考光束的非共路部分偏大，而光纤对环境机械振动、温度变化等比较敏感，在解决了这些问题后，相信光纤光路式激光回馈干涉仪的各项性能指标会有较大的提升。

4.1.6　本节结语

迈克耳孙式激光干涉仪被称为“计量之王”，在科学研究和工业生产领域发挥

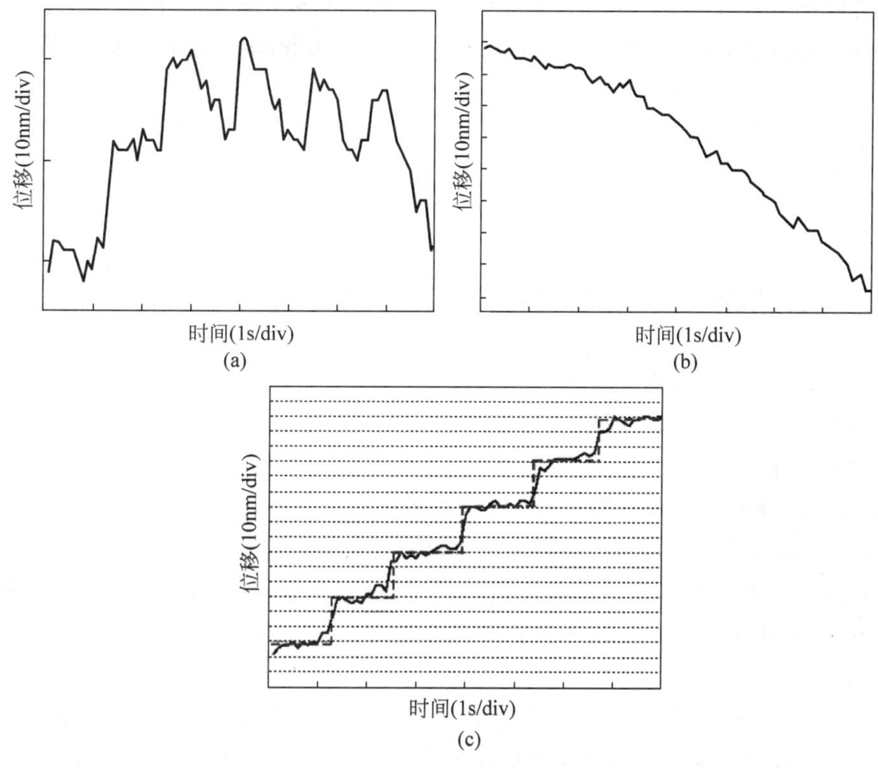

图 4.23　仪器位移分辨率测量结果

（请扫Ⅲ页二维码看彩图）

着重要的作用。但是迈克耳孙干涉仪需要靶镜来辅助测量，在很多应用场合都无法使用。团队实现的激光回馈干涉仪具有灵敏度高的优点，可以直接测量反射率低、散射表面高的非配合目标，并且具有与迈克耳孙干涉仪等同的量程、测速、精度和分辨率等指标，所使用的微片固体激光器具有体积小、寿命长、功耗低、输出功率高等优点。团队先后研制了准共路频率复用式、全程共路式、偏振复用式、偏振复用＋移频复用式激光回馈干涉仪和光纤光路激光回馈干涉仪。五种方案的两种激光回馈干涉仪（频率复用激光回馈干涉仪和全程共路激光回馈干涉仪）已经批量应用，并继续向更高层面的提高和应用推广。

全程共路激光回馈干涉仪的分辨率优于 2nm，测量速度可达±1m/s，自动环境误差补偿（不需测量温度、气压、湿度，10m 的空程补偿后漂移仅 40nm）。这两类激光回馈干涉仪在光栅刻刀位置检测、液面高度检测、高温环境下热膨胀系数测量、变形镜测量、染料浓度测量中的应用非常成功。

本节的后三种激光回馈干涉仪的原理具有更诱人的预期，如利用光纤光路激光回馈干涉仪柔性传输的特点，还能实现复杂空间内非配合目标的测量，或通过光纤，不移动干涉仪测量数十米外的目标运动。看其发展前景，或许可替代现有的激光干涉仪的大部分功能。在未来的研究中,将进一步完善激光回馈干涉仪的设计,缩小体积,提高稳定性。挖掘更多潜在的应用,如远方振动、引力波探测、特殊环境(高温、高压)下微小运动的监测等。

本节主要参考文献:[2][116][117][137][155][168][182][193][213][245][246][262][263][278][292][294][295][296][297][308][348][355][358][360][362][363][374][375][380][382][383]。

4.2 以共路微片固体激光回馈干涉仪作平台的四种仪器

4.1节已经介绍了团队研究成功的共路(准共路)微片固体激光回馈干涉仪,其基本功能是位移测量,或长度、尺度测量。本节介绍团队以共路微片固体激光回馈干涉仪作平台,以位移测量为基础,二次开发,完成的远程振动测量和声音恢复仪器、单点二维位移测量仪器、材料热膨胀系数测量仪器、染料溶液折射率测量仪器、光学玻璃和半导体材料的折射率测量仪器等。

很多传统物理量测量是借助位移测量完成的,如振动、膨胀、变形、液位、声波等。如激光测振仪、声侦测仪就是以激光干涉仪(或多普勒测速仪)为核心的一种典型的位移测量仪器。

以微片固体激光回馈干涉仪作平台可以实现较多物理量测量,其对激光束的弱回馈仍具有非常高的灵敏度,回馈强度低至 10^{-13}(−130dB)时仍可以实现测量,而且有很高的分辨率。这些优点使激光回馈干涉仪可以测量包括微小、轻薄、高温、易碎、极低反射率(甚至发黑机加工零件)等目标的位移。特别是被测目标不可触碰(或不能触碰、或触碰不到)时,微片固体激光回馈干涉仪有巨大优势。可以进行非(安装)合作目标的非接触测量,如镜面上、舌簧片、液面等侦测环境。这些目标称为非合作目标。

不想把本书写得太厚,只给出部分二次开发的仪器的成果,其余可参考团队发表的文章(见参考文献)。

4.2.1 基于微片固体激光回馈的远程振动测量和声音恢复

1. 引言

振动的精确测量研究一直受到广泛重视。通过测量振动可以实现对机械结构的动态特性分析和故障诊断、地震的监测及声音的识别等。然而,很多情况下对微小振动及微小位移检测是比较困难的,如强辐射环境、高温环境等。因此进行远距离微小振动检测,特别是无需(非)合作目标的微小振动检测仪器研究是非常有意义的。

2. 远程振动测量原理

远程振动测量和声音恢复系统的核心部件是4.1节介绍的微片固体(Nd:YVO_4)激光回馈干涉仪。光路结构与图4.9基本相同,包括微片固体(Nd:YVO_4)激光回馈系统、光电探测、信号处理系统、扩束准直系统,还有专门针对振动测量和声音回复设计的软件。

用于远距离振动测量的微片激光回馈干涉仪,其光学与机械结构与图4.2基本相同,这里不再画出。不同的是目标的运动状态。图4.2只涉及位移测量,不涉及振动测量和声音恢复,而本小节则只涉及振动测量和声音恢复。

在进行远距离振动测量时,需要考虑外界环境的干扰。图4.24所示为团队测得的外界远距离环境噪声以及其消除环境噪声的结果。

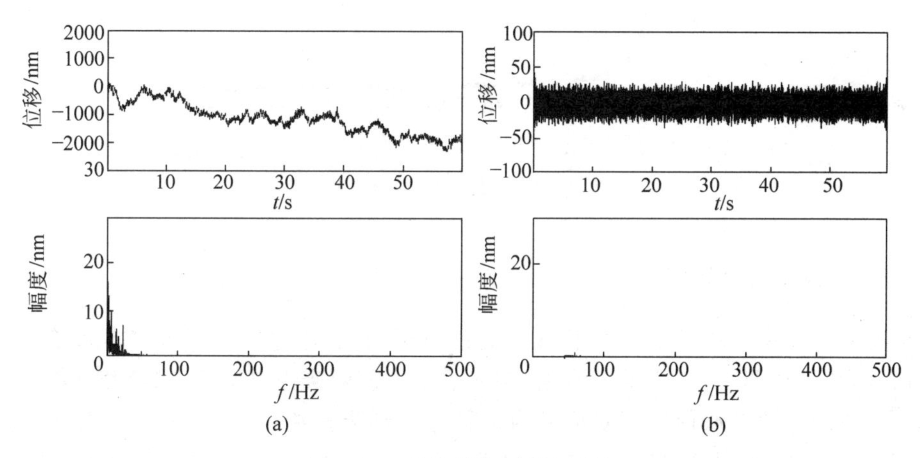

图4.24 系统零位漂移和消除

(a) 零点漂移与频谱;(b) 滤波后的零点漂移与频谱

从图4.24(b)所示频谱可见,环境干扰频率主要集中在低频部分。因此,可以采用滤除低频噪声的方法来减小环境对测量结果的影响。为滤除频率低于50Hz噪声后的结果,外界环境对测量结果的影响降低到了50nm,且不再有显著的直流漂移。

系统可以测到的振动的频率大小取决于微片固体激光回馈干涉仪可以响应的目标位移速度,本系统的滤波带宽设计为200kHz,最大可响应的多普勒频移为100kHz,根据多普勒效应,系统允许的最大测量速度为53.2mm/s。为了描述系统的测量频率,以简谐振动为例,位移S的表达式为

$$S = A\cos(2\pi f_v t + \Psi) \tag{4.2.1}$$

式中,A为振动的振幅,f_v为振动的频率,Ψ为初相位。对式(4.2.1)求导就得出速度v与振动频率f_v的关系

$$v = -2\pi A f_v \cos(2\pi f_v t + \Psi) \tag{4.2.2}$$

由式(4.2.2)可知，当系统最大测量速度确定时，其允许的振幅和频率关系也就随之确定。在本系统中，如目标振动频率为 50Hz 时，对应的可以允许的最大振幅为 169μm；如目标振动频率为 100kHz 时，对应的可测最大振幅为 0.0845μm。系统测量频率与对应允许的最大振幅关系如图 4.25 所示。

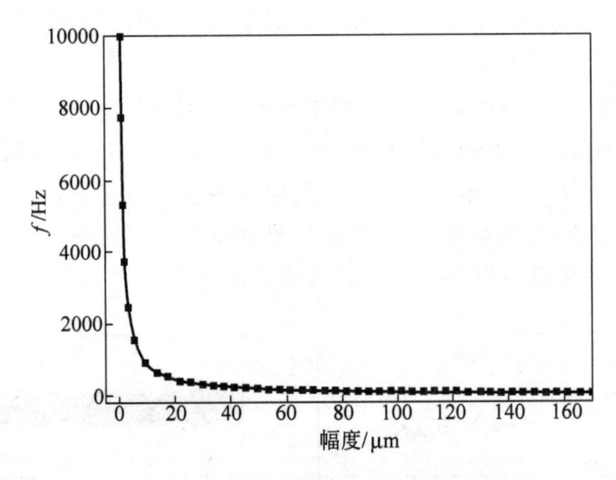

图 4.25　振幅与频率的关系

3. 远程振动测量结果

使测量光束直接照射在位于 70m 处的目标表面，通过示波器观察本系统的测量信号，结果如图 4.26 所示。图 4.26(a)、(b)、(c)依次为以音箱、白纸和铁块为目标时系统的原始频域信号和对应的时域信号。结果表明，以白纸、铁块、音箱为目标，系统的信噪比均可以达到 25dB 以上，这个信噪比可以满足信号处理的要求。但是，不同材质的测量目标信噪比不同，目标为铁块时信号信噪比最高，音箱、白纸依次降低，这是因为，铁块、音箱、白纸对光的反射率依次下降，特别是音箱表面反射率非常低。

测量光束直接照射在 70m 处的音箱表面上，然后音箱被计算机输出的语音信号驱动(如“贵州大学”)，微片激光回馈干涉仪通过测量音箱的振动，即可还原出声音信号，结果如图 4.27 所示。

把测量得到的波形还原为声音，可以听到清晰的“贵州大学”语音，但声音低沉且有较大的滋滋声。声音低沉通常意味着语音中缺少高音成分，在频率上即缺少高频；滋滋声则意味着语音中包含有其他频率的噪声。

图 4.27(a)是微片激光回馈干涉仪测得的音箱振动信息，图(b)是通过 MATLAB 软件采集到的原始语音信号信息。从图中可以看到，与原始信号波形图相比，测量得到的波形图缺失了一部分，再从频谱比较来看，测量得到的结果部分高频信息丢失，且包含较多的低频噪声；高频信息的缺失，是因为音箱表面对高频振动不敏感，以致使系统无法检测到振动信息，低频噪声则是外界环境扰动引

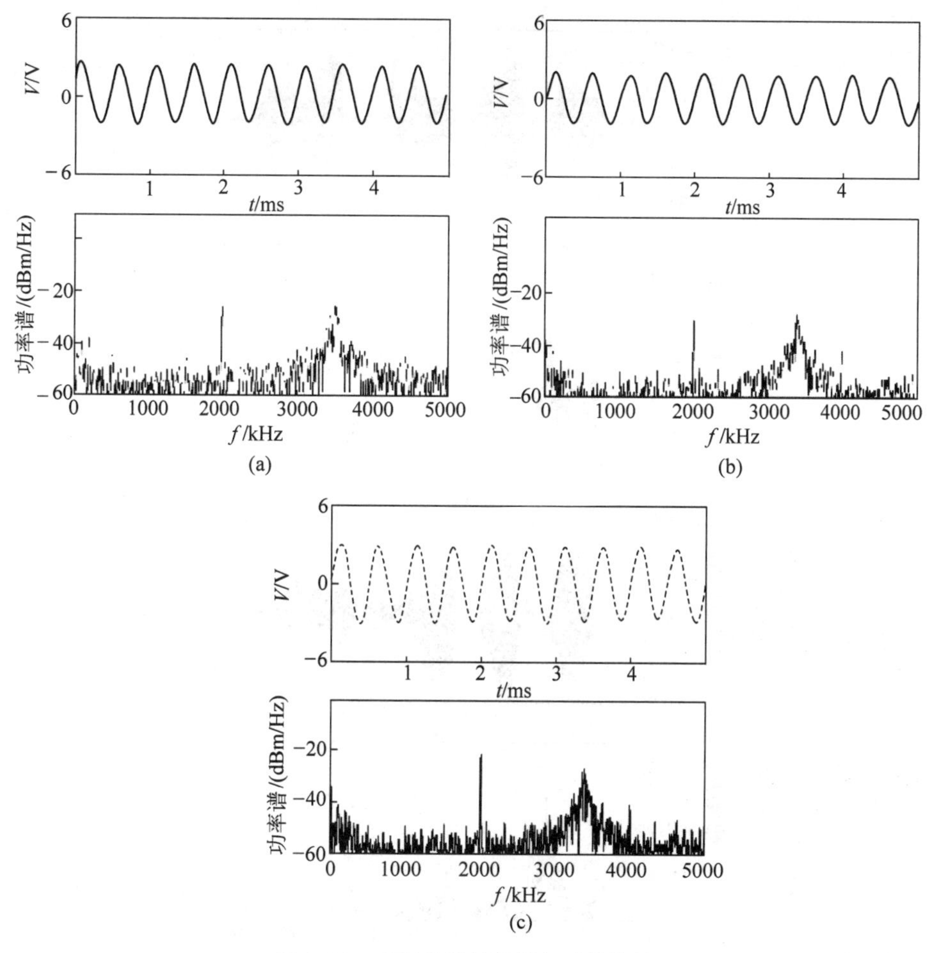

图 4.26　系统的频域信号与时域信号

(a) 目标为音箱；(b) 目标为白纸；(c) 目标为铁块

起的。

经过对比可以知道波形图中丢失的波形即语音中的高频信息，低频噪声会使声音出现滋滋声，这与从测量结果还原的语音信号现象一致。

4. 结论

团队研究了基于微片固体激光回馈干涉仪的远距离微小振动测量技术，可以远距离测量振动和声音。激光束照射在 70m 外的音箱或音箱旁的纸片，纸片的散射光回到激光器；从光路上反射出的光束经过处理可以清晰还原音箱播放的声音。这一技术抗干扰能力强，能实现更远距离、更高频率的探测，有广泛的应用空间。

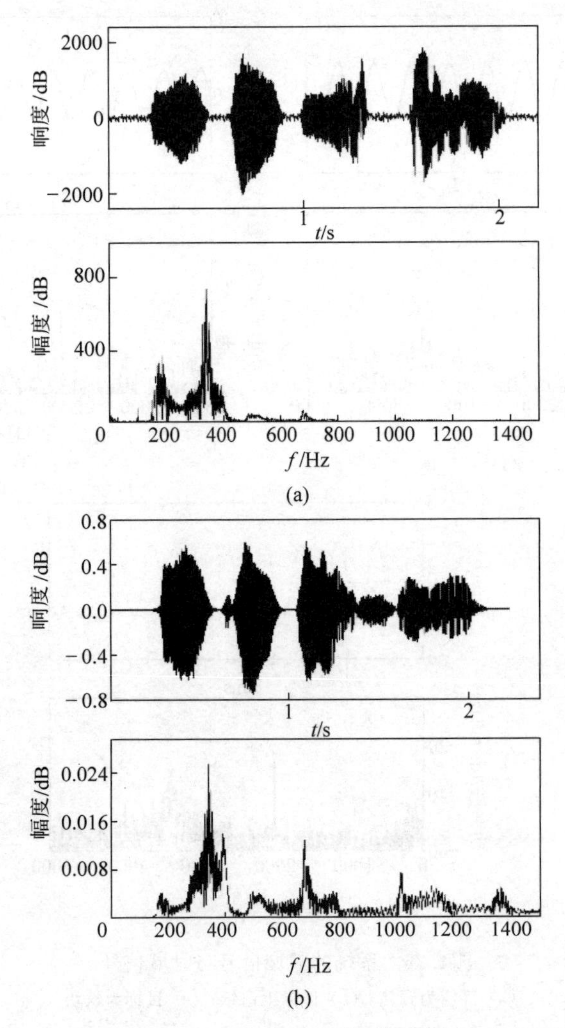

图 4.27　声音信号的波形与频谱

(a) 测量得到的信号的波形与频谱；(b) 原始信号的波形与频谱

4.2.2　基于微片固体激光回馈二维位移测量仪

1. 引言

传统上,使用激光干涉仪进行目标的二维(2D)位移测量(与激光束同向和平行),具有高分辨率、宽动态测量范围等优点。但该方案需要使用一对光轴相互垂直安装的、倾斜照射目标激光干涉仪或将干涉仪的光束分成两束来实现二维位移测量。目标镜的尺寸及安装限制了应用范围。有的目标是不能安装靶镜的,如待测应力表面等。因此,面内和面外位移的同时且独立测量是研究中需要解决的重要问题。

最常用的方法是光栅干涉法、散斑图案干涉法和激光多普勒距离传感器法。

光栅干涉法是用于位移测量的有效工具，测量分辨率为几纳米，精度可达到亚微米级。但是，该方法需要将 2D 光栅作为测量对象进行蚀刻，难以应用于非接触测量领域。由于具有非接触式和全视场测量的优点，散斑图案干涉术已广泛应用于工业无损检测。该方法基于散斑图和图像处理算法，测量范围和准确性与斑点大小有关。激光多普勒距离传感器可以实现快速移动物体的精确和动态位置测量，其分辨率仅为亚微米级，不确定度为微米级。

团队以共路(或准共路)微片固体激光回馈干涉仪作平台，研究成微片激光回馈干涉的单点二维位移测量仪，即同时测量同一平面内两个垂直方向(X 方向和 Y 方向)的位移。由微片固体激光回馈干涉仪原理，激光束被测量的目标反射，返回到激光谐振器，对该谐振腔的光功率(也即强度)、频率或偏振调制。通过探测被调制光的参数，可以精确恢复目标的信息。特别是，当激光束在返回激光谐振腔途中被附件调制器移频时，该系统在检测微弱散射光方面具有超高的灵敏度。因此，其可用于测量位移、测速、振动、轮廓和显微检查。基于微片激光多路回馈的二维位移测量技术(面内和与面垂直)，具有非接触、灵敏度高的优点。本书中，为了方便，面内和与面垂直的位移分别被称为面内位移和面外位移。

2. 微片固体激光回馈干涉仪二维位移测量原理

图 4.28 是微片固体激光回馈二维位移测量原理图。微片激光器的单纵模工作波长为 1064nm，BS1 将输出激光分为两束，反射的光束用作检测光束，并由光电探测器转换成电信号。发射的光束通过 L 准直，分成三束。第一束测量光 B_1 穿过 BS2 反射，经 M_2、BS3、AOM1，并得到 $\omega_1=70.9$MHz 的频移；第二束经 BS2 反射，再经 M_2、BS3、M1、AOM2，并得到 $\omega_2=71.6$MHz 的频移；第三束通过调整 M_3 和 M_4，两个测量光束入射到目标 T 的同一点上。在测量中，光束的角度无需严格调整为特定值，但需要进行标定，这将在后文介绍。微片激光束的直径为 1～2mm，

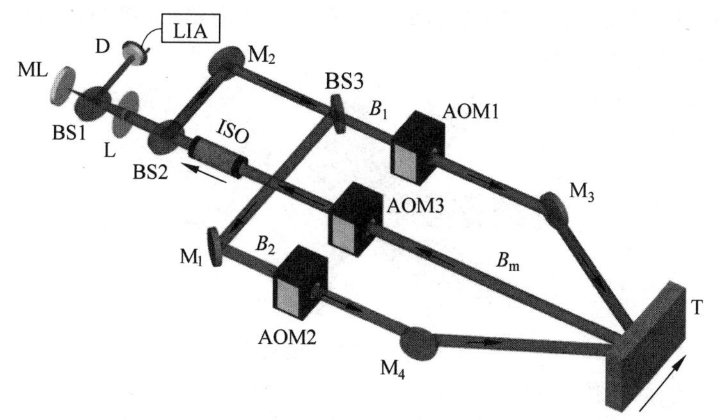

图 4.28　微片固体激光回馈二维位移测量示意图

(请扫Ⅲ页二维码看彩图)

因此，两束交叉点的光斑直径也限制为这一数值。也就是说，面外的测量范围也限制在毫米量级。仪器测试目标由表面粗糙的铝制成，被标记为 B_m 的目标散射光束穿过 AOM3，获得 $\omega_3=70\text{MHz}$ 的频移。因此，光束返回激光谐振器，得到频移 $\Omega_1=|\omega_1-\omega_3|=0.9\text{MHz}$ 和 $\Omega_2=|\omega_2-\omega_3|=1.6\text{MHz}$。设计的对称结构可以减少面内环境影响，例如空气干扰和 AOM 的热效应。ISO 为光隔离器，防止激光器 ML 的输出光直接进入 AOM3。

光电探测器的检测信号包含频率 Ω_1 和 Ω_2，将其发送到信号处理单元，其中 LIA（尺寸缩小了）是锁相放大器。带通滤波器将两个信号分离，然后将分离出的信号作为测量通道发送到 LIA。参考信号由 AOM 的驱动信号生成，是稳定的 Ω_1 和 Ω_2 频率正弦信号。最后，两测量光束的相位变化由 LIA 解调，同时分别测量面内和面外位移。

当测量光束返回激光谐振腔时，两个光束分别受到 Ω_1 和 Ω_2 的频率调制，变为

$$\begin{cases}\dfrac{\Delta I_1(\Omega_1)}{I_s}=\kappa_1 G(\Omega_1)\cos(\Omega_1 t+\varphi_1+\phi_1)\\[2ex]\dfrac{\Delta I_2(\Omega_2)}{I_s}=\kappa_2 G(\Omega_2)\cos(\Omega_2 t+\varphi_2+\phi_2)\end{cases}\tag{4.2.3}$$

式中，ΔI_1、ΔI_2 表示两束光的强度调制；I_s 是激光器的输出功率；κ_1、κ_2 为两束光的回馈强度系数；G 是放大系数；ϕ_1、ϕ_2 是两束光的固定相位；φ_1、φ_2 是两光束的外腔腔长长度引入的相位改变。

对于微片激光器，放大系数 G 可以高达 10^6，意味着即使回馈强度 κ 低至 10^{-6} 仍然可以获得 100%的调制。因此，频移激光回馈干涉仪具有高灵敏度，并且在检测弱散射光信号方面具有很大的优势。

从式(4.2.3)可知，激光移频回馈的方法属于外差检测。外腔长度(φ_1，φ_2)嵌入两个信号中，可以由 LIA 进行调制。对于一维位移测量，光学相位变化与传统干涉测量法相似，为 $\Delta L=(c/2n\omega)\Delta P$。在二维位移测量系统中，还需要首先分析相位和位移之间的关系。对于包括面内位移和垂直位移（面外）的二维测量，仪器的特定光路示意如图 4.29 所示。

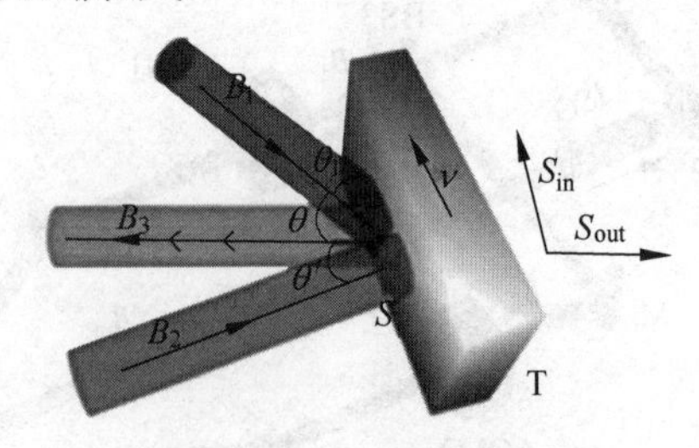

图 4.29　光路示意图

S_{in}—面内位移；S_{out}—面外位移；B_1、B_2—测量光束；B_3—散射光束；θ_1—B_1 方向与目标运动之间的夹角；θ—B_1 和 B_3 方向之间的夹角；θ'—B_2 和 B_3 方向之间的夹角；S—两个测量光束的入射点

（请扫Ⅲ页二维码看彩图）

面内和面外位移的方向以图 4.29 中的 B_3 方向定义，B_3 的方向平行于面外位移并垂直于面内位移的方向，即被测面的垂直方向。当目标以 v 的速度移动时，测量光束 B_1 和 B_2 被目标表面散射。根据多普勒频移公式，检测到的测量光束的频率为

$$\begin{cases} f'_1 = f_1 \dfrac{1+\dfrac{v}{c}\cos\theta_1}{1-\dfrac{v}{c}\cos(\theta_1+\theta)} \\ f'_2 = f_2 \dfrac{1+\dfrac{v}{c}\cos(\theta_1+\theta+\theta')}{1-\dfrac{v}{c}\cos(\theta_1+\theta)} \end{cases} \tag{4.2.4}$$

式中，f_1、f_2 是经声光移频器调制后光束 B_1 和 B_2 的频率；c 是光速；v 是目标的速度。

因目标的速度 v 远低于光速，因此两束光的频率变化可以表示为

$$\begin{cases} \Delta f_1 = f'_1 - f_1 = f_1 \dfrac{v}{c}(\cos\theta_1 + \cos(\theta_1+\theta)) \\ \Delta f_2 = f'_2 - f_2 = f_2 \dfrac{v}{c}(\cos(\theta_1+\theta+\theta') + \cos(\theta_1+\theta)) \end{cases} \tag{4.2.5}$$

频率的变化本质上是相位的变化。通过计算式(4.2.5)左侧的积分，可以得到

$$\begin{cases} \displaystyle\int \Delta f_1 \mathrm{d}t = \frac{1}{2\pi}\int \Delta\omega_1 \mathrm{d}t = \frac{1}{2\pi}\varphi_1 \\ \displaystyle\int \Delta f_2 \mathrm{d}t = \frac{1}{2\pi}\int \Delta\omega_2 \mathrm{d}t = \frac{1}{2\pi}\varphi_2 \end{cases} \tag{4.2.6}$$

对于式(4.2.6)的右侧，速度 v 的积分是目标 S 的位移。因此，根据式(4.2.6)，载波的附加相位与目标 S 的位移有关，根据式(4.2.5)和式(4.2.6)可得

$$\begin{cases} \varphi_1 = \dfrac{2\pi}{\lambda} S(\cos\theta_1 + \cos(\theta_1+\theta)) \\ \varphi_2 = \dfrac{2\pi}{\lambda} S(\cos(\theta_1+\theta+\theta') + \cos(\theta_1+\theta)) \end{cases} \tag{4.2.7}$$

面内和面外位移通过以下几何关系与目标位移 S 相关：

$$\begin{cases} \displaystyle\int_0^t v\,\mathrm{d}t = S \\ \displaystyle\int_0^t v\sin(\theta_1+\theta)\,\mathrm{d}t = S_{\mathrm{in}} \\ \displaystyle\int_0^t v\cos(\theta_1+\theta)\,\mathrm{d}t = S_{\mathrm{out}} \end{cases} \tag{4.2.8}$$

通过将相位变化与外腔长度变化联系起来，可以从式(4.2.7)和式(4.2.8)推导出二维位移为

$$\begin{cases} S_{in} = \dfrac{\lambda}{2\pi} \cdot \dfrac{\varphi_1(1+\cos\theta') - \varphi_2(1+\cos\theta)}{\sin\theta + \sin\theta' + \sin(\theta+\theta')} \\ S_{out} = \dfrac{\lambda}{2\pi} \cdot \dfrac{\varphi_1 \sin\theta' + \varphi_2 \sin\theta}{\sin\theta + \sin\theta' + \sin(\theta+\theta')} \end{cases} \tag{4.2.9}$$

在式(4.2.9)中，波长 λ 可以认为是常数。φ_1 和 φ_2 是从 LIA 解调的测量值。因此，只有在系统中参数 θ 和 θ' 已知的情况下，才能计算二维位移。

3. 微片激光回馈二维位移测量仪测量结果及分析

(1) 光束入射角度的标定

由式(4.2.9)可知，图 4.29 中的参数 θ 和 θ' 需要测量，才能在实际测得相位 φ_1 和 φ_2 后求出位移 S_{in} 和 S_{out}。然而，由于光束是不可见的，又是三束重合，很难直接在空间中测量出 θ 和 θ' 的实际大小。因此，假设从平移阶段预先知道位移，然后根据方程(4.2.9)反向导出参数 θ 和 θ'。为了简化标定过程，将角度 θ 和 θ' 的和设置为 90°，因此面外位移等于零。方程式(4.2.9)可简化为

$$\begin{cases} \varphi_1 = \dfrac{2\pi}{\lambda} S_{in} \sin\theta \\ \varphi_2 = -\dfrac{2\pi}{\lambda} S_{in} \sin\theta' \end{cases} \tag{4.2.10a}$$

式中，φ_1、φ_2 是由位移引入的相位角(弧度)；S_{in} 是从 PI 平台获得的面内位移。测量时，设定目标移动 500μm，每次位移 50μm，10 次走完全程，测量结果如图 4.30 所示。

为了方便，把式(4.2.10)变形，并设参数 d_1 和 d_2

$$\begin{cases} d_1 = \varphi_1 \lambda / 2\pi = S_{in} \sin\theta \\ d_2 = \varphi_2 \lambda / 2\pi = S_{in} \sin\theta' \end{cases} \tag{4.2.10b}$$

图 4.30 的横坐标是 PI 平台位移，纵坐标分别是 d_1 和 d_2。由图可知，d_1 和 d_2 与 PI 平台位移的关系是一直线，斜率为 $\sin\theta = 0.22606$ 和 $-\sin\theta' = -0.23408$，标准误差 10^{-5}。

系统测得了 d_1 和 d_2，而 S_{in} 是 PI 平台位移，由三角函数 $\sin\theta$ 和 $\sin\theta'$ 也就获得了图 4.29 中 θ 和 θ' 的值。

(2) 二维位移测量与分析

获得了参数 θ 和 θ' 后，可根据方程(4.2.9)计算二方向的位移。为验证仪器在二维位移测量领域的优秀能力，设计了工作台的二维运动控制系统，并由二维运动作出传统李萨如图形的轨迹。

首先将工作台的二维平移设置为相同振幅、相同频率和 90°相位差，设面内位移 X 的方向是 S_{in}，面外位移的方向 Y 是 S_{out}(图 4.29)。X、Y 由以下公式表示：

$$\begin{cases} X = A\sin(2\pi h_{sin} + \varphi_{sin}) = 10\sin(2\pi f) \\ Y = A\sin(2\pi h_{sout} + \varphi_{sout}) = 10\sin(2\pi f + \pi/2) \end{cases} \tag{4.2.11}$$

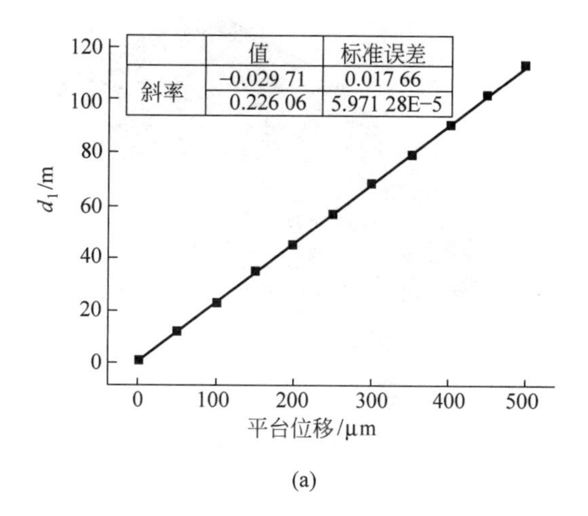

(a)

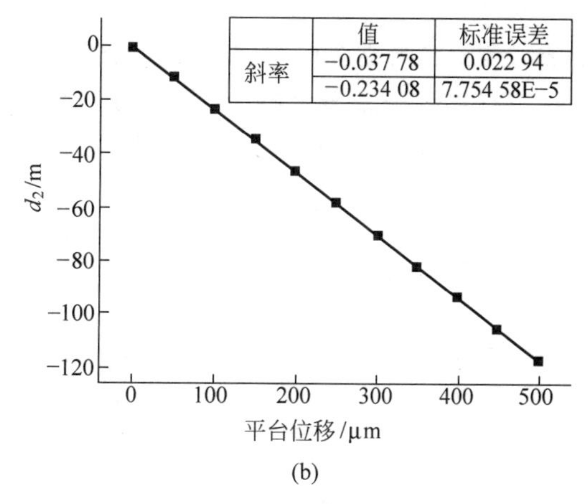

(b)

图 4.30　测量结果

(a) 面外(方向 S_{out})位移；(b) 面内(方向 S_{in})位移

二维位移工作台可同时也可独立产生面内位移和面外位移，并能显示位移值，如图 4.31 所示。

图 4.32 给出两个李萨如图形，一个由工作台的二维位移直接形成，是模拟结果(图 4.32 的点实线)；另一个则是由系统测量到的位移形成，是测量结果(图 4.32 的虚线)。

模拟结果的李萨如图形是由位移台二维的正弦移动(位移)产生的，二维互为直角显示。这样的模拟是理想化的。实际上，由于系统中机械安装总存在误差，机械运动的二维平台不能做到每维都是标准的正弦波要求。由图 4.32 可见，实际测出结果的李萨如图形与模拟的李萨如图形明显不重合，说明存在误差，分析误差的来源是平台的二维机械运动偏离理想状态。二维平台的机械结构如图 4.31 所示。平台 Stage_1 和 Stage_2 的定位精度分别为 50nm 和 5nm，Stage_1 和 Stage_2 的行程分

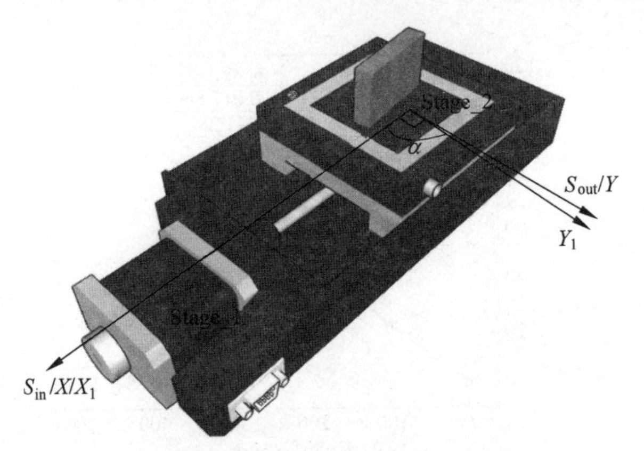

图 4.31　位移平台的机械结构示意图

X 为面内位移的轴；Y 为面外位移的轴；X_1 为 Stage_1 的轴；Y_1 为 Stage_2 的轴

（请扫Ⅲ页二维码看彩图）

别为 150mm 和 500μm。测量二维位移时，工作台的两个方向位移是前后分步走的，实验发现当只有 Stage_1 移动时，S_{out} 等于零；但当只有 Stage_2 移动时，S_{in} 不等于零，并且在 S_{in} 方向上有分量。说明 Stage_2 运动方向与 S_{out} 方向存在夹角。

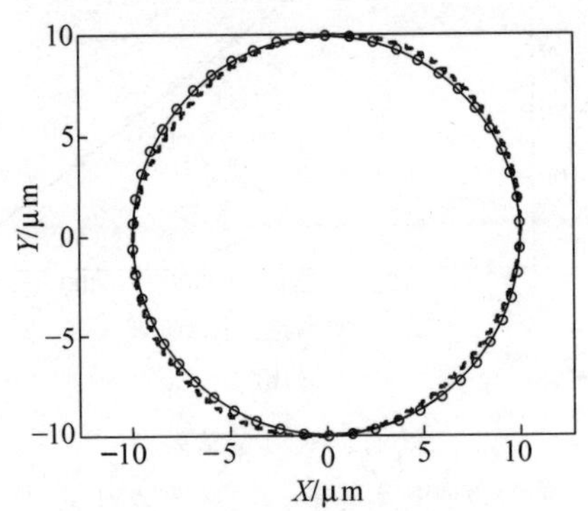

图 4.32　二维位移的李萨如图形

虚线为测量数据；空心点线为模拟数据

（请扫Ⅲ页二维码看彩图）

引起图 4.32 中的偏差是模拟的李萨如图形，并没有引入二维平台运动的误差。系统中，二维平台两个方向的运动的夹角是

$$\alpha = \arctan\left(\frac{S_{out}}{S_{in}}\right) \approx 87.02° \tag{4.2.12}$$

考虑到机械装置的角度误差后，模拟参数修改为

$$\begin{cases} x_1 = 10\sin(2\pi f) \\ y_1 = 10\sin(2\pi f + \pi/2) \\ x = x_1 + y_1 \cdot \cos(\alpha) \\ y = y_1 \cdot \sin(\alpha) \end{cases} \tag{4.2.13}$$

实际测量结果的李萨如图形和修正后的仿真李萨如图形示于图 4.33。与图 4.31 相比，两个圆吻合得较好。

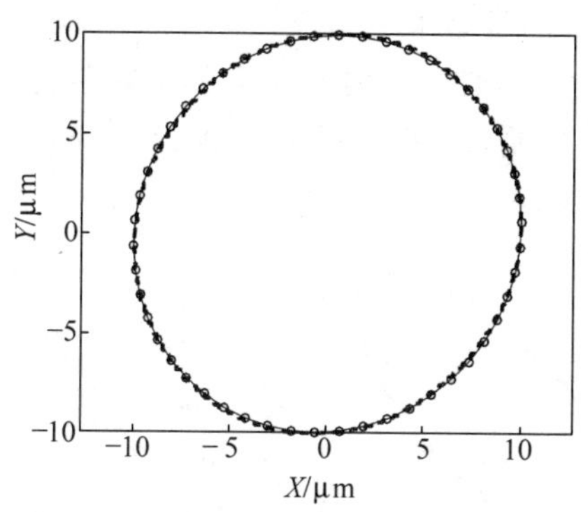

图 4.33　考虑到二维位移平台运动误差的模拟李萨如图形的实际测量结果的李萨如图形

虚线为测量数据；空心点线为模拟数据

（请扫Ⅲ页二维码看彩图）

为计算测量的精度，定义一个参数：径向误差。径向误差是在极坐标系下模拟的极半径与测量的极半径之间的偏差。

正交坐标与极坐标系的关系为

$$\begin{cases} X = \rho\cos\theta \\ Y = \rho\sin\theta \end{cases} \tag{4.2.14}$$

方程(4.2.13)的模拟可用极坐标系表示为

$$(\rho\cos\theta - \rho\sin\theta/\tan\alpha)^2 + (\rho\sin\theta/\sin\alpha)^2 = 10^2 \tag{4.2.15}$$

极半径随极角度变化的偏差如图 4.34 所示。

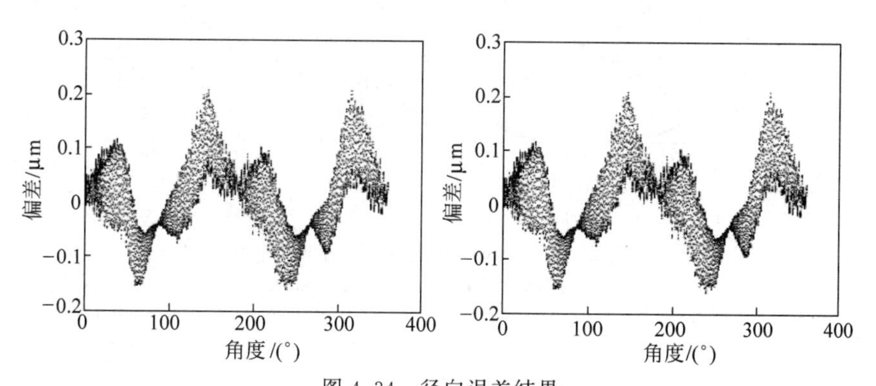

图 4.34　径向误差结果

左为模拟曲线；右为测量数据曲线

标准偏差为

$$\sigma = \sqrt{\frac{1}{N}\sum_{1}^{N}(r - r')^2} = 0.0671\mu\text{m} \tag{4.2.16}$$

式中，σ 为标准差，N 为数据个数，r 为测量数据，r'为模拟数据。结果表明，系统精度达到亚微米量级。

(3) 不同二维位移的测量结果

为进一步验证系统性能，测量了各种李萨如形状的运动。考虑到系统量程的限制以及平台分辨率的限制，分别设置平台 X、Y 方向运动的幅度为 240μm 和 5μm，图 4.35 是测量结果。

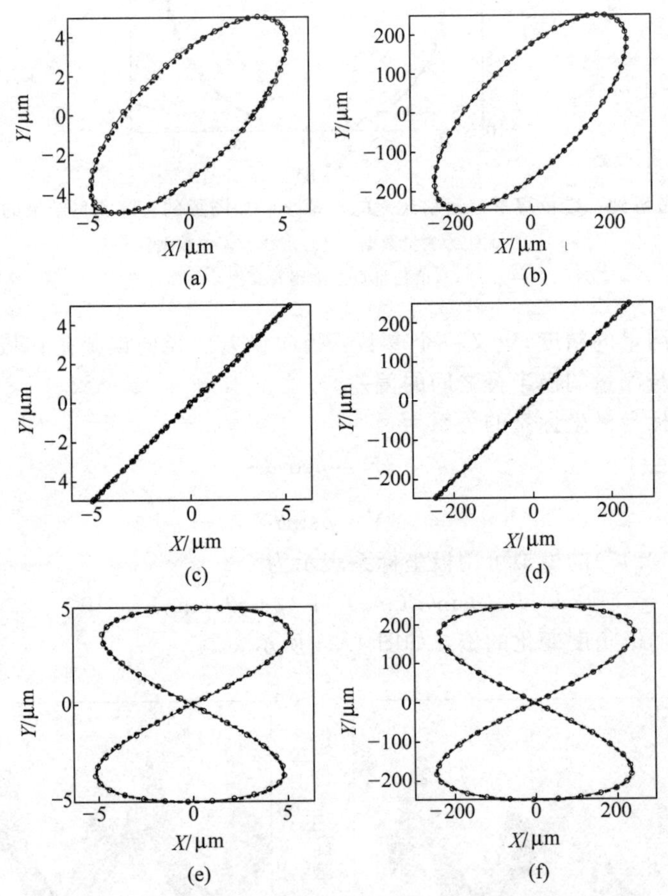

图 4.35　模拟李萨如图形和实际测量结果的李萨如图形

虚线为测量数据；空心点线为模拟数据。

(a) $f_x=f_y, \varphi_y-\varphi_x=\pi/4, A=5\mu m$；(b) $f_x=f_y, \varphi_y-\varphi_x=\pi/4, A=240\mu m$；(c) $f_x=f_y, \varphi_y=\varphi_x, A=5\mu m$；(d) $f_x=f_y, \varphi_y=\varphi_x, A=240\mu m$；(e) $f_x:f_y=2:1, \varphi_y-\varphi_x=\pi/2, A=5\mu m$；(f) $f_x:f_y=2:1, \varphi_y-\varphi_x=\pi/2, A=240\mu m$

(请扫Ⅲ页二维码看彩图)

如图 4.35 所示，各种李萨如图形的测量结果与模拟结果吻合，以上实验结果验证了该仪器在二维位移测量领域具有良好的性能。位移测量范围可达 480μm，由于平台行程的限制，没有对更大的位移进行测试，实际系统量程可达毫米量级。

最后，将不规则的随机二维运动设定到系统中。两个平台运动由计算机程序控制，其运动范围在 0～80μm 内选取，逐步生成一系列随机点作为运动点。随机点模拟数据和测量数据结果如图 4.36 所示，证明该系统在材料变形、热膨胀等更广泛的应用领域具有潜在的应用前景。

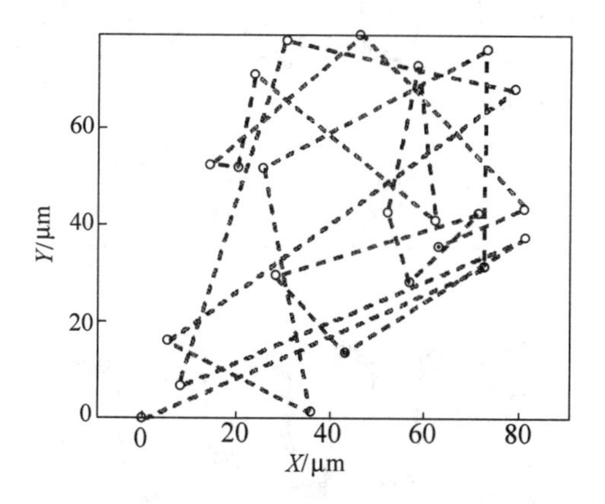

图 4.36 随机运动的结果

蓝色虚线为测量数据；红色圆形标记为模拟数据

（请扫Ⅲ页二维码看彩图）

4. 测量系统讨论

（1）系统分辨率

在一般实验室环境下设计了阶跃测试，对系统的分辨率进行了评估。将定位精度为 1nm、行程为 100μm 的 PI 平台 Stage_3 依次设置在两个正交方向上，前后移动 5nm。结果如图 4.37 所示，这说明系统二维的分辨率都可以达到 5nm。

（2）系统测量范围

对于面内位移测量，靶材的表面性质会影响测量范围。系统中的测量信号是由目标的散射产生的，目标的随机结构或表面光滑度都会导致不同程度的散射，从而影响测量中的信噪比。为了确保面内位移测量的准确性，在整个测量过程中应保持足够的信噪比，以防信号丢失。除了铝块作测试目标，还进一步对纸片、碳纤维、铁块等进行了测试。实验结果说明该仪器可以测量各种目标，面内位移范围为几毫米。

对于面外位移测量，材料的表面特性影响小，因为光束入射在材料的同一点上。所以，交叉点的大小限制了测量范围，这取决于测量调整。如果面外位移偏离相交区域足够大，则无法确保测量。因此，该仪器适合于微位移测量，并且面外的范围通常达到毫米量级。

（3）测量目标的限制

在(2)中的讨论均基于被测试目标的被测面有足够好的质量。而实际上，有的靶表面可能并不适合测量。例如，当表面粗糙度约为激光波长时，可能引起相位超过 2π 跳变。通常，表面粗糙度应小于激光波长。

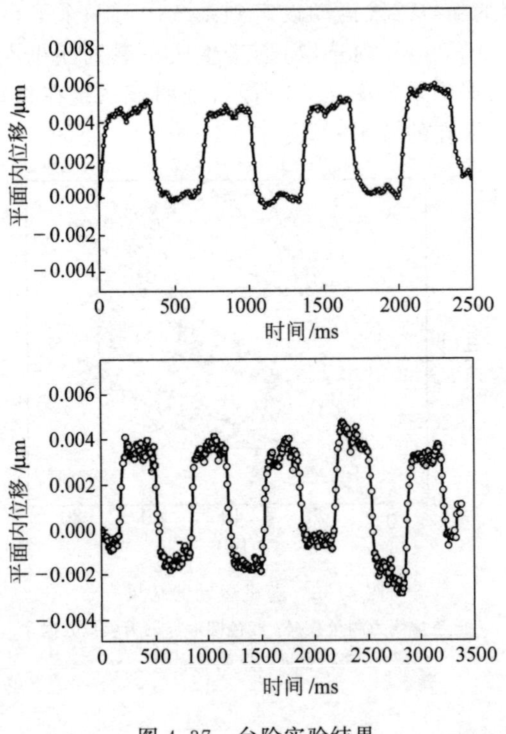

图 4.37　台阶实验结果

(请扫Ⅲ页二维码看彩图)

另一方面，表面粗糙度应小于光斑尺寸。不然，微结构会影响二维位移运动测量。在仪器测量中，测量光束的大小约为 2mm。由于测量的相位是入射到目标上的整个光斑的平均值，并且光斑的直径比粗糙度大得多，因此可以防止由微结构引起的测量误差。所以在仪器中不使用会聚光束而是使用准直光束。

(4) 目标速度的限制

激光移频回馈基于外差检测，限制了被测量目标的位移速度。

根据式(4.2.5)，LIA 需要检测多普勒频移。对于面内速度，两个测量光束的多普勒频移可以推导为

$$\begin{cases} f_{D_1} = \dfrac{v}{\lambda}\sin\theta \\ f_{D_2} = -\dfrac{v}{\lambda}\sin\theta' \end{cases} \tag{4.2.17}$$

对于面外速度，可以推导出两个测量光束的多普勒频移：

$$\begin{cases} f_{D_1} = \dfrac{v}{\lambda}(-1-\cos\theta) \\ f_{D_2} = \dfrac{v}{\lambda}(-1-\cos\theta') \end{cases} \tag{4.2.18}$$

波长为 1064nm，根据上述实验，已知 $\sin\theta$ 和 $\sin\theta'$，故信号处理的带宽决定了

最大可测速度。

考虑测量速度,带宽可以设置得足够大。但是,测量精度随着带宽的增加而降低。在测量速度和测量精度之间需要权衡,为测量快速运动,应增加带宽,放宽对噪声的要求;相反的是减少带宽,增加信噪比,限制了检测信号变化的能力。

在测量中,信噪比通常保持在 10dB 以上。然后可以根据仿真和经验将带宽设置为 1kHz,以确保测量精度并减少噪声的影响。因此,二维的最大速度为

$$\begin{cases} v_{\max\_in} = \min\left\{\left|\dfrac{f_D\lambda}{\sin\theta}\right|, \left|\dfrac{f_D\lambda}{-\sin\theta'}\right|\right\} \approx 4.55\text{mm/s} \\ v_{\max\_out} = \min\left\{\left|\dfrac{f_D\lambda}{-1-\cos\theta}\right|, \left|\dfrac{f_D\lambda}{-1-\cos\theta'}\right|\right\} \approx 0.54\text{mm/s} \end{cases} \tag{4.2.19}$$

总之,目标可测速度与 LIA 中设置的参数有关。通常,面外的最大速度约为 1mm/s,而面内的最大速度约为前者的 9 倍。

(5) 系统性能

平移台的精度决定了目标的运动精度,在测量中使用具有高定位精度的 PI 平台。因此,系统的行进距离也限制为 500μm。考虑到以上所有因素,在二维位移测量中,仪器达到了 5nm 的分辨率,500μm 的测量范围,精度优于 0.1μm,以及约 1mm/s 的最大测量速度。

5. 本节结语

激光回馈干涉仪使用了激光外差自混频干涉技术,并进行了频移和多路复用,实现了非接触式面内和面外位移测量,灵敏度高。测量了李萨如图形轨迹中的各种运动和随机运动。二维分辨率均优于 5nm,标准偏差可优于 0.1μm,可应用于材料的二维形变,二维热膨胀测量领域等。

4.2.3 基于微片固体激光回馈的材料热膨胀系数测量仪

1. 引言

材料热膨胀系数是物质的基本热物理参数之一,是表征材料性质的重要特征量。准确地测量材料的热膨胀系数,对于基础科学研究、技术创新、工程应用都具有十分重要的意义。

对不同材料和尺寸的被测样品在各种温度范围内的线膨胀系数测量方法有很多,常见的测量方法有电容法、机械法和光学法。电容法用被测样品尺寸随温度改变而引起的电容变化量来获取被测样品的膨胀量,然而,该方法受限于被测样品的材料种类、测量温度范围和测量精度。机械法是材料线膨胀系数测量的最古老和应用最广泛的方法之一,被测样品温度变化引起的位移量通过机械传递给远离热源的位移传感器,尽管此方法有更大的温度测量范围,但该方法由于利用推杆作为位移量的传递参考物而引进了不可避免的误差,因此也不能满足高精度测量。光学法主要分为光学成像法、散斑干涉法和光学干涉法三种,尽管光学成像法和散斑

干涉法实现了非接触式测量,且光学成像法也有与机械法相当的测量温度范围,但它们的分辨率和精度比光学干涉法的低。然而,在上述所有方法中,尽管光学干涉法在分辨率和精度上有很大的提高,但此方法仍有以下几点不足:①只有部分特殊被测样品在较高的表面加工工艺和较低的测量温度下(材料表面未氧化或相变而保持较高表面反射率),才能实现完全非接触式高精度测量;②对被测样品的形状和表面粗糙度有特殊的要求,如样品需类表面镜面处理来获得高表面反射率;③样品在较大温度范围内测量时,该样品表面需要镀膜或把光学参考物质作为配合目标;④系统抗外界环境扰动能力较差。

团队提出了一种基于 Nd:YAG 激光回馈干涉仪的材料热膨胀系数外差测量方法。被测样品置于两侧,同轴开孔(两孔均贴增透光学窗片),通光并密封马弗炉(muffle)。马弗炉增透窗片各有一台 Nd:YAG 激光回馈干涉仪,同轴放置。回馈干涉仪的测量光束通过窗片进入马弗炉照射到待测材料(块)上。按以上设计可以实现测量,同时消除放置材料的基座因温度改变的变形和错位。

为了消除马弗炉内部气体被加热升温,炉内部光路折射率改变引入的光程误差,又完成对全程空气(或保护性气体)扰动作误差补偿的热膨胀测量仪。全程空气扰动补偿方式光路复杂些,但可以排除掉从微片固体激光器内外光路以及马弗炉内气体扰动的影响。

2. 基于微片固体激光回馈材料热膨胀测量原理

图 4.38 为材料热膨胀量测量仪结构,主要由马弗炉、基于 Nd:YAG 激光回馈干涉仪的外差光学系统和电测与电控系统等组成。

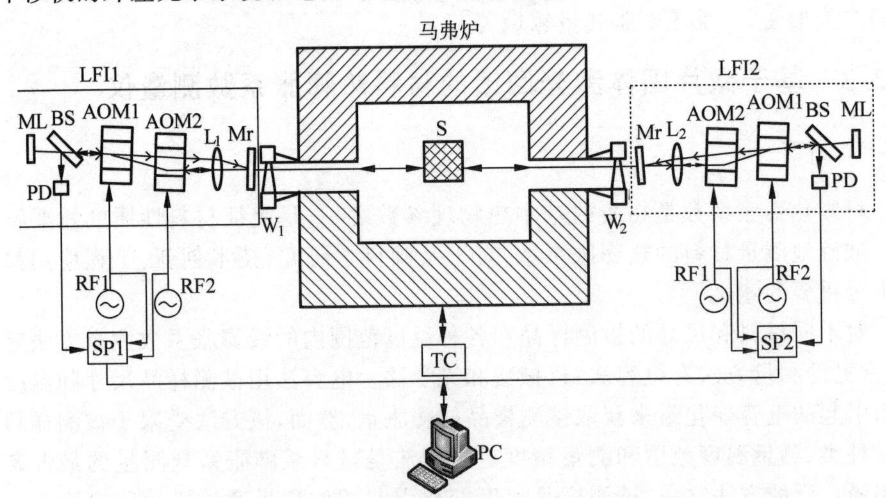

图 4.38 基于 Nd:YAG 激光回馈干涉仪的材料热膨胀系数测量仪结构图

LFI1、LFI2—Nd:YAG 激光回馈干涉仪;ML—微片激光器;BS—分光镜;PD—光电探测器;AOM—声光移频器;L_1、L_2—透镜;Mr—参考镜;S—被测样品;W_1、W_2—窗片;SP—信号处理系统;TC—温度控制显示系统;RF—射频信号发生器;PC—计算机

马弗炉的炉膛内部体积为1L，加热元件为硅钼棒，温度传感器为热电偶，加热控制方式采用程序控制。炉膛两侧各开了一个同轴、直径相同的孔。孔贴有石英增透窗片隔离炉内外，防止炉内外冷热空气流动。增透窗片呈楔形且两面镀1064nm波长增透膜。采用石英窗片的原因为石英耐高温且膨胀系数小，窗片采用楔形是为防止其表面反射光返回Nd：YAG微片激光器引起不应有的激光回馈。

图4.38中的LFI1和LFI2相同，就是4.1节的微片固体激光回馈干涉仪。采用两台Nd：YAG激光回馈干涉仪对顶放置不仅可以消除载物台不稳定引起的样品平移误差，而且可以补偿干涉仪内部各光学元件和空程随环境温度变化带来的额外的“位移量”。

电测与电控系统包括马弗炉温度控制-采集系统和信号处理系统，前者控制并采集被测样品的温度，后者用来得到不同温度下被测样品的膨胀量。

根据式(4.2.20)和式(4.2.21)，对于LFI1可以得到参考回馈光和测量回馈光的光程变化量，即位移量，分别表示为

$$S_{1r}=\frac{c}{2n\omega}\Delta\Phi_{1r} \tag{4.2.20}$$

$$S_{1m}=\frac{c}{2n\omega}\Delta\Phi_{1m} \tag{4.2.21}$$

式中，c为真空中的光速；n为空气折射率；$\Delta\Phi_{1r}$和$\Delta\Phi_{1m}$分别为参考回馈光和测量回馈光的相位变化量。对于LFI2，有

$$S_{2r}=\frac{c}{2n\omega}\Delta\Phi_{2r} \tag{4.2.22}$$

$$S_{2m}=\frac{c}{2n\omega}\Delta\Phi_{2m} \tag{4.2.23}$$

Nd：YAG微片固体激光器的部分输出光通过PD来检测，得到参考回馈光和测量回馈光的功率调制信号；通过RF1和RF2，可以得到频率为Ω和2Ω的参考信号；功率调制信号和参考信号再经过SP1，可以得到S_m和S_r，特别是它们的差值基本补偿干涉仪内部的空气扰动和光学元件带来的空程误差。

高温炉膛的温度从T_0升温到T_1，并在T_1保温一段时间使样品充分膨胀稳定后，仪器测得4个位移量，分别为LFI1的S_{1m}和S_{1r}，LFI2的S_{2m}和S_{2r}。S_{1r}和S_{2r}分别为LFI1和LFI2内部的空气扰动和光学元件带来的空程误差；S_{1m}包括S_{1r}、样品左侧膨胀量、样品平移量、炉膛内的空程带来的位移量和其他额外位移量，S_{2m}包括S_{2r}、样品右侧膨胀量、样品平移量、炉膛内的空程带来的位移量和其他额外位移量。由于LFI1和LFI2紧贴马弗炉口放置，以及窗片采用膨胀系数小的石英，则S_{1m}和S_{2m}中包含的其他额外的位移量很小，基本可以忽略；S_{1m}和S_{2m}中包含炉膛内的空程带来的位移量与样品的膨胀量相比很小，假设也可以忽略；样品平移量通过S_{1m}和S_{2m}求和也消除了。所以，被测样品的热膨胀量的简

化表达式为

$$\Delta S \approx S_{1m} + S_{2m} - (S_{1r} + S_{2r}) \tag{4.2.24}$$

最后，得出从 T_0 到 T_1 内样品的平均线膨胀系数的计算式为

$$\alpha(T_0;T_1) = \frac{1}{L_0} \times \frac{\Delta S}{T_1 - T_0} \tag{4.2.25}$$

式中，L_0 为被测样品在 T_0 时的长度。

图 4.39 为全补偿的热膨胀量测量仪结构，也主要由马弗炉、基于 Nd：YAG 激光回馈干涉仪的外差光学系统和电测与电控系统等组成。但是 LFI2 中的 Mh 尽量靠近 W_2；LFI1 的参考光束不是在仪器内被参考镜反射回微片固体激光器，而是与测量光成 θ 角并穿过马弗炉炉膛后，再被 Mh 反射后沿原路返回到微片激光器中。这样设计的目的是补偿（消除）马弗炉炉膛内空气折射率随温度的变化对测量结果的影响。

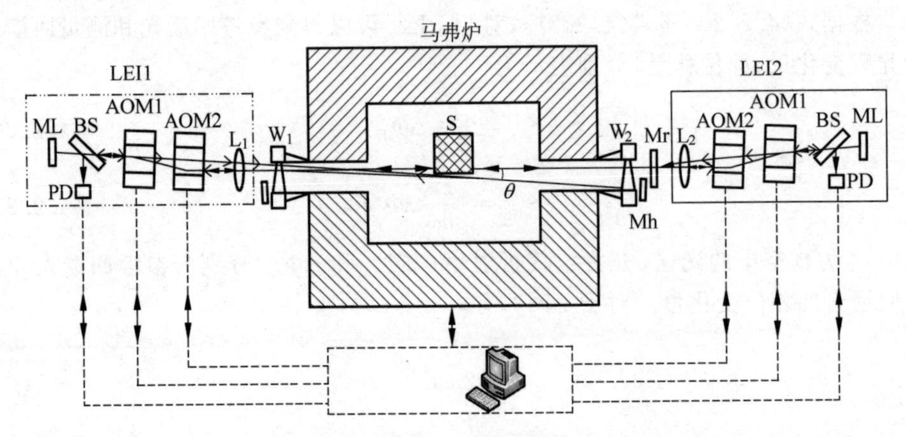

图 4.39 基于 Nd：YAG 激光回馈干涉仪的全程补偿的材料热膨胀量测量装置

LFI1 和 LFI2—Nd：YAG 激光回馈干涉仪；ML—Nd：YAG 微片激光器；BS—分光镜；PD—光电探测器；AOM—声光移频器；L—透镜；Mh—高反镜；Mr—参考镜；S—被测样品；W—窗片

图 4.39 中的马弗炉的结构、Nd：YAG 激光回馈干涉仪、电测与电控系统与图 4.38 相同，这里不再作具体描述，我们仅说明材料热膨胀系数的获得过程。图 4.40 是图 4.30 系统的简化模型，马弗炉炉膛的长度为 L_1。

温度为 T_0 时，被测样品 S 的长度为 L_0；当样品在马弗炉中被加热到 T_1 温度并充分膨胀后，样品如图 4.40 中虚线所示，此时，样品左侧膨胀量为 S_2，右侧膨胀量为 S_3。在此膨胀过程中，作 3 点假设：①系统中光学元件由于空气折射率随温度的变化而引起的光程变化量很小，可以忽略不计；②马弗炉炉膛内的气体因其折射率随温度的变化而引进的位移相对变化量如图 4.40 中 S_1、S_4 和 S_5 所示；③马弗炉的固有振动噪声和被测样品底部支撑部分的膨胀引起的样品平移量如图 4.40 中 S_0 所示。图中 S'_{1r} 和 S'_{1m} 分别为 LFI1 的参考回馈光和测量回馈光得到的位移量；S'_{2r} 和 S'_{2m} 分别为 LFI2 的参考回馈光和测量回馈光得到的位移量；由

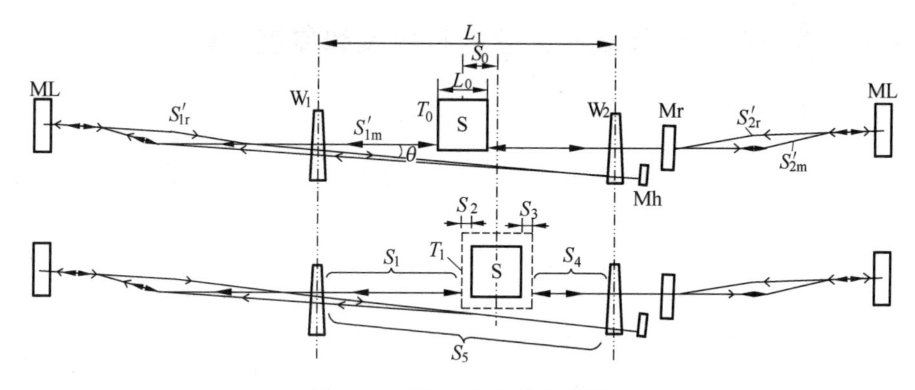

图 4.40　图 4.39 的简化模型

ML—Nd∶YAG 微片激光器；Mh—高反镜；Mr—参考镜；S—被测样品；W—窗片

于 LFI1 中的 ML 到 W_1 的距离与 LFI2 中的 ML 到 W_2 的距离近似相等，因此得到

$$\begin{cases} S'_{1r} \approx S'_{2r} + S_5 \\ S'_{1m} \approx S'_{2r} + S_1 + S_2 + S_0 \\ S'_{2m} \approx S'_{2r} + S_4 + S_3 - S_0 \end{cases} \tag{4.2.26}$$

式中，S_1 为 W_1 到 S 左侧表面这一段光程引进的位移变化量；S_4 为 W_2 到 S 右侧表面这一段光程引进的位移变化量；S_5 为 LFI1 的参考光在炉膛内这一段光程引进的位移变化量，满足关系

$$S_1 + S_4 \approx S_5 \cos\theta[(L_1 - L_0)/L_1] \tag{4.2.27}$$

则被测样品的热膨胀量的表达式为

$$\Delta S = S_2 + S_3 \approx S'_{1m} - 2S'_{2r} + S'_{2m} - (S'_{1r} - S'_{2r})\cos\theta[(L_1 - L_0)/L_1] \tag{4.2.28}$$

与图 4.38 系统相比，图 4.40 系统可以基本补偿光路中空气折射率随温度的变化对测量结果的影响。干涉仪通过外差相位测量方法，热膨胀量分辨率理论上可以达到几纳米。Nd∶YAG 微片激光器对从被测样品表面反射或散射而产生的回馈光有极高的灵敏度，这一特性实现了对被测样品的完全非接触式测量。干涉仪参考光和测量光准共路的特性补偿了干涉仪内部的空程误差。基于以上特性，使得本系统可以实现材料热膨胀系数在较大温度范围内的非接触高精度测量。实验中，利用本系统对铝和 45＃钢样品(置于 S 处)进行了测量。实验结果表明，该方法可以实现材料热膨胀系数在较大温度范围内的完全非接触式、高精度测量。下一步，团队将围绕如何消除马弗炉炉膛内的空气对测量的影响，提高样品测量温度范围，及对一些较难氧化的材料如碳纤维复合材料开展研究。

4.2.4 基于微片固体激光回馈的折射率和厚度测量

1. 引言

传统的测量光学材料折射率的技术主要分为测角法和干涉法两大类。有代表性的测角法包括最小偏向角法、V 棱镜法、全反射法和椭圆偏光法。干涉法包括迈克耳孙干涉法、马赫-曾德尔干涉法等。而已经商用化仪器的测量方法都主要集中于第一类，即测角法中。其中，最小偏向角法的测量精度最高，可以达到 10^{-6}，并已作为国家标准使用。它的原理是通过测量光线从棱镜出射后的最小偏向角计算折射率，因此需要将样品磨成棱镜形状。可是加工高精度棱镜难度大(角度误差、塔差、表面光圈和粗糙度)。对于一些较珍贵的晶体来说，原材料浪费可惜，样品的重新利用困难。V 棱镜法和全反射法在实际中被广泛应用，并且都可以对固体和液体样品进行测量。它们的原理分别是通过测量光线出射后的偏折角和全反射时的临界角来计算折射率，精度分别为 10^{-5} 和 10^{-4}。但是受原理的限制，这两种方法的测量折射率的范围都有限，只能测试折射率在 1.3～1.95 范围内的样品，无法满足大折射率材料和新材料的发展需求。

团队研究的测量折射率的方法基于准共路移频微片 Nd：YAG 激光回馈技术。微片 Nd：YAG 激光的工作波长是 1.064μm。这一技术不仅可实现材料的折射率高精度测量，还可同时测量出材料的厚度，这是很独特的。厚度也是光学器件乃至半导体材料的重要参数。

由于微片激光频移回馈测量的是折射率和厚度引起的光相位改变，所以分辨率很高，又采用了激光回馈准共路结构，可消除环境扰动对测量的影响(即误差补偿)。该方法测量折射率和厚度都可以获得非常小的绝对不确定度，折射率测量精度可以达到约 10^{-5}，而厚度测量可以达到约 10^{-5}mm。

本节将介绍团队对三种材料测试的结果，包括 CaF_2、熔融石英和 ZnSe。选择它们，一是它们分别属于光学晶体、光学玻璃和半导体，常作为 1.064μm 和近红外波段的器件材料。如 CaF_2 常用于校正光学像差。二是它们的折射率从小到大范围在 1.428 47(熔融石英)～2.482 72(ZnSe)之间，可获知微片激光频移回馈测量折射率的范围。

2. 同时测量折射率和厚度的原理

系统配置如图 4.41 所示。LM 是单纵模线偏振微片 Nd：YAG 激光器，工作波长为 1.064μm。回馈镜 M_3 是一个没有镀膜的光学楔。由 M_3 反射的激光束返回激光腔，与内部光场发生干涉(自干涉或内干涉)，回馈光束在激光腔被放大。激光束强度由光探测器检测。在回馈路径中置入两个声光调制器 AOM1 和 AOM2，目的是为了大幅度提高微片激光器对回馈光的放大能力。AOM1 和 AOM2 分别由信号发生器 RF1 和 RF2 驱动，两个声光移频器(AOM1 和 AOM2)的移频频率差为 1Ω。参考光和测量光分别受到了频率为 1Ω 和 2Ω 的外差调制的。

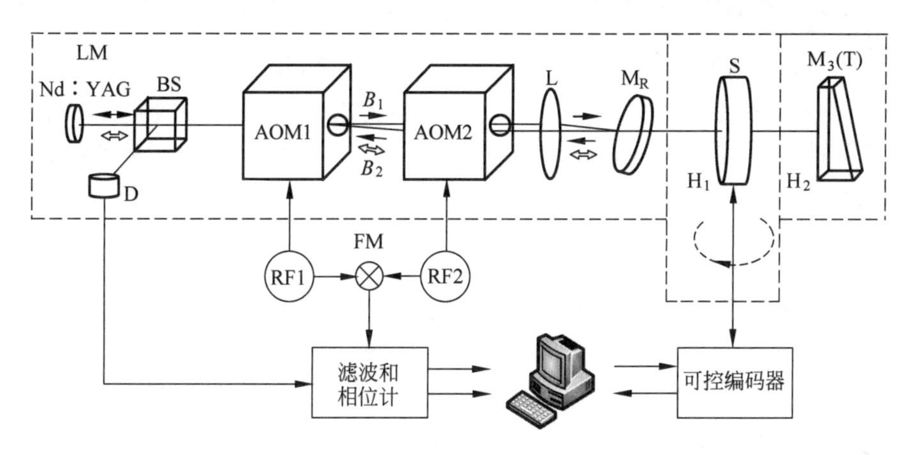

图 4.41　利用准共路激光回馈干涉法测量折射率和厚度的结构

B_1—测量光；B_2—参考光

图 4.41 中的大部分元件已经在图 4.2 中出现，它们构成了微片固体激光器回馈干涉仪，工作原理也作过介绍，这里不作更详细描述。本节的篇幅将放在折射率和厚度测量上。

需要注意的是，对比图 4.2，图 4.41 加了实线框和虚线框。实线框即图 4.2 的频率复用激光回馈系统，实线是系统的壳体。虚线框内的 S 即被测元件，是开放的。开孔 H_1 和 H_2 为光线的通路。被测元件夹在 M_R 和 M_3 之间。参考镜 M_R（反射率低于 10%）尽量靠近 M_3（T），即作为测量窗口的虚线框开口不要过大。

对样品 S 的要求是两个表面平行。S 安装在由步进电机控制器控制的高精度电动旋转台（BOIC MRS211）上，旋转角精度为 10′。

根据频移回馈的激光器速率方程模型，激光器频移回馈的光强可以表示为

$$\begin{cases}\Delta I_{\mathrm{r}}=\kappa G(\Omega)\cos(\Omega t+P_{\mathrm{r}}+\varphi_{\mathrm{r}})\\ \Delta I_{\mathrm{m}}=\kappa G(2\Omega)\cos(2\Omega t-P_{\mathrm{m}}+\varphi_{\mathrm{m}})\end{cases}\tag{4.2.29}$$

式中，ΔI_{r} 和 ΔI_{m} 分别是参考光和测量光的强度，κ 是激光外腔的回馈系数，$G(\Omega)$ 是频率相关的放大系数，ϕ_{r} 和 ϕ_{m} 是固定的相移。相位 $P_{\mathrm{r,m}}=4\pi L_{\mathrm{r,m}}/\lambda$，由外腔长度 L_{r} 和 L_{m}（分别从 Nd：YAG 激光器左反射面到 M_R 和 M_3）决定。式(4.2.29)表明，参考光和测量光受到了频率分别为 Ω 和 2Ω 的余弦外差调制。

M_3 和 M_R 需要调整，使其反射光照来路 B_1 和 B_1 返回 Nd：YAG 激光器，可以在计算机屏上观察参考信号和测量信号的振幅并调整参考镜 M_r 和回馈镜 M_3，使它们与激光器准直好。

当被测样品 S 被精密转台带动旋转时，样品中的光程变化 ΔL 为

$$\Delta L = \frac{\lambda}{2\pi}(\Delta P_{\mathrm{m}} - \Delta P_{\mathrm{r}})$$
$$= d\left[\sqrt{n^2 - n_0^2\sin^2\theta} - n_0\cos\theta - \sqrt{n^2 - n_0^2\sin^2\theta_0} + n_0\cos\theta_0\right] \tag{4.2.30}$$

式中，λ 为激光波长，d 为样品厚度，n 为待测折射率，n_0 为空气折射率，θ_0 和 θ 分别为旋转前后激光束与样品表面法线的夹角，ΔP_{m} 和 ΔP_{r} 分别为测量光和参考光的相位变化，由相位计进行解调。其中 ΔP_{m} 反映了旋转样品引起的光程变化，ΔP_{r} 是回馈路径中的环境扰动引起的相位变化。由于参考路径 L_{r} 和测量路径 L_{m} 在空间上几乎重叠，因此，尽管 ΔP_{m} 和 ΔP_{r} 都包含环境扰动造成的相位扰动，而差($\Delta P_{\mathrm{m}} - \Delta P_{\mathrm{r}}$)内环境的影响得以差动消除。因此，该系统对大气干扰具有很强的稳健性，并为折射率和厚度测量提供了高稳定性。

在样品旋转过程中，角度 θ 和 ΔL 被多次测量，并基于超定方程(4.2.30)同时求解折射率 n 和厚度 d，

$$\left.\begin{aligned}
\Delta L_1 &= d\cdot\left[\sqrt{n^2 - n_0^2\sin^2\theta_1} - n_0\cos\theta_1 - \sqrt{n^2 - n_0^2\sin^2\theta_0} + n_0\cos\theta_0\right]\\
\Delta L_2 &= d\cdot\left[\sqrt{n^2 - n_0^2\sin^2\theta_2} - n_0\cos\theta_2 - \sqrt{n^2 - n_0^2\sin^2\theta_0} + n_0\cos\theta_0\right]\\
\Delta L_3 &= d\cdot\left[\sqrt{n^2 - n_0^2\sin^2\theta_3} - n_0\cos\theta_3 - \sqrt{n^2 - n_0^2\sin^2\theta_0} + n_0\cos\theta_0\right]
\end{aligned}\right\}\Rightarrow n, d \tag{4.2.31}$$

3. 测量折射率和厚度的结果

测量中，空气温度、气压和相对湿度分别为 22.13℃、101510Pa 和 54%。根据更新的埃德伦(Edlen)方程计算的空气折射率 n_0 为 1.000 267。样品的初置角 θ_0 为 1°。S 从 1°开始旋转，每次旋转角度增加 3°，直至 34°为一次测次。每个样品做 10 次测试。

测量了 $\mathrm{CaF_2}$、熔融石英(代码 7980)和 ZnSe 样品。这些样品的平行度优于 5′。样品 S 在旋转中，精密转台内部的光栅盘自动给出旋转角($\theta - \theta_0$)，用准共光路激光回馈干涉法测量光程变化 ΔL。

图 4.42 给出光程改变对 S 转角的理论和测量结果。框点曲线为熔融石英实际测量所得，虚线为熔融石英理论计算所得。圆点线为 $\mathrm{CaF_2}$ 实际测量所得，实线为理论计算所得。三角线为 ZnSe 实际测量所得，点划线为理论计算所得。

表 4.2 示出折射率和厚度的测量结果。折射率测量不确定度小于 0.000 03，厚度测量不确定度小于 0.000 5mm。该方法的测量不确定度优于棱镜耦合法(约 10^{-4})，与 V 棱镜法的测量不确定度(约 10^{-5})相当。此外，本节测量的 ZnSe 的折射率为 2.482 72，远超出 1.7V 棱镜法的测量范围，即这是 V 棱镜法不能测量的。与塞耳迈耶尔(Sellmeier)方程计算的参考值相比，折射率的误差分别为 0.000 01、0.000 04 和 0.000 11。误差随折射率的增加而增大。为了对比，我们用电感测微计测得的 $\mathrm{CaF_2}$、熔融石英和 ZnSe 样品的厚度分别为 19.828mm、19.976mm 和 9.895mm(表 4.3)，与用准共路移频回馈干涉仪测得的厚度一致。

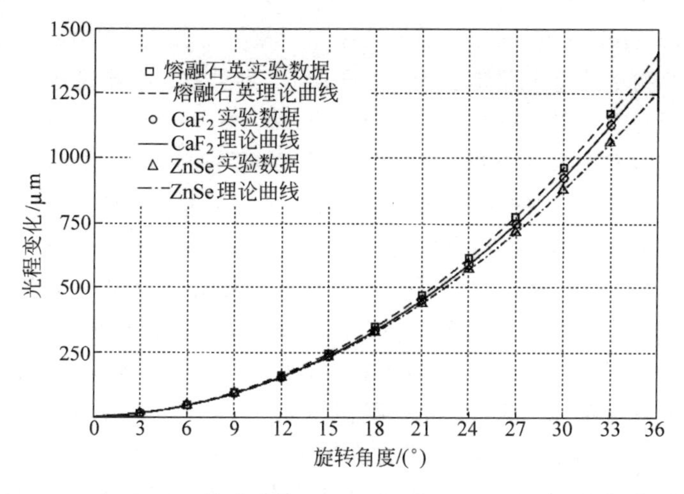

图 4.42　对于 CaF_2、熔融石英和 ZnSe 样品，光路随旋转角的变化曲线

(请扫Ⅲ页二维码看彩图)

表 4.2　熔融石英、CaF_2 和 ZnSe 样品的折射率和厚度测量结果

测量次数序号	熔融石英		CaF_2		ZnSe	
	折射率	厚度/mm	折射率	厚度/mm	折射率	厚度/mm
1	1.449 68	19.9746	1.428 45	19.8273	2.482 78	9.8944
2	1.449 72	19.9750	1.428 48	19.8276	2.482 78	9.8950
3	1.449 69	19.9760	1.428 48	19.8281	2.482 78	9.8952
4	1.449 73	19.9748	1.428 45	19.8287	2.482 78	9.8949
5	1.449 69	19.9752	1.428 46	19.8282	2.482 78	9.8952
6	1.449 72	19.9744	1.428 48	19.8283	2.482 78	9.8952
7	1.449 71	19.9752	1.428 46	19.8282	2.482 78	9.8952
8	1.449 72	19.9753	1.428 49	19.8284	2.482 78	9.8951
9	1.449 70	19.9757	1.428 46	19.8283	2.482 78	9.8950
10	1.449 73	19.9752	1.428 44	19.8282	2.482 78	9.8949

表 4.3　CaF_2、熔融石英和 ZnSe 折射率和厚度测量的平均值和不确定度

材　料	折　射　率	厚度/mm
CaF_2	1.428 47±0.000 02	19.8281±0.000 4
熔融石英	1.449 71±0.0002	19.9751±0.0005
ZnSe	2.482 72±0.0003	9.8950±0.0002

其中，CaF_2 和熔融石英的折射率都在 1.4～1.45，而 ZnSe 的折射率很大，为 2.482 72。三种材料的折射率测量不确定度都小于 3×10^{-5}，它们在 1064nm 下的折射率理论值分别为 1.428 46(CaF_2)、1.44967(熔融石英)和 2.48261(ZnSe)，测量结果值与理论值的差分别为 0.000 01、0.000 04 和 0.000 11。此外，厚度测量不确定度都小于 5×10^{-4}mm，并且都与千分尺的测量结果(CaF_2 19.828mm，熔融石

英 19.976mm,ZnSe 9.895mm)相符。

折射率的测量误差主要来源于初始角度 θ_0 的误差。在测量中,首先让样品的通光面垂直于光线,判据是测量信号有最大振幅。然后,将样品 S 按虚线箭头所指方向旋转一个角度作为初始角。初始角由可控编码器读出。受编码器精度限制,这种方法会给 θ_0 带来 $2'$ 的误差,相应带给 Δn 的误差是 6×10^{-5}。此外,环境的温度湍流会导致折射率本身的变化。对于熔融石英,热光系数 $\mathrm{d}n/\mathrm{d}t$ 为 9.6×10^{-6},而对于 ZnSe,$\mathrm{d}n/\mathrm{d}t$ 可达 7.1×10^{-5},不可忽略。因此,在团队未来的研究中,正在考虑将样品放入培养箱中以控制样品温度。此外,测量结果也受激光波长偏移的影响。在测量过程中,Nd:YAG 激光器的温度不稳定,导致激光波长的漂移。波长计(HighFinesseWS-7)测量的波长飘移为 5.5×10^{-4}nm/h,折射率的相应误差为 4×10^{-7}。此外,样品表面的不平行会进一步带来测量误差。样品的平行度优于 $5''$。假定样品旋转时,光入射到样品上的位置移动了 5mm,那么两位置对应的样品厚度差为 $\Delta d=5\text{mm}\times\tan(5')=121\text{nm}$。偏导数 $\partial n/\partial d=-26.5$,折射率误差为 3.2×10^{-6}。与 CaF_2 和熔融石英相比,对 ZnSe 样品的平行度、表面精度、表面光洁度和均匀性的要求都更为严格。

以上研究表明,团队研究了用 Nd:YAG 激光(波长 1064nm)移频回馈干涉仪测量光学材料折射率和厚度。实现了对 CaF_2 晶体、熔融石英玻璃和半导体 ZnSe 的折射率和厚度同时测量。折射率范围从 1.428 47 到 2.482 72,而 V 棱镜法和全反射法可测最大折射率仅为 1.95。测量结果还表明,折射率测量不确定度优于 0.000 03,厚度测量不确定度优于 0.0005mm。该方法具有精度高、测量范围广、样品处理简单、环境稳健性好等优点,可用于工业在线测量和普通实验室等多种环境。

本节主要参考文献:[153][260][264][271][282][289][291][366][367][369][376][379][381] [383]。

4.3 微片激光双折射外腔回馈位移测量:微片固体激光回馈测尺

4.3.1 引言

4.1 节介绍了团队研究的共路(准共路)微片固体激光双折射外腔回馈位移测量仪,4.2 节介绍了其四项应用(除最常用的位移测量之外)。本节将介绍基于微片固体激光的双折射外腔回馈位移测量:微片激光回馈测尺。为了简单和与传统测量仪器对应,称其为万分尺。

团队基于激光振荡研究成 HeNe 激光器纳米测尺(见 3.4 节),其优点是归零性好,因为用 HeNe 激光器本身做仪器,体积较大。

团队一直潜心寻找新的思路,在理论、器件和总体构架上做准备,以最终研究成体积小到“一手可握”的纳米测尺。体积与光栅、光三角法、电感测位移等相当,但精度比它们高一个量级。

4.3.2　微片固体激光回馈测尺原理

3.4 节给出了微片激光器双折射外腔回馈产生两路类正弦信号且 90°相位差的方法。Nd：YAG 内的光束方向本为各项同性，没有双折射，但加工过程中总存在残余应力，容易出现激光器的偏振跳变，造成光回馈条纹不稳定。有意义的是，微片 Nd：YVO_4 激光器本来是偏振方向唯一固定的，但当外腔置入光学波片，回馈镜有位移时，激光器的回馈条纹变成两条，且两条纹的相位差与波片相位延迟成比例。微片固体激光回馈测尺以微片 Nd：YVO_4 激光器作为仪器的核心。

确认微片 Nd：YVO_4 激光器在外腔置入波片时具有和 Nd：YAG 类似的回馈现象的实验系统，如图 4.43 所示，LD 与 Nd：YVO_4 微片构成的位移测量系统的光源输出 1064nm 单纵模线偏振光。NPBS 为消偏振分光棱镜，透反比为 45：45 (1±5%)。ATT 为衰减片，WP 是在 1064nm 波长下相位延迟量为 45°的波片，其快轴(或慢轴)与微片激光偏振方向成 45°。W 为沃拉斯顿棱镜，回馈镜 M_3 镀有反射率为 60%的 1064nm 反射膜。PZT 为压电陶瓷，AS 为孔径光阑，T 为位移台，用来改变回馈外腔长。D_1、D_2 均为光电探测器，把激光束强度转化为电信号，显示在示波器 OS 上。

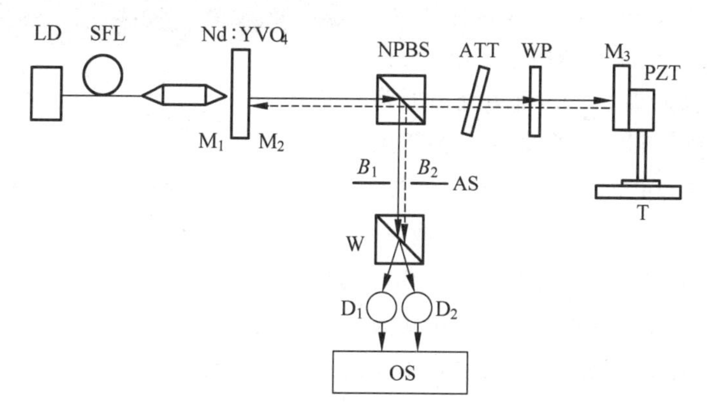

图 4.43　观察微片 Nd：YVO_4 激光器在外腔置入波片时产生的回馈条纹

(请扫Ⅲ页二维码看彩图)

图 4.43 是实验系统，图 4.44 是实验结果。

2.7.1 节和 2.7.3 节介绍了回馈外腔置有双折射元件的 HeNe 激光器的弱回馈，其内容与本节是密切相关的。2.7.1 节的图 2.30 是实验系统，2.7.3 节的图 4.41 是实验结果。图 4.41 表明，在单纵模、单偏振激光器外腔置有双折射元件时，激光器出射光束含有偏振正交的两种类正弦光成分 I_x 和 I_y。且 I_x 和 I_y 的回馈曲线之间的相位差随双折射元件的相位延迟大小改变。我们称 I_x 为平行偏振光，I_y 为垂直偏振光。上述现象也发生在图 4.43 的所示的 Nd：YVO_4 微片固体激光回馈系统中。因为微片固体激光器和 HeNe 激光器结构不同，导致它们实验系统结构差别很大。

对于图 4.43，M_2 与 M_3（包括它们之间的 NPBS，ATT，WP）构成回馈外腔。消偏振分光镜 NPBS 的作用是把外腔内的光束引出，由 W 对两种正交偏振光分离，再由 D_1，D_2 完成对两种正交偏振光强度的探测，由示波器 OS 观察并测出两种正交偏振光强度曲线（条纹）的相位差。

M_2 与 M_3 构成的回馈外腔内不置入 WP 时，PZT 伸缩带动回馈镜 M_3 移动，示波器上看到的 I_x，I_y 波动曲线重合，即没有相位差。

当回馈外腔内置入相位延迟 45°的波片 WP，且 WP 的主方向和 Nd：YVO_4 微片固体激光的偏振方向成 45°时，I_x 和 I_y 的回馈曲线的相位差为 90°（图 4.44）。

根据图 4.44 和 3.4 节的结果，说明 Nd：YAG 和 Nd：YVO_4 激光器双折射外腔回馈具有相同的现象，可使用微 Nd：YVO_4 激光器作为外腔波片回馈位移测量仪的光源。整体设计如图 4.45 和图 4.46 所示。前者是接触式，后者是非接触式。在图 4.45 中，Nd：YVO_4 激光器输出单纵模线偏振激光，经过相位延迟量为 45°的波片 WP、角锥棱镜 W_2 以及回馈镜 M_3，部分光沿原路返回激光腔内与原光场发生干涉产生回馈光，形成类正弦回馈条纹信号。D_1 和 D_2 接收到的两路类正弦信号具有 90°的相位差，两路信号经过电箱进行滤波、放大、细分、脉冲计数等处理后最终得到待测物体的位移量并显示在液晶屏上。由于角锥棱镜 W_2 对光路有折返的作用，因此，W_2 每移动 $\lambda/4$，对应的外腔长变化量为 $\lambda/2$。即被测物体的位移每变化 $\lambda/4$，产生一个类余弦条纹，因此，通过计算回馈条纹产生的个数即可得到物体的位移。

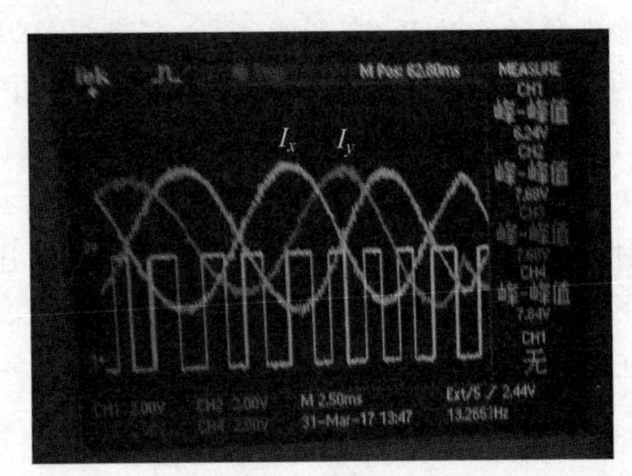

图 4.44　PZT 伸长（或缩短）时 D_1 和 D_2 探测到的信号

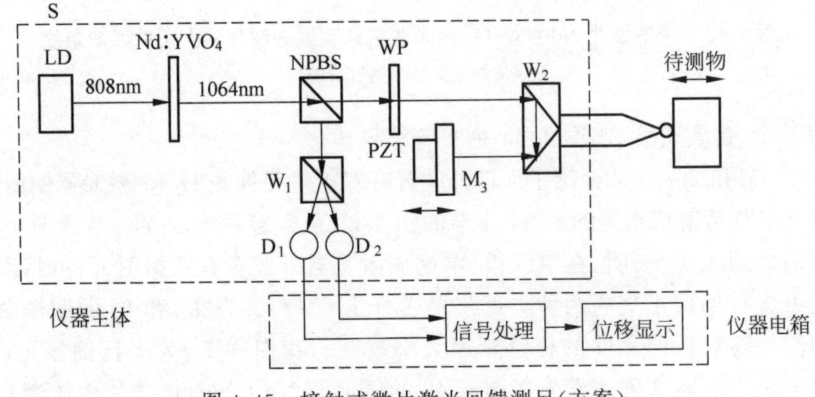

图 4.45　接触式微片激光回馈测尺（方案）

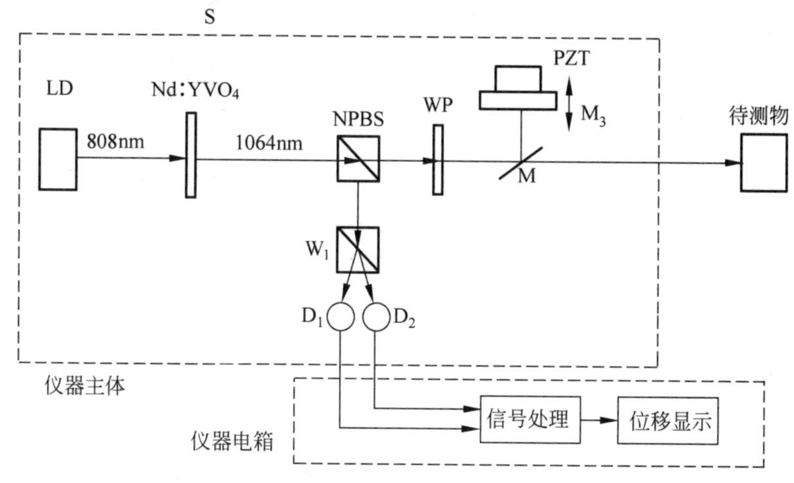

图 4.46　非接触式微片激光回馈测尺(方案)

4.3.3　仪器的光学和机械结构

仪器的光学机械结构如图 4.47 所示,该位移测量系统机械结构主要有激光器及底座、消偏振分光棱镜及波片架、角锥棱镜及固定座、轴承固定座、套筒固定座、拉簧、水平滑杆、滑杆、分光镜座、压电陶瓷及反射镜、二维调节架、底板、外壳等。

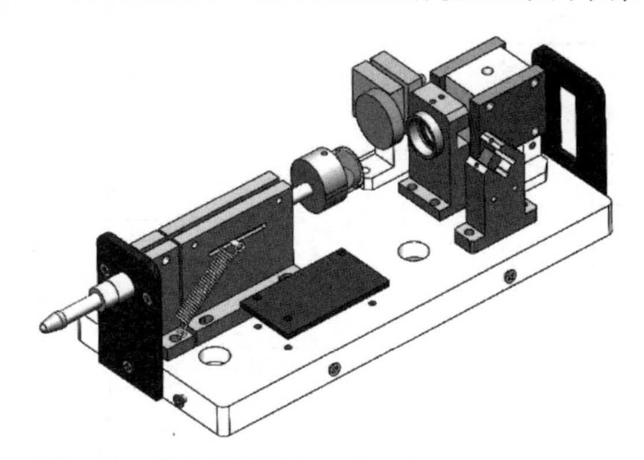

图 4.47　微片固体激光回馈测尺机械结构总装图

位移测量前,被测物与顶锥相接触,电箱清零。对被测物进行位移测量时,顶杆与角锥棱镜随物体一起移动,使回馈腔长改变。光电探测器开始接收到相位差为 90°的两路类正弦信号,每一个类正弦条纹对应的被测物体的位移量为 $\lambda/4$,信号经过电箱处理后最终位移量显示在显示屏上。测量完成时,拉簧将测杆拉回原来的位置,实现复位。

图 4.47 所示的微片固体激光回馈测尺结构是接触式的。团队还启动了如图 4.45 和图 4.46 所示结构的研究,包括接触式和非接触式,以期提高位移测量速

度，减小仪器尺寸，使微片固体激光回馈测尺成为纳米分辨率、尺寸一手可握的新一代位移传感器。

4.3.4 仪器达到的指标

微片固体激光(Nd：YVO_4)双折射外腔回馈位移测量仪与双频激光干涉仪进行了比对，对比测试装置如图 4.48 所示，测试的是图 4.43 所示的结构。将 Nd：YVO_4 双折射外腔回馈位移测量系统的测量触头轻压在待测目标上；双频激光干涉仪的测量靶镜固定在同一待测目标上；调整并保证两个仪器光路共轴以减小余弦误差。在移动范围 14mm 以内，以 1.0mm 左右的步长移动位移台，同时记录两个系统的测量结果。

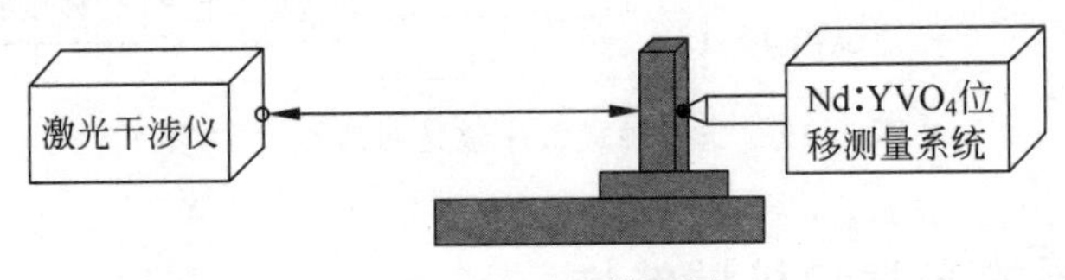

图 4.48 对比装置图

设双频激光干涉仪靶镜的位移示数为 X_i，Nd：YVO_4 激光器位移测量系统的位移示数为 Y_i，实验结果见表 4.4。

表 4.4 Nd：YVO_4 位移测量系统与双频激光干涉仪对比结果

No.	Nd：YVO_4 位移测量系统 X_i/mm	双频激光干涉仪 Y_i/mm	No.	Nd：YVO_4 位移测量系统 X_i/mm	双频激光干涉仪 Y_i/mm
1	0.000 09	0.000 18	9	8.013 64	8.016 16
2	1.029 78	1.030 88	10	8.987 93	8.990 85
3	2.060 44	2.061 55	11	10.080 32	10.083 32
4	3.076 34	3.077 87	12	10.974 75	10.978 35
5	4.081 07	4.082 82	13	11.990 62	11.994 73
6	5.044 08	5.047 06	14	12.992 59	12.997 01
7	6.082 09	6.084 64	15	14.063 13	14.068 37
8	7.076 43	7.079 10			

根据测得的双频激光干涉仪和 Nd：YVO_4 激光器位移测量系统的实验数据进行最小二乘法拟合，图 4.49 为拟合曲线，拟合直线为：$Y_i=1.0003X_i+0.0006$。系统的线性度为 6.223×10^{-5}，测量结果的标准差为 0.372μm。

4.3.5 本节结语

在 Nd：YVO_4 微片激光器回馈外腔中插入波片，当波片的快慢轴与激光的初始偏振方向夹角为 45°时，得到两路相位差为 90°的类正弦信号。借此效应，研究成

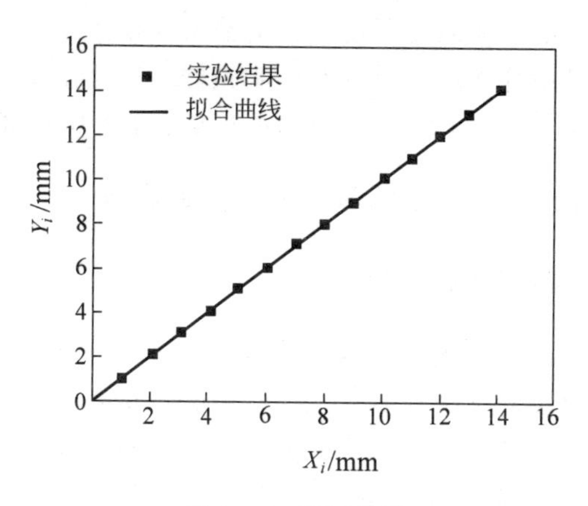

图 4.49 测试曲线

了小尺寸的纳米位移测量系统，该仪器与双频激光干涉仪对比结果：分辨率为26.6nm，量程为14mm，线性度为6.223×10^{-5}，标准差为0.372μm。今后的研究是提高稳健性和长期稳定性。

本节主要参考文献：[246][278]。

4.4 微片 Nd:YAG 双频激光干涉仪

4.4.1 引言

前文已经讲到，以 HeHe 激光为光源的干涉仪是科学研究和工业必不可少的仪器(见3.1节)。但任何技术都不是尽善尽美的，HeHe 激光干涉仪也有其不足，如 HeHe 激光管体积较大，未加稳频系统前的裸管尺寸约 ϕ20mm×130mm。加上稳频加热丝并封装保护套管的尺寸为 ϕ30mm×150mm。还有就是 HeHe 作为激光介质，激光器内的气压约500Pa，负压状态下，管壁、电极、甚至管外大气都会向管内渗透，最终 HeHe 气混入其他气体成分，激光器不能继续工作，寿命终结。此外，HeHe 激光需要几千伏电压，几毫安电流，供电功率约20mW。与 HeNe 双频激光器相比，Nd:YAG 微片激光器具有体积小、结构简单、功耗低、寿命长、激光功率大、全固态等优点，因此团队研究了微片 Nd:YAG 双频激光干涉仪。团队预先知道，Nd:YAG 激光器的光束质量不及 HeHe 激光器，如光束横截面上的光强分布均匀性较差，发散较大，相干性也不及 HeHe 激光器。但它有小巧的体积，长寿命，低造价，工业应用前景会很好。

团队的微片 Nd:YAG 双频激光干涉仪的光源是微片 Nd:YAG 激光器。微片厚度为1mm或更薄，两个通光面镀反射膜构成谐振腔(1.3节)，LD 泵浦，这就构成了微片 Nd:YAG 激光器。一般认为 Nd:YAG 微片是各向同性的(〈111〉切向)，但实际上 Nd:YAG 晶体内部都不可避免残存内应力。由1.3节可知，激光器内残余应力的双折射会使激光器输出正交偏振双频激光。两个频率之差正比于应力双折射。这就是微片 Nd∶YAG 双频激光器。这就让我们联想起双频激光干涉仪,鉴于微片 Nd∶YAG 的体积小,泵浦电压低、功率小,非常有前途。

4.4.2　微片 Nd∶YAG 双频激光干涉仪结构

1. 微片 Nd∶YAG 双频激光器

微片 Nd∶YAG 双频激光干涉仪仍然与迈克耳孙干涉仪类似,这也是激光干涉仪的结构。所要解决的是微片 Nd∶YAG 激光器带来的新问题。

微片 Nd∶YAG 激光器如图 4.50 所示。带保偏光纤的 LD 泵浦模块出射的 808nm 泵浦光经 GRIN 聚焦后,入射至微片内。调整光纤、GRIN 以及微片之间的距离,使激光器泵浦阈值功率最小,从而达到最佳泵浦耦合效果。用紫外胶固定活动部件,包括光纤、GRIN 以及微片。再将 GRIN 和微片整体固定在铜导热体内。负温度系数热敏电阻、热电制冷器以及温控器构成一个闭环温度控制系统,使微片处于恒温工作状态。导热体外还包裹一层隔热外壳以减小外界环境对激光器的干扰。设置合适的泵浦功率,激光器输出正交线偏振双频激光。激光经过偏振片后产生拍频。微片激光器组件尺寸(不含 LD)为 40mm×40mm×35mm。

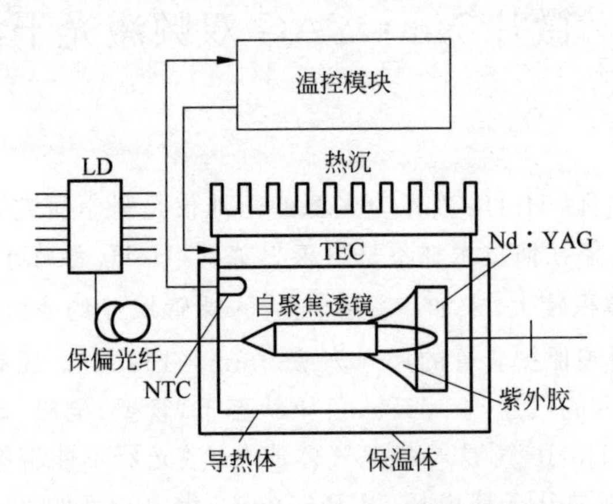

图 4.50　微片 Nd∶YAG 双频激光器示意图

InGaAs/PIN 探测器敏感拍频信号,与其强度对应的电信号分别送至示波器和频谱仪,其中频谱仪测量信号的频谱信息,而示波器则观察信号在时域内的变化。

2. 微片 Nd∶YAG 双频激光干涉仪结构

Nd∶YAG 位移测量干涉仪的结构框图如图 4.51 所示。整套仪器可分为固体微片双频激光器、干涉测量和信号处理三部分。前面小节 1. 已经给出了微片 Nd∶YAG 双频激光器的结构。干涉仪的测量部分与 3.1 节的双折射双频激光干涉仪相似，图中的元件及符号可参见图 3.1，在此不再赘述。信号处理部分则有较大不同，这主要是为了解决 Nd：YAG 固体微片双频激光器大频率差信号与相位计输入信号有限带宽之间的矛盾。其中新增的信号预处理模块除了完成信号放大、比较、差动传输外，还增加了下混频功能。有关信号预处理模块的具体设计参见图 4.52。

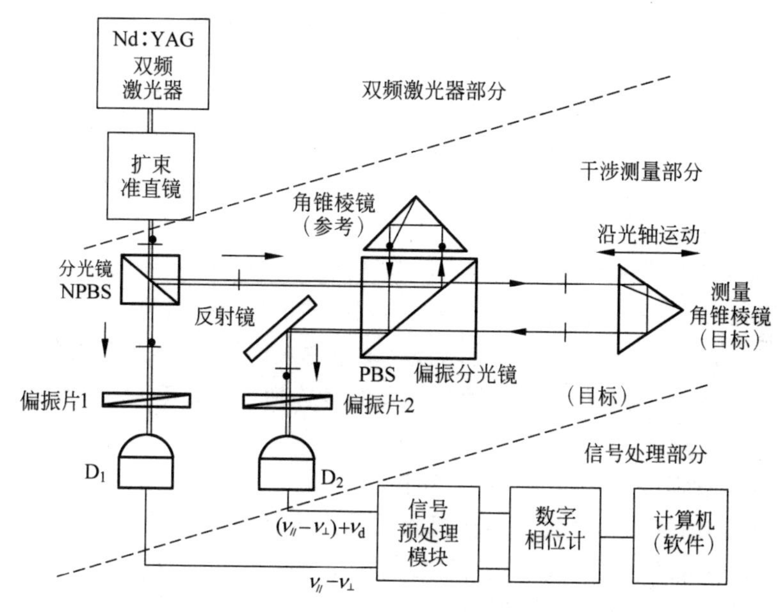

图 4.51　微片 Nd：YAG 双频激光干涉仪结构
（请扫Ⅲ页二维码看彩图）

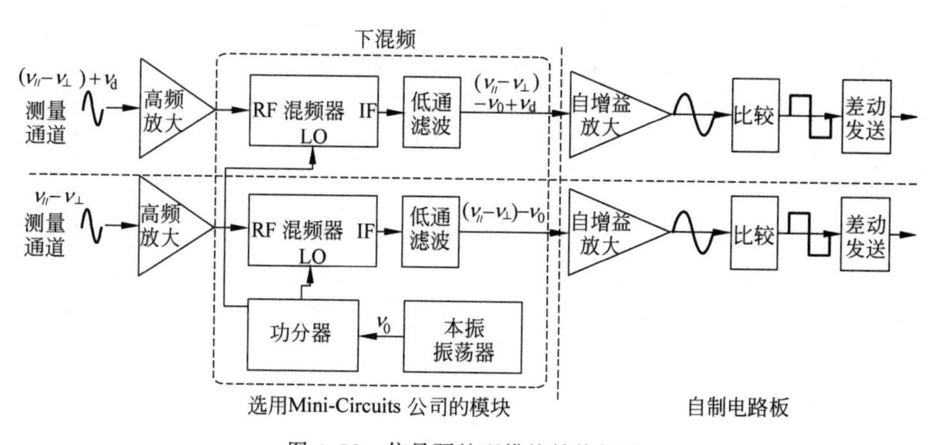

图 4.52　信号预处理模块结构框图

需要注意的是，在干涉仪的安装调试过程中，应尽量避免部分反射光回馈至激光器微片（谐振腔）内。因为回馈光会导致激光器工作的不稳定，影响测量精度。

3. 信号预处理模块设计

为了获得较高的位移分辨率和测量精度,外差干涉仪通常采用相位比较法对两个探测器探测到的拍频信号进行处理,进而解算出目标棱镜的运动参数。在图 4.52 所示的微片 Nd∶YAG 双频激光干涉仪中,相位测量使用数字相位计。该相位计采用全数字化设计,具有良好的抗干扰能力和优于 1nm 的测量分辨率。

问题是,相位计要求其输入信号为差动方波形式,且商用的相位计最高输入频率不能超过 10MHz。这些要求与微片 Nd∶YAG 的双频频率信号产生冲突,微片 Nd∶YAG 的双频频率每个微片都不同,且有微片有几十兆赫兹的频率差。为此,在干涉仪信号处理部分中增加了信号预处理模块。通过该模块实现探测器输出信号与数字相位计输入信号之间的匹配。

信号预处理模块主要实现信号放大、频率降低以及信号差动发送等功能,其结构框图如图 4.52 所示。模块包含两路结构相同的信号处理通道,分别对测量信号(频率为$(\nu_{/\!/}-\nu_{\perp})+\nu_d$,其中 $\nu_{/\!/}$(平行偏振)、$\nu_{\perp}$(垂直偏振)分别为激光包含的偏振正交的两个频率,ν_d 为目标棱镜运动所导致的多普勒移频频率)和参考信号(频率为 $\nu_{/\!/}-\nu_{\perp}$)进行处理。

整个处理过程可以分为以下四个环节。

第一环节,前置的高频放大器将探测器输出的交流弱信号强度放大至 0dBm 以上,从而避免后续混频处理造成的信号信噪比下降。

第二环节,由混频器和低通滤波器组成的混频功能模块将放大后的信号与振荡源提供的本征信号(频率为 ν_0)进行下混频,使信号频率降至相位计输入信号带宽内。其中本征信号频率 ν_0 主要根据激光器的频率差大小设置,通常将混频后信号的中心频率$(\nu_{/\!/}-\nu_{\perp})-\nu_0$ 设置为 5MHz 左右,这样可以在满足相位计带宽要求的前提下,尽可能扩宽目标移动所导致的多普勒频移范围,从而提高移动目标的测量速度上限。此外,为了减小混频对两个通道之间信号相位差的影响,两个混频器使用相同的本征信号,即一个振荡源输出的信号经过功分器分成两路,同时供两个混频器使用。

第三环节,以芯片 AD603 为核心的自增益放大环节将降频后的信号再次放大。该环节采用反馈控制方式,能够根据输入信号强度自动调整放大器放大倍数,从而将不同强度的信号放大至同样大小。通过设置合适的反馈时间常数,该环节能够有效克服光强波动对相位测量的影响,同时对激光弛豫振荡所造成的拍频信号幅值波动也有一定的补偿效果。信号放大后的幅值则与下一环节比较器的门限阈值相匹配。

第四环节,由芯片 TLV3501 构成的比较环节将正弦信号转变为方波信号,然后由芯片 DS9638 以差动形式对外发送。其中,在比较器的设计方面,加大了上下门限阈值之间的迟滞区间,从而进一步提高模块的抗干扰能力,同时上下门限阈值设计为可调，这样可以调整方波信号的占空比，确保发送信号的质量。

在信号预处理模块的硬件实现方面，前两个环节选用 RF 模块，而后两个环节则以上面提到的芯片为核心，通过自制电路得以实现。此外，为了保证各个环节相位延迟的一致性，减小信号预处理模块对测量信号和参考信号之间相位差造成的影响，模块的两个信号处理通道应尽可能采用相同的设计(图 4.53)，选用相同的产品。

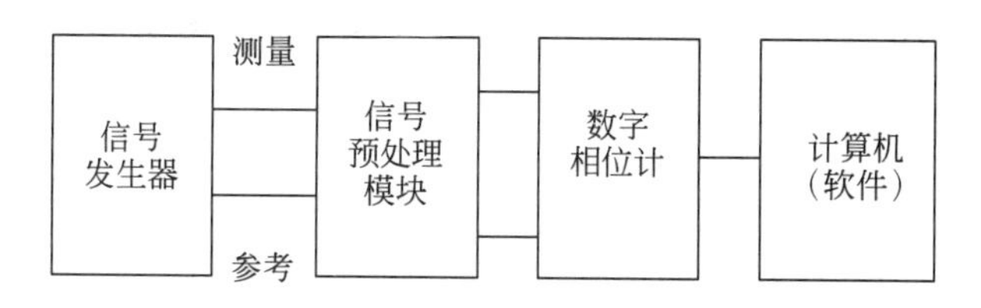

图 4.53　信号处理通道测试

模块加工完成后，团队还对其功能和可能造成的测量误差进行测试。测试包括以下内容。

(1) 零相位差测试

将同一路信号同时送至信号预处理模块的测量信号输入端和参考信号输入端。理论上，因为测量信号和参考信号相同，两者相位差为零，计算机上显示的位移结果也应为零值。但实际上，位移结果总会因为两个通道的差异而存在非零现象。通过显示位移值的大小可以判定两个通道差异的程度。

整个测试期间，计算机显示位移测量正常，位移值始终在零值附近波动，最大位移约为 1nm(对应相位差约为 0.7°)。因为最大位移值远小于干涉仪的测量误差，所以信号处理通道之间的差异对干涉仪整体测量影响可以忽略。

(2) 非零相位差测试

设定输入相位差大小，观察计算机显示的位移值是否与理论值一致。经测试，在相位差一个周期内，计算机显示值与理论值之间的最大误差为 2.7nm。虽然该数值相对零相位测量结果略微增大，但与干涉仪测量误差相比依然偏小，并且该误差不随测量位移的增加而累计。

至此，可以得出结论：信号预处理模块能够正常用于 Nd∶YAG 双频激光干涉仪，并对位移测量不产生显著影响。

4.4.3　微片 Nd∶YAG 双频激光干涉仪性能

为了评估微片 Nd∶YAG 微片双频激光器用于外差干涉位移测量的可行性，获得干涉仪整体性能指标，团队先后对 Nd∶YAG 双频激光干涉仪样机(以下简称为待测干涉仪)的分辨率、线性测量精度进行了测试。测试过程参照了国内外现行的相关标准，测试环境为一般实验室环境(非恒温)。此外，在测试结果评估与表述中，凡是涉及扩展不确定度之处，其包含因子 k 均取 2。

分辨率。分辨率测试由 PI 公司 P-621.1CD 型压电式线性位移平台和微片

Nd∶YAG 双频激光干涉仪比对完成。PI 线性位移平台具有 0.4nm 的分辨率和 ±1nm 的重复性。

图 4.54 为位移平台以不同位移间隔运动时，干涉仪对应的测试结果。可以看出，当位移平台以 5nm 间隔作阶梯运动时，干涉仪所示位移还不能清楚反映随平台运动的目标状态，而当平台以 10nm 运动时，干涉仪所示位移已经能够反映平台的运动，因此 Nd∶YAG 双频激光干涉仪的线性测量分辨率可判定为 10nm。

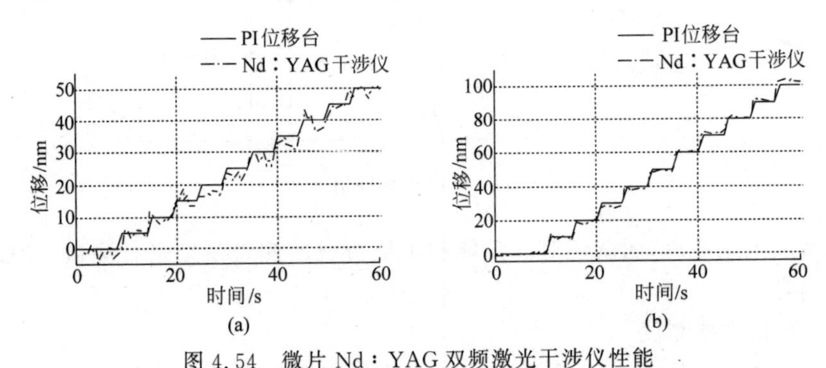

图 4.54 微片 Nd∶YAG 双频激光干涉仪性能

(a) 5nm 分辨率测试；(b) 10nm 分辨率测试

（请扫Ⅲ页二维码看彩图）

线性测量精度。采用如图 4.55 所示的系统配置进行测试。系统主要由三部分组成，即待测干涉仪、双频激光干涉仪和精密位移导轨及平台。精密位移导轨为定制，其最大行程为 550mm，位移分辨率在微米量级。

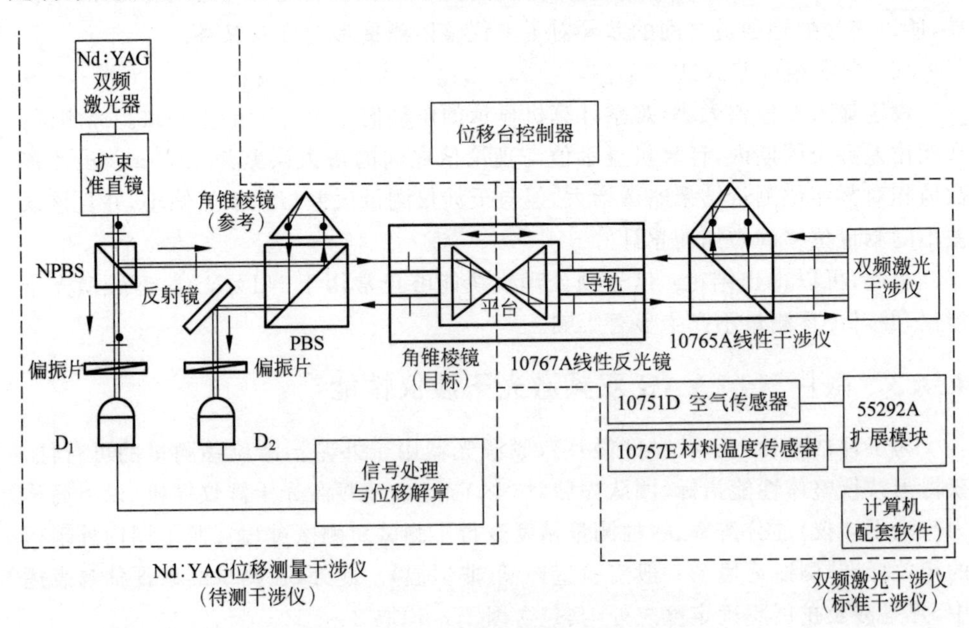

图 4.55 干涉仪性能对比测试工作原理图

（请扫Ⅲ页二维码看彩图）

在平台500mm行程内，以50mm间隔设定11个测试点，平台单向运动时依次停在11个测试点处，每处等干涉仪示值稳定后再同时记录待测干涉仪和标准干涉仪的读数。控制平台5次往返(共计10趟单向运动)，最终获得10组(110个测试点处)测量值，在此期间，干涉仪测量数据不允许清零操作。

测试得出：在测程500mm内(导轨最大行程)，微片Nd∶YAG双频激光干涉仪的线性测量分辨率为10nm，线性测量精度(空气中)为5.5ppm，对应扩展不确定度(包含因子$k=2$)为±0.3ppm。

4.4.4　本节结语

团队研究了微片Nd∶YAG双频激光干涉仪，双频由激光微片Nd∶YAG的残余内应力自我产生。微片Nd∶YAG由热稳频稳定频率。由于微片Nd∶YAG的残余内应力产生的频率差片有差异，设计了外差方式，即根据微片Nd∶YAG的输出频率差调整振荡器的频率，使其与激光器的频率差等于5MHz。5MHz的信号可以由商用相位卡测定相位并解算出被测体的位移。与HeNe双频激光干涉仪相比，微片Nd∶YAG激光干涉仪精度略低，但已足够工业应用，且具有体积小、功耗低、寿命长、激光功率大、全固态等优点。微片Nd∶YAG激光干涉仪能够作为激光干涉仪家族有特色、应用广泛的一员。

本节主要参考文献：[292][301][387]。

4.5　微片固体激光回馈共焦测量技术

4.5.1　引言

4.1节和4.2节都提到并解释了微片(固体)激光器移频回馈对被测弱反射目标的高度灵敏性，可探测表面反射率极低的样品，如反射率低至10^{-9}的表面。并介绍了几项应用：位移测量和面内位移测量，振动和声音，材料的热膨胀测量等。

在共路微片激光器移频回馈干涉仪的基础上，团队研究了微片激光回馈共焦测量技术，包括激光共焦回馈形貌测量技术(如台阶)、层析成像技术(不同介质界面、多层界面)和微器件的内部“不透明”结构探测。

与以往的共焦技术不同，因为微片激光器移频回馈对回馈光强高度灵敏，其可以突破传统的微器件测量仪器无法透过表层测量内部结构的限制。

微片激光回馈共焦测量技术基于Nd∶YAG微片激光器(或Nd∶YVO_4)移频后的回馈，即被成像样品后向散射的光被反馈回激光器内，使激光器光功率受到散射光的调制；探测调制的幅度，即可获得样品内部的界面位置的信息。团队又引入共焦扫描的方法来获得高的横向和纵向分辨率。通过对样品深度方向扫描，实现层析功能。通过载物台扫描深度方向和界面获得样品的信息。根据结构内部不同点的散射光强度的变化重构样品的截面图像和三维图像，实现样品的表面或内部显微成像。

团队用两套系统对微片固体激光回馈共焦测量技术的应用前景进行验证，包括：

(1) 多层不同介质层厚测量(一维)：总厚度 7mm 的 6 层玻璃片堆；总厚度 12mm 的不同介质层：水、塑料容器、玻璃；总厚度 12mm 的不同介质层：蜂蜜水、塑料容器、玻璃片；总厚度 12mm 的不同介质层：橄榄油、蜂蜜水、塑料容器。

(2) 多层不同介质的层厚测量(二维)：三层玻璃堆样品的二维扫描成像；泡沫结构内部的二维扫描成像；二甲基硅氧烷(PDMS)微流体器件结构二维扫描成像。

(3) PDMS 微流体器件结构三维扫描成像，MEMS 微陀螺 90μm 刻槽结构成像。

(4) 洋葱样品的二维扫描成像，洋葱样品横向截面和内部异物定位。

团队研究的微片激光器共焦回馈测量二维表面(如光栅台 590nm 台阶等)技术留在 4.6 节介绍。

4.5.2 原理

微片固体激光回馈共焦测量技术的核心是两种技术的结合：微片激光回馈技术与光学层析成像技术。两者之一的微片激光回馈技术已在 4.1 节作过介绍，并在 4.2 节介绍了其几项应用。其长处是对弱光极高的灵敏度，为探测目标内部结构提供了可能。另一个是光学层析成像技术。传统的光学层析成像的全称是光学相干性断层成像(optical coherent tomography 或 optical computed tomography, OCT)，其基于宽光谱弱相干光干涉，甚至可视为白光干涉以获得高的纵向分辨率和大的探测深度。目前，传统 OCT 的探测深度约为 2mm，应用最广的是眼底诊断。团队的共焦回馈层析成像技术所用光源是微片激光器，具有大相干长度，让光束聚焦，焦点在被测体内移动，即共焦技术。共焦技术在显微技术中得到广泛应用，能够实现光学切片的功能。激光回馈与光学层析成像的结合使微片固体激光回馈共焦测量技术有强大的能力，分辨率高，探测深度大。

1. 微片固体激光器移频光回馈技术探测光强的灵敏度

微片激光器移频光回馈技术探测光强的灵敏度取决于共焦回馈层析成像的探测深度。移频光回馈系统如图 4.56 所示。微片激光器发出的激光束经分光镜分为两路，向下的一路被探测器探测，向右的一路被移频器移频，角频率 ω 变为 $\omega+\Omega$，又被反射面反射，在返回激光器的路上再次经过移频器，角频率 $\omega+\Omega$ 变为 $\omega+2\Omega$。进入激光器后被干涉放大。激光器的光强与微片激光器左反射镜面和反射体之间的距离有正弦(余弦)关系。激光器对回馈光强度的敏感度分析如下。

应用单纵模线偏振微片激光器的光回馈速率方程模型来推导移频光回馈引起

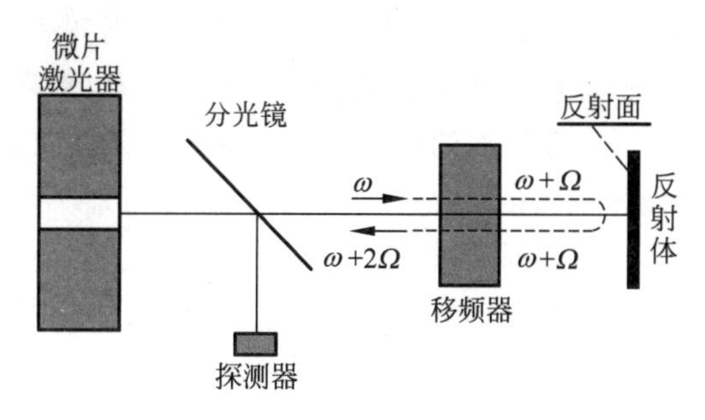

图 4.56　移频光回馈系统

的微片激光器光功率调制，公式如下：

$$\begin{cases}\dfrac{\mathrm{d}N}{\mathrm{d}t}=\gamma(N_0-N)-BN\mid E\mid^2\\ \dfrac{\mathrm{d}E(t)}{\mathrm{d}t}=\left[\mathrm{i}(\omega_c-\omega)+\dfrac{1}{2}(BN-\gamma_c)\right]E(t)+\gamma_c E_{\mathrm{fb}}(t)\\ E_{\mathrm{fb}}(t)=\kappa E(t-\tau)\exp(\mathrm{i}2\Omega t)\exp[-\mathrm{i}(\omega+\Omega)\tau]\end{cases} \tag{4.5.1}$$

式中，N 和 N_0 分别为实际反转粒子数和小信号反转粒子数；γ 为反转粒子数的衰减速率；B 为爱因斯坦系数；$E(t)(=|E(t)|\exp[\mathrm{i}\Phi(t)])$为谐振腔内激光电场，$\Phi(t)$为相位；$\omega_c$ 和 ω 分别为谐振腔共振频率和实际运转频率；γ_c 为光子的腔衰减速率；$E_{\mathrm{fb}}(t)$为回馈光电场；κ 为电场振幅的反馈系数；τ 为反馈光在外腔的时延；Ω 为反馈光的频移。

由式(4.5.1)可得，移频光回馈引起的激光器输出功率相对调制为

$$\frac{\Delta I(2\Omega)}{I_s}=\kappa G(2\Omega)\cos(2\Omega t-\phi+\phi_s) \tag{4.5.2}$$

式中，ΔI 为激光器功率调制信号；I_s 为稳态输出功率；ϕ_s 为固定的附加相位；$\phi=\omega\tau$，τ 是光束在微片激光器左反射镜面和反射体之间度越的时间；ϕ_s 和 τ 无关，为反映外腔腔长信息的光回馈相位；$G(x)$是一增益项(x：ω，2ω)，有

$$G(x)=2\gamma_c\frac{(\eta^2\gamma^2+x^2)^{1/2}}{[\eta^2\gamma^2x^2+(\omega_\gamma^2-x^2)^2]^{1/2}} \tag{4.5.3}$$

式中，η 为相对泵浦水平，ω_γ 是微片激光器的弛豫振荡频率。

式(4.5.2)和式(4.5.3)表明，回馈光引起的激光功率调制幅度与下列参数相关，其一是与回馈光回馈入激光器的强度成正比；其二是与激光束的移频频率 Ω 相关。

图 4.57 显示了 1mm 腔长微片激光器在 $\eta=1.2$ 时的增益项 $G(2\Omega)$随移频频率 2Ω 变化的分布图，增益项 $G(2\Omega)$在 $2\Omega=\omega_r$ 达到最大值：

$$G(\omega_r)=2\eta(\gamma_c/\gamma) \tag{4.5.4}$$

式中，γ_c/γ 是个大而重要的量，与激光器种类相关。对于微片激光器，γ_c/γ 可达到 10^6 量级，而对于半导体激光器，γ_c/γ 为 10^3 量级，要比微片激光器的 γ_c/γ 小很

多。对微片激光器 $\eta=1.2$，$G(\omega_r)$也在 10^6 量级。因此，当频率为 2Ω（或 1Ω）的被测量目标反射（散射）回的光重入激光器后，就会获得放大，越靠近 ω_r 放大倍数越大。这将有助于提高层析成像技术的探测深度。这种对测量光的放大是传统的光学层析技术 OCT 技术所不具备的。从 4.1 节，我们总说到 2Ω 和 Ω，但并没有限定 Ω 的大小，即指 Ω 和 2Ω 都成立，都被放大 10^6 上下。

在 4.1 节中介绍了团队研究的共路（准共路）频率复用微片激光回馈干涉仪、偏振复用激光回馈干涉仪、光纤共路回馈干涉仪的非合作目标测量能力，测量微小，轻薄，液面升降，发过黑的加工件的能力，都是来源于 $G(\omega_r)$因子的放大能力。

需要说明的是，图 4.57 的增益项 $G(2\Omega)$随移频频率 2Ω 的分布曲线只给出 0～600kHz 的范围，大于 600kHz 直到 10MHz，曲线变化缓慢，仍然保持极高的 $G(2\Omega)$因子。

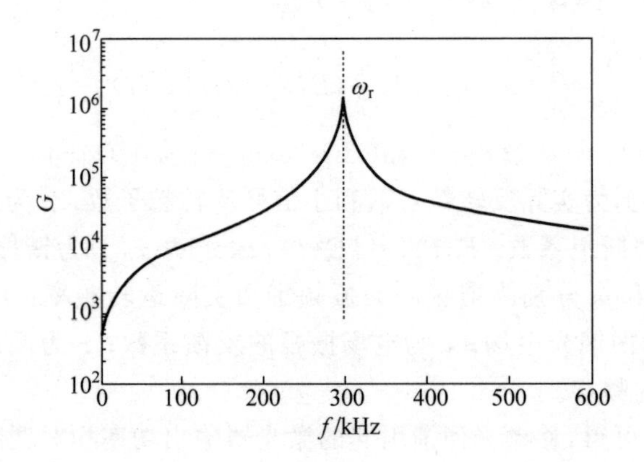

图 4.57　增益项 $G(2\Omega)$随移频频率 2Ω 的分布

$\eta=1.2,\gamma=43\,485^{-1},\gamma_c=4\times10^9\,s^{-1}$

2. 微片固体激光回馈共焦系统的简化模型

团队把激光共焦显微技术和光回馈技术融合为一体，称为微片固体激光回馈共焦系统，其简化模型如图 4.58 所示。

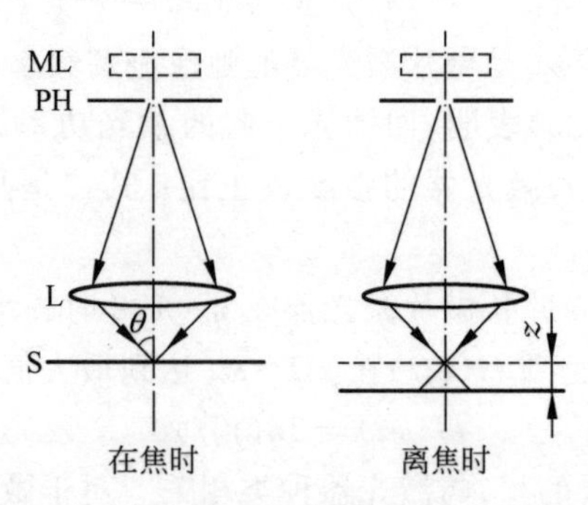

图 4.58　微片激光回馈共焦系统的简化模型

ML—微片激光器；PH—针孔；L—成像系统；S—样品表面

共焦光回馈系统是一个典型的反射共焦系统。微片激光器 ML 输出的激光被会聚到针孔 PH 上，通过 PH 的光被会聚到样品上，此时，PH 相当于一个点光源。对于样品表面的反射光，PH 又相当于一个点探测器。根据物像共轭关系，会聚光斑所在平面产生的反射光大部分都可通过 PH，成为回馈光。而离焦平面产生的反射光将大部分不能通过针孔。这就可以起到抑制离焦反射面的杂散反射光的作用。如果假设样品是一个理想平面，则通过三维传递函数方法可以理论分析出归一化的回馈光复振幅和样品的离焦量的关系如下：

$$V(z)=\frac{\sin[kz(1-\cos\alpha)]}{kz(1-\cos\alpha)}\exp[-\mathrm{i}kz(1+\cos\alpha)] \tag{4.5.5}$$

定义归一化离焦量

$$u=\frac{8\pi}{\lambda}z\sin^2(\alpha/2) \tag{4.5.6}$$

式中，离焦量 z 是指所测平面和会聚光斑平面的距离，$\sin\alpha$ 为数值孔径。此式表明回馈光强度可以作为一个判据来判断会聚光斑所在平面的反射率。

把式(4.5.6)代入式(4.5.5)，得到透过 PH 的归一化回馈光的电场振幅满足

$$|V(z)|=\left|\frac{\sin(u/2)}{u/2}\right| \tag{4.5.7}$$

在共焦光回馈系统中，$|V(z)|$ 即代表着回馈光的光场振幅。根据式(4.5.7)和式(4.5.2)，结合共焦回馈技术的移频光回馈系统中激光功率调制信号可表达为

$$\frac{\Delta I(2\Omega)}{I_s}=\left|\frac{\sin u}{u}\right|\kappa G(2\Omega)\cos(2\Omega t-\phi+\phi_s) \tag{4.5.8}$$

式中，κ 为样品表面与焦面重合时的反射系数，ϕ 为反映回馈外腔长变化的回馈光相位项。从式(4.5.8)可以看出，光功率调制幅度 A 与离焦量 z 密切相关。定义样品离焦量 z 变化时引起的光功率调制幅度 A 变化曲线为共焦回馈系统的离焦响应曲线。利用离焦响应曲线，可以提高系统的纵向分辨率，达到层析的功能。离焦响应曲线的半高宽越窄，则其纵向灵敏度越高，层析效果越好。

3. 微片固体激光共焦回馈层析成像系统原理

如上所述，样品产生的后向散射光信号在光路中被移频后反馈回微片激光器，引起激光器光功率的调制。调制的相位与光回馈的相相位关，幅度与回馈光强度成正比(式(4.5.2))。通过探测此光功率调制的结果，并进行解调和数据处理，可以得到样品在该点上散射光信号强度的变化。同时，由于光功率调制幅度 A 与离焦量 z 密切相关(式(4.5.6))，利用离焦响应曲线，可以提高系统的纵向分辨率，达到层析的功能。若对样品进行三维扫描，获得样品不同点上的散射光信号强度，就可以重构样品内部的三维结构。

微片固体激光回馈共焦层析成像系统示于如图 4.59 中。微片激光器输出单纵

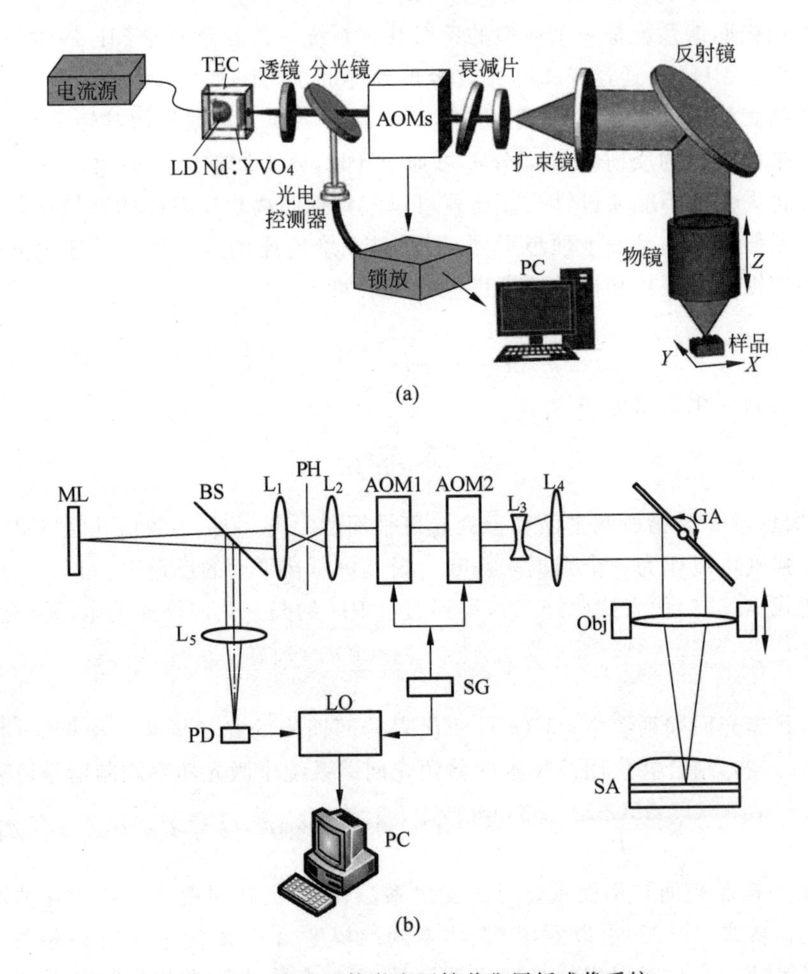

图 4.59　微片固体激光回馈共焦层析成像系统

(a) Nd：YVO_4 微片激光器回馈共焦系统光路结构简图；(b) Nd：YAG 微片激光移频回馈共焦层析成像技术的原理装置图

ML—微片激光器；BS—分光镜；L_1、L_2—透镜；PH—针孔；AOM1、AOM2—声光移频器件；L_3、L_4—透镜；GA—反射镜；Obj—物镜；SA—生物样品；PD—光电探测器；SG—信号发生器；LO—锁相放大器；PC—计算机

(请扫Ⅲ页二维码看彩图)

模激光，频率为 ω，它通过分光镜后分为两路。透射光通过 L_1 会聚到针孔上，通过针孔后由 L_2 准直。准直光通过移频器件之后，频率变为 $\omega+\Omega$。移频光由扩束透镜组准直后，经过反射镜 GA 光束方向发生偏折，通过物镜会聚于生物组织样本上。会聚光点在生物组织内产生的部分后向散射光又通过原来的路径返回微片激光器谐振腔，形成回馈光。由于在返回过程中再次被移频，回馈光的频率变为 $\omega+2\Omega$。针孔使得返回微片激光器的回馈光大部分由会聚光斑附近区域的散射光组成，达到层析效果。回馈光导致激光器光功率受到调制。

激光器的输出光通过分光镜后的反射光被光电探测器接收,转化为反映光功率调制的电信号,即测量信号。移频器件的驱动信号源可以得到一路参考电信号。通过同步解调方法得到光功率调制的幅度,此信号经过数据采集卡转换为数字信号送入计算机处理。

为实现会聚光点在样品内部的扫描,将物镜固定于纵向平移台上,进行 Z 方向的纵向扫描,而样品固定于二维平移台上,进行水平方向的横向扫描。再通过上述光学系统和信号处理系统得到会聚光斑在不同点时后向散射信号的强度,根据此信号强度的变化转化为反映截面结构的灰度图像。

团队按图 4.59 的方案设计了硬件系统。其中,扩束镜组 L_3 和 L_4 实际上是一个可变倍数的扩束系统。系统的纵向(即垂直方向)扫描由两部分构成,由物镜扫描器实现物镜小范围高精度的纵向扫描,扫描范围为 100μm,分辨率为 0.5nm。而大范围的纵向扫描采用 M-511 一维电动平移台,行程为 100mm,分辨率为 100nm。系统的横向扫描通过底部载物台的横向平移实现,两个高精度一维电动平移台配合驱动载物台二维横向移动。在系统中,为了增大扫描范围,采用了超长工作距红外物镜,其 NA 值为 0.42,工作距离可达 20.4mm。系统采用双通道高频锁相放大器作信号处理。

USB-6211 数据采集卡将锁相放大器处理后的信号采集入计算机中。通过程序可以控制横纵向扫描的速度及范围,得到初步处理的二维图像。

4.5.3 微片固体激光共焦回馈成像系统层析成像的实验结果

以下是系统层析扫描能力和成像能力的展示。

1. 离焦曲线幅值及相位扫描

(1) 系统参数选择

利用离焦响应曲线,可以提高系统的纵向分辨率,达到层析的功能。离焦响应曲线的半高宽越窄,其纵向灵敏度越高,层析效果越好。在研究中,通过改变物镜参数及针孔孔径对实现对离焦曲线的调节,发现其与普通的共焦显微系统不同,微片激光器 Nd∶YAG 共焦回馈系统在使用不同的针孔时分辨率并没有明显的改变。但是改变物镜的 NA 值仍能实现分辨率的提高(图 4.60)。

在使用 NA 值为 0.65,40 倍的普通物镜时,可以得到 10μm 左右的分辨率,纵向工作范围为 300μm。而使用超长工作距红外物镜时,可以得到 15~20μm 的分辨率,纵向工作范围为 20mm。因此,可以根据样品的具体情况通过更换物镜实现不同的分辨率和扫描范围。

(2) 幅值及相位扫描

在解调幅值的基础上,同时解调出相应的相位,结果如图 4.61 所示。由于在光疏-光密介质的界面上会发生 180°的相位跳变,通过选择合适的初始相位,即可

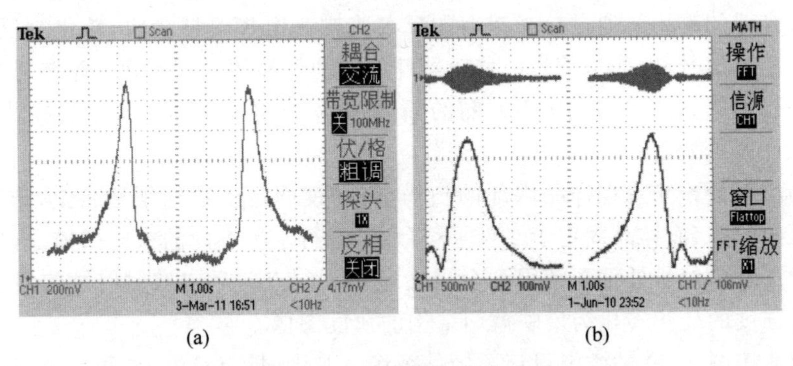

(a) (b)

图 4.60 不同物镜时离焦曲线

(a) NA＝0.65，40×普通物镜；(b) NA＝0.4，超长工作距红外物镜

利用锁相放大器的解调输出特性(－180°和 180°对应输出的负极值和正极值)，实现在离焦曲线极值点处的相位跳变。

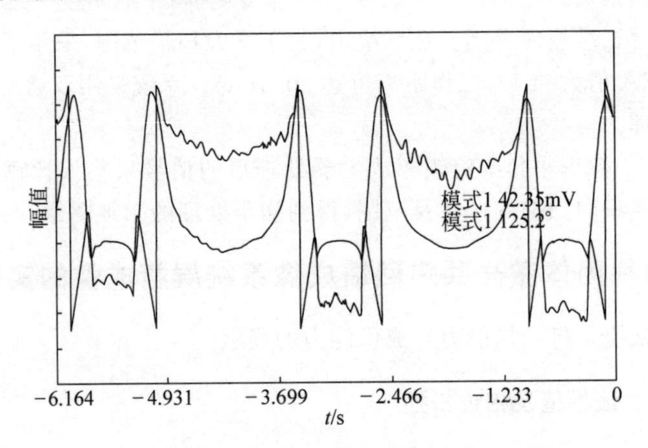

图 4.61 离焦曲线及其相位

(请扫Ⅲ页二维码看彩图)

由图 4.61 可以看出，相对于幅值在界面处十几微米的半高宽，相位在离焦曲线极值点处的跳变是极锐利的，可以达到纳米级的分辨率。利用这一特性，可以实现样品界面的高精度定位，并可将其扩展应用于样品厚度测量等领域。

2. 微片固体激光共焦回馈纵向一维层析实验结果

以下是微片固体激光共焦回馈纵向层析的测量结果，即垂直于被测物扫描，给出被测物界面间的间隔。

(1) 玻璃片堆层析扫描研究及结果

在这一研究中，用了 6 层玻璃片堆(厚度约为 7mm)作为样品，如图 4.62(a)所示。首先用电动平移台进行大范围的纵向扫描，结果如图 4.62(b)所示。其次，在每个分界面上都用物镜扫描器进行了 90μm 往复扫描，周期为 10s，由此得到了各个界面上的离焦曲线，研究结果如图 4.62 所示。

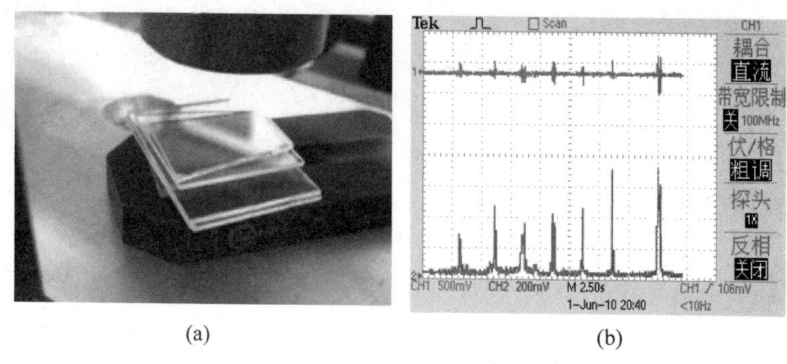

(a)　　　　　　　　　　　　　　　　(b)

图 4.62　玻璃片堆样品及纵向大范围扫描结果

(a) 玻璃片堆样品；(b) 纵向扫描结果

如图 4.62(b)所示，在纵向扫描时，可以看见在 7 个分层界面上都得到了较强的回馈信号。而图 4.63(a)～(g)则分别显示了在 7 个分界面上的具体扫描图。由

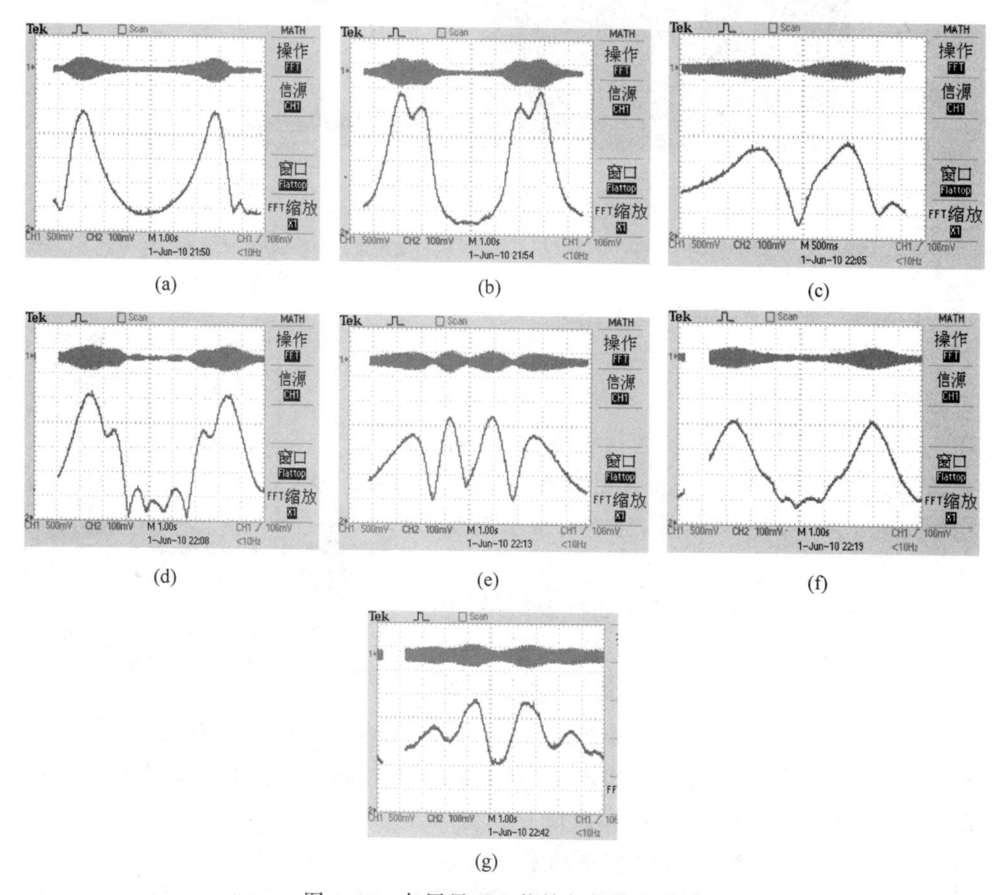

(a)　(b)　(c)　(d)　(e)　(f)　(g)

图 4.63　各层界面上物镜扫描离焦曲线

(a) 第一层；(b) 第二层；(c) 第三层(单层扫描)；(d) 第四层；(e) 第五层；(f) 第六层；(g) 第七层

图可见，在最表层是标准的离焦曲线（由于是往复扫描，显示为对称的两个离焦曲线）。而在后面 6 层界面扫描中，则显示出了与标准离焦曲线不同的扫描结果。这是由于在两层玻璃表面中还有很薄的空气间隙，从而造成了相隔很近的两个界面，具体表现为两个离焦峰的同时存在。而由于空气间隙的大小不同，两个离焦峰的间隔也不同，如果相隔太近则可能无法观察到空气层（图 4.63(f)）。

(2) 水层扫描研究及结果

在这一研究中，样品为水（9mm）、塑料容器（2mm）、玻璃（1mm）以及承载玻璃容器的铝座表面。具体样品结构如图 4.64(a)所示。由此可以得到四个界面（空气-水、水-塑料、塑料-玻璃、玻璃-铝）。对这一样品进行纵向扫描，研究结果如图 4.64(b)所示，可以看到上述四个界面上都得到了明显的回馈信号。

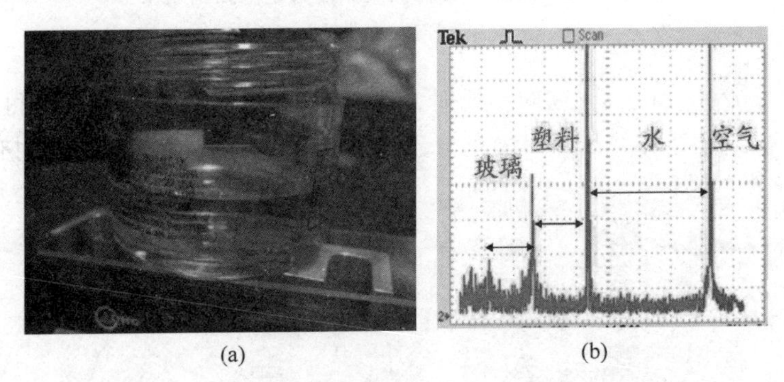

(a)　　(b)

图 4.64　空气、水、塑料、玻璃界面层析扫描结果

(a) 扫描样品；(b) 纵向扫描结果

(3) 蜂蜜水溶液扫描研究及结果

在这一研究中，样品为蜂蜜水（9mm）、塑料容器（2mm）、玻璃（1mm），具体样品结构与图 4.64 类似。对这一样品进行纵向扫描，研究结果如图 4.65 所示，在上述的四个界面上也都得到了明显的回馈信号，与之前水层扫描研究结果类似。

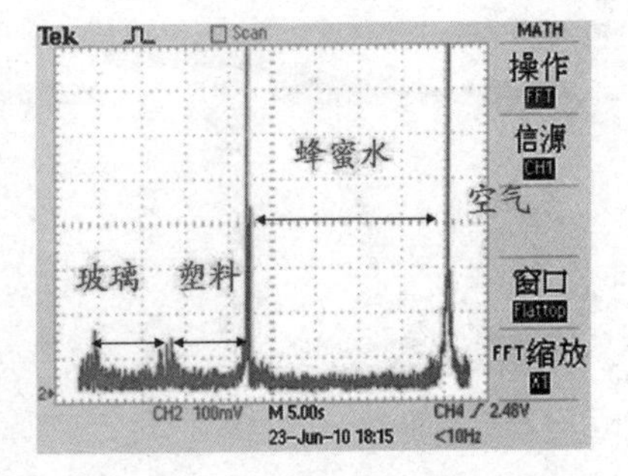

图 4.65　空气、蜂蜜水、塑料、玻璃界面层析扫描结果

(4) 橄榄油、溶液分层扫描研究及结果

在这一研究中，样品为橄榄油（2mm）、蜂蜜水（9mm）、塑料容器（2mm），具体被测样品如图 4.66(a)所示。由此可以得到四个界面（空气-油、油-蜂蜜水、蜂蜜水-塑料、塑料-铝）。对这一样品进行纵向扫描，研究结果如图 4.66(b)所示，可以看到上述的四个界面上也都得到了明显的回馈信号。

(5) 纵向扫描结果总结及应用前景

通过对上述玻璃层界面、液体之间分界面及液体固体分界面的扫描，可以看到

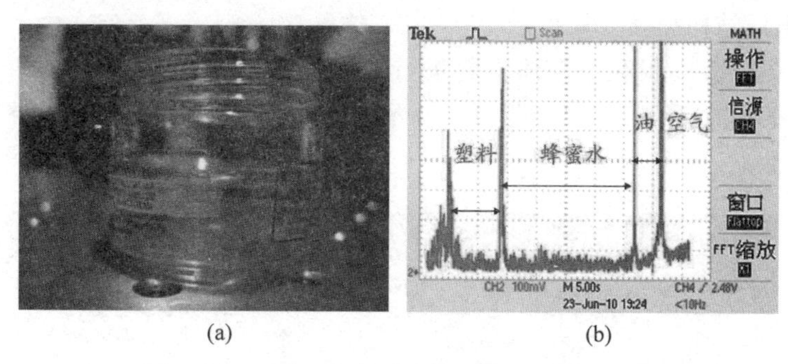

图4.66　空气、油、蜂蜜水、塑料层析扫描结果

(a) 扫描样品；(b) 纵向扫描结果

激光共焦回馈系统已经具有层析扫描能力，且扫描深度可达10mm以上。该项研究结果可应用于多层透明半透明介质的分界扫描，如薄膜厚度测量、液膜厚度测量等方面。

3. 微片固体激光共焦回馈系统二维层析成像实验结果

本部分是二维扫描样品的结果。自动控制样品扫描、数据采集及扫描图像的后续处理，将代表样品不同点所得回馈信号功率大小的数据转换为灰度图像，得到原始样品的结构图。

(1) 玻璃堆样品的二维扫描成像

在这一研究中，将三层玻璃堆样品放置于黑色塑胶表面，采用超长工作距红外物镜，进行纵向深度为3mm，横向扫描范围为5mm的二维扫描，所得结果如图4.67所示。由图中可以清楚地看到在不同玻璃层之间，玻璃与黑色表面(最下面的两条很接近的平行线)之间都存在着几十微米的空气间隙，这与样品的实际情况是相符的。

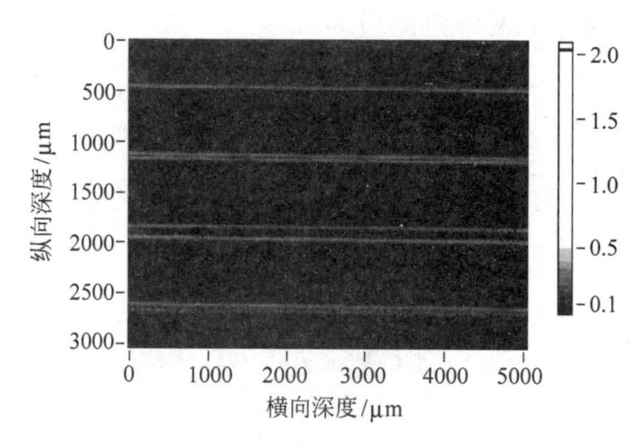

图4.67　三层玻璃扫描图

(请扫Ⅲ页二维码看彩图)

(2) 泡沫结构扫描成像

在这一研究中，团队对泡沫塑料进行了纵向深度为3.5mm，横向扫描范围为8mm的二维扫描，所得结果如图4.68所示。图中明显反映出了泡沫塑料的典型镂空网状结构。

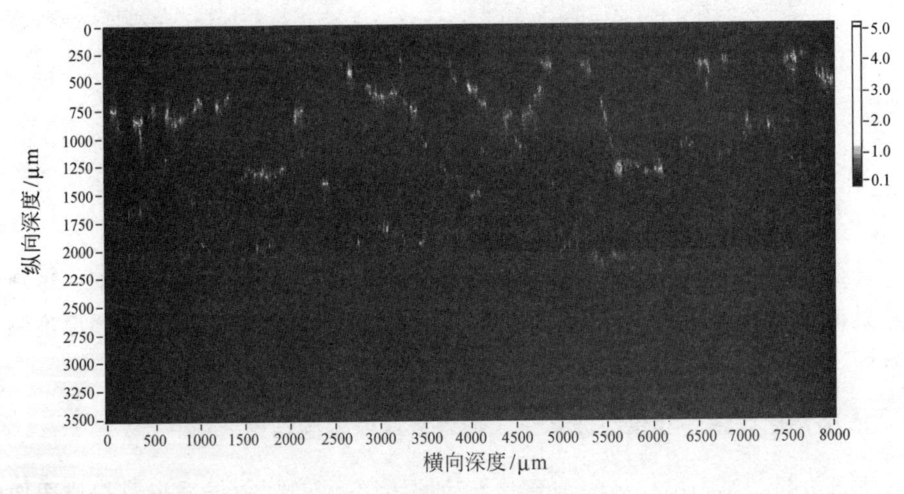

图4.68　泡沫二维扫描图

(请扫Ⅲ页二维码看彩图)

(3) PDMS微流体器件结构扫描及结果

在这一研究中，采用了以聚二甲基硅氧烷(PDMS)为材料的微流体器件作为样品。该样品通过倒模在PDMS材料中得到了一个流体通道，其结构如图4.69所示。根据实际需求，要知道该通道的具体高度。为此，采用超长工作距红外物镜，在通道中选取了一个纵向截面，进行了纵向深度为3mm，横向扫描范围为4mm的二维扫描。所得结果如图4.70所示。由图中可以看出，该样品的截面图清楚反映了样品的结构，放大后可得流体通道的高度为(75±15)μm，与模具的实际厚度相符。

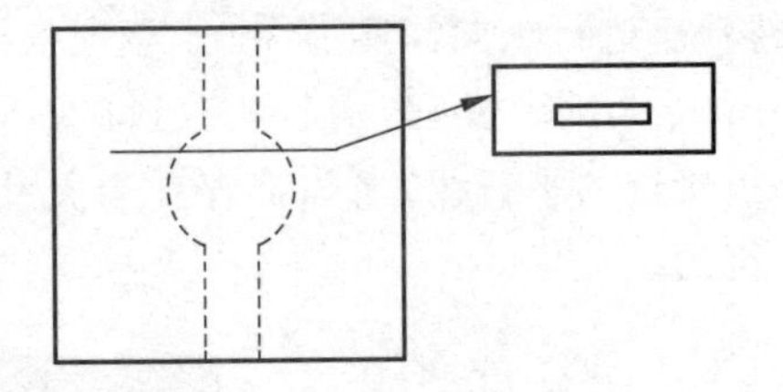

图4.69　PDMS微流体器件结构示意图

(请扫Ⅲ页二维码看彩图)

(4) PDMS微流体器件结构三维扫描

在上述截面扫描的基础上，我们对该微流体器件的三维结构进行了扫描，扫描范围为4mm×4mm×2mm，利用测得数据进行内部结构的三维重构，结果如图4.71所示。

(5) 三明治结构的硅基底刻蚀样品扫描结果

样品是以厚度为1mm的硅基底刻蚀出槽结构，然后在其上下两面键合上厚度0.5mm的玻璃，形成三明治结构。微片固体激光共焦成像系统能获得清楚成像。

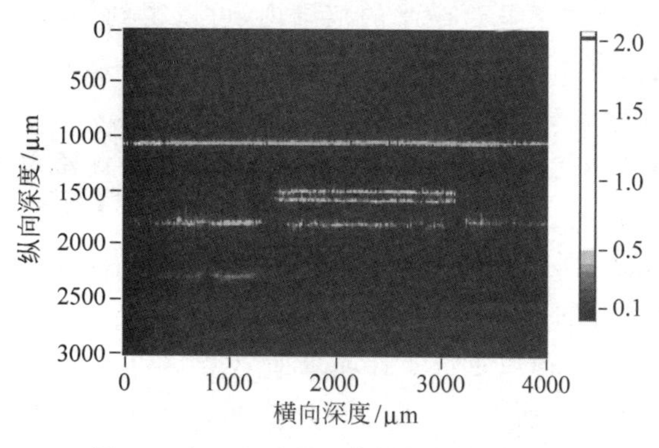

图 4.70　PDMS 微流体器件结构扫描图

（请扫Ⅲ页二维码看彩图）

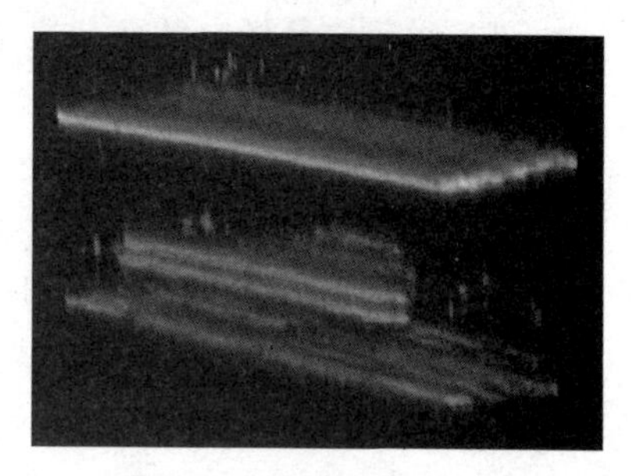

图 4.71　PDMS 微流体器件三维结构图

4. 生物样品扫描结果

OCT 的一个重要应用就是生物组织的结构扫描，从而为组织病变的诊断提供依据。为此，团队也对生物样品进行了扫描成像。如对洋葱样品及其内部所插入的大头针进行了纵向及横向的扫描，系统可以呈现洋葱样品几百微米的组织结构，且能够对洋葱中的大头针进行三维定位。这一特性可扩展应用于组织内部异物(如肿瘤)的三维定位。

(1) 洋葱样品纵向扫描结果

在这一研究中，采用普通洋葱表皮作为样品，采用超长工作距红外物镜，进行了纵向深度为 1.5mm，横向扫描范围为 4mm 的二维扫描，所得结果如图 4.72 所示。

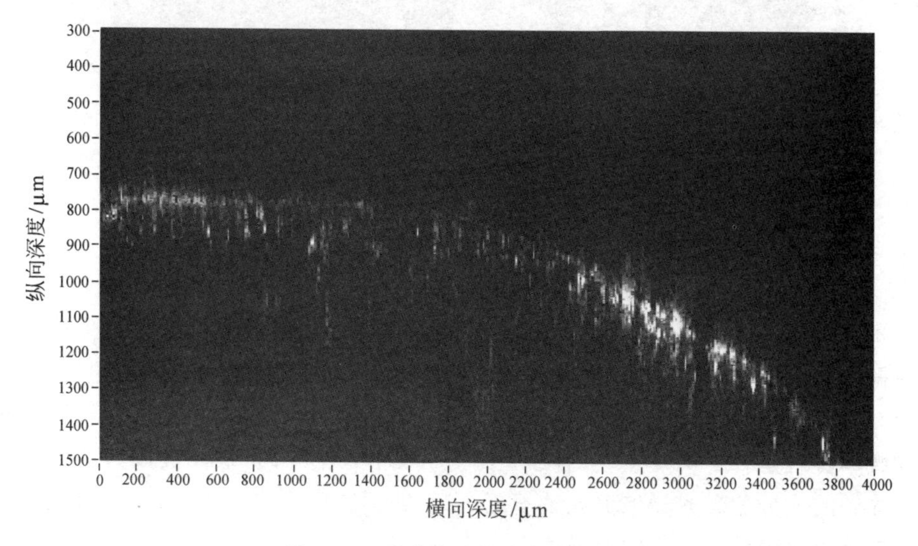

图 4.72　洋葱表皮纵向截面扫描图

（请扫Ⅲ页二维码看彩图）

由图 4.72 中可以看出,在洋葱表皮之下几百微米的范围内,可以得到信号。虽然成像深度仍然比较浅,但是已经初步实现了对生物样品的扫描。

(2) 洋葱样品横向截面扫描结果

在这一研究中,采用普通洋葱表皮作为载体,并在其中插入大头针(主直径约为 700μm,针尖处逐渐缩小)作为待测样品。首先通过纵向扫描初步定位出大头针的纵向位置;进而将物镜焦点定位于该纵向位置,对样品进行横向二维扫描,得出大头针的横向位置,从而实现对该大头针的三维定位功能。

图 4.73 和图 4.74 分别是经过纵向扫描后定位于样品表面以下 500μm 处一根大头针和 1mm 处的两根大头针的横向截面图。在图 4.73 中,可以清楚看到大头针针尖部分的成像。而图 4.74 中,则可以看到明显的两条并行的横向直线,代表该纵向位置处的两根并列的大头针。

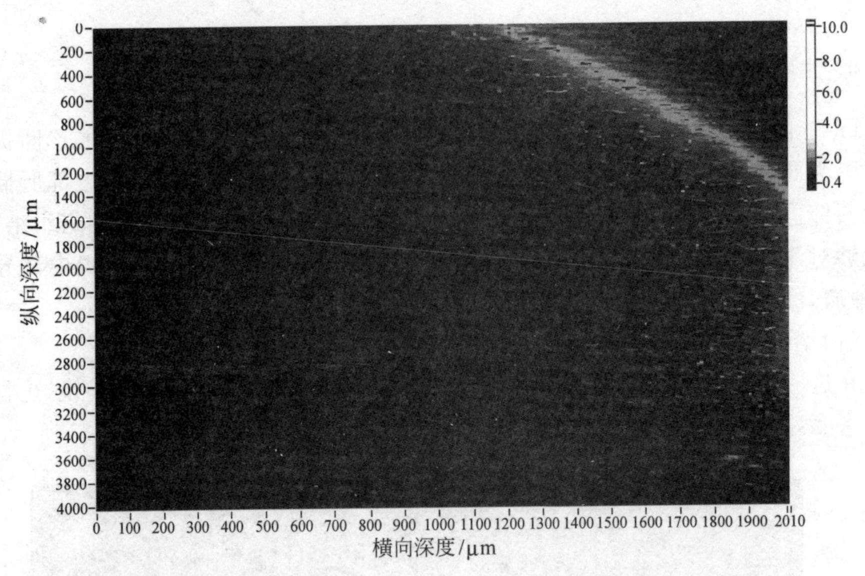

图 4.73 洋葱表皮以下 500μm 处大头针针尖部分横向扫描图

(请扫Ⅲ页二维码看彩图)

4.5.4 本节结语

本节介绍了团队研究微片激光器回馈共焦显微镜的研究和结果。与传统的共焦显微镜技术不同,激光器回馈共焦显微镜对被测面反射的弱光有极高的灵敏度,同时,微片(固体)激光器自身就是光源,激光器又可被看作探测器、放大器,而激光束光腰本身就是一个聚焦点,可看成光阑。被测表面离焦时,被测面反射的光束中偏离光轴的成分和激光器谐振腔轴不能平行,形不成反馈放大,所以微片激光器移频回馈共焦显微镜有更高的灵敏度。

团队研制的微片 Nd:YVO_4 激光器回馈共焦系统实现了一维、二维及三维层

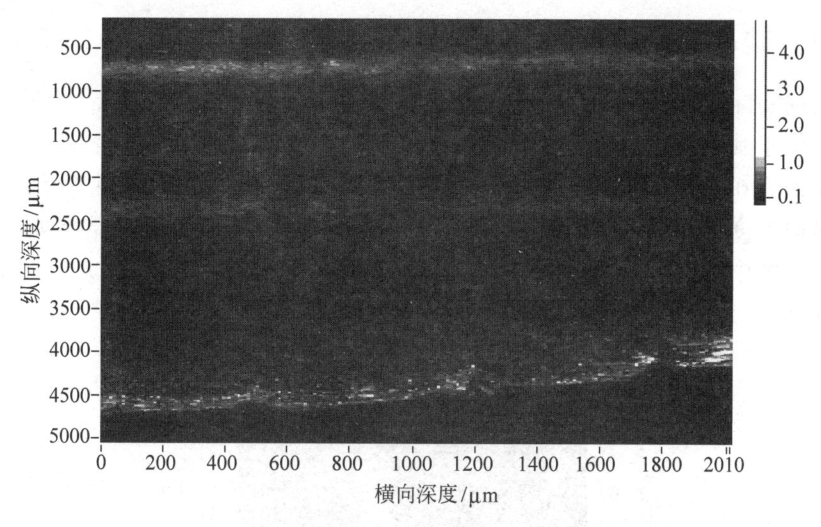

图 4.74　洋葱表皮以下 1mm 处两根大头针横向扫描图

（请扫Ⅲ页二维码看彩图）

析成像的功能。系统横向分辨率为 1μm，纵向分辨率为 15～20μm，纵向（深度）工作范围为 20.4mm，在一般散射体中探测深度为几毫米，可用于各种材料的表面成像，及光学透明/半透明/高散射样品内部结构的层析成像。还可用于测量光学样品的厚度或者折射率。

利用移频回馈系统的高灵敏度和共焦系统的层析能力，实现了对微器件内部结构、表面微结构及多层结构厚间度的测量，克服了传统测量仪器无法透过样品对内部结构进行定位和测量的缺陷，应用前景广阔。

本节主要参考文献：[232][234]。

4.6　微片激光回馈表面扫描成像和台阶测量

4.6.1　引言

4.5 节介绍了团队研究的微片 Nd：YAG 激光回馈层析成像技术。该技术基于移频的微片 Nd：YAG 激光束的回馈，即被成像样品后向散射的光被反馈回激光器内，使激光器光功率受到调制；探测调制的幅度，即可获得样品内部界面的信息。同时，此技术又引入共焦方法来获得高的横向和纵向分辨率。通过对样品深度扫描，实现层析功能，通过载物台的二维扫描获得样品内部结构的横向信息。利用解调出来的被成像结构内部不同点的散射光强度的变化来重构样品的截面图像和三维图像，实现显微成像和被测样品的内部成像功能。

本节仍然按此原理，介绍使用该技术测量包括表面形貌和台阶的研究结果。

4.6.2　硅基微陀螺器件表面刻蚀结构

根据实际需求，团队测量了以硅基底刻蚀而成的微陀螺作为样品，检测其刻蚀深度。由于其表面结构的深度在 100μm 以下，为了得到更高的分辨率，我们采用了 NA 值为 0.65，放大倍数为 40 倍的普通物镜，在样品中选择了一个典型位置，进行了纵向深度为 200μm，横向扫描范围为 1mm 的二维扫描。所得结果如图 4.75 所示。由图中可以看出，该样品的截面图清楚反映了样品的结构，放大后可得刻蚀深度为(90±10)μm，与样品实际刻蚀深度要求相符。

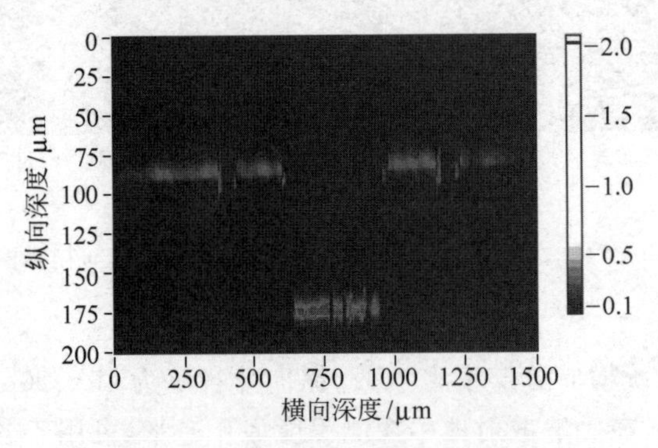

图 4.75　微陀螺内结构和表面成像
(请扫Ⅲ页二维码看彩图)

4.6.3　二维光栅台阶测量

利用 LCFP 对一个玻璃基底二维光栅样品上台阶的高度进行了测量。光栅由清华大学精密仪器系二元光学研究室提供，其显微照片如图 4.76(a)所示，图中黑线代表系统线扫描测量的路径。用原子力显微镜(俄罗斯 NT-MDT 公司生产)获得其三维形貌图像，如图 4.76(b)所示。它的主要结构可视为基底上周期性分布了方形和窄条形凸台。

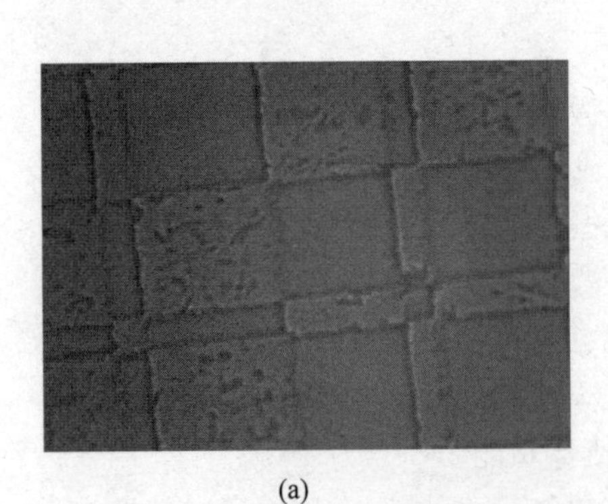

(a)

(b)

图 4.76　玻璃基底光栅样品的二维和三维图像

按照 LCFP 控制程序的流程进行测量。首先通过物镜扫描器带动物镜进行轴向扫描 60μm，实时获得二值光栅表面的离焦响应曲线，为大数评定提供基础，扫描结果如图 4.77 所示。系统的工作点定在离焦响应曲线的线性区间内，如图 4.76 中竖线标志所示。此时，样品表面高度变化 $\lambda/2$ 对应 ΔA，约为 0.3V。

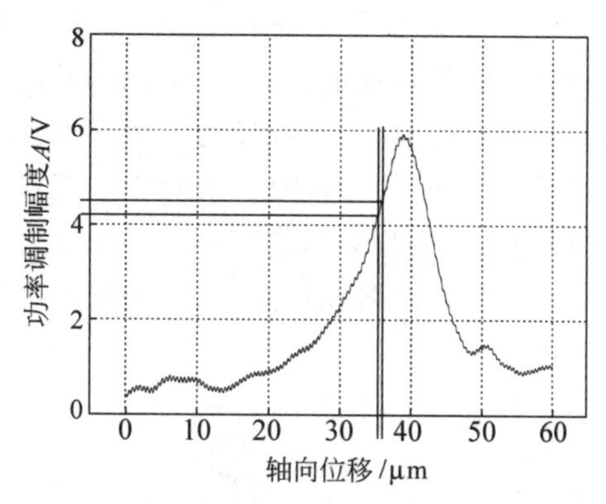

图 4.77　实时测量的二值光栅样品表面离焦响应曲线

通过微动台实现样品的一维横向扫描，扫描距离为 90μm，时间为 40s。利用 LabVIEW 程序控制微动台进行了五次扫描，相位和幅度测量结果如图 4.78 所示。其中，从图 4.78(a)中可以清晰地判断出样品表面的倾斜以及其上分布的凸台和基底平面，可以测量台阶的相位高度，但是不能判断台阶高度中的半波长大数。由于

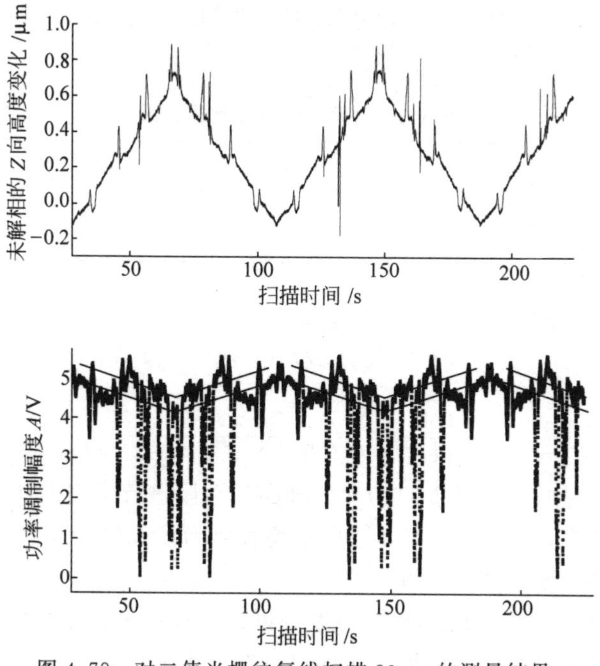

图 4.78　对二值光栅往复线扫描 90μm 的测量结果

(a) 相位高度图；(b) 调制幅度图

样品表面的瑕疵以及台阶转角的影响，图 4.78(b)调制幅度图很不平整，但也表现出了很好的重复性和规律性，可以评定大数。具体分析方法如下：①根据相位图中的平面区间在幅度图中确定对应的平面区域，如图 4.78 中的竖直虚线所示；②根据相同高度台面的分布在幅度图(b)中预计样品的倾斜趋势，确定不同高度台面的幅度线，如图 4.78(b)中的 V 形实线所示；③将幅度线的幅度差异和离焦响应曲线进行比对，确定此幅度差异对应的大数 n。图 4.78(b)中五次测量两条幅度线的幅度差异都约为 0.4V，由此确定台阶高度的大数 n 为 1。

从图 4.78(a)中提取出线扫描区间内的一个台阶的三次测量数据，如图 4.79 所示。通过对上下台阶面的有效测量数据进行最小二乘直线拟合得到上下台阶的直线方程，从中计算出在交界处的台阶相位高度，结果见表 4.5。

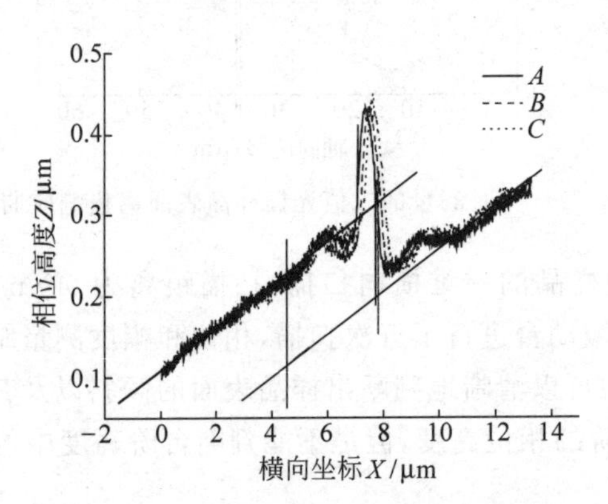

图 4.79　LCFP 测得的三组台阶相位高度

（请扫Ⅲ页二维码看彩图）

表 4.5　台阶相位高度测量结果

	第一次	第二次	第三次
测量值/nm	115	118	106
台阶相位高度	$\Delta h=113$nm，标准差 $S_{\Delta h}=6.245$nm		

解相，最终测得台阶的真实高度为

$$\Delta h=\xi\times(1\times\lambda/2+113)=598\text{nm}$$

扩展不确定度

$$U=\sqrt{U_A^2+U_B^2}=\xi\sqrt{(2.5\times 6.2)^2+4^2}=15\text{nm}$$

采用原子力显微镜(NT-MDT)对该样品的台阶进行了扫描，图 4.80 为台阶截面的一组测量结果；通过多组截面数据平均得到台阶高度为 590nm；比对结果基本说明我们仪器的测量结果是可靠的。

表面测量总结：如上所述，应用该系统可进行样品表面结构的扫描，如结合相位分辨率可在纳米量级。可应用于表面测量及大规模集成电路中的台阶测量。

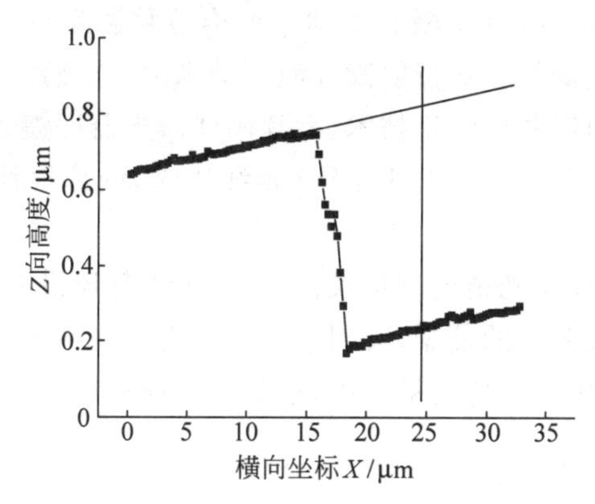

图 4.80　原子力显微镜测量的台阶截面图

4.6.4　本节结语

本节基于准共路光回馈相位外差测量技术和共焦回馈的原理，提出了激光共焦回馈形貌测量技术，通过样品的实际测量验证它的可行性和优点。达到指标如下：纵向分辨率优于 2nm，长期稳定性约为 10nm；横向分辨率约 3μm；纵向量程约 5μm（近似线性区间的宽度）；可适应的样品反射率范围在 10^{-9} 以上。

透过 MEMS 器件微陀螺表层的覆盖玻璃实现了对其内部转子的定位和倾角的测量，轴向测量范围为 18μm，测量分辨率为 8nm。

成功进行了玻璃基底光栅的台阶高度测量，纵向分辨率优于 2nm，纵向测量范围约 5μm，横向测量范围 100μm×100μm，可以适应包括玻璃在内各种材料的样品。

本节主要参考文献：[242][285][286]。

4.7　本 章 结 语

本章介绍的仪器具有显著的特点，一是新颖性，充分地体现了本书作者一贯的追求：不做与人重复的研究。应用和实验证明，这些仪器独具的特色和性能令本书作者充满创景，相信它们会获得广泛的应用，给科学和工业以强力的推动，成为测量仪器的一个重要的分支：微片激光精密测量仪器。希望这些中国人自己的仪器获得巨大发展。

本章作为仪器的光源都是微片固体激光器，或掺钕钇铝石榴石（Nd：YAG）激光器，或掺钕钒酸钇（Nd：YVO_4）激光器。团队自己研发设计，制造了这些独特的它们，因为市场上没有满足我们仪器的高精度、高稳定的激光器。这和第 3 章一样，第 3 章的激光器也都是团队自己研发设计、制造的。

本章以微片双频激光器作光源的仪器有准共路激光回馈干涉仪、一微片两光束的共路激光回馈干涉仪（基于激光回馈）、面内位移测量仪、热膨胀测量仪、远程振动测量仪、微片激光器外腔双折射微片激光纳米测尺、微片双折射双频激光干涉仪、微片固体激光器回馈共焦测量技术、微片固体激光器回馈表面扫描成像和台阶测量。此外本章还介绍了 20m 柔性光路（光纤传输）的位移测量系统和单束正交偏振位移测量系统。

这一章开辟了微片激光精密测量仪器领域，国内外还没有团队做得这么广、这么深，提供了非常有说服力的证据，证明了微片激光器在精密测量仪器领域有广泛的现实应用和潜在应用。期待它被了解，被认识。只待山花烂漫时！

参考文献

[1] 张书练.正交偏振激光原理[M].北京：清华大学出版社,2004.

[2] ZHANG S L, WOLFGANG H. Orthogonal polarization in laser: phenomena and engineering applications[M]. New Jersey: John Wiley & Sons, 2013.

[3] 李士杰,张书练. 应用激光基础[M].杭州：浙江大学出版社,1994.

[4] 张书练,丁迎春,谈宜东.激光器和激光束[M].北京：清华大学出版社,2020.

[5] 阿克塞尔多·涅斯.激光测量技术：原理与应用[M].张书练,译.武汉：华中科技大学出版社,2017.

[6] 张书练.要重视和鼓励开创性的科研工作[J].新清华教师版,1984,4：4.

[7] 张书练.从激光的发明史看基础研究的特点[J].光电子.激光,1996,7(1)：5964.

[8] 张书练,杨森.弱磁场中法拉第效应的实验研究和它的可能应用[J].光学学报,1986,6(6)：481-486.

[9] 张书练.环形激光测量弱磁场的原理[J].地球物理学报,1986,29(4)：363-368.

[10] 邹大挺,张书练.环形激光磁场传感器原理实验研究[J].光学学报,1998,8(12)：1133-1137.

[11] ZHANG S L, LI D S. Using beat frequency lasers to measure micro-displacement and gravity[J]. Applied Optics,1988,27(01)：20-21.

[12] YANG S, ZHANG S L. The frequency split phenomenon in a HeNe laser with a rotation quartz crystal plate in its cavity[J]. Optics Communications,1988,68(1)：55-57.

[13] 张书练,冯铁荪.五种光学和激光效应的实验系统[J].物理实验,1986,6(5)：3-7.

[14] ZHANG S L, WU M X, JIN G F. Birefringence tuning double frequency HeNe laser[J]. Applied Optics, 1990,29(9)：1265-1267.

[15] ZHANG S L, LI K L, WU M X, et al. The pattern of mode competition between two frequencies produced by mode split technology with tuning of the cavity length[J]. Optics Communications,1992, 90(4)：279-282.

[16] ZHANG J J, ZHANG S L. Measurement of magnetic field by a ring laser[J]. Applied Optics, 1992,31(30)：6459-6462.

[17] ZHANG S L, HE W K. Laser frequency split by rotating an intracavity, tilt cut crystal quartz plate around its surface normal axis[J]. Optics Communications,1993,97(3)：210-214.

[18] ZHANG S L, LU M, WU M X, et al. Laser frequency split by an electron-optical element in its cavity[J]. Optics Communications,1993,96(4)：245-248.

[19] ZHANG S L, HAN Y M. Tuning curve of 70MHz mode split by tuning cavity[J]. Chinese Physics Letters,1993,10(12)：728-730.

[20] 张书练,唐丽英,李春,等.激光模分裂和竞争的实验系统[J].物理实验, 1993,13(1)：7-10.

[21] ZHANG S L，HE W K，LI K L，et al. Laser mode split technology-a preliminary study of angular measurement[C]. Budapest：16th Congress of The International-Commission-For-Optics：Optics As A Key To High Technology (ICO-16)，1993.

[22] 张书练，冯铁荪，姜亚南. 通过热膨胀测量激光管毛细管的温度[J]. 中国激光，1982，9(4)：57-59.

[23] DENG Y，GUO L Q，MA Z Q，et al. Experimental research of voice recognition based on Nd：YAG laser[J]. Laser & Infrared，2016，46(2)：150-153.

[24] ZHANG S L，TANG M. Principle for measurement of micrometer and manometer displacement and air refractivity based on laser mode split technology and lasing action [J]. Optical Engineering，1994，30(10)：3381-3386.

[25] ZHANG S L，LI K L，JIN G F. Birefringence cavity dual frequency lasers and relative mode splitting[J]. Optical Engineering，1994，33(7)：2430-2433.

[26] ZHANG S L，GUO H，LI K L，et al. Laser longitudinal mode splitting phenomenon and its applications in laser physics and active metrology sensors[J]. Optics and Lasers in Engineering，1995，23(1)：1-28.

[27] ZHANG S L，HAN Y M. Method and experiment of linearly splitting HeNe laser modes [J]. Chinese Journal of Lasers，1995，84(1)：61-64.

[28] 成相印，张书练，殷纯永，等. 双折射双频激光器输出光偏振特性的实验研究[J]. 光学学报，1995，15(5)：548-551.

[29] 李嘉，张书练. 晶体石英旋光性对激光纵模分裂的影响[J]. 中国激光，1995，22(1)：40-44.

[30] ZHANG S L，LI K L，REN M，et al. Investigation of high-resolution angel sensing with laser mode split technology[J]. Applied Optics，1995，34(12)：1967-1970.

[31] ZHANG S L，WU L J，LI Y，et al. Measurement of machinery vibration using laser mode split technology [C]. Philadelphia：Self-Calibrated Intelligent Optical Sensors and Systems，1996.

[32] 郭继华，神帅，张书练，等. 双折射双频激光器偏振特性的分析[J]. 光学学报，1996，16(1)：32-36.

[33] 郭继华，神帅，蒋建华，等. 双折射双频激光器频差特性分析[J]. 光学学报，1996，6(6)：716-720.

[34] 崔柳，张书练. 双频氦氖激光回馈位移测量系统的实验与应用研究[J]. 应用光学，2007，28(3)：328-331.

[35] 李克兰，张书练. 增益特性对双折射双频激光器频率稳定性的影响[J]. 激光技术，1996，20(2)：65-67.

[36] 焦明星，张书练，梁晋文. 由光纤耦合的 LD 端泵的 Nd：YAG 激光器，激光与红外[J]. 1996，26(3)：200-202.

[37] HAN Y M，ZHANG S L，LI K L. Preventing output power rise and fall in an extra-shortened laser by equal-spacing mode splitting technology[J]. Optical Engineering，1996，35(7)：1957-1959.

[38] ZHANG S L，QUAN X H，HAN Y M，et al. Investigation of frequency difference stabilization of stress birefringence dual frequency laser[C]. Beijing：Photonic China International Society for Optics and Photonics，1996.

[39] WANG Y F, ZHU K Y, LU Y Y, et al. Laser scanning feedback imaging system based on digital micromirror device[J]. IEEE Photonics Technology Letters, 2020, 32(3): 146-149.

[40] JIAO M X, ZHANG S L, LIANG J W. Diode-pumped birefringence dual-frequency Nd:YAG laser for absolute distance interferometer[C]. Beijing: High-Power Lasers: Solid State, Gas, Excimer, and Other Advanced Lasers, 1996.

[41] HAN Y M, ZHANG S L, LI K L. Power tuning for 632.8nm-wavelength HeNe lasers with various frequency spacing mode-splitting[J]. Laser Technology, 1997, 21(2): 111-114.

[42] 韩艳梅,张书练,李克兰.激光频率分裂方法产生可调谐红外光波拍的研究[J].激光技术,1997,21(2):111-114.

[43] 焦明星,张书练,查开德.高功率LD对多模光纤的直接耦合[J].激光技术,1997,21(2):77-80.

[44] HAN Y M, ZHANG S L, LI Y. Study of hard-sealed tunable photoelastic birefringence dual-frequency lasers [J]. Chinese Journal of Lasers, 1998, B7(3): 193-198.

[45] ZHANG S L, LI J, HAN Y M, et al. Study of displacement sensing based on laser mode splitting by intercavity quarts crystal wedges of HeNe Lasers[J]. Optical Engineering, 1998, 37(6): 1801-1803.

[46] 韩艳梅,张书练,李岩,等.功率调谐曲线的理论分析[J].激光技术,1998,22(4):211-214.

[47] ZHANG Y, DENG Z B, ZHANG S L, et al. Experimental study of vibration measurement based on laser frequency splitting principle[C]. Beijing: Automated Optical Inspection for Industry: Theory, Technology, and Applications Ⅱ, 1998.

[48] ZHU K Y, GUO B, LU Y Y, et al. Single-spot two-dimensional displacement measurement based on self-mixing interferometry[J]. Optica, 2017, 4(7): 729-735.

[49] DENG Y, GUO L Q, MA Z Q, et al. Experimental research of voice recognition based on Nd:YAG laser[J]. Laser & Infrared, 2016, 46(2): 150-153.

[50] ZHANG S L, LEE S B, CHOI S. Optical grating sensors for simultaneous measurement of height and temperature of liquids[C]. Soul: Advance Program of 13th Conference on Waves and Lasers, 1998.

[51] 邓之兵,李岩,张书练,等.用双折射激光频率分裂原理实现的静态与动态测量方法[J].激光技术,1999,23(1):31-33.

[52] HAN Y M, ZHANG S L, JIN Y Y, et al. Observation of two frequency differences in a birefringence He-Ne Laser[J]. Optical Engineering, 1999, 38(3): 549-551.

[53] 焦明星,张书练,梁晋文.腔内晶体石英片产生的Nd:YAG激光频率分裂[J].清华大学学报,1999,39(2):62-64.

[54] ZHANG S L, LEE S B. In-fiber grating sensors[J]. Optics & Lasers In Engineering, 1999, 32: 405-418.

[55] HAN Y M, ZHANG S L, ZHANG Y, et al. Two kinds of novel birefringence dual-frequency laser[J]. Optics & Lasers in Engineering, 1999, 31(3): 207-212.

[56] 李岩,李璐,张书练.用电磁力获得应力双折射及双频激光[J].激光技术,1999,23(4):216-219.

[57] LI Y, ZHANG S L, HAN Y M. Displacement sensing HeNe laser with λ/8 accuracy and self-calibration[J]. Optical Engineering, 2000,39(11): 3039-3043.

[58] ZHANG Y, DENG Z B, ZHANG S L, et al. Approach for vibration measurement based on laser frequency splitting technology[J]. Measurement Science and Technology, 2000, 11(11): 1552-1556.

[59] FU J, ZHANG S L, HAN Y M, et al. Mode suppression phenomenon in a mode splitting HeNe laser[J]. Chinese Journal of lasers, 2000, B9(6): 499-594.

[60] 李岩，付杰，张书练，等. HeNe 激光器功率调谐位移传感激光器[J]. 激光技术，2000，24(6)：337-340.

[61] 张书练，李岩. 面向 21 世纪的双频激光及相关测量科学技术[J]. 中国机械工程，2000，11(2)：266-269.

[62] 张玲香，李岩，张书练，等. 光学三角-电涡流复合传感器[J]. 仪表技术和传感器，2000，4：1-2.

[63] 欧加鸣，李岩，张书练，等. CER 腔 He-Ne 激光器[J]. 激光及光电子学进展，2000，37(7)：27-30.

[64] 张书练，李岩. 晶体石英，应力双折射频率分裂与模竞争现象教学实验 He-Ne 激光器[J]. 物理实验，1993，13(1)：7-10.

[65] CUI L, ZHANG S L. Optical feedback effects in orthogonally polarized dual frequency He-Ne laser[J]. Opt. Commun, 2007, 275(1): 201-205.

[66] ZHANG S L, LI Y, ZONG X B, et al. Recent progress in dual frequency lasers and its application[C]. Beijing: International Measurement Confederation XVI IMEKO World Congress, 2000.

[67] ZHANG Y, ZHANG S L. A novel high resolution vibration sensor based on laser frequency splitting technology[C]. Beijing: Process control and inspection for industry, 2000.

[68] ZHANG Y, ZHANG S L. Development of the approach for measurement of phase retardation of wave plates based on laser frequency splitting technology[C]. Beijing: Optical measurement and nondestructive testing: techniques and applications, 2000.

[69] XIE F, ZHANG S L, LI Y, et al. High precision measurement of the wavelength shift of in-fiber Bragg grating with strain-gauge[C]. Beijing: Process Control and Inspection for Industry, 2000.

[70] ZHANG S L, ZONG X B. 双频激光器的最新进展[C]. IMEKO, 2000.

[71] ZHANG Y, ZHANG S L, HAN Y M, et al. Method for the measurement of retardation of wave plates based on laser frequency-splitting technology[J]. Optical Engineering, 2001,40(6): 1071-1075.

[72] ZHANG S L, JIN Y Y, FU J, et al. Mode suppressing, its elimination and generation of small frequency-difference in birefringence He-Ne laser[J]. Optical Engineering, 2001, 40(4): 594-597.

[73] CHANG L, HAN Y M, ZHANG S L, et al. Diode-pumped birefringence tunable large frequency difference Nd: YAG laser[J]. Chinese Journal of Lasers, 2001, B10(1): 6-10.

[74] ZHANG S L, LEE S B. In-fiber grating liquid height sensors[J]. Laser Technology, 2001, 25(1): 7-10.

[75] 肖岩，张书练，韩艳梅，等. 全内腔角块定频差双折射双频激光器及其稳频研究[J]. 中国

激光,2001,28(6):509-512.

[76] 张毅,张书练.光电振动传感技术新进展[J].激光技术,2001,25(3):161-165.

[77] 李岩,张书练,孟祥旺,等.激光微束细胞操作系统[J].激光技术,2001,25(2):90-94.

[78] 谢芳,张书练,李岩,等.用应变仪探测光纤光栅波长移动的传感网络[J].光电子·激光,2001,12(5):503-505.

[79] 张爱华,李岩,张书练,等.光纤布拉格光栅反射波长移位探测[J].光电工程,2001,28(5):22-25.

[80] ZHANG S L, LEE S B. In-fiber grating liquid height sensors[J]. 激光技术, 2001,25(1):7-14.

[81] ZHANG S L, LEE X B. Optical fiber grating sensors for height measurement[J]. 激光技术,2001,25(1):7-10.

[82] 宫爱玲,巩马理,张书练,等.与波导表面垂直等量发射的线阵全息波导光互连[J].激光技术,2001,25(1):60-62.

[83] JIN Y Y, ZHANG S L, LI Y, et al. Zeeman birefringence dual frequency lasers[J]. Chinese Physic Letters, 2001,18(4):533-536.

[84] 欧加鸣,李岩,张书练,等.角度误差影响运动角锥棱镜发射特性的理论分析[J].激光杂志,2001,22(1):12-14.

[85] LI L, ZHANG S L, LI S Q, et al. The new phenomenon of orthogonally polarized lights in laser feedback[J]. Optics Commun,2001(1-6):303-307.

[86] 谢芳,张书练,李岩,等.温度补上的光栅光纤应力传感系统的研究[J].光学技术,2001,27(5):393-395.

[87] 李岩,孟祥望,张书练,等.直升机旋翼挥舞、摆振的激光动态测试系统[J].光学技术,2001,27(3):214-216.

[88] ZHANG S L, GAO W. Process control and inspection for industry[C]. Beijing: Particle Accelerator Conference,1999.

[89] ZHU K Y, TAN Y D, ZHANG S L, et al. Frequency difference modulation of microchip Nd : YAG laser induced by laser feedback [J]. Applied Sciences-base, 2019, 9(11):104208.

[90] 孟祥旺,李岩,刘静华,等.激光微束光场辐射压力对微粒子的作用[J].激光杂志,2002,22(2):15-18.

[91] 谢芳,张书练,李岩,等.光纤光栅传感器的波长检测系统及其理论分析[J].光学学报,2002,22(6):727-730.

[92] 孟祥旺,李岩,张书练,等.单光刀与单光镊激光微束系统[J].清华大学学报,2002,42(8):1604-1067.

[93] HUANG C N, GUO H, ZHANG S L, et al. A novel tunable dual frequency laser with lager frequency difference[J]. Chinese Journal of Laser,2002,B11(4):229-231.

[94] 谢芳,张书练,李岩.光栅光纤传感器的波长检测系统及理论分析[J].2002,22(6):726-730.

[95] XIE F, ZHANG S L, LIA Y, et al. Multiple in-fiber Bragg gratings sensor with a grating scale[J].2002,31(2):139-142.

[96] LIU J H, ZHANG S L, ZHU J, et al. Dual-frequency He-Ne laser with intracavity birefringent film [C]. Shanghai: Conference on Advanced Materials and Devices for

Sensing and Imaging,2002.

[97] ZHU K Y, TAN Y D, ZHANG S L, et al. Frequency-shifted optical feedback measurement technologies using a solid-state microchip laser [J]. Applied Science, 2019, 9(1): 109.

[98] HUANG C N, LI Y, ZHANG S L, et al. A novel pressure sensor by diod-pumped birefringence Nd-YAG dual frequency lasers [C]. Shanghai: Advanced Materials and Devices for Sensing and Imaging,2002.

[99] LIU G, ZHANG S L, ZHU J, et al. Optical feedback laser with a quartz crystal plate in the external cavity[J]. Applied Optics,2003, 42: 6636-6639.

[100] XIAO Y, ZHANG S L, LI Y, et al. Tuning characteristics of frequency difference for Zeeman-Birefringence He-Ne dual frequency laser [J]. Chinse Physics Lette, 2003, 20(2): 230-233.

[101] LIU G, ZHANG S L, ZHU J, et al. Theoretical and experimental study of intensity branch phenomena in self-mixing interference in a He-Ne laser[J]. Optical Communications, 2003, 221(4-6): 387-393.

[102] 宗晓斌，朱钧，张书练，等. 基于激光频率分裂的波片相位延迟测量方法[J]. 激光技术，2003,27(4): 293-295.

[103] ZHANG S, ZHANG S, TAN Y, et al. Self-mixing interferometry with mutual independent orthogonal polarized light[J]. Optics letters, 2016, 41(4): 844-846.

[104] 黄春宁，李岩，张书练. 全光型激光微片高灵敏度压强传感器[J]. 中国激光，2003, 30(6): 501-504.

[105] 张松. 微片激光回馈干涉仪性能及多路光回馈干涉仪研究[D]. 北京：清华大学，2014.

[106] 刘刚，张书练，朱钧，等. 引入激光回馈的双光束干涉效应的研究[J]. 激光技术，2003, 27(5): 273-281.

[107] LIU G, ZHANG S L, ZHU J, et al. Optical feedback laser with a quartz crystal plate in the external cavity[J]. Applied Optics, 2003, 42(3): 6636-6639.

[108] DING Y C, ZHANG S L, LI Y, et al. Displacement sensors based on feedback effect of orthogonally polarized lights of the frequency split HeNe lasers[J]. Optical Engineering, 2003, 42(8): 2225-2228.

[109] LIU G, ZHANG S L. Self-mixing laser Doppler velocimeter based on dual frequency lasers [C]. Beijing: Conference on Advanced Materials and Devices for Sensing and Imaging Ⅱ,2004.

[110] ZHANG S L. Laser nano-measurement ruler (displacement self-sensing He-Ne laser) [C]. Huddersfield: Anglo-Chinese Bilateral Exchange Programme on Nanometrology,2005.

[111] 张书练，徐亭，李岩，等. 正交线偏振激光器原理与应用(Ⅰ)：正交线偏振激光的产生机理和器件研究[J]. 自然科学进展，2004,14(2): 145-154.

[112] 张书练，刘刚，朱钧，等. 正交线偏振激光原理与应用研究(Ⅱ)：现象[J]. 自然科学进展，2004,14(3): 273-281.

[113] 张书练，杜文华，李岩，等. 正交线偏振激光原理与应用研究(Ⅲ)：应用[J]. 自然科学进展，2004,14(4): 380-389.

[114] 丁迎春，张书练，李岩，等. 垂直偏振态 HeNe 激光自混合干涉的实验研究[J]. 激光技术，2004,28(1): 293-295.

[115] XIE F, ZHANG S L, LI Y. Temperature-compensating multiple fiber Bragg gratings strain sensor with a metrological grating[J]. Optics and Lasers in Engineering, 2004, 41(33): 206-216.

[116] FEI L G, ZHANG S L, WAN X J. Influence of optical feedback from birefringence external-cavity on intensity tuning and polarization of laser[J]. Chinese Physics Letters, 2004,21(10): 1944-1947.

[117] WAN X J, ZHANG S L. Self-mixing interference in dual-polarization microchip Nd : YAG laser[J]. Chinese Physics Letters, 2004, 21(11): 2175-2178.

[118] LIU G, ZHANG S L. A 450MHz frequency difference dual frequency laser with optical feedback[J]. Optical Communications,2004,231(1-6): 349-369.

[119] LIU G, ZHANG S L, LI Y, et al. A birefringent cavity He-Ne laser and optical feedback [J]. Chinese Physics,2004,13(6): 855-859.

[120] LIU G, ZHANG S L, Zhang H Y. Self-mixing Interference in Zeeman-Birefringence dual frequency laser[J]. Optical Communications, 2004, 241(1-3): 159-166.

[121] 杨新建,刘刚,张书练,等.激光自混合显微系统的设计及应用研究[J].光学学报,2004, 24(3): 418-422.

[122] FEI L G, ZHANG S L. Self-mixing interference effects of orthogonally polarized dual frequency laser[J]. Opt. Express,2004,12(25): 6101-6105.

[123] LIU G, ZHANG S L, LI Y, et al. Optical feedback characteristics in a dual frequency laser during laser cavity tuning[J]. Chinese Physics, 2005,14: 1984-1989.

[124] DU W H, ZHANG S L, LI Y. Principles and realization of a novel instrument for high performance displacement measurement-nanometer laser ruler[J]. Optics & Lasers In Engineering, 2005,43: 1214-1225.

[125] DU W H, LI Y, ZHANG S L, et al. Using a cat's eye cavity to improve displacement self-sensing laser[J]. Sensors & Actuators A, Physical, 2005, 122: 76-78.

[126] 杜文华,张书练,李岩.纳米激光器测尺中猫眼腔的优化设计[J].中国激光, 2005, 32(10): 1305-1308.

[127] 许志广,张书练.猫眼激光谐振腔横模选择特性研究[J].光学学报, 2006, 26(2): 86-90.

[128] FEI L G, ZHANG S L, ZONG X B. Polarization flipping and intensity transfer in laser with optical feedback from an external birefringence cavity[J]. Opt. Commu., 2005, 246: 505-510.

[129] MAO W, ZHANG S, TAN Y. Experimental research on dual polarized laser optical feedback microscope[J]. Optics and Precision Engineering, 2005, 13: 613-619.

[130] 许志广,张书练.猫眼谐振腔在全外腔长氦氖激光器中的应用[J].中国激光, 2005, 32(12): 1609-1613.

[131] XU Z G, ZHANG S L, LIANG D. The research of the laser transverse mode modulated by the cat's eye resonator[J]. Acta Optica Sinica,2006,1: 86-90.

[132] XIANG C, ZHANG S L. Multiple selfmixing effect in VCSELs with asymmetric external cavity[J]. Optics Communications, 2006,260: 50-56.

[133] XU Z G, ZHANG S L, DU W H, et al. Control of transverse mode pattern in a helium-neon laser using the cat's eye cavity[J]. Opt. Commun, 2006,261(1): 118-123.

[134] 曾召利,张书练.激光频率分裂与模竞争实验系统构建[J].红外与激光工程,2012,44(5):73-75.

[135] XU Z G, ZHANG S L, DU W H, et al. Misalignment sensitivity of the cat's eye cavity He-Ne laser[J]. Opt. Commun, 2006, 265(1): 270-276.

[136] ZONG X B, ZHANG S L. Measurement of arbitrary phase retardation of wave plate by laser frequency splitting [J]. Proceedings of the third international symposium on instrumentation science and technology, 2004, 2: 697-701.

[137] Wan X J, ZHANG S L. Self-mixing sensitivity dependence of dual-polarization microchip Nd:YAG lasers on the frequency difference of orthogonal polarizations[J]. Proceedings of SPIE, 2004, 5634: 748-755.

[138] ZHANG S L. Principle of laser nano-meter measurement ruler[R]. 3rd China-German Symposium on Micro-and Nanotechnology-Dimensional and related measurements in the micro-and nanometre range, 2004.

[139] ZHANG S L. Metrology lasers and applications[R]. Precision Measurement and Micro-Nano-technology, 2005.

[140] 张书练.激光器纳米测尺原理[J].中国工程科学,2005,7(2):27-34.

[141] FEI L G, ZHANG S L. Polarization control in a HeNe laser using birefringence feedback [J]. Optical Express, 2005, 13(8): 3117-3122.

[142] FEI L G, ZHANG S L. Self-mixing interference effects of orthogonally polarized dual frequency laser[J]. Opt. Express, 2004, 12(25): 6101-6105.

[143] CUI L, ZHANG S. Semi-classical theory model for feedback effect of orthogonally polarized dual frequency He-Ne laser[J]. Opt. Express, 2005, 13: 6558-6563.

[144] ZHANG S L, XU T. Orthogonally linear polarized lasers (Ⅰ)—principle and devices [J]. Progress in Nature Science, 2005, 15(7): 586-595.

[145] ZHANG S L, LIU G, Orthogonal linear polarized lasers (Ⅱ)—Physical phenomena[J]. Progress in Nature Science, 2005, 15(10): 865-876.

[146] ZHANG S L, DU W H. Orthogonal linear polarized lasers(Ⅲ)—Applications in self-sensing[J]. Progress in Nature Science, 2005, 15(11): 961-971.

[147] 张书练,刘刚,朱钧,等.自混合干涉效应及其在位移测量中的应用进展[J].自然科学进展,2005,15(7):788-797.

[148] XU Z G, ZHANG S L. Adjustment-free cat' eye cavity He-Ne laser and its outstanding stability[J]. Optics Express, 2005, 13(14): 5565-5573.

[149] LIU G, ZHANG S L, XU T, et al. Optical feedback characteristics of two orthogonally polarized lights in a HeNe laser during cavity tuning[J]. ACTA PHYS SIN-CH ED, 2005, 54: 4701-4709.

[150] ZONG X B, LIU W X, ZHANG S L, Intensity tuning characters of dual-isotope quasi-isotropic lasers[J]. Chinese Physics Letters, 2005, 22(8): 1906-1908.

[151] DENG Y, GUO L Q, MA Z Q, et al. Experimental research of voice recognition based on Nd:YAG laser[J]. Laser & Infrared, 2016, 46(2): 150-153.

[152] 邓勇,郭龙秋,马志强,等.基于Nd:YAG激光器声音辨识的实验探究[J].激光与红外,2016,46(2):150-153.

[153] DENG Y, GUO L Q, MA Z Q, et al. Experimental research of voice recognition based

on Nd : YAG laser[J]. Laser & Infrared, 2016, 46(2): 150-153.

[154] MAO W,ZHANG S. Effects of optical feedback in a birefringence-Zeeman dual frequency laser at high optical feedback levels[J]. Applied Optics, 2007, 46(12): 2286-2291.

[155] WAN X J, ZHANG S L. Quasi-common-path laser feedback interferometry based on frequency shifting and multiplexing[J]. Optics Letters, 2007, 32(4): 367-369.

[156] FEI L G, ZHANG S L. The discoverry of nanometer fringes in laser self-mixing interference[J]. Optical Communications,2007, 273: 226-230.

[157] TAN Y D, ZHANG S L. Displacement self-sensing align-free He-Ne laser based on hollow cube corner prism folding cavity[J]. Sensors and Actuators A,2007, 136(2): 567-571.

[158] TAN Y D,ZHANG S L. Intensity modulation in single-mode microchip Nd : YAG lasers with asymmetric external cavity [J]. Chinese Physics, 2007, 16(4): 1020-1026.

[159] TAN Y D, ZHANG S L. Multi-mode hopping in Nd : YAG lasers with optical feedback [J]. 物理学报, 2007, 56(4): 2124-2130.

[160] 毛威，张书练，张连清，等.激光回馈效应及其传感应用研究进展[J].光学技术，2007，1: 16-22,26.

[161] ZHANG S L. A review for orthogonally polarized lasers and laser feedback and their applications in metrology[R]. Beijing Proceedings of 1st Topical Meeting on Precision Measurement, 2007.

[162] MAO W, ZHANG S L, ZHOU L F, et al. Influence of feedback levels on polarized optical feedback characteristics in Zeeman-Birefringence dual frequency lasers[J]. Chin. Phys. Lett. , 2007,24(3): 713-716.

[163] MAO W, ZHANG S L. Effects of optical feedback in a birefringence-Zeeman dual frequency laser at high optical feedback levels[J]. Appl. Opt, 2007, 46(12): 2286-2291.

[164] MAO W, ZHANG S L, XU T, et al, Optical feedback characteristics in a helium neon laser with a birefringence internal cavity[J]. Chin. Phys, 2007, 16(11): 3416-3422.

[165] ZHOU L F, ZHANG S L, GUO H, et al. Precision controlling of frequency difference for elastic-stress birefringence He-Ne dual-frequency lasers[J]. Chin. Phys. Lett. , 2007, 24(11): 3141-3144.

[166] 李铎，万新军，张书练.具有位移和绝对距离测量能力的回馈干涉系统[J].应用光学，2007, 28(4): 496-500.

[167] WAN X J, ZHANG S L. Quasi-common-path microchip laser feedback interferometry with high stability and accuracy[R]. Proceedings of The 8th International Symposium on Measurement Technology and Intelligent, 2007.

[168] REN Z, LI D, WAN X, et al. Quasi-common-path microchip laser feedback interferometry with a high stability and accuracy[J]. Laser Physics, 2008, 18(8): 939-946.

[169] LIU C, ZHANG S L, WAN X J. Intensity modulation characters of orthogonally polarized HeNe lasers with different optical feedback level[J]. Chinese Physics B, 2008, 17(2): 644-648.

[170] LIU W, LIU M, ZHANG S. Method for the measurement of phase retardation of any wave plate with high precision[J]. Applied Optics, 2008, 47: 5562-5569.

[171] TAN Y D, ZHANG S L. Alignment-free He-Ne laser with folded cavity[J]. Optics and Lasers in Engineering, 2008, 46(8): 578-581.

[172] TAN Y D, ZHANG S L. Alignment-free He-Ne laser with folded cavity[J]. Optics and Lasers in Engineering, 2008, 46(8): 578-581.

[173] ZHANG S L. Self-sensing metrology based on HeNe orthogonally polarized lasers using the laser itself as the Sensor element[R]. International Symposium on Instrument science and Technology, 2008.

[174] ZHANG S L. A review for orthogonally polarized lasers and applications in metrology [R]. International Symposium on Precision Mechanical Measurements, 2008.

[175] LIU W X, HOLZAPFEL W, ZHU J, et al. Differential variation of laser longitudinal mode spacing induced by small intra-cavity phase anisotropies [J]. Optics Communications, 2009, 282(8): 1602-1606.

[176] TAN Y D, ZHANG S L. Laser feedback interferometry based on phase difference of orthogonally polarized lights in external birefringence cavity[J]. Optics Express, 2009, 17: 13939-13945.

[177] TAN Y D, ZHANG S L. Influence of external cavity length on multimode hopping in microchip Nd∶YAG lasers[J]. Applied Optics, 2008, 47(11): 1697-1704.

[178] TAN Y D, ZHANG S L. Measurement of a polarization cross-saturation coefficient in two-mode Nd∶YAG lasers by polarized optical feedback[J]. Journal of Physics B-Atomic. Molecular and Optical Physics, 2009, 89: 339-343.

[179] REN C, TAN Y D, ZHANG S L. External-cavity birefringence feedback effects of microchip Nd∶YAG laser and its application in angle measurement[J]. Chinese Physics B, 2009, 18(8): 3438-3443.

[180] REN C, TAN Y D, ZHANG S L. Diode-pumped dual-frequency microchip Nd∶YAG laser with tunable frequency difference[J]. Journal of Physics D: Applied Physics, 2009, 42(15): (155107)1-6.

[181] REN C, TAN Y D, ZHANG S L. Polarization switching in a quasi-isotropic microchip Nd∶YAG laser induced by optical feedback[J]. Chinese Physics B, 2009, 19(2): (024206)1-6.

[182] REN Z, TAN Y D, WAN X J, et al. Steady state response of optical feedback in orthogonally polarized microchip Nd∶YAG laser based on optical feedback rate equation [J]. Applied Physics B: Lasers and Optics, 2009, 99(3): 469-475.

[183] TAN Y D, ZHANG S L, ZHOU R, et al. Distortion of optical feedback signals in microchip Nd∶YAG lasers subjected to external multi-beam interference feedback[J]. Chin. Phys. B, 2010, 19(3): (034203)1-5.

[184] DING J Y, ZHANG S L, ZHANG L Q. Frequency splitting phenomenon of dual transverse modes in a Nd∶YAG laser[J]. Optics & Laser Technology, 2010, 42: 341-346.

[185] 刘维新,张书练,丁铭,等.激光频率分裂测波片的误差分析和实验评价[J].光电工程,2010, 37(2): 54-59.

[186] 任成,谈宜东,张书练.正交偏振激光角度测量技术综述[J].光学技术,2010, 36(2): 193-199.

[187] 任成,张书练,谈宜东.基于可变腔内双折射的微片双频激光器[J].红外与激光工程,2010,39:63-69.

[188] 丁金运,张连清,张书练.Nd:YAG 微片激光力传感器横截面上的频差分布[J].北京交通大学学报.2010,34(3):91-95.

[189] 李继扬,谈宜东,吴季,等.基于激光回馈效应的液晶双折射特性测量[J].红外与激光工程,2017,46(3):107-112.

[190] 邓勇,郭龙秋,马志强,等.基于 Nd:YAG 激光器声音辨识的实验探究[J].激光与红外,2016,46(2):150-153.

[191] 吴鹏,秦水介,徐宁.基于激光回馈效应的声音检测与重构研究[J].激光与红外,2018,48(11):1337-1340.

[192] 刘名,张书练,刘维新.激光回馈波片相位延迟测量的误差源及消除方法[J].应用光学,2008,29(6):961-966.

[193] ZHOU R, WAN X J, TAN Y D, et al. Dynamic response of optical feedback in orthogonally polarized microchip Nd:YAG laser based on optical feedback rate equation [J]. Applied Physics B,2010,99(3):469-475.

[194] ZHANG S L. Measurement technology based on laser internal/external cavity tuning, dimensional optical metrology and inspection for practical applications[J]. Proc. of SPIE, 2011,8133:1-7.

[195] ZHAO Z Q, ZHANG S L, ZHANG S, et al. A displacement sensor combining cavity tuning of a laser with a piezoelectric transducer's subdivision technique for a bidirectional sampling on the rising and falling flanks[J]. Review of Scientific Instruments, 2011, 82:115001

[196] ZHANG P, ZHANG S L, TAN Y D. Fringe abnormality induced by the external interference effect in laser feedback[J]. Applied Optics,2011, 50(23):4581-4586.

[197] ZHANG L, ZHANG S L. Optical feedback in a Zeeman-birefringence HeNe laser and its application in ranging[J]. Optik, 2011, 122:1384-1387.

[198] ZHAO Z Q, ZHANG S L, LI Y. Height gauge based on dual polarization competition laser[J]. Optics and Lasers in Engineering,2011,49:445-450.

[199] 张松,张书练,任舟.采用 Nd:YAG 微片激光器的激光回馈干涉仪的研制[J].红外与激光工程,2011,40(10):1914-1917.

[200] 李浩昊,张书练,谈宜东.基于激光回馈的波片在盘相位延迟测量系统[J].应用光学,2011,32(5):1003-1008.

[201] 张书练.正交偏振双纵模激光器腔调谐物理效应[J].激光与光电子学进展,2011,48:(051401) 1-17.

[202] CHEN W X, ZHANG S L, LONG X G. Locking phenomenon of polarization flipping in He-Ne laser with a phase anisotropy feedback cavity[J]. Applied Optics, 2012, 51(7):888-893.

[203] CHEN W X, ZHANG S L, ZHANG P, et al. Semi-classical theory and experimental research for polarization flipping in a single frequency laser with feedback effect[J]. Chin. Phys. B,2012, 21(9):(090301)1-5.

[204] ZHAO Z Q, ZHANG S L, TAN Y D, et al. Cavity tuning characteristics of orthogonally polarized dual-frequency He-Ne laser at 1.15μm[J]. Chinese Optics Letters, 2012,

10(2)：(021402)1-4.

[205] CHEN W X,ZHANG S L,LONG X W. Polarization modulation in single-frequency He-Ne laser with an anisotropy feedback cavity[J]. Chinese Optics Letters,2012，10(5)：(052601)1-4.

[206] ZENG Z L,ZHANG S L,WU Y,et al. High density fringes and phase behavior in birefringence dual frequency laser with multiple feedback[J]. Optics Express,2012,20(4)：4747-4752.

[207] CHEN W X,ZHANG S L,LONG X W. Internal stress measurement by laser feedback method[J]. Optics Letters,2012，37(13)：2433-2435.

[208] CHEN W X,LONG X W,ZHANG S L,et al. Phase retardation measurement by analyzing flipping points of polarization states in laser with an anisotropy feedback cavity [J]. Optics & Laser Technology,2012，44：2427-2431.

[209] CHEN W X,LI H H,ZHANG S L,et al. Measurement of phase retardation of waveplate online based on laser feedback[J]. Review of Scientific Instruments,2012,83：013101(1-3).

[210] ZHAO Z Q,ZHANG S L,ZHAGN P,et al. Displacement sensor based on polarization mixture of orthogonal polarized He-Ne laser at 1.15μm[J]. Chinese Optics Letters,2012，10(3)：73-76.

[211] ZENG Z L,ZHANG S L,ZHU S S,et al. Self-mixing interferometry based on nanometer fringes and polarization flipping[J]. Chinese Optics Letters,2012，10(12)：45-47.

[212] 张鹏,张书练,曾召利. 基于双频微片激光器回馈效应的多普勒测速技术研究[J]. 计测技术,2012，32(13)：12-16.

[213] 张亦男,谈宜东,张书练. 用于全内腔微片激光器稳频的温度控制系统[J]. 红外与激光工程，2012，41(1)：101-106.

[214] 任成,杨星团,张书练. 微片 Nd：YAG 双频激光器腔调谐现象研究[J]. 应用光学，2012,33(6)：1147-1151.

[215] 曾召利,张书练. 精密测量中的纳米计量技术[J]. 应用光学，2012，33(5)：846-854.

[216] 肖保玲，胡朝晖，周哲海，等. 猫眼腔激光器光束合成轴对称线偏振矢量光束[J]. 激光与光电子学进展，2012，29(5)：73-75.

[217] 任成，张书练. LD 泵浦 Nd：YAG 微片激光器异常强度噪声研究[J]. 应用光学，2012，33(3)：609-613.

[218] 激光干涉测量与发展趋势[R]. 第二届现代机械测试理论与技术基础中青年学者高层论坛，2012.

[219] ZHANG S L. Measurement and application，ND：YAG laser feedback interferometer [R]. 6th Sino-German Symposium on Micro-and Nano-Production，2012.

[220] CHEN W X,ZHANG Y Q,ZHANG S L,et al. Polarization flipping and hysteresis phenomenon in laser with optical feedback[J]. Optics Express，2013，21(1)：1240-1245.

[221] TAN Y D，ZHANG S L. Self-mixing interference effects of microchip Nd：YAG laser with a wave plate in the external cavity[J]. Applied Optics，2007，46(24)：6064-6068.

[222] YUN W，TAN Y D. Birefringence optical feedback with a folded cavity in HeNe laser [J]. Chinese Physics Letters，2013，30(1)：014201.

[223] CHEN W，ZHANG S，LONG X. Note：interference effects elimination in wave plates manufacture[J]. Review of Scientific Instruments，2013，84(1)：016106.

[224] TAN Y, XU C, ZHANG S, et al. Power spectral characteristic of a microchip Nd : YAG laser subjected to frequency-shifted optical feedback[J]. Laser Physics Letters, 2013, 10(2): 025001.

[225] ZENG Z, ZHANG S, TAN Y, et al. The frequency stabilization method of laser feedback interferometer based on external cavity modulation[J]. Review of Scientific Instruments, 2013, 84(2): 025108.

[226] CUI W X, ZHANG S L, LONG X U. Multi-wavelength conversion based on single wavelength results in phase retardation measurement[J]. Chinese Physics Letters, 2013, 30(3): 60-62.

[227] CHEN W, ZHANG S, LONG X. Thickness and refractive-index measurement of birefringent material by laser feedback technique[J]. Optics Letters, 2013, 38(6): 998-1000.

[228] CHEN W, ZHANG S, LONG X. Optic axis determination based on polarization flipping effect induced by optical feedback[J]. Optics Letters, 2013, 38(7): 1090-1082.

[229] CHEN W, ZHANG S, LONG X. Angle measurement with laser feedback instrument [J]. Optics Express, 2013, 21(7): 8044-8050.

[230] ZENG Z, ZHANG S, TAN Y. Laser feedback interferometry based on high density cosine-like intensity fringes with phase quasi-quadrature[J]. Optics Express, 2013, 21 (8): 10019-10024.

[231] ZHANG P, TAN Y D, LIU W X, et al. Methods for optical phase retardation measurement: a review [J]. Science China Technological Sciences, 2013, 56 (5): 1155-1163.

[232] WU Y, TAN Y, ZENG Z, et al. Note: high-performance HeNe laser feedback interferometer with birefringence feedback cavity scanned by piezoelectric transducer[J]. Review of Scientific Instruments, 2013, 84(5): 056103.

[233] XU C, ZHANG S, TAN Y, et al. Inner structure detection by optical tomography technology based on feedback of microchip Nd : YAG lasers[J]. Optics Express, 2013, 21(10): 11819-11826.

[234] WU Y, ZHANG S, LI Y. The intra-cavity phase anisotropy and the polarization flipping in HeNe laser[J]. Optics Express, 2013, 21(11): 13684-13690.

[235] XU C, TAN Y, ZHANG S, et al. The structure measurement of micro-electro-mechanical system devices by the optical feedback tomography technology[J]. Applied Physics Letters, 2013, 102(22): 221902.

[236] CHEN W, ZHANG S, LONG X. Polarisation control through an optical feedback technique and its application in precise measurements[J]. Scientific Reports, 2013, 3(1): 918-921.

[237] WU Y, TAN Y, ZHANG S, et al. Polarization characteristics of He-Ne laser with different directions of polarized feedback[J]. Applied Optics, 2013, 52(22): 5371-5375.

[238] WU Y, TAN Y D, ZHANG S L, et al. Influence of feedback level on laser polarization in polarized optical feedback[J]. Chinese Physics Letters, 2013, 30(8): 084201.

[239] ZENG Z, ZHANG S, TAN Y, et al. Controlling the duty cycle of the eigenstates in laser with multiple optical feedback[J]. Optics Express, 2013, 21(17): 19990-19996.

[240] TAN Y, ZHANG S. Inspecting and locating foreign body in biological sample by laser confocal feedback technology[J]. Applied Physics Letters, 2013, 103(10): 101909.

[241] TAN Y, ZENG Z L, ZHANG S L, et al. Method for in situ calibration of multiple feedback interferometers[J]. Chinese Optics Letters, 2013, 11(10): 102601.

[242] TAN Y, ZHANG S, ZHANG S, et al. Response of microchip solid-state laser to external frequency-shifted feedback and its applications[J]. Scientific Reports, 2013, 3(1): 217-220.

[243] TAN Y, WANG W, XU C, et al. Laser confocal feedback tomography and nano-step height measurement[J]. Scientific Reports, 2013, 3(1): 180-182.

[244] ZHANG P, TAN Y D, LIU N, et al. Phase difference in modulated signals of two orthogonally polarized outputs of a Nd : YAG microchip laser with anisotropic optical feedback[J]. Optics Letters, 2013, 38(21): 4296-4299.

[245] TAN Y D, SONG Z, ZHOU R, et al. Real-time liquid evaporation rate measurement based on a microchip laser feedback interferometer[J]. Chinese Physics Letters, 2013, 30(12): 124202.

[246] ZHANG S, TAN Y, ZHANG S. Parallel multiplex laser feedback interferometry[J]. Review of Scientific Instruments, 2013, 84(12): 123101.

[247] 张永芹,张松,邓勇,等. Nd : YAG 微片激光回馈干涉仪[J]. 中国激光, 2013, 40(3): 5-10.

[248] 任成,杨星团,张书练. 宽频带空间光外差信号采集系统[J]. 清华大学学报: 自然科学版, 2013, 53(1): 106-110.

[249] 汪晨旭,邓勇,宋健军. Nd : YVO_4 激光器双折射外腔回馈位移测量系统研究[J]. 激光与红外,2019,49(02): 176-180.

[250] 张松,谈宜东,张书练. 激光回馈引起的微片 Nd : YAG 激光器频差调制[J]. 物理学报, 2014, 63(10): 167-172.

[251] 李小丽,谈宜东,杨昌喜,等. 基于扭转模腔的全固态单纵模拉曼黄光激光器设计[J]. 光学学报,2014, 34(12): 154-159.

[252] 朱守深,刘维新,张书练. 全内腔 He-Ne 激光器开机光强调谐曲线及激光器性能[J]. 红外与激光工程, 2014, 43(4): 94-98.

[253] 朱守深,刘维新,张书练. 全内腔 He-Ne 激光器开机光强调谐曲线及激光器性能[J]. 红外与激光工程, 2014, 43(4): 1106-1110.

[254] 曾召利,张书练,谈宜东. 基于激光回馈效应的纳米计量系统[J]. 光电子·激光, 2014, 25(3): 508-513.

[255] FU J,ZHANG S L,HAN Y M,et al. Mode suppression phenomenon in a mode splitting He-Ne laser[J]. 中国激光,2000,B9(06): 499-504.

[256] 朱守深,张书练,刘维新,等. HeNe 双频激光器频差的激光内雕赋值法[J]. 物理学报, 2014, 63(6): 064201-064201.

[257] ZHU S S, ZHANG S L, LIU W X, et al. Laser-micro-engraving method to modify frequency difference of two-frequency HeNe lasers[J]. 物理学报,2014, 63(6): 064201.

[258] ZHANG S, TAN Y, ZHANG S. Measurement speed improvement of microchip Nd : YAG laser feedback interferometer [J]. Review of Scientific Instruments, 2014, 85(3): 036112.

[259] CHEN W, ZHANG S, LONG X, et al. Error elimination for ellipsometry by laser feedback instrument[J]. Review of Scientific Instruments, 2014, 85(4): 046114.

[260] 李岩,傅杰,韩艳梅. 频率分裂 He-Ne 激光器功率调谐特性[J]. 激光与红外,2000, 30(1): 30-32.

[261] XU L, ZHANG S, TAN Y, et al. Simultaneous measurement of refractive-index and thickness for optical materials by laser feedback interferometry[J]. Review of Scientific Instruments, 2014, 85(8): 083111.

[262] ZHANG S, TAN Y, REN Z, et al. A microchip laser feedback interferometer with nanometer resolution and increased measurement speed based on phase meter[J]. Applied Physics B, 2014, 116(3): 609-616.

[263] ZHANG S, ZHANG S L, TAN Y D. Non-contact angle measurement based on parallel multiplex laser feedback interferometry[J]. Chinese Physics B, 2014, 23(11): 114202.

[264] XU L, TAN Y D, ZHANG S L. Full path compensation laser feedback interferometry for remote sensing with recovered nanometer resolutions [J]. Review of Scientific Instruments, 2015, 89(3): 17-20.

[265] ZHENG F S, TAN Y D, ZHANG S L, et al. Study of non-contact measurement of the thermal expansion coefficients of materials based on laser feedback interferometry[J]. Review of Scientific Instruments, 2015, 86(4): 043109.

[266] REN C, YANG X T, ZHANG S L. Optical heterodyne signal acquisition system for spatial light with broad frequency ranges[J]. Journal of Tsinghua University(Sience and Technology), 2015, 53(1): 106-110.

[267] 曾召利,张书练. 激光强回馈系统的动态调制稳频技术[J]. 红外与激光工程, 2015, 44(5): 1402-1407.

[268] LIU N, WU Y, DENG Y, et al. A stability evaluation method for single longitudinal mode (SLM) lasers[J]. Lasers in Engineering, 2015, 31(3-4): 211-221.

[269] ZHANG P, LIU N, ZHAO S, et al. Measurement method for optical retardation based on the phase difference effect of laser feedback fringes[J]. Applied Optics, 2015, 54(2): 204-209.

[270] XU L, ZHAO S, ZHANG S. Laser experimental system as teaching aid for demonstrating basic phenomena of laser feedback [J]. European Journal of Physics, 2015, 36(2): 025006.

[271] ZHANG S H, TAN Y, ZHANG S. Effect of gain and loss anisotropy on polarization dynamics in Nd : YAG microchip lasers[J]. Journal of Optics, 2015, 17(4): 045703.

[272] ZHENG F, TAN Y, LIN J, et al. Study of non-contact measurement of the thermal expansion coefficients of materials based on laser feedback interferometry[J]. Review of Scientific Instruments, 2015, 86(4): 043109.

[273] ZENG Z, QU X, TAN Y, et al. High-accuracy self-mixing interferometer based on single high-order orthogonally polarized feedback effects [J]. Optics Express, 2015, 23(13): 16977-16983.

[274] ZHENG F S, DING Y C, TAN Y D, et al. The approach of compensation of air refractive index in thermal expansion coefficients measurement based on laser feedback interferometry[J]. Chinese Physics Letters, 2015, 32(7): 070702.

[275] LI J, TAN Y, ZHANG S. Generation of phase difference between self-mixing signals in a-cut Nd：YVO_4 laser with a waveplate in the external cavity[J]. Optics letters, 2015, 40(15)：3615-3618.

[276] XU L, TAN Y D, ZHANG S L, et al. Measurement of refractive index ranging from 1.428 47 to 2.482 72 at 1064 nm using a quasi-common-path laser feedback system[J]. Chinese Physics Letters, 2015, 32(9)：21-24.

[277] TAN Y D, ZHANG S L. External anisotropic feedback effects on the phase difference behavior of output intensities in microchip Nd：YAG lasers [J]. Applied Physics B-Lasers and Optics, 2007, 89：339-343.

[278] TAN Y D, ZHANG S L. Research of optical feedback characteristics in frequency modulated microchip Nd：YAG lasers[J]. 物理学报，2007,56(11)：6408-6412.

[279] JIANG LI, TAN Y D,ZHANG S L. Generation of phase difference between selfmixing signals in a-cut Nd：YVO_4 laser with a waveplate in the external cavity[J]. Optics Letters,2015, 40(15)：3615-3618.

[280] MAO W, ZHANG S. Laser feedback interferometer based on strong optical feedback in a Birefringence-Zeeman dual frequency laser[R]. Proceedings of the 8th International Symposium on Measurement technology and Intelligent, 2007.

[281] LU Y Y, LI J Y,ZHANG S L, et al. Depth of focus extension by filtering in the frequency domain in laser frequency-shifted feedback imaging[J]. Applied Optics, 2018, 57(20)：5823-5830.

[282] ZHANG S L,TAN Y D. Third-generation laser interferometer—breakthough in solid-microchip laser seif-mixing measurement technology[J]. Metrology & Measurement Technology, 2018, 3(9)：1674-5795.

[283] ZHU K Y, LU Y Y, ZHANG S L, et al. Ultrasound modulated laser confocal feedback imaging inside turbid media[J]. Optics Letters, 2018, 43(6)：1207-1210.

[284] 张书练，谈宜东. 第三代激光干涉仪——固体微片激光自混合测量技术的突破[J]. 计测技术,2018, 38(3)：43-56.

[285] 陈浩. Nd：YAG 微片双频激光干涉仪关键技术研究[D]. 北京：清华大学,2010.

[286] WANG W, ZHANG S, LI Y. Surface microstructure profilometry based on laser confocal feedback[J]. Review of Scientific Instruments, 2015, 86(10)：103108.

[287] WANG W, TAN Y, ZHANG S, et al. Microstructure measurement based on frequency-shift feedback in a-cut Nd：YVO_4 laser[J]. Chinese Optics Letters, 2015, 13(12)：121201.

[288] ZHANG S H, ZHANG S L, TAN Y D, et al. Dynamical properties of total intensity fluctuation spectrum in two-mode Nd：YVO_4 microchip laser [J]. Chinese Physics B, 2015, 24(12)：124203.

[289] DING Y, TAN R, TAN Y, et al. Method for traceable resolution calibration of the laser feedback displacement senso[C]. International Society for Optics and Photonics, 2015.

[290] 郭波，秦水介，谈宜东. 基于 Nd：YVO_4 激光回馈效应的远距离振动测量研究[J]. 光电子·激光,2016,27(3)：298-302.

[291] 田振国，张立，张书练. He-Ne 双频激光器频差的激光内雕赋值法[J]. 红外与激光工程,2016, 45(5)：45-50.

[292] 吴鹏，秦水介，徐宁. 基于激光回馈效应的声音检测与重构研究[J]. 激光与红外，2018,

48(11)：1337-1340.

[293] CHEN H，ZHANG S，TAN Y. Effect of pump polarization direction on power characteristics in monolithic microchip Nd：YAG dual-frequency laser[J]. Applied Optics，2016，55(11)：2858-2862.

[294] XU L，ZHANG S，TAN Y，et al. Refractive index measurement of liquids by double-beam laser frequency-shift feedback[J]. IEEE Photonics Technology Letters，2016，28(10)：1049-1052.

[295] ZHANG S H，ZHANG S，TAN Y，et al. A microchip laser source with stable intensity and frequency used for self-mixing interferometry[J]. Review of Scientific Instruments，2016，87(5)：053114.

[296] ZHANG S H，ZHANG S，SUN L，et al. Spectrum broadening in optical frequency-shifted feedback of microchip laser[J]. IEEE Photonics Technology Letters，2016，28(14)：1593-1596.

[297] ZHANG S H，ZHANG S，TAN Y，et al. Common-path heterodyne self-mixing interferometry with polarization and frequency multiplexing[J]. Optics Letters，2016，41(20)：4827-4830.

[298] ZHANG S H，ZHANG S，SUN L，et al. Fiber self-mixing interferometer with orthogonally polarized light compensation [J]. Optics Express，2016，24(23)：26558-26564.

[299] TAN Y，ZHU K，ZHANG S. New method for lens thickness measurement by the frequency-shifted confocal feedback[J]. Optics Communications，2016，380(4)：91-94.

[300] 田振国，张立，张书练. He-Ne双折射塞曼双频激光器的等光强稳频研究[J]. 红外与激光工程，2016，45(5)：0505005.

[301] 张书练，刘维新. 风起于青萍之末浪成于微澜之间——漫谈30年科研：激光谐振仪器体系的建立[J]. 红外与激光工程，2016，45(7)：0703001.

[302] CHEN H，TAN Y，ZHANG S，et al. Study on mechanism of amplitude fluctuation of dual-frequency beat in microchip Nd：YAG laser[J]. Journal of Optics，2016，19(1)：015702.

[303] TAN Y D，ZHANG S L. Orthogonally linearly polarized dual frequency Nd：YAG lasers with tunable frequency difference and its application in precision angle measurement [J]. Chinese Physics Letters，2007，24(9)：2590-2593.

[304] YANG Y，DENG Y，ZHANG S L，et al. Nonlinear error analysis and experimental measurement of Birefringence-Zeeman dual-frequency laser interferometer[J]. Optics Communications，2019，436：264-268.

[305] ZHU K Y，Zhou B，Lu Y Y，et al. Ultrasound-modulated laser feedback tomography in the reflective mode[J]. Optics Letters，2019，44(22)：5414-5417.

[306] ZHANG S H，HU Y，CAO J，et al. Effect of dual-channel optical feedback on self-mixing interferometry syste[J]. Journal of Optics，2019，21(2)：025502.

[307] 马响，邓勇，张书练. 激光回馈半钢化玻璃应力双折射测量技术[J]. 激光技术，2020，44(3)：371-376.

[308] WAN X J，ZHANG S L，Influence of optical feedback on the longitudinal mode stability of microchip Nd：YAG lasers[J]. Optical Engineering，2005，44(10)：1944-1947.

[309] ZHANG S L, THIERRY B. Orthogonally polarized laser and their applications[J]. Optics and Photonics News, 2007: 38-43.

[310] ZHANG S L, TAN Y D, LI Y. Orthogonally polarized dual frequency lasers and applications in self-sensing metrology[J]. Meas. Sci. Technol., 2010, 21: 054016.

[311] REN Z, TAN Y D, WAN X J, et al. Microchip laser feedback interferometer with an optical path multiplier[J]. Chinese Physics Letters, 2008, 25(11): 3995-3998.

[312] ZHOU L F, ZHANG S L, HUANG Y, et al. Zeeman-Birefringence He-Ne dual-frequency lasers based on hole-drilling birefringence in a cavity mirror[J]. Laser Physcis, 2008, 18(12): 1517-1521.

[313] 张书练，冯铁荪. HeNe激光增益管的热特性和它对环形激光开机频率差的影响[J]. 激光与光学，1981,3.

[314] HAN Y M, ZHANG S L, LI K L. Extra-short HeNe lasers based on mode split[J]. Science in China (series E), 1996, 39(2): 191-195.

[315] 张书练，宗晓斌，李岩，等. 晶体石英双折射、应力双折射频率分裂与模竞争现象教学实验He-Ne激光[J]. 红外技术，2000,22: 165-170.

[316] 张书练，刘维新，丁铭. 波片相位延迟的测量装置的校准方法[S]. 中华人民共和国国家标准. GB/T 26827—2001,2011-07-29.

[317] 张书练，杨森，邬敏贤，等. 晶体石英调谐He-Ne双频激光器: 88221515[P]. 1990-06-13.

[318] ZHANG S L, YANG S, WU M X, et al. Quartz crystal tuning HeNe double frequency laser: USA 005091913A [P]. 1992-02-25.

[319] 张书练. 高精度激光腔变位移/折射率测量方法及装置: 93114899.5 [P]. 1999-11-13.

[320] 张书练，韩艳梅，李岩. 应力双折射双频激光器: 197120293.1 [P]. 2002-07-31.

[321] 张书练，韩艳梅，金玉叶，等. 一种可调谐的中频差氦氖双频激光器: 98117756.5. [P]. 2002-09-18.

[322] 张书练，李岩，韩艳梅，等. 位移自传感HeNe激光器系统及其实现方法: 199103514.3 [P]. 2002-07-10.

[323] 张书练，韩艳梅，金玉叶，等. 没有频率差闭锁的双折射双频激光器及其频差精度控制方法: 99103513.5 [P]. 2003-02-12.

[324] 张书练，肖岩，李岩，等. 频率差稳定的塞曼-双折射双频激光器: 01 1 34338.9 [P]. 2004-02-11.

[325] 张书练，肖岩，李岩，等. 二维施力方式的塞曼-双折射双频激光器: 01268038.9 [P]. 2002-08-14.

[326] 张书练，朱钧，刘静华，等. 双折射膜双频激光器: 02120798.4 [P]. 2004-10-15.

[327] 张书练，李岩，丁迎春，等. 频率分裂氦-氖激光回馈自混合非接触测微仪: 02120797.6 [P]. 2004-09-15.

[328] 刘刚，张书练，朱钧，等. 基于双频激光器的自混合干涉多普勒测速仪: 200410009261.6 [P]. 2007-08-22.

[329] 杜文华，张书练，李岩. 纳米激光器测尺及实现纳米测量的细分方法: 200410088819.4 [P]. 2006-10-11.

[330] 张书练，韩艳梅，宗晓斌，等. 频率分裂与模竞争教学实验激光器系统: 200410062257.6 [P]. 2006-01-25.

[331] 张书练，许志广，李岩，等. 猫眼腔氦氖激光器: 200410009696.0 [P]. 2007-02-07.

[332] 张书练，费立刚. 激光回馈波片测量装置：200510012000.4 [P]. 2005-06-24.
[333] 刘刚，张书练，朱钧，等. 具有方向识别功能的自混合干涉 HeNe 激光位移传感器：200510011358.5 [P]. 2007-03-14.
[334] 刘刚，张书练，朱钧，等. 能输出光强稳定的两垂直偏振光的 HeNe 激光器：200510011383.3 [P]. 2008-05-07.
[335] 周鲁飞，张书练. 弹性加力的应力双折射-双频激光器：200510086785 [P]. 2010-05-05.
[336] 刘刚，张书练，朱钧，等. 基于双频激光器的自混合干涉位移传感器：200510011230.9 [P]. 2006-06-14.
[337] 刘刚，张书练. 基于 Zeeman-双折射双频激光器的光回馈测距仪：200510011514.8 [P]. 2008-04-25.
[338] 张书练，费立刚. 激光回馈纳米位移测量装置：200510011258.2 [P]. 2007-08-22.
[339] 许志广，张书练，李岩. 猫眼折叠腔位移自传感氦氖激光器系统：200510086679.1 [P]. 2007-05-23.
[340] 李岩，王昕，张书练. 利用外差干涉法对激光波长进行测量的方法及装置：200610083702.6 [P]. 2009-01-14.
[341] 张书练，周鲁飞，任舟. 一种基于猫眼腔镜损耗调节的激光横模演示系统：200610012286.0 [P]. 2009-12-16.
[342] 张书练，李岩，丁迎春，等. Frequency splitting He-Ne laser micrometer：US 7106451 [P]. 2006-09-12.
[343] 张书练，万新军. 激光共焦回馈显微测量装置：200610114088.5 [P]. 2006-10-22.
[344] 张书练，毛威. 基于频率闭锁双频激光器的激光回馈位移传感器：200610012143.X [P]. 2008-05-07.
[345] 张书练，毛威. 扩束的强光折叠回馈位移测量系统：200610088846.0 [P]. 2008-8-20.
[346] 张书练，刘维新. 可溯源测量任意波片相位延迟的方法和装置：00710099960.8 [P]. 2009-07-01.
[347] 张书练，崔柳. 稳频的频差可调的双频激光器纳米测尺：200710176051.X[P]. 2009-07-29.
[348] 张书练，万新军. 准共路式微片激光器回馈干涉仪：200710062859.5 [P]. 2009-01-14.
[349] 张书练，刘维新. 可溯源任意波片相位延迟的测量方法：200710099960.8 [P]. 2009-07-01.
[350] 张书练，谈宜东. 双折射外腔回馈位移测量系统：200710064456.1 [P]. 2009-09-09.
[351] 张书练，谈宜东. 双频 HeNe 激光器回馈测距仪：200810104260.8 [P]. 2001-01-26.
[352] 张书练，周鲁飞. 基于打孔应力调节的双折射-双频激光器：200810104259.5[P]. 2009-12-16.
[353] 张书练，赵正启. 1152nm 波长氦氖激光器纳米测尺：200910076308.3 [P]. 2012-05-23.
[354] 胡朝晖，张书练，贾惠波. 一种产生多种矢量光束的系统：200910090262.0 [P]. 2012-07-04.
[355] 张书练，张亦男. 输出波长稳定的半导体泵浦全内腔微片激光器：201010195109.7 [P]. 2012-05-23.
[356] 张书练，曾召利，李岩. 相位正交双频激光器回馈位移测量系统：201110050006.6 [P].

2012-10-10.

[357] 张书练，吴云，谈宜东，等. 一种 He-Ne 激光器双折射外腔回馈位移测量系统：201110100759.3 [P]. 2013-02-13.

[358] 张书练，张松，任舟，等. 一种基于微片激光回馈干涉仪的位移数据处理方法：201110309474.0 [P]. 2013-12-11.

[359] 张书练，赵正启，谈宜东，等. 基于压电陶瓷开环调制的位移测量方法：201110329320.8 [P]. 2010-03-05.

[360] 谈宜东，任舟，张松，等. 一种完全共路式微片激光器回馈干涉仪：201110277717.7 [P]. 2013-07-10.

[361] 张书练，曾召利，李岩. 相位正交双频激光回馈位移测量系统：201110050006.6 [P]. 2012-10-10.

[362] 张书练 张松，任舟，等. 一种基于微片激光器回馈干涉仪的位移数据处理方法：201110309474.0 [P]. 2013-12-11.

[363] 张书练，曾召利，谈宜东，等. 一种基于外腔调制稳频的激光回馈位移测量方法及系统：201210005815.X [P]. 2014-02-19.

[364] 朱守深，张书练，苏华钧，等. 一种内置氦氖激光器：201210194751.2 [P]. 2012-06-13.

[365] 张书练，朱守深，李岩. 一种氦氖双频激光器频差产生和赋值方法：201210275253.02 [P]. 2014-03-19.

[366] 张书练，张鹏，徐玲，等. 透明介质折射率的监测装置及监测方法：201210501999.9 [P]. 2015-02-18.

[367] 张书练，张鹏，刘维新，等. 透明介质折射率的测量装置及测量方法：201210502623.X [P]. 2015-05-13.

[368] 张书练，曾召利，谈宜东. 位移测量系统：201210591981.2 [P]. 2015-11-25.

[369] 谈宜东，张鹏，张书练，等. 透明介质折射率的测量装置及测量方法：201210502668.7 [P]. 2015-01-21.

[370] 张书练，曾召利，谈宜东，等. 位移测量系统：201210591981.2 [P]. 2015-11-25.

[371] 张书练，牛海莎，谈宜东，等. 一种高增益激光位移传感器的偏振混叠方法：201210323603.6 [P]. 2015-01-14.

[372] 张书练，吴云，谈宜东，等. 一种基于偏振光回馈的激光偏振态控制方法：201310254453.2 [P]. 2016-06-15.

[373] 张书练，曾召利，谈宜东，等. 位移测量系统：201310020741.1 [P]. 2013-01-21.

[374] 张书练，张松，谈宜东. 激光回馈干涉仪：201310166349.8 [P]. 2015-11-25.

[375] 谈宜东，张永芹，张书练，等. 固体激光回馈干涉仪：201310131196.3[P]. 2015-10-21.

[376] 张书练，张鹏，刘维新，等. 透明介质折射率的测量装置及测量方法：201310174525.2 [P]. 2015-06-24.

[377] 张书练，牛海莎，谈宜东. 位移测量方法：201310035705.2 [P]. 2015-08-12.

[378] 张书练，曾召利，李岩. 位移测量系统：201310020741.1 [P]. 2015-10-21.

[379] 张书练，徐玲，谈宜东. 光学材料折射率的测量系统及测量方法：201510215062.9[P]. 2017-07-18.

[380] 张书练，张韶辉，谈宜东. 正交偏振激光回馈干涉仪：201510298456.5 [P]. 2017-06-23.

[381] 谈宜东，牛海莎，张书练，等. 一种光学材料应力测量系统：201510409605.0[P]. 2017-11-14.

[382] 张书练，徐玲. 准全程补偿的激光回馈干涉仪：201610477872.6[P]. 2018-12-11.

[383] 张书练，张韶辉. 激光回馈干涉仪：201610963877.X[P]. 2019-08-27.

[384] 郭波. 基于固体微片激光回馈干涉仪面内位移测量方法的研究[D]. 贵阳：贵州大学，2016.

[385] TAN Y D, ZHANG S. Compact displacement sensor based on microchip Nd：YAG laser with birefringence external cavity[R]. Proceedings of the 8th International Symposium on Measurement Technology and Intelligent, 2007.

[386] GB/T 26827—2011. 波片相位延迟装置的校准方法，中华人民共和国国家标准公告，2011 年第 12 号. 起草人：张书练，刘维新，丁铭.

[387] CHEN H，ZHANG S L. Microchip Nd：YAG dual-frequency laser interferometer for displacement measurement[J]. Optics Express，2021，29(4)：6248-6256.

附录　作者团队的出站博士后及毕业博士、硕士学位论文列表*

[1] 周大挺. 环形激光弱磁场传感器的理论分析和实验研究[D]. 北京. 清华大学硕士学位论文. 1985,2. 指导教师冯铁荪、张书练.

[2] 杨森. 由晶体石英双折射产生双频激光的原理实验及应用研究[D]. 北京. 清华大学本科学位论文. 1985,7. 指导教师张书练.

[3] 张俊江. 用环形激光测量弱磁场的理论与系统研究[D]. 北京. 清华大学博士学位论文,1988,3. 指导教师金国藩、张书练.

[4] 任明. 激光频率分裂测角研究[D]. 北京. 清华大学硕士学位论文. 1994,7. 指导教师李克兰.

[5] 李嘉. 基于激光双频分裂的位移测量技术研究[D]. 清华大学硕士学位论文. 1994,7. 指导教师张书练.

[6] 焦明星. 用于绝对距离干涉计量的 LD 泵浦双折射双频 Nd：YAG 激光器研究[D]. 1997,12. 北京. 清华大学博士学位论文. 指导教师梁晋文、张书练.

[7] 韩艳梅. 双折射双频激光器的性能研究[D]. 1997,3. 北京. 清华大学硕士学位论文. 指导教师张书练.

[8] 邓之兵. 用双折射激光频率分裂原理振动测量系统研究[D]. 1997,5. 北京. 清华大学硕士学位论文. 指导教师张书练.

[9] 金玉叶. 3-40MHz 小频差双折射 He-Ne 双频激光器研究[D]. 北京. 清华大学硕士学位论文. 1999,7. 指导教师李嘉强、张书练.

[10] 傅杰. 频率分裂激光器纳米位移测量原理的初步研究[D]. 北京. 清华大学硕士学位论文. 2000,5. 指导教师张书练.

[11] 郭辉. LD 泵浦 Nd：YAG 激光器压力测量研究[D]. 北京. 清华大学硕士学位论文. 2000,5. 指导教师张书练.

[12] 李璐. 偏振态互相垂直的激光器在自反馈中的特性研究[D]. 北京. 清华大学硕士学位论文. 2000,12. 指导教师张书练.

[13] 张毅. 基于激光频率分裂的波片相位延迟测量原理和技术研究[D]. 北京. 清华大学博士学位论文. 2001,03. 指导教师金国藩、张书练.

[14] 张爱华. 激光三角位移传感器及光纤光栅反射波长移动探测系统的研制[D]. 北京. 清华大学硕士学位论文. 2001,12. 指导教师李岩、张书练.

[15] 肖岩. 塞曼-双折射双频激光器及其特性研究[D]. 北京. 清华大学硕士学位论文. 2001,12. 指导教师张书练.

---

* 1. 表内部分作者是校-校联合培养,论文均在清华大学精密测试技术及仪器国家重点实验室完成.
2. 以提交学位论文时间(年)为序.
3. 包含了两篇特殊本科论文.

[16] 孟祥旺.激光微束细胞操作系统的研究[D].北京.清华大学硕士学位论文.2001,11.指导教师李岩.

[17] 黄春宁.LD泵浦 Nd:YAG频率分裂激光器及其应用研究[D].北京.清华大学硕士学位论文.2002,7.指导教师李岩.

[18] 谢芳.光纤光栅传感系统的研究[D].北京.清华大学博士学位论文.2002,3.指导教师张书练.

[19] 丁迎春.非接触式高分辨率位移传感器的研究初步[D].北京.清华大学博士后出站报告.2003,12.合作导师张书练.

[20] 刘静华.双折射双频激光器技术研究[D].北京.清华大学硕士学位论文.2003,6.指导教师张书练.

[21] 杨新建.激光自混合干涉效应在显微技术中的应用研究[D].北京.清华大学硕士学位论文.2003,12.指导教师张书练.

[22] 李营.基于可调谐 Fabry-Perot 滤波器的光纤光栅解调系统[D].北京.清华大学硕士学位论文.2004,12.指导教师张书练.

[23] 范志军.中频差双频激光干涉测量系统的初步研究[D].北京.清华大学硕士学位论文.2004,5.指导教师李岩.

[24] 费立刚.He-Ne激光器正交偏振回馈现象及其在波片测量中应用的研究[D].北京.清华大学博士学位论文.2005,12.指导教师张书练.

[25] 宗晓斌.频率分裂激光器的调谐分析及在任意波片测量中的应用[D].北京.清华大学博士学位论文.2005,7.指导教师张书练.

[26] 刘刚.双重光回馈理论及双折射腔中的光回馈[D].北京.清华大学博士学位论文.2005,12.指导教师张书练.

[27] 杜文华.猫眼谐振腔与双频竞争激光位移传感系统的研究及其技术实现[D].北京.清华大学博士学位论文.2005,7.指导教师张书练.

[28] 崔迎超.垂直腔面发射激光器的回馈研究[D].广州.广东理工大学硕士学位论文.2005,5.指导教师冯金垣、张书练.

[29] 许志广.猫眼谐振腔氦氖激光器及其位移传感器[D].北京.清华大学博士学位论文.2006,10.指导教师张书练.

[30] 王明明.用于光纤光栅传感解调的可调谐 FP.滤波器[D].北京.清华大学硕士学位论文.2006,12.指导教师张书练、张连清.

[31] 刘小艳.提高激光纳米测尺分辨率的研究[D].北京.清华大学硕士学位论文.2006,12.指导教师张书练.

[32] 万新军.微片 Nd:YAG激光器光回馈及其相位外差测量方法研究[D].北京.清华大学博士学位论文.2007,4.指导教师张书练.

[33] 谈宜东.Nd:YAG激光器光回馈现象及其位移测量应用研究[D].北京.清华大学博士学位论文.2007,10.指导教师张书练.

[34] 毛威.正交偏振氦氖激光器强光回馈现象及其位移传感器研究[D].北京.清华大学博士学位论文.2007,10.指导教师张书练.

[35] 徐勇.基于猫眼腔激光器的激光综合实验系统[D].北京.清华大学硕士学位论文.2007,11.指导教师张书练.

[36] 任利兵.横向塞曼-双折射双频激光器特性及其双频稳定性研究[D].北京.化工大学硕士学位论文.2007,4.指导教师丁迎春、张书练.

[37] 李铎.纳米激光测尺的仪器化及提高测量精度的研究[D].北京.清华大学硕士学位论文.2008,6.指导教师张书练.

[38] 崔柳.基于腔调谐正交偏振光回馈理论及稳频回馈位移测量系统[D].北京.清华大学博士学位论文.2008,10.指导教师张书练.

[39] 程翔.VCSEL 光回馈现象及位移测量应用研究[D].北京.清华大学博士学位论文.2008,4.指导教师张书练.

[40] 王庆艳.基于表面等离子微腔结构的近场纳米光束控制[D].北京.清华大学博士学位论文.2008,10.指导教师王佳、张书练.

[41] 刘名.基于激光回馈的自然双折射与应力双折射的测量系统[D].北京.清华大学硕士学位论文.2008,5.指导教师张书练.

[42] 牛燕雄.激光辐照效应及防护技术研究.北京.清华大学博士后出站报告.2008,9.合作导师张书练.

[43] 费立刚.激光回馈波片相位延迟测量仪的研制和应用[D].2009,9.北京.清华大学博士后出站报告.合作导师张书练.

[44] 刘维新.弱复合腔结构正交偏振激光器调谐及其在波片测量中应用[D].北京.清华大学博士论文.2009,4.指导教师张书练.

[45] 周鲁飞.氦氖激光器正交偏振光产生及高分辨率回馈位移测量研究[D].北京.清华大学博士学位论文.2009,4.指导教师张书练.

[46] 胡朝晖.猫眼腔激光器及其应用研究[D].北京.清华大学博士后出站报告.2009,8.合作导师贾惠波、张书练.

[47] 李浩昊.激光回馈波片在盘测量系统[D].北京.清华大学硕士学位论文.2010,12.指导教师张书练.

[48] 丁金运.基于频率分裂的 Nd:YAG 激光加速度及光弹性研究[D].北京.交通大学博士学位论文.2010,5.指导教师张书练、冯其波.

[49] 张立.双频 HeNe 激光回馈测量系统的研究[D].北京.交通大学博士学位论文.2010,5.指导教师张书练、冯其波.

[50] 谈宜东.Nd:YAG 激光器光回馈效应及温控稳频技术研究[D].北京.清华大学博士后出站报告.2010,2.合作导师王伯雄.

[51] 赵正启.基于正交偏振 1.15μm 氦氖激光器功率调谐的位移测量系统[D].北京.清华大学博士学位论文.2011,10.指导教师张书练.

[52] 任舟.微片 Nd:YAG 激光回馈干涉仪及应用[D].北京.清华大学博士学位论文.2011,4.指导教师张书练.

[53] 任成.Nd:YAG 正交偏振激光器调谐及绝对测角研究[D].北京.清华大学博士学位论文.2011,4.指导教师张书练.

[54] 马迪(Matthias Dilger).Construction and analysis of a new laser teaching system 2011,6.指导教师 Wolfgang Osten(德国斯图加特大学)、张书练.

[55] 张亦男.激光回馈干涉仪的稳频 Nd:YAG 微片激光器[D].北京.清华大学博士学位论文,2012,5.

[56] 朱守深.双折射-塞曼双频氦氖激光器的关键技术及系统[D].北京.清华大学博士学位论文.2012,10.指导教师张书练.

[57] 赵世杰.He-Ne 激光器物理特性及其教学系统研究[D].2012,3.南通.南通大学硕士学位论文.指导教师杨玉萍、邓勇、张书练.

[58] 曾召利. 激光高阶回馈及纳米测量溯源原理研究[D]. 北京. 清华大学博士学位论文. 2013,10. 指导教师张书练.

[59] 徐春欣. 微片 Nd：YAG 激光器光回馈共焦层析成像技术研究[D]. 北京. 清华大学博士学位论文. 2013,4. 指导教师张书练.

[60] 陈文学. 激光各向异性回馈研究[D]. 长沙. 国防科技大学博士学位论文. 2013,3. 指导教师龙兴武，张书练.

[61] 张永芹. Nd：YAG 微片激光回馈干涉仪的几项关键技术和仪器化研究[D]. 南通. 南通大学硕士学位论文. 2013,3. 指导教师杨玉萍、邓勇、张书练。

[62] 吴云. HeNe 激光器双折射外腔/偏振外腔回馈及其位移测量系统[D]. 北京. 清华大学博士学位论文. 2014,4. 指导教师李岩、张书练.

[63] 张松. 微片激光回馈干涉仪性能及多路光回馈干涉仪研究[D]. 北京. 清华大学博士学位论文. 2014,1. 指导教师张书练.

[64] 李小丽. 新型全固态拉曼激光器研究[D]. 北京. 清华大学博士后出站报告. 2014,7. 合作导师杨昌喜、张书练.

[65] 张鹏. 各向异性弱光回馈相位差效应及其在波片测量中的应用[D]. 北京. 清华大学博士学位论文. 2014,4. 指导教师张书练.

[66] 刘宁. Nd：YAG 激光回馈干涉仪及其应用研究[D]. 南通. 南通大学硕士学位论文. 2014,4. 指导教师曹红蓓、邓勇、张书练.

[67] 马志强. 基于正交偏振激光回馈的纳米溯源原理和技术研究[D]. 南通. 南通大学硕士学位论文. 2014,4. 2015. 06. 指导教师邓勇、张书练.

[68] 王伟平. 微片 Nd：YVO_4 激光器回馈共焦系统及应用研究[D]. 北京. 清华大学博士学位论文. 2015,11. 指导教师李岩、张书练.

[69] 郑发松. 微片激光回馈干涉仪的稳频及材料热膨胀测量应用研究[D]. 北京. 化工大学硕士论文. 2015,4. 指导教师丁迎春、张书练.

[70] 谭润韬. 基于 He-Ne 激光回馈的纳条纹技术[D]. 北京. 化工大学硕士论文. 2015,4. 指导教师丁迎春、张书练.

[71] 宋健军. 基于激光回馈效应的应力/双折射测量系统研究[D]. 南通. 南通大学硕士学位论文. 2016,3. 指导教师邓勇、张书练.

[72] 郭波. 基于固体微片激光回馈干涉仪面内位移测量方法的研究[D]. 贵阳. 贵州大学硕士学位论文. 2016,6. 指导教师秦水介、张书练.

[73] 宋建军. 基于激光回馈效应的应力/双折射测量系统研究[D]. 南通. 南通大学硕士学位论文 2016,3. 指导教师邓勇、张书练.

[74] 田振国. 生物组织激光光回馈层析成像技术研究[D]. 北京. 北京林业大学硕士学位论文. 2016,4. 指导教师张立、张书练.

[75] 徐玲. 微片激光回馈干涉仪远程补偿、高测速关键技术研究[D]. 北京. 清华大学博士学位论文. 2017,11. 指导教师孙利群、张书练.

[76] 张绍辉. 固体微片激光器自混合效应及位移测量系统研究[D]. 北京. 清华大学博士学位论文. 2017,4. 指导教师孙利群、张书练.

[77] 牛海莎. 双折射外腔激光回馈及其在双折射元件测量中的应用[D]. 北京. 航空航天大学博士学位论文. 2017,9. 指导教师牛燕雄、张书练.

[78] 陈浩. Nd：YAG 微片双频激光干涉仪关键技术研究[D]. 2017,3. 北京. 清华大学博士学位论文. 孙立群、张书练.

[79] 李继杨.高性能微片激光器及其回馈干涉仪研究[D].北京.航空航天大学博士学位论文.2018,4.指导教师牛燕雄、张书练.

[80] 汪晨旭.Nd：YVO_4 激光器双折射外腔回馈位移测量系统研究[D].南通.南通大学硕士学位论文.2018,9.指导教师邓勇、张书练.

[81] 杨元.激光干涉仪性能非线性测量技术标定及系统优化研究[D].南通.南通大学硕士学位论文.2019,3.指导教师邓勇、张书练.

[82] 马响.激光回馈玻璃应力双折射测量系统的研究[D].南通.南通大学硕士学位论文.2020,3.指导教师邓勇、张书练.

后　　记

到了结尾，说几件事作为后记。

本书的篇幅已经超出作者的预设，但还是有若干内容没有写进来，特别是这个研究方向早期的工作，如半经典理论分析正交偏振光的光强调谐，环形激光测量弱磁场，激光腔内的石英楔测量位移、重力、压力等。正是这些工作鼓舞了团队向前，催生新的想法，逐步积累。聚焦团队，开始三四个人，顶峰时约25人，坚持一个方向，像葡萄树，蔓蔓开花，层层结果，一直向上追求，这就是我们的道路。

本书的名字叫"不创新我何用，不应用我何为——你所没有见过的激光精密测量仪器"，有点励志之感。给一本学术书起一个铭志抒怀的名字实为不得已。因为她应有的名字有点阳春白雪（正交偏振激光原理[1]（Orthogonal Polarization in Laser[2]）），想取一个通俗的名称作桥，阳春落地、白雪入泥，易于和读者沟通。同时，也是自我打气，勉励作者把书中的激光器和仪器落地坐实，真正有益于社会。

回首这四十余年，1988年的两篇文章可以看成作者研究方向调整的记录。一篇是四频"环形激光磁场传感器原理实验研究"[10]，另一篇是两频"激光器的频率分裂现象"[12]。参考文献[10]是环形激光（四个反射镜构成振荡通道），参考文献[12]是线形（两个反射镜构成振荡通道），这一转变导致作者的持续研究。顺便说明一下，四频环形激光就是一种型号的激光陀螺。

值得一提的是，这一转变来自环形激光传感研究中工艺的失误。本打算在环形激光器内部置入一对可移动的水晶楔（旋光晶体石英楔），但工人师傅在胶合这两个楔时没有控制好温度，把胶烧煳了。在无奈和等待中想起，为什么非要像环形激光去利用旋光性呢？两个反射镜的线形激光器（常说的激光器）是否能对双折射敏感，由双折射造成频率的分裂（一个频率变成两个），实现对一些物理量的敏感测量呢？这就导致了参考文献[12]的产生，也是本书内容的理论和实验开端。之后，遇到了太多问题，科学家见问题而喜，我们就是为解决科技问题才当教授的。解决不完的问题就有连续不断的成果，就能产生各种应用。

书中很大一部分内容是激光回馈，对它的研究也是戏剧性的。激光回馈本来是激光系统中的"害群之马"，作者看过这样的文献，但从没有想研究它。可是，它来敲我们的门。我们申请了一个专利[322]："位移自传感HeNe激光器系统及其实现方法"。专利审查员一审驳回这个专利，说其与美国伯克利分校的一个专利相同。作者仔细阅读了审查员提供的这个对比文件。非常巧合的是，一眼看上去，伯克利的专利和我们申请的专利在结构上是如此雷同，核心元件一样多，摆放顺序一个样。但是它们的原理则完全不同，属于两个分支。审查员所不懂的是，差别在于专利中的一个镜片，本书作者在镜片两面都镀上了激光消反射膜，光线没有任何反射（即无损耗）的通过，镜片仅起密封激光器壳内气体的作用，完全不遮挡光线，所以被称为窗口片；而伯克利的这个镜片是个高反射率反射镜（约100%反射），激光器靠其对光束的反射形成振荡。真是一个镜片两重天，一个与激光器振荡无关，一个是激光器振荡的必需元件。前者是激光振荡系统，后者是激光回馈系统。

在阅读伯克利的专利中，想到：作者团队的频率分裂（双频）激光器在回馈系统中是什么行为呢？试一试！这一试，从2002年至今，又走出了一条自己的路[121]：双频激光器或双折射效应的激光器回馈技术和应用。

于是，作者团队的研究是：（气体激光器）＋（固体激光器）＋（双折射）＋（激光回馈）→（精密测量应用）。这些内容的组合、叠加，就是本书的学术体系。为了应用，作者以本书研究成的激光器作基础，着力于仪器，仪器占据了大半篇幅。

总之，激光器就是仪器，仪器就是激光器自身，这就是作者团队成果的学术特色。

最后的文字写我和我的学生吧。学术体系的形成是同事们和一届接一届的博士后、博士研究生、硕士研究生接力而成的。多位博士研究生的研究结果成为提出新仪器原理的基础，后来发展成仪器。他们是非常勤奋和敬业的，从论文数量能反映出勤奋的程度。一位直博生三年就取得博士学位，发表学术英文论文11篇。还有一位联合培养的博士研究生发表英文论文16篇。我对研究生的要求是，博士研究生必须有基本激光效应研究，还要有仪器原理的实现结果。作者认为，研究生在研究进展中逐步建立学术自信比获得毕业文凭更重要，提高能力会一生受益。鼓励他们的每一步成功，不批评他们某一次失败，不允许失败也就不允许成功。导师的责任是给一个方向，适时给以建议，再研究再建议，能推翻老师建议的是好学生。

到此，再次谢谢您阅读此书。